線性代數－基礎與應用

Linear Algebra-Fundamentals and Applications

武維疆 著

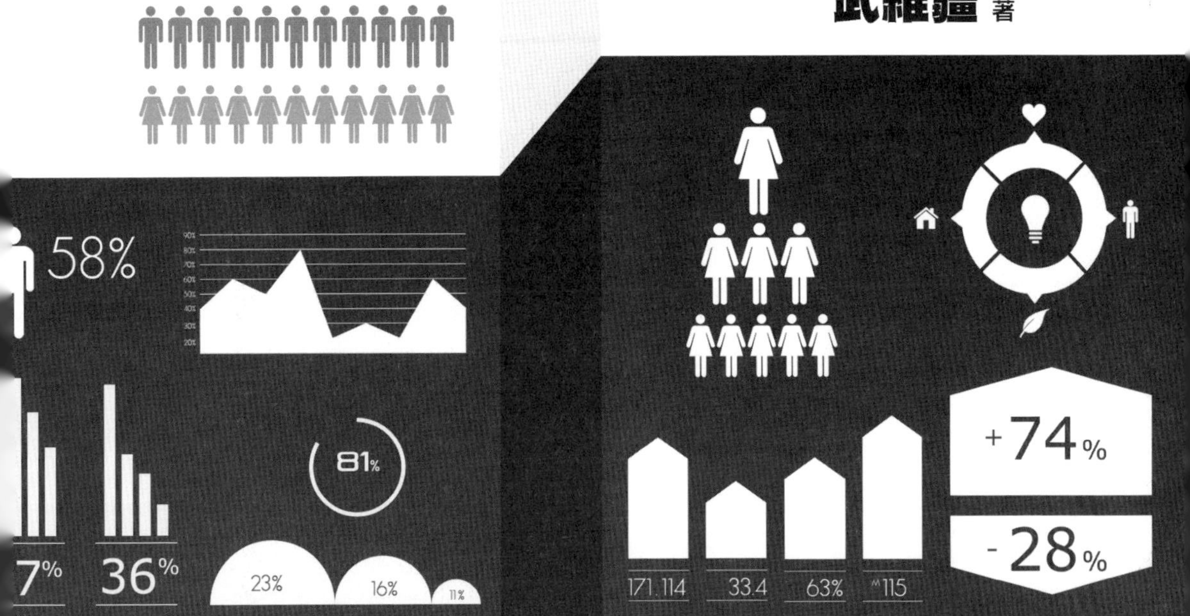

>> **完整收錄**

國內各大學相關系所**研究所考古題**，為有志升學者必備之工具書籍，並提供讀者正確之準備方向

五南圖書出版公司 印行

序言

不論在理學院、工學院、資訊及電機學院、或商管學院，「線性代數」都是基礎之核心課程，目前國內研究所入學考試中包括電機（電子）、通訊（電信）、控制、資工（資科）、應數（純數）、統計、工管等科系均將「線性代數」列為必考科目，其重要性可見一般。「線性代數」是一門既具廣度又有深度之學科，本書之編排理論與應用並重，強調定理探討與觀念剖析，此外各單元之觀念相互連貫，希望使讀者收事半功倍之效。

本書內容：

在第一章中探討的是向量分析及空間解析幾何，介紹了向量運算之物理意義及其在空間及幾何上的應用。若讀者已經在工程數學或其他相關課程中了解相關知識，可略過本章直接研讀接下來之章節，在邏輯上依然具有連貫性。

第二章探討的主題是矩陣的基本運算，其中行列式及反矩陣是本章之重點，此外向量函數（多變數函數）的微分亦在本章中詳細討論。

第三章探討的主題是利用高斯消去法求解線性方程組，並延伸出矩陣的 LU 分解。

第四至第七章為本書或是線性代數之主軸，其主要內容為向量空間與線性映射。在第四章中闡述了向量空間、基底、正交補空間、與內積空間，此外介紹了 Gram-Schmidt 正交化過程與 QR 分解。

第五章描述之重點為線性映射與相似變換，在不同空間下之基底變換為研讀之重點。

第六章定義了零空間、像空間並深入探討映射理論。由此延伸出極為重要之主題：正交投影、Householder 轉換、與 Curve Fitting。

第七章探討的主題是矩陣之特徵分解，除了定義特徵值及特徵向量之外，詳盡推導並闡述特徵性質。在本章末節介紹 Singular Value Decomposition (SVD)。

第八章為矩陣特徵分解之延伸，其兩大重點為：矩陣之對角化與喬登正則式（Jordan canonical form）。

有關於矩陣之綜合應用描述於第九章，包含了二次式、矩陣之正定、矩陣之對角化在聯立微分方程式上的應用、積分上的應用，末節探討Cayley-Hamilton 定理與 Rayleigh's quotient。

本書特色：這是一本適用於大學各學院「線性代數」的入門教科書，編寫方式由淺入深、循序漸進，除理論之探討外並包含許多精采之範例，本書之特色如下：

一、清晰之定義，輔以詳盡之說明。

二、嚴謹之定理及證明，深入的物理意義解析。

三、蒐集精彩之例題，解題著重對問題的分析及思考之方式。

四、收錄各大學研究所考古題，可用以評量學習成果，並使讀者有明確之準備方向。

鮮少有學生能一次唸懂「線性代數」，但只要方法正確每讀一遍必有不同之領悟，終至融會貫通。想起蘇軾登臨廬山，飽覽奇絕之後的有感之作：

橫看成嶺側成峰，遠近高低各不同。
不識廬山真面目，只緣身在此山中。

如同東坡瀏覽廬山的風景一般，希望讀者藉由閱讀本書從不同的角度去欣賞「線性代數」之千姿萬態，體會其精采與美妙之處。

本書得以出版特別要感謝我的指導教授國立台灣大學電機工程學系 特聘教授 陳光禎持續的鼓勵與協助，也要感謝五南文化事業的支持與精細的校對。

謹以本書獻給和我一樣喜歡數學的父親

武維疆
謹識於大葉大學電機系

目　錄

1 向量分析

1-1　向量之基本運算

1-2　空間解析幾何

I think, therefore I am!

——Descartes

1-1 向量之基本運算

㈠向量基本要素：

⑴大小（長度，量）；⑵方向（向）

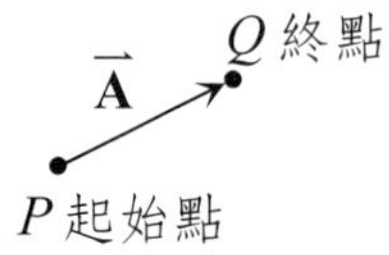

$$\vec{\mathbf{A}} = \overrightarrow{PQ} = |\vec{\mathbf{A}}|\,\hat{\mathbf{e}}_{\mathbf{A}}$$

$|\vec{\mathbf{A}}|$代表向量$\vec{\mathbf{A}}$之長度（大小），$\hat{\mathbf{e}}_{\mathbf{A}}$代表向量$\vec{\mathbf{A}}$之方向，$\hat{\mathbf{e}}_{\mathbf{A}}$為一單位向量，其大小為 1，$\vec{\mathbf{A}}$之方向由$\hat{\mathbf{e}}_{\mathbf{A}}$所定義，故$\vec{\mathbf{A}}$即為$\hat{\mathbf{e}}_{\mathbf{A}}$放大$|\vec{\mathbf{A}}|$倍後的結果

$\vec{\mathbf{A}}=\vec{\mathbf{B}} \Rightarrow \vec{\mathbf{A}}$與$\vec{\mathbf{B}}$大小相等方向相同

$-\vec{\mathbf{A}}$（反作用力）與$\vec{\mathbf{A}}$（作用力）之大小相等，但方向恰好相反

㈡向量的基本運算：

1. 加：$(\vec{\mathbf{A}}+\vec{\mathbf{B}})$

⑴幾何（平行四邊形法）：二向量之和表示其所圍成之平行四邊形之對角線向量

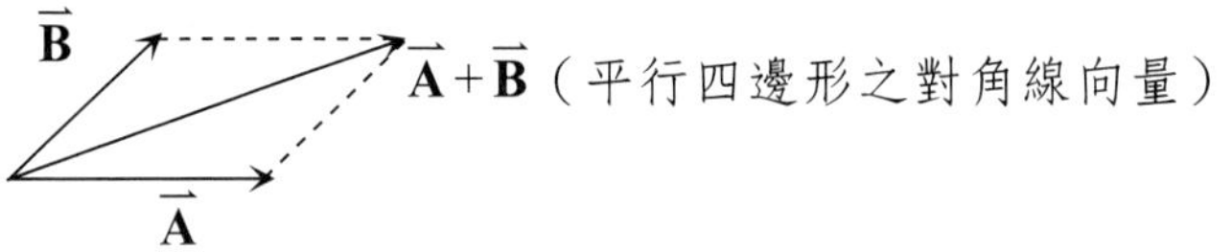

⑵物理：力之合成

2. 減：$(\vec{\mathbf{A}}-\vec{\mathbf{B}})$

⑴物理：相對位移

⑵幾何：二向量之差表示其所圍成之三角形之斜邊向量

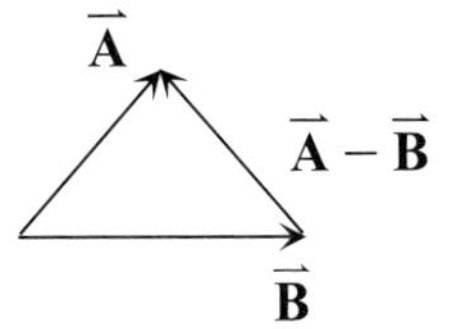

3.內積：$(\vec{\mathbf{A}}\cdot\vec{\mathbf{B}})$

定義：$\vec{\mathbf{A}}\cdot\vec{\mathbf{B}}=|\vec{\mathbf{A}}||\vec{\mathbf{B}}|\cos\theta$　(1)

⑴物理：功＝力×物體在受力方向上之位移

⑵幾何：

①投影量

②可檢查二向量是否垂直〈正交〉

③$|\vec{\mathbf{A}}|^2=\vec{\mathbf{A}}\cdot\vec{\mathbf{A}}$

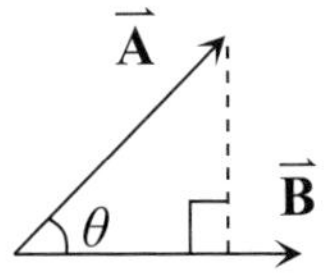

$|\vec{\mathbf{A}}|\cos\theta=\vec{\mathbf{A}}\cdot\hat{\mathbf{e}}_{\mathbf{B}}$（$\vec{\mathbf{A}}$在$\hat{\mathbf{e}}_{\mathbf{B}}$方向上的投影量）

若$\theta=\frac{\pi}{2}\Rightarrow\vec{\mathbf{A}}\cdot\vec{\mathbf{B}}=0\Rightarrow$用來檢查向量是否垂直

4.外積：$(\vec{\mathbf{A}}\times\vec{\mathbf{B}})$

⑴物理：力矩＝力×力臂，為一種旋轉現象

對於以$\vec{\mathbf{A}}$之力臂並施加$\vec{\mathbf{B}}$之力所造成的力矩大小為$|\vec{\mathbf{A}}||\vec{\mathbf{B}}|\sin\theta$，且力矩之方向恆與$\vec{\mathbf{A}}$，$\vec{\mathbf{B}}$垂直，以此定義向量之外積。

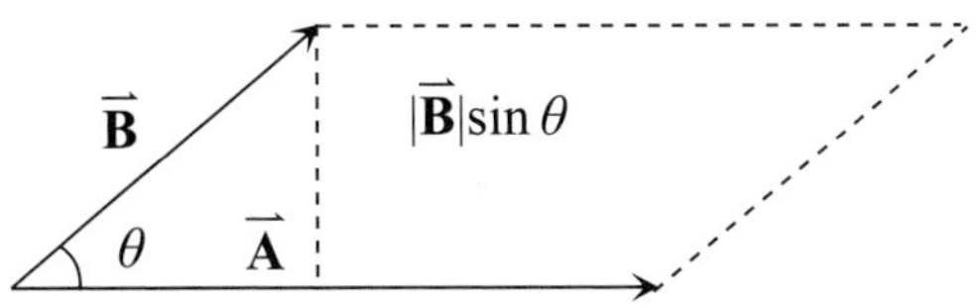

⑵幾何：

①檢查二向量是否平行

②求二向量所圍平行四面形面積

③外積方向由右手定則決定

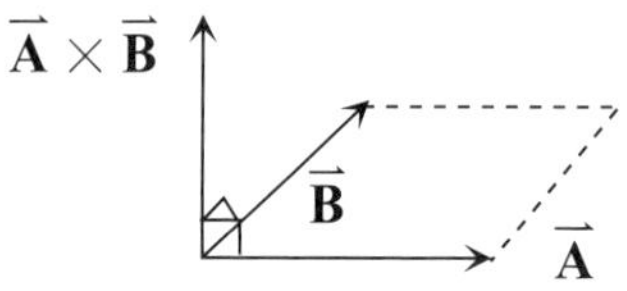

平行四邊形面積 $= |\vec{\mathbf{A}} \times \vec{\mathbf{B}}|$

Lagrange Identity：$|\vec{\mathbf{A}} \times \vec{\mathbf{B}}| = \sqrt{(\vec{\mathbf{A}} \cdot \vec{\mathbf{A}})(\vec{\mathbf{B}} \cdot \vec{\mathbf{B}}) - (\vec{\mathbf{A}} \cdot \vec{\mathbf{B}})^2}$ (2)

證明：由外積長度定義知：

$$
\begin{aligned}
|\vec{\mathbf{A}} \times \vec{\mathbf{B}}| &= |\vec{\mathbf{A}}||\vec{\mathbf{B}}||\sin\theta| = \sqrt{|\vec{\mathbf{A}}|^2|\vec{\mathbf{B}}|^2\sin^2\theta} = \sqrt{|\vec{\mathbf{A}}|^2|\vec{\mathbf{B}}|^2(1-\cos^2\theta)} \\
&= \sqrt{|\vec{\mathbf{A}}|^2|\vec{\mathbf{B}}|^2 - |\vec{\mathbf{A}}|^2|\vec{\mathbf{B}}|^2\cos^2\theta} \\
&= \sqrt{(\vec{\mathbf{A}} \cdot \vec{\mathbf{A}})(\vec{\mathbf{B}} \cdot \vec{\mathbf{B}}) - (\vec{\mathbf{A}} \cdot \vec{\mathbf{B}})^2}
\end{aligned}
$$

觀念提示： *1.* 根據⑴，內積可用來計算二向量間的夾角

$$
\theta = \cos^{-1}\left(\frac{\vec{\mathbf{A}} \cdot \vec{\mathbf{B}}}{|\vec{\mathbf{A}}||\vec{\mathbf{B}}|}\right) = \cos^{-1}\left(\frac{\vec{\mathbf{A}} \cdot \vec{\mathbf{B}}}{\sqrt{(\vec{\mathbf{A}} \cdot \vec{\mathbf{A}})(\vec{\mathbf{B}} \cdot \vec{\mathbf{B}})}}\right) = \cos^{-1}(\vec{\mathbf{e}}_{\mathbf{A}} \cdot \vec{\mathbf{e}}_{\mathbf{B}}) \tag{3}
$$

2. 三角不等式：若 $\vec{\mathbf{A}}, \vec{\mathbf{B}}$ 為任意二向量，則有

$$
|\vec{\mathbf{A}} + \vec{\mathbf{B}}| \le |\vec{\mathbf{A}}| + |\vec{\mathbf{B}}| \tag{4}
$$

證明：

$$
\begin{aligned}
|\vec{\mathbf{A}} + \vec{\mathbf{B}}|^2 &= (\vec{\mathbf{A}} + \vec{\mathbf{B}}) \cdot (\vec{\mathbf{A}} + \vec{\mathbf{B}}) = |\vec{\mathbf{A}}|^2 + |\vec{\mathbf{B}}|^2 + 2\vec{\mathbf{A}} \cdot \vec{\mathbf{B}} \\
&\le |\vec{\mathbf{A}}|^2 + |\vec{\mathbf{B}}|^2 + 2|\vec{\mathbf{A}}||\vec{\mathbf{B}}| = (|\vec{\mathbf{A}}| + |\vec{\mathbf{B}}|)^2
\end{aligned}
$$

3. Cauchy-Schwartz inequality：$\vec{\mathbf{A}}, \vec{\mathbf{B}}$ 為 arbitrary vector

$$
\Rightarrow |\vec{\mathbf{A}} \cdot \vec{\mathbf{B}}| \le |\vec{\mathbf{A}}||\vec{\mathbf{B}}| \tag{5}
$$

證明：$|\vec{\mathbf{A}} \cdot \vec{\mathbf{B}}| = ||\vec{\mathbf{A}}||\vec{\mathbf{B}}|\cos\theta| = |\vec{\mathbf{A}}||\vec{\mathbf{B}}||\cos\theta| \le |\vec{\mathbf{A}}||\vec{\mathbf{B}}|$

4. 餘弦定律：設 a, b, c,為三角形三邊之邊長，θ 為 a, b,邊之夾角，

$$\Rightarrow c^2 = a^2 + b^2 - 2ab\cos\theta \tag{6}$$

證明：$c^2 = \vec{\mathbf{c}} \cdot \vec{\mathbf{c}} = (\vec{\mathbf{B}} - \vec{\mathbf{A}}) \cdot (\vec{\mathbf{B}} - \vec{\mathbf{A}}) = \vec{\mathbf{B}} \cdot \vec{\mathbf{B}} + \vec{\mathbf{A}} \cdot \vec{\mathbf{A}} - 2\vec{\mathbf{A}} \cdot \vec{\mathbf{B}}$

$\therefore c^2 = a^2 + b^2 - 2ab\cos\theta$

5. 正弦定律：設 a, b, c,為三角形三邊之邊長，α 為 b, c 邊之夾角，β 為 a, c 邊之夾角，γ 為 b, a 邊之夾角，

$$\Rightarrow \frac{\sin\gamma}{c} = \frac{\sin\alpha}{a} = \frac{\sin\beta}{b} \tag{7}$$

證明：三角形面積 $= \frac{1}{2}|\vec{\mathbf{A}} \times \vec{\mathbf{B}}| = \frac{1}{2}|\vec{\mathbf{A}}||\vec{\mathbf{B}}|\sin\gamma = \frac{1}{2}|\vec{\mathbf{B}} \times \vec{\mathbf{C}}| = \frac{1}{2}bc\sin\alpha$

$= \frac{1}{2}|\vec{\mathbf{C}} \times \vec{\mathbf{A}}| = \frac{1}{2}ca\sin\beta$

同除 abc 可得：$\frac{\sin\gamma}{c} = \frac{\sin\alpha}{a} = \frac{\sin\beta}{b}$

6. 交換性

$\vec{\mathbf{A}} + \vec{\mathbf{B}} = \vec{\mathbf{B}} + \vec{\mathbf{A}}$

$\vec{\mathbf{A}} \cdot \vec{\mathbf{B}} = \vec{\mathbf{B}} \cdot \vec{\mathbf{A}}$（內積符合交換律）

$\vec{\mathbf{A}} \times \vec{\mathbf{B}} = -\vec{\mathbf{B}} \times \vec{\mathbf{A}}$（外積不符合交換律）

7. 分配律：$\vec{\mathbf{A}} \cdot (\vec{\mathbf{B}} + \vec{\mathbf{C}}) = \vec{\mathbf{A}} \cdot \vec{\mathbf{B}} + \vec{\mathbf{A}} \cdot \vec{\mathbf{C}}$

㈢向量的直角座標表示法：

定義：$\hat{\mathbf{i}}$ 大小為 1，方向朝向正 x 軸，$\hat{\mathbf{j}}$ 大小為 1，方向朝向正 y 軸，$\hat{\mathbf{k}}$ 大小為 1，方向朝向正 z 軸 3-D 直角座標，方向符合右手定則

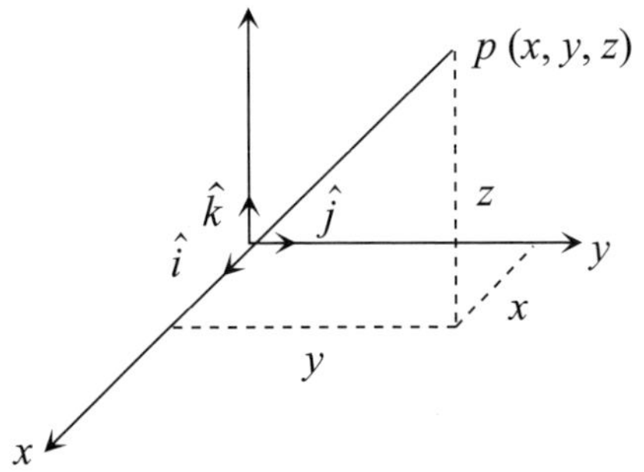

$$\hat{\mathbf{i}}\times\hat{\mathbf{j}}=\hat{\mathbf{k}}\qquad \hat{\mathbf{j}}\times\hat{\mathbf{i}}=-\hat{\mathbf{k}}$$
$$\hat{\mathbf{j}}\times\hat{\mathbf{k}}=\hat{\mathbf{i}}\qquad \hat{\mathbf{k}}\times\hat{\mathbf{j}}=-\hat{\mathbf{i}}$$
$$\hat{\mathbf{k}}\times\hat{\mathbf{i}}=\hat{\mathbf{j}}\qquad \hat{\mathbf{k}}\times\hat{\mathbf{i}}=-\hat{\mathbf{j}}$$

向量的直角座標表示法可分為以下三種，且各表示法等價：

(1)座標（終點）表示法：$\vec{\mathbf{P}}=(x,y,z)$

(2)分量表示法：$\vec{\mathbf{P}}=x\hat{\mathbf{i}}+y\hat{\mathbf{j}}+z\hat{\mathbf{k}}$

(3)單位向量表示法：$\vec{\mathbf{P}}=|\vec{\mathbf{P}}|\vec{\mathbf{e}}_{\mathbf{p}}$

其中：$|\vec{\mathbf{p}}|=\sqrt{x^2+y^2+z^2}=\sqrt{\vec{\mathbf{p}}\cdot\vec{\mathbf{p}}}$ (8)

$$\vec{\mathbf{e}}_{\mathbf{p}}=\frac{\vec{\mathbf{p}}}{|\vec{\mathbf{p}}|}=\frac{x\hat{\mathbf{i}}+y\hat{\mathbf{j}}+z\hat{\mathbf{k}}}{\sqrt{x^2+y^2+z^2}} \tag{9}$$

㈣向量之方向角

定義：α：$\vec{\mathbf{p}}$與x軸之夾角，β：$\vec{\mathbf{p}}$與y軸之夾角，γ：$\vec{\mathbf{p}}$與z軸之夾角

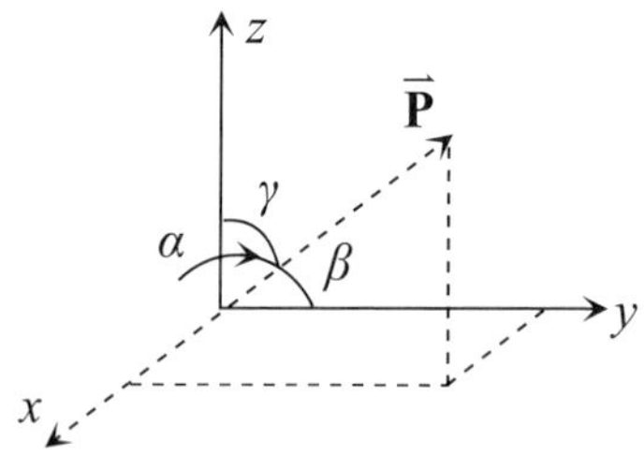

$$|\vec{\mathbf{p}}|\cos\alpha=x,\ |\vec{\mathbf{p}}|\cos\beta=y,\ |\vec{\mathbf{p}}|\cos\gamma=z$$

or

$$\cos\alpha=\frac{x}{\sqrt{x^2+y^2+z^2}}\Rightarrow x=\vec{\mathbf{p}}\cdot\hat{\mathbf{i}}=\sqrt{x^2+y^2+z^2}\cos\alpha$$
$$\cos\beta=\frac{y}{\sqrt{x^2+y^2+z^2}}\Rightarrow y=\vec{\mathbf{p}}\cdot\hat{\mathbf{j}}=\sqrt{x^2+y^2+z^2}\cos\beta$$
$$\cos\gamma=\frac{z}{\sqrt{x^2+y^2+z^2}}\Rightarrow z=\vec{\mathbf{p}}\cdot\hat{\mathbf{k}}=\sqrt{x^2+y^2+z^2}\cos\gamma$$

與(9)式比較可得：

$$\vec{\mathbf{e}}_{\mathbf{p}} = \frac{\vec{\mathbf{p}}}{|\vec{\mathbf{p}}|} = \cos\alpha\,\hat{\mathbf{i}} + \cos\beta\,\hat{\mathbf{j}} + \cos\gamma\,\hat{\mathbf{k}} \tag{10}$$

∴方向餘弦之物理意義：$\vec{\mathbf{p}}$ 之單位向量

$$\cos^2\alpha + \cos^2\beta + \cos^2\gamma = 1 \tag{11}$$

㈤直角座標分量表示式

$$\vec{\mathbf{A}} = \overrightarrow{PQ} = (x_2 - x_1)\,\hat{\mathbf{i}} + (y_2 - y_1)\,\hat{\mathbf{j}} + (z_2 - z_1)\,\hat{\mathbf{k}}$$

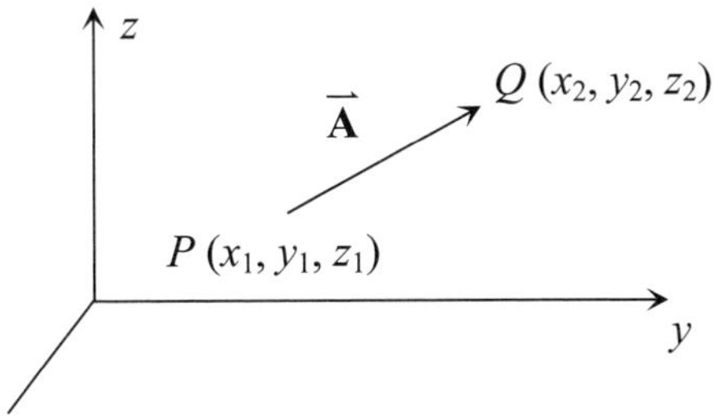

$$|\vec{\mathbf{A}}| = \sqrt{(x_2 - x_1)^2 + (y_2 - y_1)^2 + (z_2 - z_1)^2} = |\overrightarrow{PQ}|$$

故$|\vec{\mathbf{A}}|$為 P 點至 Q 點的距離

可輕易證明：

若：$\vec{\mathbf{A}} = x_a\,\hat{\mathbf{i}} + y_a\,\hat{\mathbf{j}} + z_a\,\hat{\mathbf{k}}$

$\vec{\mathbf{B}} = x_b\,\hat{\mathbf{i}} + y_b\,\hat{\mathbf{j}} + z_b\,\hat{\mathbf{k}}$

則有：

(1)$\vec{\mathbf{A}} = \vec{\mathbf{B}} \Leftrightarrow x_a = x_b,\ y_a = y_b,\ z_a = z_b$

(2)$k\vec{\mathbf{A}} = kx_a\,\hat{\mathbf{i}} + ky_a\,\hat{\mathbf{j}} + kz_a\,\hat{\mathbf{k}}$

(3)$\vec{\mathbf{A}} + \vec{\mathbf{B}} = (x_a + x_b)\,\hat{\mathbf{i}} + (y_a + y_b)\,\hat{\mathbf{j}} + (z_a + z_b)\,\hat{\mathbf{k}}$

(4)$\vec{\mathbf{A}} \cdot \vec{\mathbf{B}} = x_a x_b + y_a y_b + z_a z_b = \vec{\mathbf{B}} \cdot \vec{\mathbf{A}}$

(5) $\vec{\mathbf{A}} \times \vec{\mathbf{B}} = \begin{vmatrix} \hat{\mathbf{i}} & \hat{\mathbf{j}} & \hat{\mathbf{k}} \\ x_a & y_a & z_a \\ x_b & y_b & z_b \end{vmatrix}$

$= (y_a z_b - y_b z_a)\hat{\mathbf{i}} + (z_a x_b - x_a z_b)\hat{\mathbf{j}} + (x_a y_b - y_a x_b)\hat{\mathbf{k}} = -\vec{\mathbf{B}} \times \vec{\mathbf{A}}$

(6) $\vec{\mathbf{A}} \cdot (k_1\vec{\mathbf{B}} + k_2\vec{\mathbf{C}}) = k_1 (\vec{\mathbf{A}} \cdot \vec{\mathbf{B}}) + k_2 (\vec{\mathbf{A}} \cdot \vec{\mathbf{C}})$

(7) $\vec{\mathbf{A}} \times (k_1\vec{\mathbf{B}} + k_2\vec{\mathbf{C}}) = k_1 (\vec{\mathbf{A}} \times \vec{\mathbf{B}}) + k_2 (\vec{\mathbf{A}} \times \vec{\mathbf{C}})$

$$\vec{\mathbf{A}} \times \vec{\mathbf{B}} = |\vec{\mathbf{A}}|\,|\vec{\mathbf{B}}| \sin\theta\, \hat{\mathbf{n}} \tag{12}$$

$\hat{\mathbf{n}}$ 為 $\vec{\mathbf{A}}, \vec{\mathbf{B}}$ 之公垂單位向量，方向由右手定則決定之

(六)三重積

1. 純量三重積 $\vec{\mathbf{A}} \cdot (\vec{\mathbf{B}} \times \vec{\mathbf{C}})$

$$\begin{aligned}
\vec{\mathbf{A}} \cdot (\vec{\mathbf{B}} \times \vec{\mathbf{C}}) &= (x_a\hat{\mathbf{i}} + y_a\hat{\mathbf{j}} + z_a\hat{\mathbf{k}}) \begin{vmatrix} \hat{\mathbf{i}} & \hat{\mathbf{j}} & \hat{\mathbf{k}} \\ x_b & y_b & z_b \\ x_c & y_c & z_c \end{vmatrix} \\
&= \begin{vmatrix} x_a & y_a & z_a \\ x_b & y_b & z_b \\ x_c & y_c & z_c \end{vmatrix} = \begin{vmatrix} x_b & y_b & z_b \\ x_c & y_c & z_c \\ x_a & y_a & z_a \end{vmatrix} = \vec{\mathbf{B}} \cdot (\vec{\mathbf{C}} \times \vec{\mathbf{A}}) \\
&= \begin{vmatrix} x_c & y_c & z_c \\ x_a & y_a & z_a \\ x_b & y_b & z_b \end{vmatrix} = \vec{\mathbf{C}} \cdot (\vec{\mathbf{A}} \times \vec{\mathbf{B}}) \\
&\equiv [\vec{\mathbf{A}}\,\vec{\mathbf{B}}\,\vec{\mathbf{C}}]
\end{aligned} \tag{13}$$

幾何意義：表 $\vec{\mathbf{A}}, \vec{\mathbf{B}}, \vec{\mathbf{C}}$ 三向量所圍成之平行六面體體積

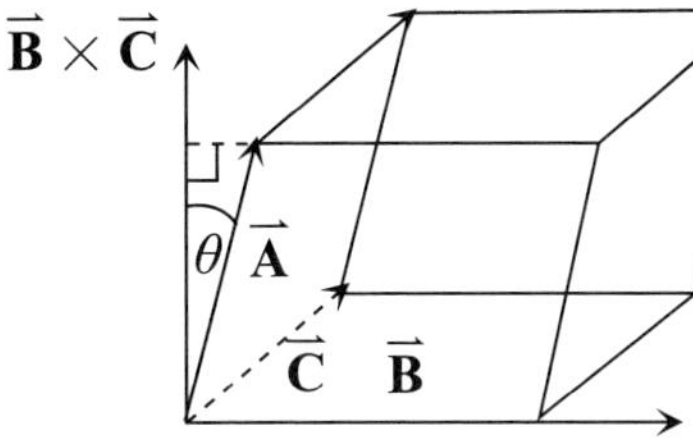

$$\vec{\mathbf{B}}\times\vec{\mathbf{C}} = \hat{\mathbf{e}}_{\mathbf{n}}|\vec{\mathbf{B}}\times\vec{\mathbf{C}}|$$

$$\vec{\mathbf{A}}\cdot(\vec{\mathbf{B}}\times\vec{\mathbf{C}}) = |\vec{\mathbf{A}}|\cos\theta|\vec{\mathbf{B}}\times\vec{\mathbf{C}}| = \text{高}\times\text{底面積}$$

觀念提示：①純量三重積可用來檢查$\vec{\mathbf{A}},\vec{\mathbf{B}},\vec{\mathbf{C}}$是否共面（若$\vec{\mathbf{A}},\vec{\mathbf{B}},\vec{\mathbf{C}}$共面，則，$\vec{\mathbf{A}}\cdot(\vec{\mathbf{B}}\times\vec{\mathbf{C}})=0$）

證明：若$\vec{\mathbf{A}},\vec{\mathbf{B}},\vec{\mathbf{C}}$共面$\Rightarrow\vec{\mathbf{C}}$可表為$\vec{\mathbf{C}}=m_1\vec{\mathbf{A}}+m_2\vec{\mathbf{B}}$

$\therefore\vec{\mathbf{A}}\cdot(\vec{\mathbf{B}}\cdot\vec{\mathbf{C}})=\vec{\mathbf{A}}\cdot(\vec{\mathbf{B}}\times(m_1\vec{\mathbf{A}}+m_2\vec{\mathbf{B}}))=0$

②$\vec{\mathbf{A}}\cdot(\vec{\mathbf{B}}\times\vec{\mathbf{C}})\neq 0\Rightarrow$下列三敘述等價

(a)$\vec{\mathbf{A}},\vec{\mathbf{B}},\vec{\mathbf{C}}$不共面

(b)$\vec{\mathbf{A}},\vec{\mathbf{B}},\vec{\mathbf{C}}$ linear independent

(c)$\vec{\mathbf{A}},\vec{\mathbf{B}},\vec{\mathbf{C}}$形成空間之一組 basis

2. 向量三重積

$$\vec{\mathbf{A}}\times(\vec{\mathbf{B}}\times\vec{\mathbf{C}}) = (\vec{\mathbf{A}}\cdot\vec{\mathbf{C}})\vec{\mathbf{B}} - (\vec{\mathbf{A}}\cdot\vec{\mathbf{B}})\vec{\mathbf{C}} \tag{14}$$

（82 成大電機，81 清大電機）

證明：$\vec{\mathbf{A}}\times(\vec{\mathbf{B}}\times\vec{\mathbf{C}})$之結果必與$\vec{\mathbf{A}}$垂直故必躺在$\vec{\mathbf{B}},\vec{\mathbf{C}}$面上

Let $\vec{\mathbf{A}}\times(\vec{\mathbf{B}}\times\vec{\mathbf{C}})=\alpha\vec{\mathbf{B}}+\beta\vec{\mathbf{C}}$

$\Rightarrow\vec{\mathbf{A}}\cdot(\vec{\mathbf{A}}\times(\vec{\mathbf{B}}\times\vec{\mathbf{C}}))=\alpha\vec{\mathbf{A}}\cdot\vec{\mathbf{B}}+\beta\vec{\mathbf{A}}\cdot\vec{\mathbf{C}}=0$

$\Rightarrow\gamma=\dfrac{\alpha}{(\vec{\mathbf{A}}\cdot\vec{\mathbf{C}})}=\dfrac{-\beta}{(\vec{\mathbf{A}}\cdot\vec{\mathbf{B}})}$

$\Rightarrow\vec{\mathbf{A}}\times(\vec{\mathbf{B}}\times\vec{\mathbf{C}})=\gamma[(\vec{\mathbf{A}}\cdot\vec{\mathbf{C}})\vec{\mathbf{B}}-(\vec{\mathbf{A}}\cdot\vec{\mathbf{B}})\vec{\mathbf{C}}]$

此為一恆等式

$\vec{\mathbf{A}}=\hat{\mathbf{i}}+\hat{\mathbf{j}}+\hat{\mathbf{k}}$

Let $\vec{\mathbf{B}}=\hat{\mathbf{j}}$

$\vec{\mathbf{C}}=\hat{\mathbf{k}}$

代入$\Rightarrow\gamma=1$

觀念提示：$\vec{\mathbf{A}}\times(\vec{\mathbf{B}}\times\vec{\mathbf{C}})\neq(\vec{\mathbf{A}}\times\vec{\mathbf{B}})\times\vec{\mathbf{C}}$

*3.*純量四重積

$$\begin{aligned}(\vec{\mathbf{A}}\times\vec{\mathbf{B}})\cdot(\vec{\mathbf{C}}\times\vec{\mathbf{D}})&=\vec{\mathbf{C}}\cdot(\vec{\mathbf{D}}\times(\vec{\mathbf{A}}\times\vec{\mathbf{B}}))=\vec{\mathbf{C}}\cdot[(\vec{\mathbf{B}}\cdot\vec{\mathbf{D}})\vec{\mathbf{A}}-(\vec{\mathbf{A}}\cdot\vec{\mathbf{D}})\vec{\mathbf{B}}]\\&=(\vec{\mathbf{B}}\cdot\vec{\mathbf{D}})(\vec{\mathbf{A}}-\vec{\mathbf{C}})-(\vec{\mathbf{A}}\cdot\vec{\mathbf{D}})(\vec{\mathbf{B}}\cdot\vec{\mathbf{C}})\end{aligned}\tag{15}$$

證明：令$\vec{\mathbf{E}}=\vec{\mathbf{A}}\times\vec{\mathbf{B}}$則有

$$\begin{aligned}(\vec{\mathbf{A}}\times\vec{\mathbf{B}})\cdot(\vec{\mathbf{C}}\times\vec{\mathbf{D}})&=\vec{\mathbf{E}}\cdot(\vec{\mathbf{C}}\times\vec{\mathbf{D}})=\vec{\mathbf{C}}(\vec{\mathbf{D}}\times\vec{\mathbf{E}})\\&=\vec{\mathbf{C}}\cdot(\vec{\mathbf{D}}\times(\vec{\mathbf{A}}\times\vec{\mathbf{B}}))\\&=\vec{\mathbf{C}}\cdot[(\vec{\mathbf{B}}\cdot\vec{\mathbf{D}})\vec{\mathbf{A}}-(\vec{\mathbf{A}}\cdot\vec{\mathbf{D}})\vec{\mathbf{B}}]\\&=(\vec{\mathbf{A}}\cdot\vec{\mathbf{C}})(\vec{\mathbf{B}}\cdot\vec{\mathbf{D}})-(\vec{\mathbf{A}}\cdot\vec{\mathbf{D}})(\vec{\mathbf{B}}\cdot\vec{\mathbf{C}})\end{aligned}$$

*4.*向量四重積

$$\begin{aligned}(\vec{\mathbf{A}}\times\vec{\mathbf{B}})\times(\vec{\mathbf{C}}\times\vec{\mathbf{D}})&=[\vec{\mathbf{A}}\,\vec{\mathbf{B}}\,\vec{\mathbf{D}}]\vec{\mathbf{C}}-[\vec{\mathbf{A}}\,\vec{\mathbf{B}}\,\vec{\mathbf{C}}]\vec{\mathbf{D}}\\&=-(\vec{\mathbf{C}}\times\vec{\mathbf{D}})\times(\vec{\mathbf{A}}\times\vec{\mathbf{B}})\\&=[\vec{\mathbf{A}}\,\vec{\mathbf{C}}\,\vec{\mathbf{D}}]\vec{\mathbf{B}}-[\vec{\mathbf{B}}\,\vec{\mathbf{C}}\,\vec{\mathbf{D}}]\vec{\mathbf{A}}\end{aligned}\tag{16}$$

證明：同上，取$\vec{\mathbf{E}}=\vec{\mathbf{A}}\times\vec{\mathbf{B}}$則有

$$\begin{aligned}(\vec{\mathbf{A}}\times\vec{\mathbf{B}})\times(\vec{\mathbf{C}}\times\vec{\mathbf{D}})&=\vec{\mathbf{E}}\times(\vec{\mathbf{C}}\times\vec{\mathbf{D}})\\&=(\vec{\mathbf{E}}\cdot\vec{\mathbf{D}})\vec{\mathbf{C}}-(\vec{\mathbf{E}}\cdot\vec{\mathbf{C}})\vec{\mathbf{D}}\\&=[\vec{\mathbf{A}}\,\vec{\mathbf{B}}\,\vec{\mathbf{D}}]\vec{\mathbf{C}}-[\vec{\mathbf{A}}\,\vec{\mathbf{B}}\,\vec{\mathbf{C}}]\vec{\mathbf{D}}\end{aligned}$$

同理若取$\vec{\mathbf{F}}=\vec{\mathbf{C}}\times\vec{\mathbf{D}}$則有

$$(\vec{\mathbf{A}}\times\vec{\mathbf{B}})\times(\vec{\mathbf{C}}\times\vec{\mathbf{D}})=(\vec{\mathbf{A}}\times\vec{\mathbf{B}})\times\vec{\mathbf{F}}=[\vec{\mathbf{A}}\,\vec{\mathbf{C}}\,\vec{\mathbf{D}}]\vec{\mathbf{B}}-[\vec{\mathbf{B}}\,\vec{\mathbf{C}}\,\vec{\mathbf{D}}]\vec{\mathbf{A}}$$

觀念提示：1. 由(16)可知向量四重積之結果同時位在 $\vec{\mathbf{A}}, \vec{\mathbf{B}}$ 平面及 $\vec{\mathbf{C}}, \vec{\mathbf{D}}$ 平面上⇒故知必躺在 $\vec{\mathbf{A}}, \vec{\mathbf{B}}$ 平面與 $\vec{\mathbf{C}}, \vec{\mathbf{D}}$ 平面的交線上。

2. 若向量四重積之結果為 0，表示 $\vec{\mathbf{A}}, \vec{\mathbf{B}}$ 平面與 $\vec{\mathbf{C}}, \vec{\mathbf{D}}$ 平面無交線⇒ $\vec{\mathbf{A}}, \vec{\mathbf{B}}, \vec{\mathbf{C}}, \vec{\mathbf{D}}$ 共面

例 1： Without using the components, but just using vector operations (i.e. vector, scalar products), solve for $\vec{\mathbf{J}}$ in terms of $k, \vec{\mathbf{E}}, \vec{\mathbf{B}}$

$\vec{\mathbf{J}} = \vec{\mathbf{E}} - k\vec{\mathbf{J}} \times \vec{\mathbf{B}}$（台大機械）

解

Case 1：$k=0 \quad \Rightarrow \vec{\mathbf{J}} = \vec{\mathbf{E}}$

Case 2：$k \neq 0$

$$\vec{\mathbf{B}} \cdot \vec{\mathbf{J}} = \vec{\mathbf{B}} \cdot \vec{\mathbf{E}} - k\{\vec{\mathbf{B}} \cdot (\vec{\mathbf{J}} \times \vec{\mathbf{B}})\} = \vec{\mathbf{B}} \cdot \vec{\mathbf{E}}$$

$$\vec{\mathbf{B}} \times \vec{\mathbf{J}} = \vec{\mathbf{B}} \times \vec{\mathbf{E}} - k\vec{\mathbf{B}} \times (\vec{\mathbf{J}} \times \vec{\mathbf{B}})$$

$$\Rightarrow \frac{1}{k}(\vec{\mathbf{J}} - \vec{\mathbf{E}}) = \vec{\mathbf{B}} \times \vec{\mathbf{E}} - k\{(\vec{\mathbf{B}} \cdot \vec{\mathbf{B}})\vec{\mathbf{J}} - (\vec{\mathbf{B}} \cdot \vec{\mathbf{J}})\vec{\mathbf{B}}\}$$

$$\vec{\mathbf{J}} - \vec{\mathbf{E}} = k\vec{\mathbf{B}} \times \vec{\mathbf{E}} - k^2(\vec{\mathbf{B}} \cdot \vec{\mathbf{B}})\vec{\mathbf{J}} + k^2(\vec{\mathbf{B}} \cdot \vec{\mathbf{E}})\vec{\mathbf{B}}$$

$$\Rightarrow \vec{\mathbf{J}} = \frac{\vec{\mathbf{E}} + k\vec{\mathbf{B}} \times \vec{\mathbf{E}} + k^2(\vec{\mathbf{B}} \cdot \vec{\mathbf{E}})\vec{\mathbf{B}}}{1 + k^2(\vec{\mathbf{B}} \cdot \vec{\mathbf{B}})}$$

例 2： Let $\vec{\mathbf{F}}, \vec{\mathbf{G}}, \vec{\mathbf{H}}$ be any three linearly independent vectors in R^3, Let $\vec{\mathbf{V}}$ be any vector in R^3, show that

$\vec{\mathbf{V}} = \frac{[\vec{\mathbf{V}}\vec{\mathbf{G}}\vec{\mathbf{H}}]}{[\vec{\mathbf{F}}\vec{\mathbf{G}}\vec{\mathbf{H}}]}\vec{\mathbf{F}} + \frac{[\vec{\mathbf{V}}\vec{\mathbf{H}}\vec{\mathbf{F}}]}{[\vec{\mathbf{F}}\vec{\mathbf{G}}\vec{\mathbf{H}}]}\vec{\mathbf{G}} + \frac{[\vec{\mathbf{V}}\vec{\mathbf{F}}\vec{\mathbf{G}}]}{[\vec{\mathbf{F}}\vec{\mathbf{G}}\vec{\mathbf{H}}]}\vec{\mathbf{H}}$（大同材料，清大動機）

解

$\vec{\mathbf{F}}, \vec{\mathbf{G}}, \vec{\mathbf{H}}$ 為線性獨立，故其純量三重積 $\vec{\mathbf{F}} \cdot (\vec{\mathbf{G}} \times \vec{\mathbf{H}}) = [\vec{\mathbf{F}}\vec{\mathbf{G}}\vec{\mathbf{H}}] \neq 0$

⇒ $\vec{\mathbf{F}}, \vec{\mathbf{G}}, \vec{\mathbf{H}}$ 可構成三維空間中的一組基底（bases）換言之，任何三維空間中的向量均可以被 $\vec{\mathbf{F}}, \vec{\mathbf{G}}, \vec{\mathbf{H}}$ 所展開且展開的方式唯一 i.e.,

$\vec{\mathbf{V}}=a\vec{\mathbf{F}}+b\vec{\mathbf{G}}+c\vec{\mathbf{H}} \quad a, b, c \in R$

$\Rightarrow \vec{\mathbf{V}}\cdot(\vec{\mathbf{G}}\times\vec{\mathbf{H}})=[\vec{\mathbf{V}}\,\vec{\mathbf{G}}\,\vec{\mathbf{H}}]=a\,[\vec{\mathbf{F}}\,\vec{\mathbf{G}}\,\vec{\mathbf{H}}]+b\,[\vec{\mathbf{G}}\,\vec{\mathbf{G}}\,\vec{\mathbf{H}}]+c\,[\vec{\mathbf{H}}\,\vec{\mathbf{G}}\,\vec{\mathbf{H}}]$

$=a\,[\vec{\mathbf{F}}\,\vec{\mathbf{G}}\,\vec{\mathbf{H}}]$

$\therefore a=\dfrac{[\vec{\mathbf{V}}\,\vec{\mathbf{G}}\,\vec{\mathbf{H}}]}{[\vec{\mathbf{F}}\,\vec{\mathbf{G}}\,\vec{\mathbf{H}}]}$

同理可得：$b=\dfrac{[\vec{\mathbf{V}}\,\vec{\mathbf{H}}\,\vec{\mathbf{F}}]}{[\vec{\mathbf{F}}\,\vec{\mathbf{G}}\,\vec{\mathbf{H}}]}$，$c=\dfrac{[\vec{\mathbf{V}}\,\vec{\mathbf{F}}\,\vec{\mathbf{G}}]}{[\vec{\mathbf{F}}\,\vec{\mathbf{G}}\,\vec{\mathbf{H}}]}$

例 3： (a)a vector $\vec{\mathbf{V}}$ makes an angle $\cos^{-1}\left(\frac{1}{3}\right)$ with the vector $\vec{\mathbf{b}}=\vec{\mathbf{i}}-\vec{\mathbf{j}}+\vec{\mathbf{k}}$, and $\vec{\mathbf{V}}\times\vec{\mathbf{a}}$ has elements $-2\vec{\mathbf{i}}+\vec{\mathbf{j}}+\vec{\mathbf{k}}$, where $\vec{\mathbf{a}}$ is the vector $\vec{\mathbf{i}}+2\vec{\mathbf{j}}$, find the vector $\vec{\mathbf{V}}$ and the angle between them

(b)Find the vector $\vec{\mathbf{X}}$ which satisfies the equations $\vec{\mathbf{X}}\times\vec{\mathbf{a}}=\vec{\mathbf{b}}$, $\vec{\mathbf{X}}\cdot\vec{\mathbf{c}}=p$ in which p is a given scalar and $\vec{\mathbf{a}}\cdot\vec{\mathbf{c}}\neq 0$, i.e. $\vec{\mathbf{X}}$ can be represented by $p, \vec{\mathbf{a}}, \vec{\mathbf{b}}, \vec{\mathbf{c}}$ （清大資工）

解 (a)設 $\vec{\mathbf{V}}=v_1\hat{\mathbf{i}}+v_2\hat{\mathbf{j}}+v_3\hat{\mathbf{k}}$ 則

$$\vec{\mathbf{V}}\times\vec{\mathbf{a}}=\begin{vmatrix}\hat{\mathbf{i}} & \hat{\mathbf{j}} & \hat{\mathbf{k}}\\ v_1 & v_2 & v_3\\ 1 & 2 & z_0\end{vmatrix}=-2v_3\hat{\mathbf{i}}+v_3\hat{\mathbf{j}}+(2v_1-v_2)\hat{\mathbf{k}}=-2\hat{\mathbf{i}}+\hat{\mathbf{j}}+\hat{\mathbf{k}}$$

$\therefore v_2=2v_1-1,\ v_3=1$

又知 $\vec{\mathbf{V}}\cdot\vec{\mathbf{b}}=v_1-v_2+v_3=|\vec{\mathbf{V}}||\vec{\mathbf{b}}|\cos\theta$

$=\dfrac{1}{3}\cdot\sqrt{v_1+v_2^2+v_3^2}\cdot\sqrt{3}$

將 $v_3=1,\ v_2=2v_1-1$ 代入後可得

$\vec{\mathbf{V}}=\hat{\mathbf{i}}+\hat{\mathbf{j}}+\hat{\mathbf{k}}$ or $\vec{\mathbf{V}}=-5\hat{\mathbf{i}}-11\hat{\mathbf{j}}+\hat{\mathbf{k}}$ 故兩者的夾角為

$\cos\theta=\dfrac{-15}{\sqrt{3}\sqrt{147}}=\dfrac{-5}{7}$ or $\theta=\cos^{-1}\left(\dfrac{-5}{7}\right)$

(b)根據 $\vec{\mathbf{X}}\times\vec{\mathbf{a}}=\vec{\mathbf{b}}\Rightarrow\vec{\mathbf{c}}\times(\vec{\mathbf{X}}\times\vec{\mathbf{a}})=\vec{\mathbf{c}}\times\vec{\mathbf{b}}=(\vec{\mathbf{c}}\cdot\vec{\mathbf{a}})\vec{\mathbf{X}}-(\vec{\mathbf{c}}\cdot\vec{\mathbf{X}})\vec{\mathbf{a}}=$

$(\vec{\mathbf{c}}\cdot\vec{\mathbf{a}})\vec{\mathbf{X}}-p\vec{\mathbf{a}}$

$$\therefore \vec{\mathbf{X}} = \frac{p\vec{\mathbf{a}} + \vec{\mathbf{c}} \times \vec{\mathbf{b}}}{\vec{\mathbf{a}} \cdot \vec{\mathbf{c}}}$$

例 4：Let $P^3[t]$ be the real vector space of polynomials of degree strictly less than 3; define the inner product between the polynomials f and g in $P^3[t]$ by

$$\langle f, g \rangle = \int_0^1 f(t)g(t)dt$$

Find the angle between t and $t^2 - t + 1$.　（95 海洋通訊）

解　假設 t 與 $t^2 - t + 1$ 的角度為 θ

$$\Rightarrow \cos\theta = \frac{\langle t, t^2 - t + 1 \rangle}{\|t\| \cdot \|t^2 - t + 1\|} = \frac{\int_0^1 t(t^2 - t + 1)\,dt}{\left(\int_0^1 t^2\,dt\right)^{\frac{1}{2}} \left(\int_0^1 (t^2 - t + 1)^2\,dt\right)^{\frac{1}{2}}}$$

$$= \frac{\frac{5}{12}}{\sqrt{\frac{1}{3}}\sqrt{\frac{7}{10}}} = \frac{5\sqrt{5}}{2\sqrt{42}}$$

$$\Rightarrow \theta = \cos^{-1}\left(\frac{5\sqrt{5}}{2\sqrt{42}}\right).$$

例 5：Given vectors $u = (1, 0, 0)$, $v = (1, 2, 3)$ and $w = (0, 1, -1)$, solve each of the following.

(a)$3v \cdot (w + 2u)$　(b)$\|u\|v + \|v\|w$　(c)$(u \times v) \times w$

（95 中正電機、通訊所）

解　(a)$3v \cdot (w + 2u) = (3, 6, 9) \cdot (2, 1, -1) = 3$

(b)$\|u\|v + \|v\|w = (1, 2, 3) + \sqrt{14}(0, 1, -1) = (1, 2 + \sqrt{14}, 3 - \sqrt{14})$

(c)$\begin{vmatrix} i & j & k \\ 1 & 0 & 0 \\ 1 & 2 & 3 \end{vmatrix} = -3j + 2k$

$\Rightarrow u \times v = (0, -3, 2)$

$$\begin{vmatrix} i & j & k \\ 0 & -3 & 2 \\ 0 & 1 & -1 \end{vmatrix} = -i$$

$$\Rightarrow (u \times v) \times w = (-1, 0, 0)$$

1-2　空間解析幾何

定義：位置向量（Position vector）

$\vec{\mathbf{r}} = x\hat{\mathbf{i}} + y\hat{\mathbf{j}} + z\hat{\mathbf{k}}$, x, y, z 為任意值，表示空間中任何一點之位置向量

㈠空間直線方程式（點向式）

空間中之直線方程式必須包含二個要素：

⑴此直線之方向

⑵直線上任何一點之位置向量

故一空間中之直線不外乎以下列三種方程式表示之：

1. 已知空間中之一直線

⑴通過 r_0 點(x_0, y_0, z_0)

⑵平行方向 $\vec{\mathbf{l}} = a\hat{\mathbf{i}} + b\hat{\mathbf{j}} + c\hat{\mathbf{k}}$

則其直線方程式可表示為：

$$\frac{x - x_0}{a} = \frac{y - y_0}{b} = \frac{z - z_0}{c} \tag{17}$$

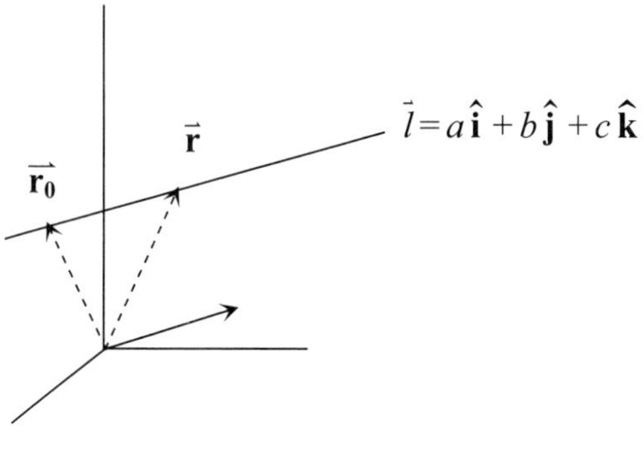

2. 已知空間中之一直線通過 r_0 點且其

方向平行於 $\vec{\mathbf{l}}=a\hat{\mathbf{i}}+b\hat{\mathbf{j}}+c\hat{\mathbf{k}}$，則顯然的

直線上任何一點之位置向量 $\vec{\mathbf{r}}=x\hat{\mathbf{i}}+y\hat{\mathbf{j}}+z\hat{\mathbf{k}}$

至 r_0 點所形成之向量$(\vec{\mathbf{r}}-\vec{\mathbf{r}}_0)$必平行於直線方向 $\vec{\mathbf{l}}=a\hat{\mathbf{i}}+b\hat{\mathbf{j}}+c\hat{\mathbf{k}}$，故(17)可改寫為：

$$(\vec{\mathbf{r}}-\vec{\mathbf{r}}_0)\times\vec{\mathbf{l}}=0 \tag{18}$$

3. 已知空間直線通過二定點：

$\vec{\mathbf{r}}_1=x_1\hat{\mathbf{i}}+y_1\hat{\mathbf{j}}+z_1\hat{\mathbf{k}}$；$\vec{\mathbf{r}}_2=x_2\hat{\mathbf{i}}+y_2\hat{\mathbf{j}}+z_2\hat{\mathbf{k}}$ 則直線上任何一點 $\vec{\mathbf{r}}$ 至 $\vec{\mathbf{r}}_1$ 與 $\vec{\mathbf{r}}_1$ 至 $\vec{\mathbf{r}}_2$ 所形成之二向量$(\vec{\mathbf{r}}-\vec{\mathbf{r}}_1)$、$(\vec{\mathbf{r}}_1-\vec{\mathbf{r}}_2)$必定互為平行，故可得到直線方程式為：

$$(\vec{\mathbf{r}}-\vec{\mathbf{r}}_1)\times(\vec{\mathbf{r}}_2-\vec{\mathbf{r}}_1)=0 \tag{19}$$

題型一：求空間直線外一點至此直線的最短距離：

已知空間直線外一點之位置向量為 $\vec{\mathbf{P}}$，直線通過二定點 $\vec{\mathbf{r}}_1$ 與 $\vec{\mathbf{r}}_2$，如圖所示

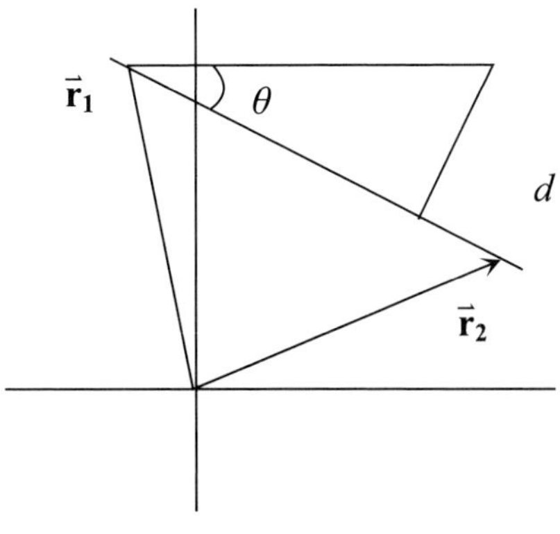

設 $\vec{\mathbf{P}}$ 點至 $\vec{\mathbf{r}}_1$ 點之向量與直線之夾角為 θ，則 $\vec{\mathbf{P}}$ 點至此直線的最短距離 d 可表示為：

$$\begin{aligned} d &= |\vec{\mathbf{p}} - \vec{\mathbf{r}}_1| \sin\theta \\ &= \frac{|\vec{\mathbf{p}} - \vec{\mathbf{r}}_1||\vec{\mathbf{r}}_1 - \vec{\mathbf{r}}_2| \sin\theta}{|\vec{\mathbf{r}}_1 - \vec{\mathbf{r}}_2|} \\ &= \frac{|(\vec{\mathbf{p}} - \vec{\mathbf{r}}_1) \times (\vec{\mathbf{r}}_2 - \vec{\mathbf{r}}_1)|}{|\vec{\mathbf{r}}_1 - \vec{\mathbf{r}}_2|} \end{aligned} \tag{20}$$

觀念提示：d 為$(\vec{\mathbf{p}} - \vec{\mathbf{r}}_1)$與$(\vec{\mathbf{r}}_2 - \vec{\mathbf{r}}_1)$所圍平行四邊形之高，故 d 為平行四邊形面積（由$|(\vec{\mathbf{P}} - \vec{\mathbf{r}}_1) \times (\vec{\mathbf{r}}_2 - \vec{\mathbf{r}}_1)|$而得）除以底之長度（$|(\vec{\mathbf{r}}_2 - \vec{\mathbf{r}}_1)|$）得到。

題型二：兩歪斜線間之最短距離

歪斜線為空間中之二不平行且不相交之二直線。已知空間中之兩歪斜線分別通過 $\vec{\mathbf{r}}_1$ 與 $\vec{\mathbf{r}}_2$ 點，方向分別為 $\vec{\mathbf{l}}_1$ 與 $\vec{\mathbf{l}}_2$，則其直線方程式可表示為：

$$\begin{cases} L_1：(\vec{\mathbf{r}} - \vec{\mathbf{r}}_1) \times \vec{\mathbf{l}}_1 = \mathbf{0} \\ L_2：(\vec{\mathbf{r}} - \vec{\mathbf{r}}_2) \times \vec{\mathbf{l}}_2 = \mathbf{0} \end{cases}$$

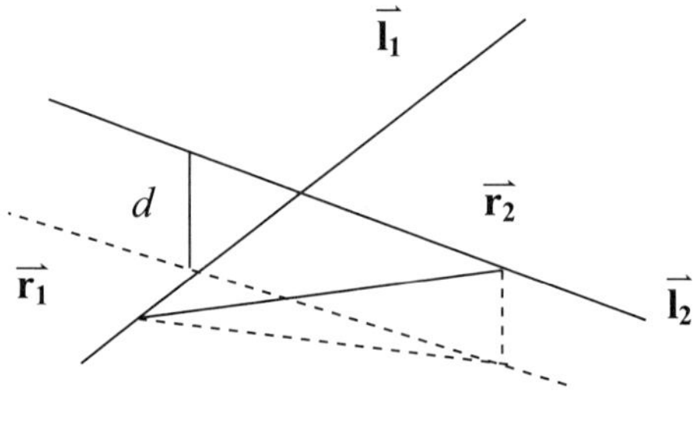

如圖所示，兩歪斜線間之最短距離必然發生在 L_1 與 L_2 之公垂方向上，即 $\vec{\mathbf{l}}_1 \times \vec{\mathbf{l}}_2$ 的方向，而 θ 為$(\vec{\mathbf{r}}_2 - \vec{\mathbf{r}}_1)$與此方向之夾角，故可得：

$$d = |\vec{\mathbf{r}}_2 - \vec{\mathbf{r}}_1|\cos\theta = \frac{|\vec{\mathbf{r}}_2 - \vec{\mathbf{r}}_1||\vec{\mathbf{l}}_1 \times \vec{\mathbf{l}}_2|}{|\vec{\mathbf{l}}_1 \times \vec{\mathbf{l}}_2|}\cos\theta \tag{21}$$

$$= \frac{|(\vec{\mathbf{r}}_2 - \vec{\mathbf{r}}_1)\cdot(\vec{\mathbf{l}}_1 \times \vec{\mathbf{l}}_2)|}{|\vec{\mathbf{l}}_1 \times \vec{\mathbf{l}}_2|}$$

觀念提示：d可看作是$(\vec{\mathbf{r}}_2 - \vec{\mathbf{r}}_1)$, $\vec{\mathbf{l}}_1$, $\vec{\mathbf{l}}_2$所圍平行六面體之高，故其大小為體積／底面積；而體積即為$(\vec{\mathbf{r}}_2 - \vec{\mathbf{r}}_1)$, $\vec{\mathbf{l}}_1$, $\vec{\mathbf{l}}_2$之純量三重積，底面積即為$\vec{\mathbf{l}}_1$, $\vec{\mathbf{l}}_2$之外積長度。

㈡空間平面方程式

描述空間中之平面必須包含二個要素：

⑴此平面之法向量

⑵平面上任何一點之位置向量

故一空間中之平面不外乎以下列二種方程式表示之：

1. 已知平面上一點$\vec{\mathbf{r}}_1 = x_1\hat{\mathbf{i}} + y_1\hat{\mathbf{j}} + z_1\hat{\mathbf{k}}$，法向向量$\vec{\mathbf{N}} = a\hat{\mathbf{i}} + b\hat{\mathbf{j}} + c\hat{\mathbf{k}}$

⇒平面上任何一點$\vec{\mathbf{r}}$至$\vec{\mathbf{r}}_1$點所形成之二向量$(\vec{\mathbf{r}} - \vec{\mathbf{r}}_1)$必定與法向量正交，故可得到平面方程式為：

$$(\vec{\mathbf{r}} - \vec{\mathbf{r}}_1)\cdot\vec{\mathbf{N}} = 0 \tag{22}$$

$$\Rightarrow a(x - x_1) + b(y - y_1) + c(z - z_1) = 0$$

or

$$ax + by + cz = ax_1 + by_1 + cz_1$$

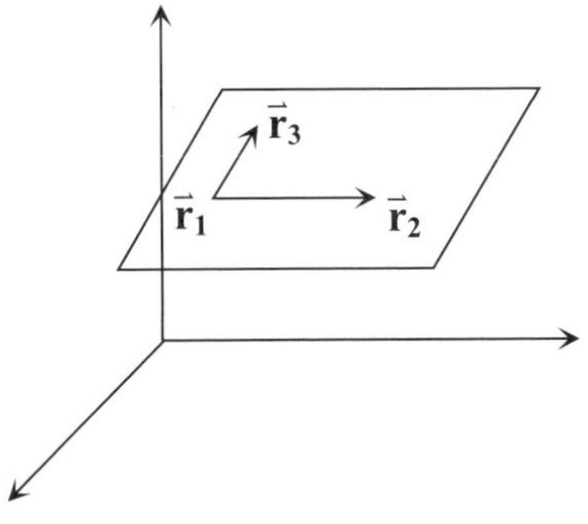

2. 若已知空間中不共線之三點 $\vec{\mathbf{r}}_1, \vec{\mathbf{r}}_2, \vec{\mathbf{r}}_3$

⇒此三點所形成之平面法向量必為$(\vec{\mathbf{r}}_2-\vec{\mathbf{r}}_1)$與$(\vec{\mathbf{r}}_3-\vec{\mathbf{r}}_2)$之公垂向量，i.e., $(\vec{\mathbf{r}}_2-\vec{\mathbf{r}}_1)\times(\vec{\mathbf{r}}_3-\vec{\mathbf{r}}_1)$，故 $\vec{\mathbf{r}}_1, \vec{\mathbf{r}}_2, \vec{\mathbf{r}}_3$ 所形成之平面方程式為：

$$(\vec{\mathbf{r}}-\vec{\mathbf{r}}_1)\cdot[(\vec{\mathbf{r}}_2-\vec{\mathbf{r}}_1)\times(\vec{\mathbf{r}}_3-\vec{\mathbf{r}}_1)]=0 \tag{23}$$

觀念提示：*1.* 平面之法向量為唯一（而曲面法向量則因曲面上不同之位置而異）。

2. $\vec{\mathbf{N}}$ 可由$[(\vec{\mathbf{r}}_2-\vec{\mathbf{r}}_1)\times(\vec{\mathbf{r}}_3-\vec{\mathbf{r}}_1)]$決定

題型三：空間平面外一點至此平面的最短距離

如下圖所示p點，$\vec{\mathbf{r}}_1$點與p點投影至平面上之點形成一直角三角形，故p點至平面之最短距離可表示為：

$$\begin{aligned} d &= |\vec{\mathbf{p}}-\vec{\mathbf{r}}_1|\cos\theta \\ &= \frac{|\vec{\mathbf{p}}-\vec{\mathbf{r}}_1||\vec{\mathbf{N}}|\cos\theta}{|\vec{\mathbf{N}}|} \\ &= \frac{(\vec{\mathbf{p}}-\vec{\mathbf{r}}_1)\cdot\vec{\mathbf{N}}}{|\vec{\mathbf{N}}|} \\ &= |(\vec{\mathbf{p}}-\vec{\mathbf{r}}_1)\cdot\hat{\mathbf{e}}_{\mathbf{N}}| \end{aligned} \tag{24}$$

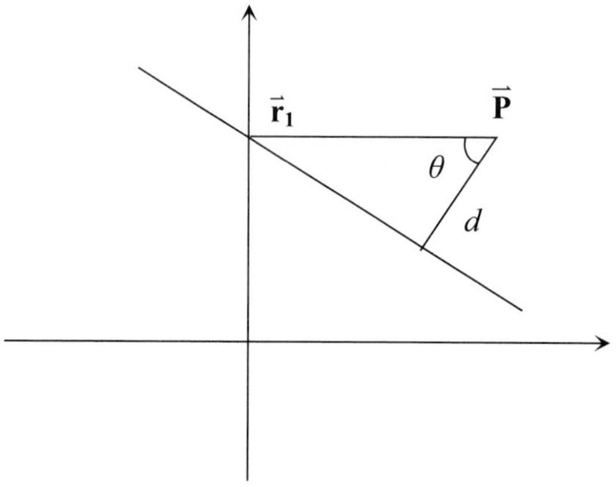

觀念提示：d即為$(\vec{\mathbf{P}}-\vec{\mathbf{r}}_1)$在平面之法向量上的投影量

題型四：求兩平面間之夾角

如下圖所示，兩平面間之夾角即為兩平面法向向量之夾角

已知二平面：

$a_1x+b_1y+c_1z=d_1$, i.e. $\vec{\mathbf{N}}_1=a_1\hat{\mathbf{i}}+b_1\hat{\mathbf{j}}+c_1\hat{\mathbf{k}}$

$a_2x+b_2y+c_2z=d_2$, i.e. $\vec{\mathbf{N}}_2=a_2\hat{\mathbf{i}}+b_2\hat{\mathbf{j}}+c_2\hat{\mathbf{k}}$

根據(3)，兩平面間之夾角為：

$$\theta=\cos^{-1}\frac{\vec{\mathbf{N}}_1\cdot\vec{\mathbf{N}}_2}{|\vec{\mathbf{N}}_1||\vec{\mathbf{N}}_2|} \tag{25}$$

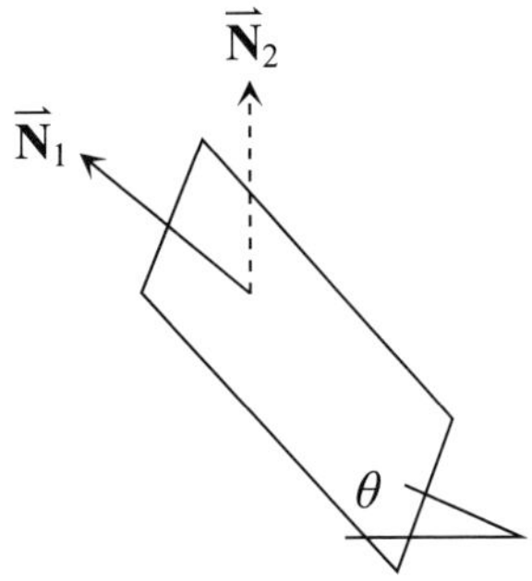

例 6：　Two lines are defined as follows

$$L_1:\begin{cases}x=1+2t\\y=1+3t\\z=2-t\end{cases}\quad L_2:\begin{cases}x=t\\y=2t\\z=3t\end{cases}$$

(a)Find the shortest distance between L_1 and L_2

(b)Find the equation of the plane which passes through (1, 0, 1) and parallel lines L_1 and L_2　（成大電機）

解　(a)$\vec{\mathbf{L}}_1=2\hat{\mathbf{i}}+3\hat{\mathbf{j}}-\hat{\mathbf{k}}$

$\vec{\mathbf{L}}_2=\hat{\mathbf{i}}+2\hat{\mathbf{j}}+3\hat{\mathbf{k}}$

$\Rightarrow$公垂向量 $\hat{\mathbf{n}} = \dfrac{\vec{\mathbf{L}}_1 \times \vec{\mathbf{L}}_2}{|\vec{\mathbf{L}}_1 \times \vec{\mathbf{L}}_2|} = \dfrac{11\hat{\mathbf{i}} - 7\hat{\mathbf{j}} + \hat{\mathbf{k}}}{\sqrt{171}}$

最短距離即為二線上各取一點之連線在法向量上的投影量

$[(1, 1, 2) - (0, 0, 0)] \cdot \hat{\mathbf{n}} = \dfrac{6}{\sqrt{171}}$

(b)平面方程式為：

$[\vec{\mathbf{r}} - (1, 0, 1)] \cdot \hat{\mathbf{n}} = 0$

$\Rightarrow 11(x-1) - 7y + (z-1) = 0$

$\Rightarrow 11x - 7y + z = 12$

例 7： 已知二條直線

L_1：$x_1 = 1 + 6t, y = 2 - 4t, z = 8t - 1$ 及

L_2：$x = 4 - 3t, y = 2t, z = 3 + 4t$

試問：(a)交點(b)夾角(c)包含此二直線的平面　（交大環工）

解

(a)L_1：$\dfrac{x-1}{6} = \dfrac{y-2}{-4} = \dfrac{z+1}{8} = t$

L_2：$\dfrac{x-4}{-3} = \dfrac{y}{2} = \dfrac{z-3}{4} = s$

$\Rightarrow \begin{cases} 1 + 6t = 4 - 3s \\ 2 - 4t = 2s \\ -1 + 8t = 3 + 4s \end{cases}$

可求得 $s = 0, t = \dfrac{1}{2}$

故二條線有交點，交點為(4, 0, 3)

(b)$\theta = \cos^{-1}\dfrac{\vec{\mathbf{L}}_1 \cdot \vec{\mathbf{L}}_2}{|\vec{\mathbf{L}}_1||\vec{\mathbf{L}}_2|} = \cos^{-1}\dfrac{3}{29}$

(c)平面方程式之法向量為：$(3\hat{\mathbf{i}} - 2\hat{\mathbf{j}} + 4\hat{\mathbf{k}}) \times (-3\hat{\mathbf{i}} + 2\hat{\mathbf{j}} + 4\hat{\mathbf{k}})$

$\therefore (\vec{\mathbf{r}} - (\hat{\mathbf{i}} + 2\hat{\mathbf{j}} - \hat{\mathbf{k}})) \cdot [(3\hat{\mathbf{i}} - 2\hat{\mathbf{j}} + 4\hat{\mathbf{k}}) \times (-3\hat{\mathbf{i}} + 2\hat{\mathbf{j}} + 4\hat{\mathbf{k}})] = 0$

$\Rightarrow 2(x-1) + 3(y-2) + 0(z+1) = 0$

$\Rightarrow 2x + 3y = 8$

例 8：　方程式$(\vec{\mathbf{r}}-\vec{\mathbf{r}}_0)\cdot\hat{\mathbf{n}}=0$表示一個通過$\vec{\mathbf{r}}_0$且法向量為$\hat{\mathbf{n}}$之平面，試求此平面上一點$\vec{\mathbf{r}}^*$，使得此點到面外一點$\vec{\mathbf{p}}$之距離最小
（台大機械）

解

$\vec{\mathbf{p}}$點至平面的距離為：

$d=(\vec{\mathbf{p}}-\vec{\mathbf{r}}_0)\cdot\hat{\mathbf{n}}=|\vec{\mathbf{p}}-\vec{\mathbf{r}}^*|$

$\therefore\vec{\mathbf{r}}^*=\vec{\mathbf{p}}+d(-\hat{\mathbf{n}})$

$=\vec{\mathbf{p}}-[(\vec{\mathbf{p}}-\vec{\mathbf{r}}_0)\cdot\hat{\mathbf{n}}]\hat{\mathbf{n}}$

例 9：　For what c are the plane $x+y+z=1$ and $2x+cy+7z=0$ orthogonal?
（成大化工）

解

$$\hat{\mathbf{n}}_1=\pm\frac{\hat{\mathbf{i}}+\hat{\mathbf{j}}+\hat{\mathbf{k}}}{\sqrt{3}},\ \hat{\mathbf{n}}_2=\pm\frac{2\hat{\mathbf{i}}+c\hat{\mathbf{j}}+7\hat{\mathbf{k}}}{\sqrt{4+c^2+49}}$$

若平面正交$\Rightarrow\hat{\mathbf{n}}_1\cdot\hat{\mathbf{n}}_2=0$

$\therefore 2+c+7=0,\ c=-9$

例 10：　Find the angle between the plane $2x-y+2z=1$ and $x-y=2$
（成大）

解

二平面之夾角即為法向量夾角：

$$\hat{\mathbf{n}}_1=\pm\frac{2\hat{\mathbf{i}}+\hat{\mathbf{j}}+\hat{\mathbf{k}}}{3},\ \hat{\mathbf{n}}_2=\pm\frac{\hat{\mathbf{i}}-\hat{\mathbf{j}}}{\sqrt{2}}$$

$$\therefore\hat{\mathbf{n}}_1\cdot\hat{\mathbf{n}}_2=\cos\theta=\frac{\pm3}{3\sqrt{2}}=\pm\frac{1}{\sqrt{2}}$$

$$\therefore\theta=\frac{\pi}{4}\text{ or }\frac{3}{4}\pi$$

例 11： Let θ be a fixed real number and let

$$\mathbf{x}_1=\begin{bmatrix}\cos\theta\\ \sin\theta\end{bmatrix} \text{ and } \mathbf{x}_2=\begin{bmatrix}-\sin\theta\\ \cos\theta\end{bmatrix}$$

(a)Show that $\{\mathbf{x}_1, \mathbf{x}_2\}$ is an orthonormal basis for R^2.

(b)Given a vector $\mathbf{y}$ in R^2, find c_1, c_2 such that $\mathbf{y}$ is a linear combination of $c_1\mathbf{x}_1+c_2\mathbf{x}_2$.

(c)Verify that $c_1^2+c_2^2=\|\mathbf{y}\|^2=y_1^2+y_2^2$. （95 海洋通訊所）

解

(a) $\langle x_1, x_2\rangle=(\cos\theta)(-\sin\theta)+(\sin\theta)(\cos\theta)=0$

$\langle x_1, x_1\rangle=(\cos\theta)(\cos\theta)+(\sin\theta)(\sin\theta)=1$，

$\langle x_2, x_2\rangle=(-\sin\theta)(-\sin\theta)+(\cos\theta)(\cos\theta)=1$

$\Rightarrow\{x_1, x_2\}$為 orthonormal set

$\Rightarrow\{x_1, x_2\}$為 linearly independent set

$\Rightarrow\{x_1, x_2\}$為 R^2 的一組 basis

$\Rightarrow\{x_1, x_2\}$為 R^2 的一組 orthonormal basis

(b) $\langle \mathbf{y}, \mathbf{x}_1\rangle=\langle c_1\mathbf{x}_1+c_2\mathbf{x}_2, \mathbf{x}_1\rangle=c_1\langle \mathbf{x}_1, \mathbf{x}_1\rangle+c_2\langle \mathbf{x}_2, \mathbf{x}_1\rangle=c_1$

$\langle \mathbf{y}, \mathbf{x}_2\rangle=\langle c_1\mathbf{x}_1+c_2\mathbf{x}_2, \mathbf{x}_2\rangle=c_1\langle \mathbf{x}_1, \mathbf{x}_2\rangle+c_2\langle \mathbf{x}_2, \mathbf{x}_2\rangle=c_2$

(c)因為 $\langle x_1, x_2\rangle=0$

$\Rightarrow\langle c_1x_1, c_2x_2\rangle=c_1c_2\langle x_1, x_2\rangle=0$

根據畢氏定理

$$\|\mathbf{y}\|^2=\|c_1\mathbf{x}_1+c_2\mathbf{x}_2\|^2=\|c_1\mathbf{x}_1\|^2+\|c_2\mathbf{x}_2\|^2=c_1^2\|\mathbf{x}_1\|^2+c_2^2\|\mathbf{x}_2\|^2$$
$$=c_1^2+c_2^2$$

另外，$\|\mathbf{y}\|^2=\langle \mathbf{y}, \mathbf{y}\rangle=\left\langle\begin{bmatrix}y_1\\ y_2\end{bmatrix}, \begin{bmatrix}y_1\\ y_2\end{bmatrix}\right\rangle=y_1^2+y_2^2$。

例 12： Find an equation of the plane containing the line

$x=-2+3t, y=4+2t, z=3-t$

And perpendicular to the plane. $x-2y+z=5$.

（95 成大電信所）

解　假設題目要求的plane為P：$a(x+2)+b(y-4)+c(z-3)=d$且

假設P_1：$x-2y+z=5$

則因為P與P_1垂直，所以

$\Rightarrow a-2b+c=0$

另外，因為P經過 line：$(-2+3t, 4+2t, 3-t)=(-2, 4, 3)+t(3, 2, -1)$

$\Rightarrow 3a+2b-c=0$

解方程式$\begin{cases} a-2b+c=0 \\ 3a+2b-c=0 \end{cases}$得$a=0, c=2b$

則P：$(y-4)+2(z-3)=0$

例 13：Find the equation for

(1) the plane that passes through the point $(-1, -5, 5)$ and is perpendicular to the line of intersection of the planes $\begin{cases} 5x-2y-7z=0 \\ z=0 \end{cases}$

(2) the plane that passes through the point $(-1, -5, 5)$ and contains the line of intersection of the planes $\begin{cases} 5x-2y-7z=0 \\ z=0 \end{cases}$

（99 交大電機）

解

(1)$\mathbf{n}=\begin{vmatrix} \hat{i} & \hat{j} & \hat{k} \\ 5 & 2 & -7 \\ 0 & 0 & 1 \end{vmatrix}=2\hat{i}-5\hat{j}$

$\Rightarrow P$：$2(x+1)-5(y+5)=0$

(2)$\mathbf{n}=\begin{vmatrix} \hat{i} & \hat{j} & \hat{k} \\ 2 & -5 & 0 \\ -1 & -5 & 5 \end{vmatrix}=25\hat{i}+10\hat{j}+15\hat{k}=5\hat{i}+2\hat{j}+3\hat{k}$

$\Rightarrow P$：$5(x+1)+2(y+5)+3(z-5)=0$

例 14： Find the shortest distance between the following pairs of parallel lines.

L_1：$(x, y, z) = (3, 0, 2) + t(3, 1, 0)$

L_2：$(x, y, z) = (-1, 2, 2) + t(3, 1, 0)$（95 銘傳，統資）

解 如下圖所示，假設 $\mathbf{v} = (3, 1, 0)$

$\mathbf{u} = (3, 0, 2) - (-1, 2, 2) = (4, -2, 0)$

$$\mathbf{x} = \frac{\langle \mathbf{u}, \mathbf{v} \rangle}{\langle \mathbf{v}, \mathbf{v} \rangle}\mathbf{v} = \frac{10}{10}(3, 1, 0) = (3, 1, 0)$$

所以 L_1 與 L_2 的 shortest distance 為

$$d = \|\mathbf{u} - \mathbf{x}\| = \|(1, -3, 0)\| = \sqrt{10}$$

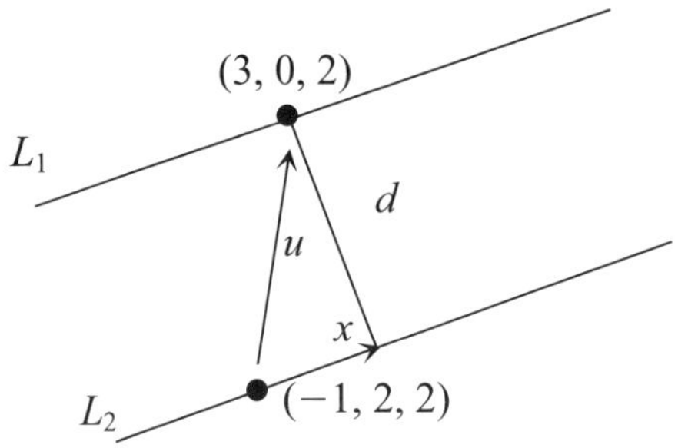

精選練習

1. If vectors $\vec{\mathbf{A}}$, $\vec{\mathbf{B}}$, $\vec{\mathbf{C}}$ and $\vec{\mathbf{D}}$ lie in the same plane show that $(\vec{\mathbf{A}}\times\vec{\mathbf{B}})\times(\vec{\mathbf{C}}\times\vec{\mathbf{D}})=0$

（交大土木環工）

2. (a)Find the volume of the parallelepiped that has the following vectors as adjacent edges

$\vec{\mathbf{a}}=2\hat{\mathbf{j}}+\hat{\mathbf{k}}$, $\vec{\mathbf{b}}=\hat{\mathbf{i}}-\hat{\mathbf{j}}$, $\vec{\mathbf{c}}=-\hat{\mathbf{j}}+4\hat{\mathbf{k}}$

(b)Let the pairs $(\vec{\mathbf{A}},\vec{\mathbf{B}})$ and $(\vec{\mathbf{C}},\vec{\mathbf{D}})$ each determine a plane. What does it mean geometrically if $(\vec{\mathbf{A}}\times\vec{\mathbf{B}})\cdot(\vec{\mathbf{C}}\times\vec{\mathbf{D}})=0$?

（交大機械）

3. $\vec{\mathbf{a}}=\vec{\mathbf{a}}_1+\vec{\mathbf{a}}_2$, $\vec{\mathbf{a}}_1\perp\vec{\mathbf{b}}$, $\vec{\mathbf{a}}_2/\!/\vec{\mathbf{b}}$ show that $\vec{\mathbf{a}}_2=\dfrac{\vec{\mathbf{a}}\cdot\vec{\mathbf{b}}}{|\vec{\mathbf{b}}|^2}\vec{\mathbf{b}}$, $\vec{\mathbf{a}}_1=\vec{\mathbf{a}}-\dfrac{\vec{\mathbf{a}}\cdot\vec{\mathbf{b}}}{|\vec{\mathbf{b}}|^2}\vec{\mathbf{b}}$

（成大機械）

4. Given vectors $\vec{\mathbf{a}}=2\hat{\mathbf{i}}+3\hat{\mathbf{j}}$, $\vec{\mathbf{b}}=-\hat{\mathbf{i}}+2\hat{\mathbf{j}}$, $\vec{\mathbf{c}}=\hat{\mathbf{i}}+\hat{\mathbf{j}}+3\hat{\mathbf{k}}$ in a three dimensional linear space referred to a rectangular set of base vectors $\hat{\mathbf{i}}$, $\hat{\mathbf{j}}$, $\hat{\mathbf{k}}$

(a)show that $\vec{\mathbf{a}}$, $\vec{\mathbf{b}}$, $\vec{\mathbf{c}}$ are linearly independent

(b)find the area of the triangle formed by tip of vectors $\vec{\mathbf{a}}$, $\vec{\mathbf{b}}$ and $\vec{\mathbf{c}}$

(c)using $\vec{\mathbf{a}}$, $\vec{\mathbf{b}}$, $\vec{\mathbf{c}}$ as a new basis for the space, express the vector $\vec{\mathbf{d}}=2\hat{\mathbf{i}}+3\hat{\mathbf{j}}-3\hat{\mathbf{k}}$ in terms of $\vec{\mathbf{a}}$, $\vec{\mathbf{b}}$ and $\vec{\mathbf{c}}$

（台大土木）

5. 已知$\vec{\mathbf{A}}_1$, $\vec{\mathbf{A}}_2$與$\vec{\mathbf{A}}_3$不共面且有：

$\vec{\mathbf{B}}_1=\alpha_{11}\vec{\mathbf{A}}_1+\alpha_{12}\vec{\mathbf{A}}_2+\alpha_{13}\vec{\mathbf{A}}_3$

$\vec{\mathbf{B}}_2=\alpha_{21}\vec{\mathbf{A}}_1+\alpha_{22}\vec{\mathbf{A}}_2+\alpha_{23}\vec{\mathbf{A}}_3$

$\vec{\mathbf{B}}_3=\alpha_{31}\vec{\mathbf{A}}_1+\alpha_{32}\vec{\mathbf{A}}_2+\alpha_{33}\vec{\mathbf{A}}_3$

證明 $\dfrac{\vec{\mathbf{B}}_1\cdot(\vec{\mathbf{B}}_2\times\vec{\mathbf{B}}_3)}{\vec{\mathbf{A}}_1\cdot(\vec{\mathbf{A}}_2\times\vec{\mathbf{A}}_3)}=\begin{vmatrix}\alpha_{11}&\alpha_{12}&\alpha_{13}\\\alpha_{21}&\alpha_{22}&\alpha_{23}\\\alpha_{31}&\alpha_{32}&\alpha_{33}\end{vmatrix}$

（83 交大材研）

6. 求空間中二條歪斜線之最短距離

L_1：$\dfrac{x+1}{-1}=\dfrac{y+2}{2}=\dfrac{z+3}{1}$

L_2：$\dfrac{x}{3}=\dfrac{y-1}{1}=\dfrac{z+2}{-2}$

7. L_1為通過(0, 0, 0)與(1, 1, 1)之直線，而L_2為通過(3, 4, 1)與(0, 0, 1)之直線；求L_1與L_2間最短距離

（台大土木）

8. 證明點(x_0, y_0, z_0)到平面$ax+by+cz=d$之最短距離為$\dfrac{|ax_0+by_0+cz_1-d|}{\sqrt{a^2+b^2+c^2}}$

（81 交大環工）

9. 使用向量方法尋找

 (a)垂直於平面 $x-2y+2=0$ 且過點(1, 3)之直線方程式？

 (b)原點到平面 $4x+2y+2z=-7$ 之距離 （台大環境）

10. Find the volume of the tetrahedron with vectors $\vec{\mathbf{a}}, \vec{\mathbf{b}}, \vec{\mathbf{c}}$ as adjacent edges where $\vec{\mathbf{a}}=\hat{\mathbf{i}}+2\hat{\mathbf{k}}$, $\vec{\mathbf{b}}=4\hat{\mathbf{i}}+6\hat{\mathbf{j}}+2\hat{\mathbf{k}}$, $\vec{\mathbf{c}}=3\hat{\mathbf{i}}+3\hat{\mathbf{j}}-6\hat{\mathbf{k}}$ （85 中山光電）

11. 設 $\vec{v_1}=a\vec{i}-2\vec{j}+\vec{k}$，$\vec{v_2}=\vec{i}+b\vec{j}-4\vec{k}$，求 a，b 之值使 $\vec{v_1}//\vec{v_2}$。

12. 設 $\vec{A}, \vec{B}, \vec{C}$ 不共面，則空間中任何向量 $\vec{v}$ 可表為 $\vec{v}=a\vec{A}+b\vec{B}+c\vec{C}$，求 a, b, c 之值。

13. $\vec{v_1}=\vec{i}+a\vec{j}+2\vec{k}, \vec{v_2}=b\vec{i}+\vec{j}+3\vec{k}, \vec{v_3}=b\vec{i}+\vec{j}+\vec{k}$, 求 a，b 之值，使 $\vec{v_1}\perp\vec{v_2}$，且 $\vec{v_1}, \vec{v_2}, \vec{v_3}$ 共面。

14. The point $R=(x, x, x)$ is on a line through (1, 1, 1). And, the point $S=(y+1, 2y, 1)$ is on another line

 (a)Choose x and y to minimze the squared distance $\|R-S\|^2$

 (b)Find the minimum value of $\|R-S\|^2$ （95 交大電子）

15. Let **u** and **v** be nonzero vectors in 2- or 3-space, and let $k=\|\mathbf{u}\|$ and $l=\|\mathbf{v}\|$. Show that the vector $\mathbf{w}=l\mathbf{u}+k\mathbf{v}$ bisects the angle between **u** and**v** (i.e., the angles between **u** and **w** and between **v** and **w** are equal). （100 中正電機通訊）

16. Write the vector $\mathbf{v}=[4 \quad 9 \quad 19]$ as a linear combination of $\mathbf{u}_1=[1 \quad -2 \quad 3]$, $\mathbf{u}_2=[3 \quad -7 \quad 10]$, $\mathbf{u}_3=[2 \quad 1 \quad 9]$, （94 中正電機）

2 行列式及反矩陣

The purpose of computing is insight, not numbers.

——Richard W. Hamming.

2-1 矩陣的定義及特殊矩陣

將 mn 個數排列成一個 m 列 n 行的長方形，就稱為大小為 $m \times n$ 的矩陣（Matrix）

$$\mathbf{A} = [a_{ij}]_{m\times n} = \underbrace{\left.\begin{bmatrix} a_{11} & a_{12} & \cdots & a_{1n} \\ a_{21} & a_{22} & \cdots & a_{2n} \\ \vdots & \vdots & \ddots & \vdots \\ a_{m1} & a_{m2} & \cdots & a_{mn} \end{bmatrix}\right\} m \text{ 列}}_{n \text{ 行}}$$

定義：1. 若 $m=n$ 則稱 $\mathbf{A}$ 為 n 階方陣。

2. 若構成矩陣的每個元素都是實數，則稱此矩陣為實數矩陣，或稱為佈於實數系的矩陣，如 $\mathbf{A} \in R^{m\times n}$

3. 在 n 階方陣中 $\{a_{11}, a_{22}, \cdots, a_{nn}\}$ 稱為主對角線元素，主對角線元素之和稱為該方陣之跡（Trace）：

$$T_r(\mathbf{A}) = \sum_{i=1}^{n} a_{ii} \tag{1}$$

4. $R^{m\times 1}$ 內的矩陣稱為行向量（Column vector）或行矩陣
$R^{1\times n}$ 內的矩陣稱為列向量（Row vector）或列矩陣

5. 若一方陣除主對角線元素外，其餘為 0，稱為對角矩陣（diagonal matrix），表示為 diag$\{a_{11}, a_{22}, \cdots, a_{nn}\}$

6. 若一方陣主對角線左下方全都是 0，稱為上三角矩陣（upper triangular matrix）；若連主對角線元素亦全為 0，則稱為嚴格上三角矩陣。同理可定義下三角矩陣及嚴格下三角矩陣。

7. 單位矩陣（Identity matrix）
若一方陣之主對角線元素均為 1 其餘元素均為 0，稱為單位矩陣。

8. 轉置矩陣（Transposed Matrix）

若一矩陣 $\mathbf{A}=[a_{ij}]_{m\times n}$ 則其轉置矩陣表示為 $\mathbf{A}^T$，定義為

$\mathbf{A}^T=[a_{ji}]_{n\times m}$

例如：$\mathbf{A}=[a_{ij}]_{3\times 2}=\begin{bmatrix}2 & 3\\ 1 & 1\\ 0 & 2\end{bmatrix}$ 則 $\mathbf{A}^T=[a_{ji}]_{2\times 3}=\begin{bmatrix}2 & 1 & 0\\ 3 & 1 & 2\end{bmatrix}$

由轉置矩陣之定義可發現 $(\mathbf{A}^T)^T=\mathbf{A}$

9. 對稱矩陣（Symmetric matrix）

若 $\mathbf{A}$ 為一方陣且滿足 $\mathbf{A}^T=\mathbf{A}$ 或 $a_{ij}=a_{ji}\quad \forall i,j$　則稱 $\mathbf{A}$ 為對稱矩陣

例如：$\mathbf{A}=\begin{bmatrix}2 & 1 & 0\\ 1 & 3 & -1\\ 0 & -1 & 1\end{bmatrix}$

10. 反對稱矩陣（skew-symmetrical matrix）

若方陣 $\mathbf{A}$ 滿足：$\mathbf{A}^T=-\mathbf{A}$ 或 $a_{ij}=-a_{ji}\quad \forall i,j$　則稱 $\mathbf{A}$ 為反對稱矩陣

例如：$\mathbf{A}=\begin{bmatrix}0 & -3 & -1\\ 3 & 0 & -2\\ 1 & 2 & 0\end{bmatrix}$ 則 $\mathbf{A}=-\mathbf{A}^T$

11. 若構成矩陣的每個元素均為複數，則稱此矩陣為複數矩陣，或稱為佈於複數系的矩陣如 $\mathbf{A}\in C^{m\times n}$

12. 共軛矩陣（Conjugate matrix）

若矩陣 $\mathbf{A}$ 為複數矩陣，則取其每個元素的共軛複數所形成的新矩陣稱為 $\mathbf{A}$ 之共軛矩陣，表示為 $\overline{\mathbf{A}}$

例如：$\mathbf{A}=\begin{bmatrix}3+i & -2-i\\ 2-3i & 1\end{bmatrix}=\begin{bmatrix}3 & -2\\ 2 & 1\end{bmatrix}+i\begin{bmatrix}1 & -1\\ -3 & 0\end{bmatrix}$

則 $\overline{\mathbf{A}}=\begin{bmatrix}3-i & -2+i\\ 2+3i & 1\end{bmatrix}=\begin{bmatrix}3 & -2\\ 2 & 1\end{bmatrix}-i\begin{bmatrix}1 & -1\\ -3 & 0\end{bmatrix}$

(1)若 $\mathbf{A}$ 為一實數矩陣則必滿足 $\overline{\mathbf{A}}=\mathbf{A}$

(2) $\overline{\overline{\mathbf{A}}}=\mathbf{A}$，$(\overline{\mathbf{A}})^T=\overline{\mathbf{A}^T}$

13. 共軛轉置矩陣

矩陣 **A** 取轉置後再取共軛（或取共軛再取轉置），所形成的新矩陣稱為共軛轉置矩陣，表示方式為 $\mathbf{A}^H$

$\Rightarrow \mathbf{A}^H = \overline{\mathbf{A}^T} = (\overline{\mathbf{A}})^T$

14. Hermitian 矩陣

矩陣 **A** 稱為 Hermitian 矩陣若其滿足：

$\mathbf{A} = \mathbf{A}^H$ 或 $[a_{ij}] = [\overline{a_{ji}}]$

(1) Hermitian 矩陣必為方陣

(2) Hermitian 矩陣之主對角線元素必為實數

(3)對實數矩陣而言，Hermitian 矩陣即為對稱矩陣

15. Skew-Hermitian 矩陣

若方陣 **A** 滿足 $\mathbf{A} = -\mathbf{A}^H$ 或 $[a_{ij}] = [\overline{a_{ji}}]$，則稱 **A** 為 skew-Hermitian 矩陣

(1) skew-Hermitian 矩陣之主對角線元素必為 0 或純虛數

(2)對實數矩陣而言，skew-Hermitian 矩陣即為反對稱矩陣

(3)**A** 為 Hermitian⇔i**A** 為 skew-Hermitian

16. 正交矩陣（Orthogonal matrix）

若方陣 **A** 滿足 $\mathbf{A}^T\mathbf{A} = \mathbf{A}\mathbf{A}^T = \mathbf{I}$，則稱 **A** 為正交矩陣

設 **A** 之各行向量為 $\{\mathbf{a}_1, \mathbf{a}_2, \cdots \mathbf{a}_n\}$ 若 **A** 為正交矩陣則

$$\mathbf{A}^T\mathbf{A} = \mathbf{I} \Rightarrow \mathbf{a}_i^T\mathbf{a}_j = \begin{cases} 1 & , i = j \\ 0 & , i \neq j \end{cases} \tag{2}$$

故可知 **A** 之各行向量均為單位向量且兩兩正交。

定理 2-1

(1)反對稱矩陣之主對角線元素必為 0

(2) Any square matrix can be written as the sum of a Symmetric and skew-symmetrical matrix.

定理 2-2

(1)若 $\mathbf{A}$ 為 Hermitian 矩陣，則 $i\mathbf{A}$ 為 skew-Hermitian 矩陣

(2)若 $\mathbf{A}$ 為 skew-Hermitian 矩陣，則 $i\mathbf{A}$ 為 Hermitian 矩陣

定理 2-3

(1)若 $\mathbf{A}$ 為正交矩陣，則 $\mathbf{A}^{-1}$ 亦為正交矩陣

(2)若 $\mathbf{A}, \mathbf{B}$ 為正交矩陣，則 $\mathbf{AB}$ 亦為正交矩陣

2-2 矩陣的基本運算

(一)矩陣之加減

對於 $\mathbf{A}=[a_{ij}]_{m\times n}$　$\mathbf{B}=[b_{ij}]_{m\times n}, k\in R$

(1)$\mathbf{A}\pm\mathbf{B}=[a_{ij}\pm b_{ij}]_{m\times n}$

(2)$k[a_{ij}]_{m\times n}=[ka_{ij}]_{m\times n}$

顯然的，兩矩陣必需尺度完全相合才能相加相減，根據以上運算性質可知，矩陣加減符合以下定律：

(1)$\mathbf{A}+\mathbf{B}=\mathbf{B}+\mathbf{A}$（加法交換律）

(2)$(\mathbf{A}+\mathbf{B})+\mathbf{C}=\mathbf{A}+(\mathbf{B}+\mathbf{C})$（加法結合律）

(3)$\mathbf{A}+\mathbf{B}=\mathbf{A}+\mathbf{C}\Rightarrow\mathbf{B}=\mathbf{C}$（加法消去律）

(4)$\mathbf{A}=\mathbf{B}$ (or $\mathbf{A}-\mathbf{B}=0$)$\Rightarrow a_{ij}=b_{ij}$, for $\forall i, j$

(二)矩陣相乘

若 $\mathbf{A}=[a_{ij}]_{m\times n}$　$\mathbf{B}=[b_{jk}]_{n\times s}$　則

$$\mathbf{AB}=\mathbf{C}=[c_{ik}]_{m\times s}\quad 其中\quad c_{ik}=\sum_{j=1}^{n}a_{ij}b_{jk} \tag{3}$$

(3)式稱之為左橫切－右直切規則（row-by-column rule）

定義：若 $\mathbf{A} \in R^{n \times n}$ 則

$\mathbf{A}^2 = \mathbf{AA}$；$\mathbf{A}^{k+1} = \mathbf{A}^k\mathbf{A}$

觀念提示：1. 矩陣乘法不具交換性，因為「被乘矩陣」的行數（寬度）必需要等於「乘矩陣」的列數（高度）否則無法相乘。且「積矩陣」之列數與被乘矩陣之列數相同，而行數與乘矩陣之行數相同。

2. 若 $\mathbf{A} \in R^{m \times n}$，$\mathbf{I}_n$ 為 n 階單位矩陣，則 $\mathbf{AI}_n = \mathbf{A}$。

3. 定義 $\mathbf{a}^{(i)}$ 代表 $\mathbf{A}$ 之第 i 個列向量，$\mathbf{b}_i$ 代表 $\mathbf{B}$ 的第 i 個行向量則：

$$\mathbf{AB} = \begin{bmatrix} \mathbf{a}^{(1)} \\ \vdots \\ \mathbf{a}^{(m)} \end{bmatrix} [\mathbf{b}_1 \cdots \mathbf{b}_s] = \begin{bmatrix} (\mathbf{a}^{(1)}, \mathbf{b}_1) & \cdots & (\mathbf{a}^{(1)}, \mathbf{b}_s) \\ \vdots & \ddots & \vdots \\ (\mathbf{a}^{(m)}, \mathbf{b}_1) & \cdots & (\mathbf{a}^{(m)}, \mathbf{b}_s) \end{bmatrix} \tag{4}$$

其中$(\mathbf{a}^{(i)}, \mathbf{b}_k) = \sum_{j=1}^{n} a_{ij} b_{jk}$表示向量 $\mathbf{a}^{(i)}$ 與 $\mathbf{b}_k$ 之內積

$$\mathbf{AB} = \mathbf{A}\,[\mathbf{b}_1 \cdots \mathbf{b}_s] = [\mathbf{Ab}_1 \cdots \mathbf{Ab}_s] = [\mathbf{c}_1 \cdots \mathbf{c}_s] \tag{5}$$

其中（$\mathbf{c}_i$）為 $\mathbf{C}$ 之第 i 個行向量。(5)式表示矩陣 $\mathbf{A}$ 將尺寸 $n \times 1$ 之向量 $\mathbf{b}_i$ 映射至 $\mathbf{c}_i$（尺寸 $m \times 1$）

4. 特性：

(1)結合性：$(\mathbf{AB})\mathbf{C} = \mathbf{A}(\mathbf{BC})$

(2)分配性：$\mathbf{A}(\mathbf{B}+\mathbf{C}) = \mathbf{AB}+\mathbf{AC}$ or $(\mathbf{A}+\mathbf{B})\mathbf{C} = \mathbf{AC}+\mathbf{BC}$

(3)$k(\mathbf{AB}) = (k\mathbf{A})\mathbf{B} = \mathbf{A}(k\mathbf{B})$：$k$ 為純量

(4)$(\mathbf{A}+\mathbf{B})^T = \mathbf{A}^T + \mathbf{B}^T$

(5)$(\mathbf{AB})^T = \mathbf{B}^T + \mathbf{A}^T$

證明：$\mathbf{C} = \mathbf{AB} \Rightarrow c_{ij} = \mathbf{a}^{(i)}\mathbf{b}_j$

$\therefore \mathbf{C}^T = [c_{ij}] = \mathbf{a}^{(i)}\mathbf{b}_j = \mathbf{b}_j^T\mathbf{a}^{(i)T} = \mathbf{B}^T\mathbf{A}^T$

(6)$(\mathbf{ABC})^T = \mathbf{C}^T\mathbf{B}^T\mathbf{A}^T$

證明：令 $\mathbf{D} = \mathbf{BC} \Rightarrow (\mathbf{ABC})^T = (\mathbf{AD})^T = \mathbf{D}^T\mathbf{A}^T = (\mathbf{BC})^T\mathbf{A}^T$

(7)$tr\,(\mathbf{AB}) = tr\,(\mathbf{BA})$，只要 $\mathbf{AB}$ 與 $\mathbf{BA}$ 均可計算

證明：見例題 1

5.若 $\mathbf{B} = \mathbf{C} \Rightarrow \mathbf{AB} = \mathbf{AC}$，但反之未必然（試舉一反例）

6.若 $\mathbf{A}$ or $\mathbf{B} = 0 \Rightarrow \mathbf{AB} = 0$，但反之未必然（試舉一反例）

定義：可逆方陣：

對於 $\mathbf{A} \in R^{n \times n}$，若存在 $\mathbf{B} \in R^{n \times n}$，滿足 $\mathbf{AB} = \mathbf{BA} = \mathrm{I}_n$，則稱 $\mathbf{A}$ 為可逆方陣，$\mathbf{B}$ 稱為 $\mathbf{A}$ 之逆方陣 $\mathbf{B} \equiv \mathbf{A}^{-1}$

定理 2-4

(1)若 $\mathbf{AB}$ 均為 n 階可逆方陣，則 $\mathbf{AB}$ 亦為可逆方陣且

$(\mathbf{AB})^{-1} = \mathbf{B}^{-1}\mathbf{A}^{-1}$

(2)若 $\mathbf{A}$ 為可逆方陣，則 $\mathbf{A}^{-1}$ 亦為可逆方陣且

$(\mathbf{A}^{-1})^{-1} = \mathbf{A}$

(3)$(\mathbf{A}^T)^{-1} = (\mathbf{A}^{-1})^T$

(4) The inverse of a symmetric matrix is still a symmetric matrix

證明：

(1)$(\mathbf{AB})(\mathbf{AB})^{-1} = \mathbf{I} \Rightarrow \mathbf{B}^{-1}\mathbf{A}^{-1}(\mathbf{AB})(\mathbf{AB})^{-1} = \mathbf{B}^{-1}\mathbf{A}^{-1}$

$\therefore (\mathbf{AB})^{-1} = \mathbf{B}^{-1}\mathbf{A}^{-1}$

(2)$\mathbf{A}^{-1}\mathbf{A} = \mathbf{I} \Rightarrow (\mathbf{A}^{-1})^{-1}\mathbf{A}^{-1}\mathbf{A} = (\mathbf{A}^{-1})^{-1}\mathbf{I} \Rightarrow (\mathbf{A}^{-1})^{-1}$

(4)$\mathbf{A}^T = \mathbf{A}$

$\mathbf{A}^{-1}\mathbf{A} = \mathbf{I} \Rightarrow (\mathbf{A}^{-1}\mathbf{A})^T = \mathbf{I}$

$\therefore \mathbf{A}^T(\mathbf{A}^{-1})^T = \mathbf{I} \Rightarrow \mathbf{A}(\mathbf{A}^{-1})^T = \mathbf{I} \Rightarrow (\mathbf{A}^{-1})^T = \mathbf{A}^{-1}$

㈢基本列運算

三大運算法則：

1. r_{ij}：將矩陣之第 i 列和第 j 列對調。

2. $r_i^{(k)}$：將矩陣之第 i 列遍乘非零常數 k。

3. $r_{ij}^{(k)}$：將矩陣之第 i 列遍乘非零常數 k 後加入第 j 列各元素（第 i 列本身不變）。

觀念提示： *1.* 若矩陣 **A** 經過有限多個列運算後化為矩陣 **B**，則稱 **A** 列等價於 **B**，記為 **A**～**B**。

2. 定義：基本矩陣（Elementary matrix）

凡對一單位矩陣作一個基本列運算後所得之矩陣稱為基本矩陣。

$$\begin{bmatrix} a_{11} & a_{12} & a_{13} \\ a_{21} & a_{22} & a_{23} \\ a_{31} & a_{32} & a_{33} \end{bmatrix} \overset{r_{12}}{\sim} \begin{bmatrix} a_{21} & a_{22} & a_{23} \\ a_{11} & a_{12} & a_{13} \\ a_{31} & a_{32} & a_{33} \end{bmatrix}$$

$$= \begin{bmatrix} 0 & 1 & 0 \\ 1 & 0 & 0 \\ 0 & 0 & 1 \end{bmatrix} \begin{bmatrix} a_{11} & a_{12} & a_{13} \\ a_{21} & a_{22} & a_{23} \\ a_{31} & a_{32} & a_{33} \end{bmatrix}$$

$$\begin{bmatrix} a_{11} & a_{12} & a_{13} \\ a_{21} & a_{22} & a_{23} \\ a_{31} & a_{32} & a_{33} \end{bmatrix} \overset{r_{12}^{(k)}}{\sim} \begin{bmatrix} a_{11} & a_{12} & a_{13} \\ a_{21}+ka_{11} & a_{22}+ka_{12} & a_{23}+ka_{13} \\ a_{31} & a_{32} & a_{33} \end{bmatrix}$$

$$= \begin{bmatrix} 1 & 0 & 0 \\ k & 1 & 0 \\ 0 & 0 & 1 \end{bmatrix} \begin{bmatrix} a_{11} & a_{12} & a_{13} \\ a_{21} & a_{22} & a_{23} \\ a_{31} & a_{32} & a_{33} \end{bmatrix}$$

由上式可知，矩陣基本列運算可以用基本矩陣左乘原矩陣而得到。同理可得，矩陣之基本行運算可以用基本矩陣右乘原矩陣而得到。

例 1：　已知 $\mathbf{A} = [a_{ij}]_{m\times n}$　$\mathbf{B} = [b_{ij}]_{n\times m}$；試證明 $tr\,(\mathbf{AB}) = tr\,(\mathbf{BA})$

（台大電機）

解

$$\mathbf{AB}=\begin{bmatrix}\mathbf{a}^{(1)}\\ \mathbf{a}^{(2)}\\ \vdots\\ \mathbf{a}^{(m)}\end{bmatrix}[\mathbf{b}_1, \mathbf{b}_2\cdots\mathbf{b}_m]$$

其中 $\mathbf{a}^{(i)}$ 為 $\mathbf{A}$ 的第 i 個列向量，$\mathbf{b}_j$ 為 $\mathbf{B}$ 的第 j 個行向量

$$\begin{aligned}tr(\mathbf{AB}) &= (\mathbf{a}^{(1)}, \mathbf{b}_1)+(\mathbf{a}^{(2)}, \mathbf{b}_2)+\cdots+(\mathbf{a}^{(m)}, \mathbf{b}_m)\\ &=\sum_{i=1}^{n}a_{1i}b_{i1}+\sum_{i=1}^{n}a_{2i}b_{i2}+\cdots\sum_{i=1}^{n}a_{mi}b_{im}\\ &=(a_{11}b_{11}+a_{21}b_{12}+\cdots+a_{m1}b_{1m})+(a_{12}b_{21}+a_{22}b_{22}+\cdots\\ &\quad+a_{m2}b_{2m})+\cdots\\ &=\sum_{i=1}^{n}b_{1i}a_{i1}+\sum_{i=1}^{n}b_{2i}a_{i2}+\cdots\sum_{i=1}^{n}b_{ni}a_{in}\\ &=tr(\mathbf{BA})\end{aligned}$$

例 2：　對於矩陣 $\mathbf{A}, \mathbf{B}\in R^{n\times n}$ 若存在 n 階非奇異方陣 $\mathbf{Q}$ 使得 $\mathbf{A}=\mathbf{Q}^{-1}\mathbf{BQ}$，則 $tr(\mathbf{A})=\text{tr}(\mathbf{B})$　　（台大電機）

解

已知 $tr(\mathbf{AB})=tr(\mathbf{BA})$故有

$$tr(\mathbf{A})=tr(\mathbf{Q}^{-1}\mathbf{BQ})=tr((\mathbf{Q}^{-1}\mathbf{B})\mathbf{Q})=tr(\mathbf{Q}(\mathbf{Q}^{-1}\mathbf{B}))=tr(\mathbf{B})$$

例 3：　已知 $\mathbf{A}$ 與 $\mathbf{B}$ 均屬於 $R^{n\times n}$，試證：
$\{tr(\mathbf{AB}^T)\}^2\le tr(\mathbf{AA}^T)tr(\mathbf{BB}^T)$　　（台大電機）

解

$\mathbf{A}=\begin{bmatrix}\mathbf{a}^{(1)}\\ \vdots\\ \mathbf{a}^{(n)}\end{bmatrix}$，$\mathbf{B}=\begin{bmatrix}\mathbf{b}^{(1)}\\ \vdots\\ \mathbf{b}^{(n)}\end{bmatrix}$，其中 $\mathbf{a}^{(i)}, \mathbf{b}^{(i)}\in R^{l\times n}$ 分別為 $\mathbf{A}, \mathbf{B}$ 之第 i 個列向量

$$\Rightarrow\mathbf{AA}^T=\begin{bmatrix}\mathbf{a}^{(1)}\\ \vdots\\ \mathbf{a}^{(n)}\end{bmatrix}[\mathbf{a}^{(1)T}\quad\cdots\quad\mathbf{a}^{(n)T}]$$

$$\mathbf{BB}^T=\begin{bmatrix}\mathbf{b}^{(1)}\\ \vdots \\ \mathbf{b}^{(n)}\end{bmatrix}[\mathbf{b}^{(1)T} \quad \cdots \quad \mathbf{b}^{(n)T}]$$

取 $\alpha_i^2=(\mathbf{a}^{(i)}, \mathbf{a}^{(i)}), \beta_i^2=(\mathbf{b}^{(i)}, \mathbf{b}^{(i)})$，則有

$$tr\,(\mathbf{AA}^T)=(\mathbf{a}^{(1)}, \mathbf{a}^{(1)})+(\mathbf{a}^{(2)}, \mathbf{a}^{(2)})+\cdots+(\mathbf{a}^{(n)}, \mathbf{a}^{(n)})=\alpha_1^2+\cdots+\alpha_n^2$$

$$tr\,(\mathbf{BB}^T)=(\mathbf{b}^{(1)}, \mathbf{b}^{(1)})+\cdots+(\mathbf{b}^{(n)}, \mathbf{b}^{(n)})=\beta_1^2+\cdots+\beta_n^2$$

$$tr\,(\mathbf{AB}^T)=(\mathbf{a}^{(1)}, \mathbf{b}^{(1)})+\cdots+(\mathbf{a}^{(n)}, \mathbf{b}^{(n)})$$

應用歌西不等式可知：

$$(\alpha_1^2+\cdots+\alpha_n^2)(\beta_1^2+\cdots+\beta_n^2)\geq(\alpha_1\beta_1+\alpha_2\beta_2+\cdots+\alpha_n\beta_n)^2$$

$$\therefore tr\,(\mathbf{AA}^T)tr\,(\mathbf{BB}^T)\geq(\alpha_1\beta_1+\alpha_2\beta_2+\cdots+\alpha_n\beta_n)^2 \qquad (6)$$

已知$(\mathbf{a}^{(i)}, \mathbf{a}^{(i)})(\mathbf{b}^{(i)}, \mathbf{b}^{(i)})\geq(\mathbf{a}^{(i)}, \mathbf{b}^{(i)})^2$，設 $\alpha_i, \beta_i>0$

$$\alpha_i^2\beta_i^2\geq(\mathbf{a}^{(i)}, \mathbf{b}^{(i)})^2$$

$$\Rightarrow\alpha_i\beta_i\geq|(\mathbf{a}^{(i)}, \mathbf{b}^{(i)})|$$

代入(6)中可得

$$\begin{aligned}tr\,(\mathbf{AA}^T)tr\,(\mathbf{BB}^T)&\geq(\alpha_1\beta_1+\cdots+\alpha_n\beta_n)^2\\ &\geq(|(\mathbf{a}^{(1)}, \mathbf{b}^{(1)})|+|(\mathbf{a}^{(2)}, \mathbf{b}^{(2)})|+\cdots+|(\mathbf{a}^{(n)}, \mathbf{b}^{(n)})|)^2\\ &\geq((\mathbf{a}^{(1)}, \mathbf{b}^{(1)})+\cdots+(\mathbf{a}^{(n)}, \mathbf{b}^{(n)}))^2\\ &=\{tr\,(\mathbf{AB}^T)\}^2\end{aligned}$$

例 4： $\mathbf{A}=\begin{bmatrix}1 & 2 & -3\\ -1 & 0 & 1\end{bmatrix}$ $\mathbf{b}=\begin{bmatrix}2\\ -1\\ 1\end{bmatrix}$ 求 $\mathbf{Ab}=$？

解

$$\mathbf{Ab}=\begin{bmatrix}(1,2,-3)\cdot(2,-1,1)\\ (-1,0,1)\cdot(2,-1,1)\end{bmatrix}=\begin{bmatrix}-3\\ -1\end{bmatrix}$$

$$=2\begin{bmatrix}1\\ -1\end{bmatrix}+(-1)\begin{bmatrix}2\\ 0\end{bmatrix}+\begin{bmatrix}-3\\ 1\end{bmatrix}=\begin{bmatrix}-3\\ -1\end{bmatrix}$$

觀念提示：$\mathbf{Ab}=[\mathbf{a}_1\mathbf{a}_2\mathbf{a}_3]\begin{bmatrix}b_1\\ b_2\\ b_3\end{bmatrix}=b_1\mathbf{a}_1+b_2\mathbf{a}_2+b_3\mathbf{a}_3$

例 5：　$\mathbf{b}=[1 \quad 2 \quad 3]$　$\mathbf{A}=\begin{bmatrix} 1 & 2 \\ -1 & 1 \\ 0 & 1 \end{bmatrix}$　求 $\mathbf{bA}=$？

解

$$\begin{aligned}\mathbf{bA} &= [(1,2,3)\cdot(1,-1,0) \quad (1,2,3)\cdot(2,1,1)] = [-1 \quad 7] \\ &= 1[1 \quad 2] + 2[-1 \quad 1] + 3[0 \quad 1] \\ &= [-1 \quad 7]\end{aligned}$$

觀念提示：$[b_1 \quad b_2 \quad b_3]\begin{bmatrix} \mathbf{a}^{(1)} \\ \mathbf{a}^{(2)} \\ \mathbf{a}^{3)} \end{bmatrix} = b_1\mathbf{a}^{(1)} + b_2\mathbf{a}^{(2)} + b_3\mathbf{a}^{(3)}$

例 6：　$\mathbf{A}=\begin{bmatrix} 1 & 4 & 7 \\ 2 & 5 & 8 \\ 3 & 6 & 9 \end{bmatrix}$，$\mathbf{e}_1=\begin{bmatrix} 1 \\ 0 \\ 0 \end{bmatrix}$，$\mathbf{e}_2=\begin{bmatrix} 0 \\ 1 \\ 0 \end{bmatrix}$，$\mathbf{e}_3=\begin{bmatrix} 0 \\ 0 \\ 1 \end{bmatrix}$

(1)$\mathbf{Ae}_1$，$\mathbf{Ae}_2$，$\mathbf{Ae}_3$

(2)令 $\mathbf{B}=[\mathbf{e}_2 \quad \mathbf{e}_3 \quad \mathbf{e}_1]$，求 $\mathbf{AB}$

解

(1)$\mathbf{Ae}_1=\begin{bmatrix} 1 \\ 2 \\ 3 \end{bmatrix}$，$\mathbf{Ae}_2=\begin{bmatrix} 4 \\ 5 \\ 6 \end{bmatrix}$，$\mathbf{Ae}_3=\begin{bmatrix} 7 \\ 8 \\ 9 \end{bmatrix}$

(2)$\mathbf{AB}=[\mathbf{Ae}_2 \quad \mathbf{Ae}_3 \quad \mathbf{Ae}_1]=\begin{bmatrix} 4 & 7 & 1 \\ 5 & 8 & 2 \\ 6 & 9 & 3 \end{bmatrix}$

觀念提示：*1.* $\mathbf{A}=[\mathbf{a}_1 \quad \mathbf{a}_2 \quad \mathbf{a}_3] \Rightarrow \mathbf{Ae}_i=\mathbf{a}_i$　(7)

2. $\mathbf{I}_3=[\mathbf{e}_1 \quad \mathbf{e}_2 \quad \mathbf{e}_3]$

例 7：　If $\mathbf{CA}=\mathbf{AC}$ for all $\mathbf{A}\in R^{3\times 3}$

Prove that $\mathbf{C}=\lambda\mathbf{I}_3$, where $\lambda\in R$　（清大資工）

解 Let $\mathbf{A}=\begin{bmatrix}1&0&0\\0&0&0\\0&0&0\end{bmatrix}$

$$\mathbf{CA}=\mathbf{AC}=\begin{bmatrix}c_{11}&0&0\\c_{21}&0&0\\c_{31}&0&0\end{bmatrix}=\begin{bmatrix}c_{11}&c_{12}&c_{13}\\0&0&0\\0&0&0\end{bmatrix}$$

$\therefore c_{12}=c_{13}=c_{21}=c_{31}=0$

Let $\mathbf{A}=\begin{bmatrix}0&0&0\\0&0&0\\0&0&1\end{bmatrix}$

$\Rightarrow c_{32}=c_{23}=0$

$\Rightarrow$ **C** is a diagonal matrix

Let $\mathbf{A}=\begin{bmatrix}0&1&0\\1&0&0\\0&0&0\end{bmatrix}$

$$\mathbf{CA}=\mathbf{AC}=\begin{bmatrix}0&c_{11}&0\\c_{22}&0&0\\0&0&0\end{bmatrix}=\begin{bmatrix}0&c_{22}&0\\c_{11}&0&0\\0&0&0\end{bmatrix}$$

$\therefore c_{11}=c_{22}$

Let $\mathbf{A}=\begin{bmatrix}0&0&0\\0&0&1\\0&1&0\end{bmatrix}\Rightarrow c_{22}=c_{33}$

$\therefore c=\lambda\mathbf{I}_3$

例 8： If x, y are nonzero $n\times 1$ column vectors and $\mathbf{A}=\mathbf{xy}^T$

(1) Show that there exists a scalar a such that $\mathbf{A}^2=a\mathbf{A}$

(2) Show that if $a\neq -1$, then there exist a scalar b such that:

$(\mathbf{I}_n+\mathbf{A})^{-1}=\mathbf{I}_n-b\mathbf{A}$ （台大電機）

解 (1) Let $a=\mathbf{y}^T\mathbf{x}$

$\therefore \mathbf{A}^2=(\mathbf{xy}^T)(\mathbf{xy}^T)=\mathbf{x}(\mathbf{y}^T\mathbf{x})\mathbf{y}^T=a\mathbf{xy}^T$

$(2)(\mathbf{I}_n+\mathbf{A})(\mathbf{I}_n-b\mathbf{A})=\mathbf{I}_n+\mathbf{A}-b\mathbf{A}-b\mathbf{A}^2$

$=\mathbf{I}_n+\mathbf{A}-b\mathbf{A}-ba\mathbf{A}$

$=\mathbf{I}_n+(1-b-ba)\mathbf{A}$

$1-b-ba=0\Rightarrow b=\dfrac{1}{1+a}$

$\therefore$當 $a\neq -1$，Let $b=\dfrac{1}{1+a}$

$\Rightarrow (\mathbf{I}_n+\mathbf{A})^{-1}=\mathbf{I}_n-\dfrac{1}{1+a}\mathbf{A}$

例 9： (1) If $\mathbf{A}^r-\mathbf{I}=0$ for r an integer greater than 1. If $(\mathbf{A}-\mathbf{I})$ is nonsingular prove $\mathbf{A}^{r-1}+\mathbf{A}^{r-2}+\cdots+\mathbf{A}=-\mathbf{I}$

(2) Show that if **A** has an inverse which is a polynomial in **A**

（交大資工）

解

$(1)(\mathbf{A}-\mathbf{I})(\mathbf{A}^{r-1}+\mathbf{A}^{r-2}+\cdots+\mathbf{A}+\mathbf{I})$

$=(\mathbf{A}^r+\mathbf{A}^{r-1}+\cdots+\mathbf{A})-(\mathbf{A}^{r-1}+\mathbf{A}^{r-2}+\cdots+\mathbf{I})$

$=\mathbf{A}^r-\mathbf{I}=0$

$\therefore \mathbf{A}^{r-1}+\mathbf{A}^{r-2}+\cdots+\mathbf{A}+\mathbf{I}=(\mathbf{A}-\mathbf{I})^{-1}0=0$

(2)由(1)可知

$-\mathbf{A}^{r-1}-\mathbf{A}^{r-2}-\cdots-\mathbf{A}=\mathbf{I}$

$\Rightarrow \mathbf{A}(-\mathbf{A}^{r-2}-\cdots-\mathbf{I})=\mathbf{I}$

$(-\mathbf{A}^{r-2}-\cdots-\mathbf{I})\mathbf{A}=\mathbf{I}$

$\therefore \mathbf{A}^{-1}$ exist　且 $\mathbf{A}^{-1}=-\mathbf{A}^{r-2}-\mathbf{A}^{r-3}-\cdots-\mathbf{I}$

例 10： Let $\mathbf{A}=\begin{bmatrix}2 & 3 & -1\\ 1 & -1 & 0\\ 0 & 1 & 2\end{bmatrix}$. Find a symmetric matrix **B** and skew-Hermitian matrix **C**, such that $\mathbf{B}+\mathbf{C}=\mathbf{A}$

解 $\mathbf{B} = \dfrac{\mathbf{A}+\mathbf{A}^T}{2}$，$\mathbf{C} = \dfrac{\mathbf{A}-\mathbf{A}^T}{2}$

例 11： The trace of a square matrix **A**, denoted $tr\,(\mathbf{A})$, is the sum of the elements on the main diagonal of **A**. Show that, if **A** and **B** are $n \times n$ matrices:

(a)$tr\,(\mathbf{AB}) = tr\,(\mathbf{BA})$.

(b)$tr\,(\mathbf{AA}^T)$ is the sum of the squares of all entries of **A**.

（95 暨南通訊所）

解 (a)假設 $\mathbf{A} = [a_{ij}]$, $\mathbf{B} = [b_{ij}]$, $\mathbf{C} = [c_{ij}] = \mathbf{AB}$, $\mathbf{D} = [d_{ij}] = \mathbf{BA}$

則 $tr\,(\mathbf{AB}) = tr\,(\mathbf{C}) = \sum_{i=1}^{n} c_{ij} = \sum_{k=1}^{n}\sum_{i=1}^{n} b_{ki}\,a_{ik} = \sum_{k=1}^{n} d_{kk} = tr\,(\mathbf{D}) = tr\,(\mathbf{BA})$

(b)假設 $\mathbf{A} = [a_{ij}]$, $\mathbf{A}^T = [b_{ij}]$, $\mathbf{C} = \mathbf{AA}^T = [c_{ij}]$

則 $tr\,(\mathbf{AA}^T) = \sum_{i=1}^{n} c_{ii} = \sum_{i=1}^{n}\sum_{k=1}^{n} a_{ik}\,b_{ki} = \sum_{i=1}^{n}\sum_{k=1}^{n} a_{ik}\,b_{ii} = \sum_{i=1}^{n}\sum_{k=1}^{n} a_{ik}^2$

例 12： Find a, b, and c such that the matrix $\mathbf{A} = \begin{bmatrix} a & 1/\sqrt{2} & -1/\sqrt{2} \\ b & 1/\sqrt{6} & 1/\sqrt{6} \\ c & 1/\sqrt{3} & 1/\sqrt{3} \end{bmatrix}$ is orthogonal.

（95 清華電機）

解 因為 **A** 為 orthogonal matrix

$\Rightarrow \mathbf{A}^{\mathrm{T}}\mathbf{A} = \mathbf{I}$

$$\Rightarrow \begin{bmatrix} a & b & c \\ 1/\sqrt{2} & 1/\sqrt{6} & 1/\sqrt{3} \\ -1/\sqrt{2} & 1/\sqrt{6} & 1/\sqrt{3} \end{bmatrix}\begin{bmatrix} a & 1/\sqrt{2} & -1/\sqrt{2} \\ b & 1/\sqrt{6} & 1/\sqrt{6} \\ c & 1/\sqrt{3} & 1/\sqrt{3} \end{bmatrix} = \begin{bmatrix} 1 & 0 & 0 \\ 0 & 1 & 0 \\ 0 & 0 & 1 \end{bmatrix}$$

$$\Rightarrow \begin{bmatrix} a^2+b^2+c^2 & \frac{\sqrt{3}a+b+\sqrt{2}c}{\sqrt{6}} & \frac{-\sqrt{3}a+b+\sqrt{2}c}{\sqrt{6}} \\ \frac{\sqrt{3}a+b+\sqrt{2}c}{\sqrt{6}} & 1 & 0 \\ \frac{-\sqrt{3}a+b+\sqrt{2}c}{\sqrt{6}} & 0 & 1 \end{bmatrix}$$

$$= \begin{bmatrix} 1 & 0 & 0 \\ 0 & 1 & 0 \\ 0 & 0 & 1 \end{bmatrix}$$

$$\Rightarrow \begin{cases} a^2+b^2+c^2=1 \\ \sqrt{3}a+b+\sqrt{2}c=0 \\ -\sqrt{3}a+b+\sqrt{2}c=0 \end{cases},$$

它的解為$(a, b, c) \in \left\{(0, \frac{2}{\sqrt{6}}, \frac{-1}{\sqrt{3}}), (0, \frac{-2}{\sqrt{6}}, \frac{1}{\sqrt{3}})\right\}$

2-3　行列式

定義：若 $\mathbf{A}$ 為 n 階方陣，則 $\mathbf{A}$ 之行列式表示為 det $(\mathbf{A})$或$|\mathbf{A}|$

$$|\mathbf{A}| = \begin{vmatrix} a_{11} & \cdots & \cdots & a_{1n} \\ a_{21} & \cdots & \cdots & a_{2n} \\ \vdots & & & \vdots \\ a_{n1} & \cdots & \cdots & a_{nn} \end{vmatrix}$$

定義：*1.* 子行列式（Minor）M_{ij}：將行列式中之第 i 列及第 j 行之元素消去所得之$(n-1)$階子行列式，如：

$$M_{11} = \begin{vmatrix} a_{22} & \cdots & a_{2n} \\ a_{32} & & \vdots \\ a_{n2} & \cdots & a_{nn} \end{vmatrix}$$

2. 餘因式：$\mathbf{A}_{ij}=(-1)^{i+j}M_{ij}$

㈠行列式之展開及求值

行列式之值等於任何一列或任何一行之各元素，分別乘以其餘因式後的代數和。

$$|\mathbf{A}|=\sum_{i=1}^{n}a_{ij}\mathbf{A}_{ij}\quad \forall j=1,2,\cdots n\text{ (column expansion)} \tag{8}$$

$$|\mathbf{A}|=\sum_{j=1}^{n}a_{ij}\mathbf{A}_{ij}\quad \forall i=1,2,\cdots n\text{ (row expansion)} \tag{9}$$

如：

$$\begin{vmatrix}-1 & 2 & 3\\ 0 & 1 & -2\\ 2 & -3 & 1\end{vmatrix}=-1\times\begin{vmatrix}1 & -2\\ -3 & 1\end{vmatrix}-2\begin{vmatrix}0 & -2\\ 2 & 1\end{vmatrix}+3\begin{vmatrix}0 & 1\\ 2 & 3\end{vmatrix}$$

（利用第一列）

$$=-1\times\begin{vmatrix}1 & -2\\ -3 & 1\end{vmatrix}+2\begin{vmatrix}2 & 3\\ 1 & -2\end{vmatrix}\text{（利用第一行）}$$

$$=-9$$

㈡行列式之運算特性

⑴ $|k\mathbf{A}|=k^n|\mathbf{A}|$；$\mathbf{A}\in C^{n\times n},k\in R$ ⑽

⑵在行列式中任何兩個相鄰的行（或列）位置互換後，行列式之值會改變符號

⑶行列式中任兩列（行）成比例，則行列式之值＝0

⑷ $|\mathbf{A}|=|\mathbf{A}^T|$ ⑾

⑸ $\begin{vmatrix}a_{11} & a_{12} & a_{13}\\ a_{21} & a_{22} & a_{23}\\ a_{31} & a_{32} & a_{33}\end{vmatrix}=\begin{vmatrix}a_{11}+\lambda a_{12} & a_{12} & a_{13}\\ a_{21}+\lambda a_{22} & a_{22} & a_{23}\\ a_{31}+\lambda a_{32} & a_{32} & a_{33}\end{vmatrix}$

$$=\begin{vmatrix} a_{11}+\lambda a_{21} & a_{12}+\lambda a_{22} & a_{13}+\lambda a_{23} \\ a_{21} & a_{22} & a_{23} \\ a_{31} & a_{32} & a_{33} \end{vmatrix} \quad (12)$$

(6) $det\,(\mathbf{AB})=det\,(\mathbf{A})det\,(\mathbf{B})$ (13)

(7) $\begin{vmatrix} a_{11}+b_1 & a_{12}+b_2 \\ a_{21} & a_{22} \end{vmatrix}=\begin{vmatrix} a_{11} & a_{12} \\ a_{21} & a_{22} \end{vmatrix}+\begin{vmatrix} b_1 & b_2 \\ a_{21} & a_{22} \end{vmatrix}$ (14)

(8)若 $\mathbf{A}\in C^{n\times n}\Rightarrow\mathbf{A}$ 之展開式有 $n!$ 項

(9)任何對角矩陣、三角矩陣，其行列式之值即為主對角線元素之乘積。

定理 2-5：If A is orthogonal matrix, then $|\mathbf{A}|=\pm 1$

證明：

$|\mathbf{A}^T\mathbf{A}|=|\mathbf{I}|=1=|\mathbf{A}^T||\mathbf{A}|=|\mathbf{A}||\mathbf{A}|$

$\Rightarrow|\mathbf{A}|=\pm 1$

定理 2-6：If A is hermitian matrix, then $|\mathbf{A}|$ must be real

證明：

$|\mathbf{A}|=|\mathbf{A}^H|=|\overline{\mathbf{A}^T}|=|\overline{\mathbf{A}^T}|=\overline{|\mathbf{A}|}$

$\therefore|\mathbf{A}|=\pm 1$

定理 2-7：If A is skew-symmetric matrix with size n ($n\in odd$), then A is noninvertible ($|\mathbf{A}|=0$)

例 13：Given that $\begin{vmatrix} a & b & c \\ d & e & f \\ g & h & i \end{vmatrix}=3$, find $\begin{vmatrix} 2a+5g & 2b+5h & 2c+5i \\ 3d & 3e & 3f \\ g & h & i \end{vmatrix}=?$

（99 暨南通訊）

解 $\begin{vmatrix} 2a+5g & 2b+5h & 2c+5i \\ 3d & 3e & 3f \\ g & h & i \end{vmatrix} = \begin{vmatrix} 2a & 2b & 2c \\ 3d & 3e & 3f \\ g & h & i \end{vmatrix} = 6\begin{vmatrix} a & b & c \\ d & e & f \\ g & h & i \end{vmatrix} = 18$

例 14： Find the derivative of the function $f(x) = \det\begin{bmatrix} 1 & 1 & 2 & 3 & 4 \\ 9 & 0 & 2 & 3 & 4 \\ 9 & 0 & 0 & 3 & 4 \\ x & 1 & 2 & 9 & 1 \\ 7 & 0 & 0 & 0 & 4 \end{bmatrix}$

（95 雲科大資工）

解 -24

例 15： 已知 $\mathbf{A} = \begin{bmatrix} 2 & 5 & 3 & -2 \\ -2 & -3 & 2 & -5 \\ 1 & 3 & -2 & 2 \\ -1 & -6 & 4 & 3 \end{bmatrix}$，$|\mathbf{A}| = ?$ （交大工工）

解 先對 $\mathbf{A}$ 進行列運算

$$\mathbf{A} = \begin{bmatrix} 2 & 5 & 3 & -2 \\ -2 & -3 & 2 & -5 \\ 1 & 3 & -2 & 2 \\ -1 & -6 & 4 & 3 \end{bmatrix} \begin{matrix} r_{31}^{(-2)} \\ r_{32}^{(2)} \\ r_{34}^{(1)} \end{matrix} \sim \begin{bmatrix} 0 & -1 & 1 & -6 \\ 0 & 3 & -2 & -1 \\ 1 & 3 & -2 & 2 \\ 0 & -3 & 2 & 5 \end{bmatrix}$$

$$\Rightarrow |\mathbf{A}| = \begin{vmatrix} 0 & -1 & 1 & -6 \\ 0 & 3 & -2 & -1 \\ 1 & 3 & -2 & 2 \\ 0 & -3 & 2 & 5 \end{vmatrix} = \begin{vmatrix} -1 & 1 & -6 \\ 3 & -2 & -1 \\ -3 & 2 & 5 \end{vmatrix} = -4$$

例 16： Let

$$\mathbf{A}=\begin{bmatrix}1&0&0&0&0\\2&2&0&0&0\\3&1&3&0&0\\1&2&1&4&0\\2&1&1&1&1\end{bmatrix}，\mathbf{B}=\begin{bmatrix}1&2&1&2&1\\0&2&2&3&2\\0&0&3&1&2\\0&0&0&1&3\\0&0&0&0&4\end{bmatrix}$$

evaluate: det $(\mathbf{AB})$ = ?　（台大資訊）

解

(a)**A, B** 均是三角矩陣，其行列式之值=對角線元素之積

$\therefore |\mathbf{A}|=1\times2\times3\times4\times1=24$

$|\mathbf{B}|=1\times2\times3\times1\times4=24$

(b)det $(\mathbf{AB})=|\mathbf{A}||\mathbf{B}|=576$

例 17： Evaluate the determinant of **A** , where $\mathbf{A}=\begin{bmatrix}2&1&1&5\\1&1&-4&-1\\2&0&-3&-1\\3&6&1&2\end{bmatrix}$

（95 逢甲應數）

解

$$\begin{bmatrix}2&1&1&5\\1&1&-4&-1\\2&0&-3&-1\\3&6&1&2\end{bmatrix}\xrightarrow{r_{21}^{(-2)},r_{23}^{(-2)},r_{24}^{(-3)}}\begin{bmatrix}0&-1&9&7\\1&1&-4&-1\\0&-2&5&1\\0&3&13&5\end{bmatrix}\xrightarrow{r_{13}^{(-2)},r_{14}^{(-3)}}$$

$$\begin{bmatrix}0&-1&9&7\\1&1&-4&-1\\0&0&-13&-13\\0&0&40&26\end{bmatrix}\xrightarrow{r_{23}^{(\frac{40}{13})}}\begin{bmatrix}0&-1&9&7\\1&1&-4&-1\\0&0&-13&-13\\0&0&0&-14\end{bmatrix}$$

所以 $\det(\mathbf{A}) = \det\left(\begin{bmatrix} 0 & -1 & 9 & 7 \\ 1 & 1 & -4 & -1 \\ 0 & 0 & -13 & -13 \\ 0 & 0 & 0 & -14 \end{bmatrix}\right) = 182$

例 18： Evaluate the determinant of **A**, where $\mathbf{A} = \begin{bmatrix} e & 1+e & 2+e & 3+e \\ -1+2e & 2e & 1+2e & 2+2e \\ -2+3e & -1+3e & 3e & 1+3e \\ -3+4e & -2+4e & -1+4e & 4e \end{bmatrix}$ （100 高一科電通）

解

$$\begin{vmatrix} e & 1+e & 2+e & 3+e \\ -1+2e & 2e & 1+2e & 2+2e \\ -2+3e & -1+3e & 3e & 1+3e \\ -3+4e & -2+4e & -1+4e & 4e \end{vmatrix} = \begin{vmatrix} e & 1+e & 2+e & 3+e \\ -1 & -2 & -3 & -4 \\ -2 & -4 & -6 & -8 \\ -3 & -6 & -9 & -12 \end{vmatrix} = 0$$

例 19： The determinant of $\begin{bmatrix} 1 & 1 & 1 & 1 \\ 1 & 2 & 3 & 4 \\ 1 & 3 & 6 & 10 \\ 1 & 4 & 10 & 20 \end{bmatrix} = 1$, find $\begin{vmatrix} 1 & 1 & 1 & 1 \\ 1 & 2 & 3 & 4 \\ 1 & 3 & 6 & 10 \\ 1 & 4 & 10 & 19 \end{vmatrix} = ?$

（100 彰師大電信）

解

$$\begin{vmatrix} 1 & 1 & 1 & 1 \\ 1 & 2 & 3 & 4 \\ 1 & 3 & 6 & 10 \\ 1 & 4 & 10 & 19 \end{vmatrix} = -\begin{vmatrix} 1 & 1 & 1 \\ 2 & 3 & 4 \\ 3 & 6 & 10 \end{vmatrix} + 4 \times \begin{vmatrix} 1 & 1 & 1 \\ 1 & 3 & 4 \\ 1 & 6 & 10 \end{vmatrix} -$$

$$10 \times \begin{vmatrix} 1 & 1 & 1 \\ 1 & 2 & 4 \\ 1 & 3 & 10 \end{vmatrix} + (20-1) \times \begin{vmatrix} 1 & 1 & 1 \\ 1 & 2 & 3 \\ 1 & 3 & 6 \end{vmatrix}$$

$$=1-\begin{vmatrix}1 & 1 & 1\\1 & 2 & 3\\1 & 3 & 6\end{vmatrix}=0$$

例 20： Matrix $\mathbf{D}_n$ is denoted by $\begin{bmatrix}a_1+b_1 & a_1+b_2 & \cdots & a_1+b_n\\a_2+b_1 & a_2+b_2 & \cdots & a_2+b_n\\\vdots & \vdots & \ddots & \vdots\\a_n+b_1 & a_n+b_2 & \cdots & a_n+b_n\end{bmatrix}$. Find the determinant of $\mathbf{D}_n$, if $n=1$, $n=2$, and $n\geq 3$.（95 台科大電子）

解

$\mathbf{D}_1=[a_1+b_1]$, $\Rightarrow|\mathbf{D}_1|=a_1+b_1$

$$\mathbf{D}_2=\begin{bmatrix}a_1+b_1 & a_1+b_2\\a_2+b_1 & a_2+b_2\end{bmatrix}=\begin{bmatrix}a_1 & 1\\a_2 & 1\end{bmatrix}\begin{bmatrix}1 & 1\\b_1 & b_2\end{bmatrix},$$

$\Rightarrow|\mathbf{D}_2|=(a_1-a_2)(b_2-b_1)$

同理，

$$|\mathbf{D}_3|=\begin{vmatrix}a_1 & 0 & 1\\a_2 & 0 & 1\\a_3 & 0 & 1\end{vmatrix}\begin{vmatrix}1 & 1 & 1\\0 & 0 & 0\\b_1 & b_2 & b_3\end{vmatrix}=0$$

$\Rightarrow|\mathbf{D}_n|=0;\ n\geq 3$

例 21： $\mathbf{A}=\begin{bmatrix}0 & 3 & 0 & 0 & 0 & 0\\0 & 0 & 0 & 4 & 0 & 0\\0 & 0 & 0 & 0 & 0 & 5\\2 & 0 & 0 & 0 & 0 & 0\\0 & 0 & 0 & 0 & 3 & 0\\0 & 0 & 1 & 0 & 0 & 0\end{bmatrix}$，求$|\mathbf{A}|=$？

解

$$|\mathbf{A}|=-2\times 3\times\begin{vmatrix}0 & 4 & 0 & 0\\0 & 0 & 0 & 5\\0 & 0 & 3 & 0\\1 & 0 & 0 & 0\end{vmatrix}$$

$$=(-2)\times 3\times(-1)\times 4\times(-3)\times 5=-360$$

例 22： $\mathbf{A}=\begin{bmatrix}2&0&9&0&0\\7&1&6&2&8\\9&0&3&3&7\\0&0&2&0&0\\6&0&5&0&1\end{bmatrix}$，求$|\mathbf{A}|=$？

解

$$|\mathbf{A}|=(-2)\begin{vmatrix}2&0&0&0\\7&1&2&8\\9&0&3&7\\6&0&0&1\end{vmatrix}=-2\begin{vmatrix}2&0&0\\9&3&7\\6&0&1\end{vmatrix}$$

$$=-2\times2\times\begin{vmatrix}3&7\\0&1\end{vmatrix}=-2\times2\times3=-12$$

例 23： Let $\mathbf{A}=\begin{bmatrix}3&1&0&0&0\\2&1&0&0&0\\0&1&3&-1&2\\2&-1&5&0&0\\3&1&1&0&1\end{bmatrix}$. Find det ($\mathbf{A}$).（95 銘傳，統資）

解

令 $\mathbf{B}=\begin{bmatrix}2&1\\2&1\end{bmatrix}$, $\mathbf{C}=\begin{bmatrix}0&1\\2&-1\\3&1\end{bmatrix}$, $\mathbf{D}=\begin{bmatrix}3&-1&2\\5&0&0\\1&0&1\end{bmatrix}$，則 $\mathbf{A}=\begin{bmatrix}\mathbf{B}&\mathbf{0}\\\mathbf{C}&\mathbf{D}\end{bmatrix}$

$\Rightarrow$det ($\mathbf{A}$) = det ($\mathbf{B}$) det ($\mathbf{D}$) $=1\times5=5$

例 24： $f(n)=\begin{vmatrix}1&2&\cdots&n\\n+1&n+2&\cdots&2n\\\vdots&\vdots&\cdots&\vdots\\n(n-1)+1&n(n-1)+2&\cdots&n^2\end{vmatrix}$

Find $f(n)$ for $n=1, 2, 3, \cdots$（台大電機）

解

將原式進行列運算 $r_{1i}^{(-1)}$；$i=2, 3, \cdots$

可得

$$f(n)=\begin{vmatrix} 1 & 2 & \cdots & n \\ n+1 & n+2 & \cdots & 2n \\ \vdots & \vdots & \cdots & \vdots \\ n(n-1)+1 & n(n-1)+2 & \cdots & n^2 \end{vmatrix}$$

$\therefore f(1)=1$

$$f(2)=\begin{vmatrix} 1 & 2 \\ 2 & 2 \end{vmatrix}=-2$$

$n\geq 3$ 時，因兩列成比例$\Rightarrow f(n)=0$

例 25： If $x_1, \cdots x_n, y_1, \cdots y_n$ are given real numbers x_i's are all distinct, show that there is at most one polynomial f with real coefficients and of degree $(n-1)$ such that $f(x_i)=y_i$ （台大資工）

解

$f(x)=a_{n-1}x^{n-1}+a_{n-2}x^{n-2}+\cdots+a_1x+a_0$

滿足$f(x_i)=y_i$; $i=1, \cdots, n$

$$\therefore\begin{cases} x_1^{n-1}a_{n-1}+\cdots+x_1a_1+a_0=y_1 \\ x_2^{n-1}a_{n-1}+\cdots+x_2a_1+a_0=y_2 \\ \vdots \\ x_n^{n-1}a_{n-1}+\cdots+x_na_1+a_0=y_n \end{cases}$$

係數行列式

$$\begin{vmatrix} x_1^{n-1} & \cdots & x_1 & 1 \\ \vdots & & \vdots & \vdots \\ x_n^{n-1} & \cdots & x_n & 1 \end{vmatrix}=\pm\prod_{i<j}(x_j-x_i)\neq 0$$

$\therefore a_{n-1}, \cdots a_0$ 有唯一解

例 26： Find $c_1=\begin{vmatrix} 2 & 1 & \theta & 0 \\ 0 & 0 & 8 & 0 \\ 1 & 3 & \varsigma & 2 \\ 0 & 0 & \xi & 2 \end{vmatrix}$, and $c_2=\begin{vmatrix} 7 & 3 & 8 & 9 & 2 \\ 1 & 2 & 3 & 4 & 2 \\ 6 & 1 & 3 & 9 & 7 \\ 4 & 1 & 7 & 3 & 1 \\ 2 & 4 & 6 & 8 & 4 \end{vmatrix}$.

（95 中山電機所）

解

$$c_1=\begin{vmatrix}2&1&\theta&0\\0&0&8&0\\1&3&\varsigma&2\\0&2&\xi&2\end{vmatrix}=-\begin{vmatrix}2&1&0\\1&3&2\\0&2&2\end{vmatrix}=8\times 2=16$$

因為該矩陣的第 5 列為第 2 列的二倍，所以 $c_2=0$

2-4 反矩陣

定義：奇異（singular）與非奇異（nonsingular）矩陣

$\mathbf{A}\in C^{n\times n}$，$\mathbf{A}$ 為 singular⇒$|\mathbf{A}|=0$

$\mathbf{A}\in C^{n\times n}$，$\mathbf{A}$ 為 nonsingular⇒$|\mathbf{A}|\neq 0$

定理 2-8

(1)若 $\mathbf{A}$ 為 singular，則 $\mathbf{A}$ 為不可逆

(2)若 $\mathbf{A}$ 為 nonsingular，則 $\mathbf{A}$ 之反矩陣存在且唯一

證明：(1)若存在反矩陣 $\mathbf{B}$

$\Rightarrow\mathbf{AB}=\mathbf{BA}=\mathbf{I}\Rightarrow|\mathbf{AB}|=|\mathbf{I}|=1=|\mathbf{A}||\mathbf{B}|$

但已知$|\mathbf{A}|=0$，故反矩陣 $\mathbf{B}$ 不可能存在

(2)假設 nonsingular matrix $\mathbf{A}$ 具有二相異反矩陣 $\mathbf{B}$ 及 $\mathbf{C}$

$$\Rightarrow\begin{cases}\mathbf{AB}=\mathbf{BA}=\mathbf{I}\\\mathbf{AC}=\mathbf{CA}=\mathbf{I}\end{cases}$$

$\Rightarrow\mathbf{CAB}=\mathbf{CBA}=\mathbf{CI}$

已知 $\mathbf{CA}=\mathbf{I}$，代入上式故得：

$\mathbf{IB}=\mathbf{B}=\mathbf{CI}=\mathbf{C}$

故得證任意非奇異方陣之反矩陣存在且唯一

觀念提示：1. $(k\mathbf{A})^{-1}=\dfrac{1}{k}\mathbf{A}^{-1}$

2. $(\mathbf{A}^T)^{-1}=(\mathbf{A}^{-1})^T$

$3.(\mathbf{A}^H)^{-1}=(\mathbf{A}^{-1})^H$

$4.|\mathbf{A}^{-1}|=\dfrac{1}{|\mathbf{A}|}$

$5.(\mathbf{AB})^{-1}=\mathbf{B}^{-1}\mathbf{A}^{-1}$

定義：伴隨矩陣（Adjoint Matrix）與反矩陣

$\mathbf{A}\in C^{n\times n}$　$|\mathbf{A}|\neq 0$，則利用 $\mathbf{A}$ 之餘因式 $\mathbf{A}_{ij}$ 可組成另一方陣$[\mathbf{A}_{ij}]^T$，稱為 $\mathbf{A}$ 之伴隨矩陣 $adj\,(\mathbf{A})\equiv[\mathbf{A}_{ij}]^T$

定理 2-9

$$\mathbf{A}\in C^{n\times n},\ |\mathbf{A}|\neq 0\Rightarrow\mathbf{A}^{-1}=\frac{1}{|\mathbf{A}|}adj\,(\mathbf{A})$$

如：$\mathbf{A}=\begin{bmatrix}-1&2&3\\0&1&-2\\2&-3&1\end{bmatrix}\Rightarrow|\mathbf{A}|=-9$

$$\mathbf{A}_{11}=\begin{vmatrix}1&-2\\-3&1\end{vmatrix}=-5,\ \mathbf{A}_{12}=-\begin{vmatrix}0&-2\\2&1\end{vmatrix}=-4$$

$$\mathbf{A}_{13}=\begin{vmatrix}0&1\\2&-3\end{vmatrix}=-2,\ \mathbf{A}_{21}=-\begin{vmatrix}2&3\\-3&1\end{vmatrix}=-11$$

$$\mathbf{A}_{22}=\begin{vmatrix}-1&3\\2&1\end{vmatrix}=-7$$

$$\mathbf{A}_{23}=\begin{vmatrix}-1&2\\2&-3\end{vmatrix}=1,\ \mathbf{A}_{31}=\begin{vmatrix}2&3\\1&-2\end{vmatrix}=-7$$

$$\mathbf{A}_{32}=-\begin{vmatrix}-1&3\\0&-2\end{vmatrix}=-2,\ \mathbf{A}_{33}=\begin{vmatrix}-1&2\\0&1\end{vmatrix}=-1$$

$$adj\,\mathbf{A}=[\mathbf{A}_{ij}]^T=\begin{bmatrix}-5&-11&-7\\-4&-7&-2\\-2&-1&-1\end{bmatrix}$$

$$\mathbf{A}^{-1}=\frac{1}{|\mathbf{A}|}adj\,\mathbf{A}=\frac{1}{9}\begin{bmatrix}5&11&7\\4&7&2\\2&-1&1\end{bmatrix}$$

check　$\mathbf{AA}^{-1}=\dfrac{1}{9}\begin{bmatrix}-1&2&3\\0&1&-2\\2&-3&1\end{bmatrix}\begin{bmatrix}5&11&7\\4&7&2\\2&-1&1\end{bmatrix}$

$$= \frac{1}{9}\begin{bmatrix} 9 & 0 & 0 \\ 0 & 9 & 0 \\ 0 & 0 & 9 \end{bmatrix}$$

$$= \mathbf{I} = \mathbf{A}^{-1}\mathbf{A}$$

觀念提示：*1.* 伴隨矩陣法求反矩陣適用於低階矩陣，高階矩陣之反矩陣則較適用利用基本列運算法求得。

2. 對稱矩陣之反矩陣仍為對稱矩陣。

3. 若 $\mathbf{A}$ 為對角矩陣，則 $\mathbf{A}$ 之反矩陣仍為對角矩陣，且 $\mathbf{A}^{-1}$ 之對角線元素為 $\mathbf{A}$ 之相對位置元素之倒數。

4. 由基本列運算求反矩陣

設 $\mathbf{A}$ 為 n 階方陣，$\mathbf{I}_n$ 為 n 階單位矩陣，將 $\mathbf{A}$ 與 $\mathbf{I}_n$ 組成一增廣矩陣 $[\mathbf{A}|\mathbf{I}_n]$，利用連續基本列運算將增廣矩陣左側化為單位矩陣，則其右側必為原矩陣之反矩陣 $\mathbf{A}^{-1}$

$[\mathbf{A}|\mathbf{I}_n] \sim \mathbf{P}\,[\mathbf{A}|\mathbf{I}_n]$；$\mathbf{P}$ 為基本矩陣

$= [\mathbf{PA}|\mathbf{PI}_n]$

$= [\mathbf{I}_n|\mathbf{P}]$；當 $\mathbf{PA} = \mathbf{I}_n$ 時，$\mathbf{P} = \mathbf{A}^{-1}$

$= [\mathbf{I}_n|\mathbf{A}^{-1}]$

定理 2-10：Sherman-Morrison's matrix inversion lemma

若 $\mathbf{A}$ 為一 $N \times N$ 可逆矩陣，$\mathbf{x}$ 與 $\mathbf{y}$ 為 $N \times 1$ 向量，$(\mathbf{A} + \mathbf{x}\mathbf{y}^H)$ 為可逆矩陣，則有

$$(\mathbf{A} + \mathbf{x}\mathbf{y}^H)^{-1} = \mathbf{A}^{-1} - \frac{\mathbf{A}^{-1}\mathbf{x}\mathbf{y}^H\mathbf{A}^{-1}}{1 + \mathbf{y}^H\mathbf{A}^{-1}\mathbf{x}} \tag{15}$$

證明：

$$\mathbf{A} + \mathbf{x}\mathbf{y}^H = \mathbf{A}(\mathbf{I} + \mathbf{A}^{-1}\mathbf{x}\mathbf{y}^H) \Rightarrow (\mathbf{A} + \mathbf{x}\mathbf{y}^H)^{-1} = (\mathbf{I} + \mathbf{A}^{-1}\mathbf{x}\mathbf{y}^H)^{-1}\mathbf{A}^{-1}$$

$$\frac{1}{1+x} = 1 - x + x^2 - x^3 + - \cdots$$

$$(\mathbf{I} + \mathbf{A}^{-1}\mathbf{x}\mathbf{y}^H)^{-1} = \mathbf{I} - \mathbf{A}^{-1}\mathbf{x}\mathbf{y}^H + \mathbf{A}^{-1}\mathbf{x}\mathbf{y}^H\mathbf{A}^{-1}\mathbf{x}\mathbf{y}^H - \mathbf{A}^{-1}\mathbf{x}\mathbf{y}^H\mathbf{A}^{-1}\mathbf{x}\mathbf{y}^H\mathbf{A}^{-1}\mathbf{x}\mathbf{y}^H + - \cdots$$

$$\begin{aligned}(\mathbf{I}+\mathbf{A}^{-1}\mathbf{x}\mathbf{y}^H)^{-1}\mathbf{A}^{-1} &= \mathbf{A}^{-1}-\mathbf{A}^{-1}\mathbf{x}\mathbf{y}^H\mathbf{A}^{-1}+\mathbf{A}^{-1}\mathbf{x}\mathbf{y}^H\mathbf{A}^{-1}\mathbf{x}\mathbf{y}^H\mathbf{A}^{-1} - \\ &\quad \mathbf{A}^{-1}\mathbf{x}\mathbf{y}^H\mathbf{A}^{-1}\mathbf{x}\mathbf{y}^H\mathbf{A}^{-1}\mathbf{x}\mathbf{y}^H\mathbf{A}^{-1}+-\cdots \\ &= \mathbf{A}^{-1}-\mathbf{A}^{-1}\mathbf{x}\mathbf{y}^H\mathbf{A}^{-1}(1-\mathbf{y}^H\mathbf{A}^{-1}\mathbf{x}+(\mathbf{y}^H\mathbf{A}^{-1}\mathbf{x})^2 \\ &\quad -+\cdots) \\ &= \mathbf{A}^{-1}-\frac{\mathbf{A}^{-1}\mathbf{x}\mathbf{y}^H\mathbf{A}^{-1}}{1+\mathbf{y}^H\mathbf{A}^{-1}\mathbf{x}}\end{aligned}$$

觀念提示：*1.* 此定理可延伸為

$$(\mathbf{A}+\mathbf{BCD})^{-1}=\mathbf{A}^{-1}-\mathbf{A}^{-1}\mathbf{B}(\mathbf{C}^{-1}+\mathbf{D}\mathbf{A}^{-1}\mathbf{B})\mathbf{D}\mathbf{A}^{-1} \tag{16}$$

2. $$(\mathbf{A}+\mathbf{x}\mathbf{x}^H)^{-1}=\mathbf{A}^{-1}-\frac{\mathbf{A}^{-1}\mathbf{x}\mathbf{x}^H\mathbf{A}^{-1}}{1+\mathbf{x}^H\mathbf{A}^{-1}\mathbf{x}} \tag{17}$$

說例：

$$\mathbf{A}=\begin{bmatrix}1&4&3\\-1&-2&0\\2&2&3\end{bmatrix}\Rightarrow\mathbf{A}^{-1}=?$$

解

$$\left[\begin{array}{ccc|ccc}1&4&3&1&0&0\\-1&-2&0&0&1&0\\2&2&3&0&0&1\end{array}\right]\sim\left[\begin{array}{ccc|ccc}1&4&3&1&0&0\\0&2&3&1&1&0\\0&-6&-3&-2&1&1\end{array}\right]$$

$$\sim\left[\begin{array}{ccc|ccc}1&4&3&1&0&0\\0&2&3&1&1&0\\0&0&6&1&3&1\end{array}\right]$$

$$\sim\left[\begin{array}{ccc|ccc}1&4&0&1/2&-3/2&-1/2\\0&2&0&1/2&-1/2&-1/2\\0&0&6&1&3&1\end{array}\right]$$

$$\sim\left[\begin{array}{ccc|ccc}1&0&0&-1/2&-1/2&1/2\\0&2&0&1/2&-1/2&-1/2\\0&0&6&1&3&1\end{array}\right]$$

$$\sim\left[\begin{array}{ccc|ccc}1&0&0&-1/2&-1/2&1/2\\0&1&0&1/4&-1/4&-1/4\\0&0&1&1/6&1/2&1/6\end{array}\right]=[\mathbf{I}_3|\mathbf{A}^{-1}]$$

$$\mathbf{E_K}\cdots\mathbf{E}_1\mathbf{A}=\mathbf{I}\Rightarrow\mathbf{A}^{-1}=\mathbf{E_K}\cdots\mathbf{E_1}$$

$$\Rightarrow \mathbf{E_K}\cdots\mathbf{E}_1\ [\mathbf{A}|\mathbf{I}] = [\mathbf{I}|\mathbf{E_K}\cdots\mathbf{E_1}] = [\mathbf{I}|\mathbf{A}^{-1}]$$

應用

$$\begin{cases} x_1+4x_2+3x_3=12 \\ -x_1-2x_2=-12 \\ 2x_1+2x_2+3x_3=8 \end{cases} \Rightarrow \mathbf{x} \equiv \begin{bmatrix} x_1 \\ x_2 \\ x_3 \end{bmatrix} = \mathbf{A}^{-1}\begin{bmatrix} 12 \\ -12 \\ 8 \end{bmatrix} = \begin{bmatrix} 4 \\ 4 \\ -\dfrac{8}{3} \end{bmatrix}$$

定義：分割矩陣：將矩陣表示為子矩陣之形式，例如：

$$\mathbf{A}_{N\times M} = \begin{bmatrix} \mathbf{A}_{11} & \mathbf{A}_{12} \\ \mathbf{A}_{21} & \mathbf{A}_{22} \end{bmatrix}$$

通常分割矩陣的運算包括：

⑴乘法

$$\mathbf{AB} = \begin{bmatrix} \mathbf{A}_{11} & \mathbf{A}_{12} \\ \mathbf{A}_{21} & \mathbf{A}_{22} \end{bmatrix}\begin{bmatrix} \mathbf{B}_{11} & \mathbf{B}_{12} \\ \mathbf{B}_{21} & \mathbf{B}_{22} \end{bmatrix}$$
$$= \begin{bmatrix} \mathbf{A}_{11}\mathbf{B}_{11}+\mathbf{A}_{12}\mathbf{B}_{21} & \mathbf{A}_{11}\mathbf{B}_{12}+\mathbf{A}_{12}\mathbf{B}_{22} \\ \mathbf{A}_{21}\mathbf{B}_{11}+\mathbf{A}_{22}\mathbf{B}_{21} & \mathbf{A}_{21}\mathbf{B}_{12}+\mathbf{A}_{22}\mathbf{B}_{22} \end{bmatrix}$$

⑵共軛轉置

$$\begin{bmatrix} \mathbf{A}_{11} & \mathbf{A}_{12} \\ \mathbf{A}_{21} & \mathbf{A}_{22} \end{bmatrix}^H = \begin{bmatrix} \mathbf{A}_{11}^H & \mathbf{A}_{12}^H \\ \mathbf{A}_{21}^H & \mathbf{A}_{22}^H \end{bmatrix}$$

例 27：Find the inverse matrix of $\mathbf{A} = \begin{bmatrix} 1 & -1 & 3 & 1 \\ 1 & 0 & 1 & 2 \\ 3 & 0 & 2 & -1 \\ 4 & 2 & 1 & 16 \end{bmatrix}$ （清大資工）

解

$$\left[\begin{array}{cccc|cccc} 1 & -1 & 3 & 1 & 1 & 0 & 0 & 0 \\ 1 & 0 & 1 & 2 & 0 & 1 & 0 & 0 \\ 3 & 0 & 2 & -1 & 0 & 0 & 1 & 0 \\ 4 & 2 & 1 & 16 & 0 & 0 & 0 & 1 \end{array}\right] \begin{matrix} r_{21}^{(-1)} \\ r_{23}^{(-3)} \\ r_{24}^{(-4)} \end{matrix} \rightarrow$$

$$\left[\begin{array}{cccc|cccc} 0 & -1 & 2 & -1 & 1 & -1 & 0 & 0 \\ 1 & 0 & 1 & 2 & 0 & 1 & 0 & 0 \\ 0 & 0 & -1 & -7 & 0 & -3 & 1 & 0 \\ 0 & 2 & -3 & 8 & 0 & -4 & 0 & 1 \end{array}\right]$$

$$\xrightarrow{r_{14}^{(2)}} \left[\begin{array}{cccc|cccc} 0 & -1 & 2 & -1 & 1 & -1 & 0 & 0 \\ 1 & 0 & 1 & 2 & 0 & 1 & 0 & 0 \\ 0 & 0 & -1 & -7 & 0 & -3 & 1 & 0 \\ 0 & 0 & 1 & 6 & 2 & -6 & 0 & 1 \end{array}\right]$$

$$\begin{matrix} r_{41}^{(-2)} \\ r_{42}^{(-1)} \\ r_{43}^{(1)} \end{matrix} \rightarrow \left[\begin{array}{cccc|cccc} 0 & -1 & 0 & -13 & -3 & 11 & 0 & -2 \\ 1 & 0 & 0 & -4 & -2 & 7 & 0 & -1 \\ 0 & 0 & 0 & -1 & 2 & -9 & 1 & 1 \\ 0 & 0 & 1 & 6 & 2 & -6 & 0 & 1 \end{array}\right]$$

$$\begin{matrix} r_{31}^{(-13)} \\ r_{32}^{(-4)} \\ r_{34}^{(6)} \end{matrix} \rightarrow \left[\begin{array}{cccc|cccc} 0 & -1 & 0 & 0 & -29 & 128 & -13 & -15 \\ 1 & 0 & 0 & 0 & -10 & 43 & -4 & -5 \\ 0 & 0 & 0 & -1 & 2 & -9 & 1 & 1 \\ 0 & 0 & 1 & 0 & 14 & -60 & 6 & 7 \end{array}\right]$$

$$\rightarrow \left[\begin{array}{cccc|cccc} 1 & 0 & 0 & 0 & -10 & 43 & -4 & -5 \\ 0 & 1 & 0 & 0 & -29 & -128 & 13 & 15 \\ 0 & 0 & 1 & 0 & 14 & -60 & 6 & 7 \\ 0 & 0 & 0 & 1 & -2 & 9 & -1 & -1 \end{array}\right]$$

$$\therefore \mathbf{A}^{-1} = \begin{bmatrix} -10 & 43 & -4 & -5 \\ -29 & -128 & 13 & 15 \\ 14 & -60 & 6 & 7 \\ -2 & 9 & -1 & -1 \end{bmatrix}$$

例 28：$\mathbf{A} = \begin{bmatrix} 2 & 2 & 2 \\ 2 & 2 & 2 \\ 2 & 2 & 2 \end{bmatrix}$，求$\lambda$使$(\mathbf{A} - \lambda\mathbf{I}_3)$為不可逆

解

$(\mathbf{A} - \lambda\mathbf{I}_3)$為不可逆$\Rightarrow |\mathbf{A} - \lambda\mathbf{I}_3| = 0$

$|\mathbf{A} - \lambda\mathbf{I}_3| = \lambda^2(6 - \lambda) = 0$

$\therefore \lambda = 0$, or 6

例 29： Let $\mathbf{u}$ be a unit vector in R^n and let $\mathbf{A}=\mathbf{I}-2\mathbf{u}\mathbf{u}^T$. Determine $\mathbf{A}^{-1}$
（95 成大電通所）

解

因為 $\mathbf{u}$ 為 unit vector

$\Rightarrow \mathbf{u}^{\mathrm{T}}\mathbf{u}=1$

$\mathbf{A}^2=(\mathbf{I}-2\mathbf{u}\mathbf{u}^{\mathrm{T}})(\mathbf{I}-2\mathbf{u}\mathbf{u}^{\mathrm{T}})$

因為 $=\mathbf{I}-4\mathbf{u}\mathbf{u}^{\mathrm{T}}+4\mathbf{u}\mathbf{u}^{\mathrm{T}}\mathbf{u}\mathbf{u}^{\mathrm{T}}$

$=\mathbf{I}-4\mathbf{u}\mathbf{u}^{\mathrm{T}}+4\,(\mathbf{u}^{\mathrm{T}}\mathbf{u})\mathbf{u}\mathbf{u}^{\mathrm{T}}$

$=\mathbf{I}-4\mathbf{u}\mathbf{u}^{\mathrm{T}}+4\mathbf{u}\mathbf{u}^{\mathrm{T}}=\mathbf{I}$

所以 $\mathbf{A}^{-1}=\mathbf{A}$

例 30： Let (0, 0, 1), (1, 0, 1), (2, 4, 3), (4, 1, 1) and (k, 2, 0) be five points lie in a ball in R^3. Find the value of k? （95 竹教大應數）

解

假設 ball 的 equation 為 $x^2+y^2+z^2+c_1x+c_2y+c_3z+c_4=0$

因為通過 5 點 $\{(x_i, y_i, z_i)|i=1, \cdots, 5\}=\{(0, 0, 1), (1, 0, 1), (2, 4, 3), (4, 1, 1), (k, 2, 0)\}$

$$\begin{bmatrix} x_1^2+y_1^2+z_1^2 & x_1 & y_1 & z_1 & 1 \\ x_2^2+y_2^2+z_2^2 & x_2 & y_2 & z_2 & 1 \\ x_3^2+y_3^2+z_3^2 & x_3 & y_3 & z_3 & 1 \\ x_4^2+y_4^2+z_4^2 & x_4 & y_4 & z_4 & 1 \\ x_5^2+y_5^2+z_5^2 & x_5 & y_5 & z_5 & 1 \end{bmatrix}\begin{bmatrix} 1 \\ c_1 \\ c_2 \\ c_3 \\ c_4 \end{bmatrix}=0$$

則

$$\begin{bmatrix} 1 \\ c_1 \\ c_2 \\ c_3 \\ c_4 \end{bmatrix}\neq 0 \qquad \begin{vmatrix} x_1^2+y_1^2+z_1^2 & x_1 & y_1 & z_1 & 1 \\ x_2^2+y_2^2+z_2^2 & x_2 & y_2 & z_2 & 1 \\ x_3^2+y_3^2+z_3^2 & x_3 & y_3 & z_3 & 1 \\ x_4^2+y_4^2+z_4^2 & x_4 & y_4 & z_4 & 1 \\ x_5^2+y_5^2+z_5^2 & x_5 & y_5 & z_5 & 1 \end{vmatrix}$$

$$=\begin{vmatrix} 1 & 0 & 0 & 1 & 1 \\ 2 & 1 & 0 & 1 & 1 \\ 29 & 2 & 4 & 3 & 1 \\ 18 & 4 & 1 & 1 & 1 \\ k^2+4 & k & 2 & 0 & 1 \end{vmatrix}=0$$

$$\Rightarrow 2k^2-2k-72=0$$

$$\Rightarrow k=\frac{1\pm\sqrt{145}}{2}$$

例 31：　求下列矩陣的反矩陣 $\mathbf{A}^{-1}$

$$\text{(a)}\mathbf{A}=\begin{bmatrix} 2 & 1 & 0 & 0 \\ 1 & 1 & 0 & 0 \\ 0 & 0 & 1 & -1 \\ 0 & 0 & 1 & -2 \end{bmatrix}\quad \text{(b)}\mathbf{A}=\begin{bmatrix} 0 & 1 & 0 & 0 \\ 1 & 0 & 0 & 0 \\ 0 & 0 & 0 & 1 \\ 0 & 0 & 1 & 0 \end{bmatrix}$$

（95 銘傳，統資）

解

(a)令 $\mathbf{B}=\begin{bmatrix} 2 & 1 \\ 1 & 1 \end{bmatrix}$，$\mathbf{C}=\begin{bmatrix} 1 & -1 \\ 1 & -2 \end{bmatrix}$，則 $\mathbf{A}=\begin{bmatrix} \mathbf{B} & \mathbf{0} \\ \mathbf{0} & \mathbf{C} \end{bmatrix}$

$$\Rightarrow \mathbf{A}^{-1}=\begin{bmatrix} \mathbf{B}^{-1} & \mathbf{0} \\ \mathbf{0} & \mathbf{C}^{-1} \end{bmatrix}=\begin{bmatrix} 1 & -1 & 0 & 0 \\ -1 & 2 & 0 & 0 \\ 0 & 0 & 2 & -1 \\ 0 & 0 & 1 & -1 \end{bmatrix}$$

(b)因為 $\mathbf{A}$ 為 permutation matrix

$$\Rightarrow \mathbf{A}^{-1}=\mathbf{A}^T=\begin{bmatrix} 0 & 1 & 0 & 0 \\ 1 & 0 & 0 & 0 \\ 0 & 0 & 0 & 1 \\ 0 & 0 & 1 & 0 \end{bmatrix}$$

例 32：　$\mathbf{A}=\begin{bmatrix} 1 & -1 & -1 \\ 2 & -1 & -2 \\ 3 & 1 & -2 \end{bmatrix}$，求 $\mathbf{A}^{-1}=$？　　（中山應數）

解

$$\left[\begin{array}{ccc|ccc} 1 & -1 & -1 & 1 & 0 & 0 \\ 2 & -1 & -2 & 0 & 1 & 0 \\ 3 & 1 & -2 & 0 & 0 & 1 \end{array}\right] \xrightarrow[r_{13}^{(-3)}]{r_{12}^{(-2)}} \begin{bmatrix} 1 & -1 & -1 & 1 & 0 & 0 \\ 0 & 1 & 0 & -2 & 1 & 0 \\ 0 & 4 & 1 & -3 & 0 & 0 \end{bmatrix}$$

$$\xrightarrow{r_{23}^{(-4)}} \begin{bmatrix} 1 & -1 & -1 & 1 & 0 & 0 \\ 0 & 1 & 0 & -2 & 1 & 0 \\ 0 & 0 & 1 & 5 & -4 & 1 \end{bmatrix} \xrightarrow[r_{31}^{(1)}]{r_{21}^{(1)}} \begin{bmatrix} 1 & 0 & 0 & 4 & -3 & 1 \\ 0 & 1 & 0 & -2 & 1 & 0 \\ 0 & 0 & 1 & 5 & -4 & 1 \end{bmatrix}$$

$$= [\mathbf{I} \vdots \mathbf{A}^{-1}]$$

例 33： An $m \times m$ Vandermonde matrix $\mathbf{V}$ has the form

$$\mathbf{V} = \begin{bmatrix} 1 & 1 & \cdots & 1 \\ z_0 & z_1 & \cdots & z_{m-1} \\ z_0^2 & z_1^2 & \cdots & z_{m-1}^2 \\ \vdots & & & \vdots \\ z_0^{m-1} & z_1^{m-1} & \cdots & z_{m-1}^{m-1} \end{bmatrix}$$

Show that if $z_i \neq z_j$ for $i \neq j$ then the matrix is invertible and the determinant is

$$\det(\mathbf{V}) = \prod_{\substack{i,j=0 \\ i>j}}^{m-1} (z_i - z_j)$$

解

$$\det(\mathbf{V}) = \begin{vmatrix} 1 & 1 & \cdots & 1 \\ z_0 & z_1 & \cdots & z_{m-1} \\ z_0^2 & z_1^2 & \cdots & z_{m-1}^2 \\ \vdots & & & \vdots \\ z_0^{m-1} & z_1^{m-1} & \cdots & z_{m-1}^{m-1} \end{vmatrix}$$

$$= \begin{vmatrix} 1 & 0 & \cdots & 0 \\ z_0 & z_1 - z_0 & \cdots & z_{m-1} - z_0 \\ z_0^2 & z_1^2 - z_0^2 & \cdots & z_{m-1}^2 - z_0^2 \\ \vdots & & & \vdots \\ z_0^{m-1} & z_1^{m-1} - z_0^{m-1} & \cdots & z_{m-1}^{m-1} - z_0^{m-1} \end{vmatrix}$$

$$
=\begin{vmatrix}
1 & 0 & \cdots & 0 \\
z_0 & z_1-z_0 & \cdots & z_{m-1}-z_0 \\
z_0^2 & (z_1-z_0)(z_1+z_0) & \cdots & (z_{m-1}-z_0)(z_{m-1}+z_0) \\
\vdots & & & \vdots \\
z_0^{m-1} & (z_1-z_0)(z_1^{m-2}+z_1^{m-3}z_0+\cdots+z_0^{m-2}) & \cdots & (z_{m-1}-z_0)(z_{m-1}^{m-2}+z_{m-1}^{m-3}z_0+\cdots+z_0^{m-2})
\end{vmatrix}
$$

$$
=\prod_{i=2}^{m}(z_i-z_0)\begin{vmatrix}
1 & 0 & \cdots & 0 \\
z_0 & 1 & \cdots & 1 \\
z_0^2 & (z_1+z_0) & \cdots & (z_{m-1}+z_0) \\
\vdots & & & \vdots \\
z_0^{m-1} & (z_1^{m-2}+z_1^{m-3}z_0+\cdots+z_0^{m-2}) & \cdots & (z_{m-1}^{m-2}+z_{m-1}^{m-3}z_0+\cdots+z_0^{m-2})
\end{vmatrix}
$$

$$
=\prod_{i=1}^{m}(z_i-z_0)\begin{vmatrix}
1 & 1 & \cdots & 1 \\
(z_1+z_0) & (z_2+z_0) & \cdots & (z_{m-1}+z_0) \\
\vdots & \vdots & & \vdots \\
\vdots & & & \vdots \\
(z_1^{m-2}+z_1^{m-3}z_0+\cdots+z_0^{m-2}) & (z_2^{m-2}+z_2^{m-3}z_0+\cdots+z_0^{m-2}) & \cdots & (z_{m-1}^{m-2}+z_{m-1}^{m-3}z_0+\cdots+z_0^{m-2})
\end{vmatrix}
$$

$$=\cdots\cdots$$

$$= \prod_{\substack{i,j=0 \\ i>j}}^{m-1} (z_i - z_j)$$

2-5 向量函數的微分

一、實向量函數的微分

$\mathbf{x} \in R^{n \times 1}$, $\mathbf{x} = [x_1 \quad x_2 \quad \cdots \quad x_n]^T$，$f(\mathbf{x})$為一純量，則$f(\mathbf{x})$相對於 $\mathbf{x}$ 之導數為一 $n \times 1$ 之向量，定義如下：

$$\frac{\partial f(\mathbf{x})}{\partial \mathbf{x}} = \begin{bmatrix} \dfrac{\partial f(\mathbf{x})}{\partial x_1} \\ \dfrac{\partial f(\mathbf{x})}{\partial x_2} \\ \vdots \\ \dfrac{\partial f(\mathbf{x})}{\partial x_n} \end{bmatrix} \tag{18}$$

根據上述定義，可得以下之重要結果：

(1)若 $\mathbf{c} \in R^{n \times 1}$, $\mathbf{c} = [c_1 \quad c_2 \quad \cdots \quad c_n]^T$ 為一 $n \times 1$ 之常數向量，$f(\mathbf{x}) = \mathbf{c}^T\mathbf{x}$，則

$$\frac{\partial f(\mathbf{x})}{\partial \mathbf{x}} = \mathbf{c} \tag{19}$$

(2)若 $\mathbf{A} \in R^{n \times n}$, $\mathbf{A} = \mathbf{A}^T$ 為一 $n \times n$ 之常數 symmetric matrix, $f(\mathbf{x}) = \mathbf{x}^T\mathbf{A}\mathbf{x}$，則

$$\frac{\partial f(\mathbf{x})}{\partial \mathbf{x}} = 2\mathbf{A}\mathbf{x} \tag{20}$$

二、複數向量函數的微分

$\mathbf{z} \in C^{n\times 1}, \mathbf{z} = [z_1 \quad z_2 \quad \cdots \quad z_n]^T, z_i = x_i + jy_i; i = 1, \cdots, n, j = \sqrt{-1}, f(\mathbf{z})$為一純量（real or complex number），則$f(\mathbf{z})$相對於$z_i, z_i^*; i = 1, \cdots, n$之導數分別為

$$\frac{\partial f(\mathbf{z})}{\partial z_i} = \frac{1}{2}\left(\frac{\partial f(\mathbf{z})}{\partial x_i} - j\frac{\partial f(\mathbf{z})}{\partial y_i}\right) \tag{21}$$

$$\frac{\partial f(\mathbf{z})}{\partial z_i^*} = \frac{1}{2}\left(\frac{\partial f(\mathbf{z})}{\partial x_i} + j\frac{\partial f(\mathbf{z})}{\partial y_i}\right) \tag{22}$$

證明如下：

$$\begin{cases} z_i = x_i + jy_i \\ z_i^* = x_i - jy_i \end{cases}; i = 1, \cdots, n \Rightarrow \begin{cases} x_i = \dfrac{1}{2}(z_i + z_i^*) \\ y_i = \dfrac{1}{2j}(z_i - z_i^*) \end{cases} \tag{23}$$

From chain rule

$$\frac{\partial f(\mathbf{z})}{\partial z_i} = \frac{\partial f(\mathbf{z})}{\partial x_i}\frac{\partial x_i}{\partial z_i} + \frac{\partial f(\mathbf{z})}{\partial y_i}\frac{\partial y_i}{\partial z_i} = \frac{1}{2}\left(\frac{\partial f(\mathbf{z})}{\partial x_i} - j\frac{\partial f(\mathbf{z})}{\partial y_i}\right)$$

$$\frac{\partial f(\mathbf{z})}{\partial z_i^*} = \frac{\partial f(\mathbf{z})}{\partial x_i}\frac{\partial x_i}{\partial z_i^*} + \frac{\partial f(\mathbf{z})}{\partial y_i}\frac{\partial y_i}{\partial z_i^*} = \frac{1}{2}\left(\frac{\partial f(\mathbf{z})}{\partial x_i} + j\frac{\partial f(\mathbf{z})}{\partial y_i}\right)$$

定義$f(\mathbf{z})$相對於$n\times 1$之複數向量$\mathbf{z}, \mathbf{z}^*$之導數（或稱為complex gradient）如下：

$$\frac{\partial f(\mathbf{z})}{\partial \mathbf{z}} = \frac{1}{2}\begin{bmatrix} \dfrac{\partial f(\mathbf{z})}{\partial x_1} - j\dfrac{\partial f(\mathbf{z})}{\partial y_1} \\ \dfrac{\partial f(\mathbf{z})}{\partial x_2} - j\dfrac{\partial f(\mathbf{z})}{\partial y_2} \\ \vdots \\ \dfrac{\partial f(\mathbf{z})}{\partial x_n} - j\dfrac{\partial f(\mathbf{z})}{\partial y_n} \end{bmatrix} \equiv \nabla_{\mathbf{z}} f(\mathbf{z}) \tag{24}$$

$$\frac{\partial f(\mathbf{z})}{\partial \mathbf{z}^*} = \frac{1}{2}\begin{bmatrix} \frac{\partial f(\mathbf{z})}{\partial x_1} + j\frac{\partial f(\mathbf{z})}{\partial y_1} \\ \frac{\partial f(\mathbf{z})}{\partial x_2} + j\frac{\partial f(\mathbf{z})}{\partial y_2} \\ \vdots \\ \frac{\partial f(\mathbf{z})}{\partial x_n} + j\frac{\partial f(\mathbf{z})}{\partial y_n} \end{bmatrix} \equiv \nabla_{\mathbf{z}^*} f(\mathbf{z}) \tag{25}$$

根據上述定義，可得以下之重要結果：

(1)若 $\mathbf{b} \in C^{n\times 1}$, $\mathbf{b} = [b_1 \quad b_2 \quad \cdots \quad b_n]^T$ 為一 $n \times 1$ 之常數向量，$f(\mathbf{z}) = \mathbf{b}^H\mathbf{z}$，則

$$\frac{\partial f(\mathbf{z})}{\partial \mathbf{z}} = \mathbf{b}^* \tag{26}$$

$$\frac{\partial f(\mathbf{z})}{\partial \mathbf{z}^*} = 0 \tag{27}$$

(2)若 $\mathbf{b} \in C^{n\times 1}$, $\mathbf{b} = [b_1 \quad b_2 \quad \cdots \quad b_n]^T$ 為一 $n \times 1$ 一之常數向量，$f(\mathbf{z}) = \mathbf{z}^H\mathbf{b}$，則

$$\frac{\partial f(\mathbf{z})}{\partial \mathbf{z}} = 0 \tag{28}$$

$$\frac{\partial f(\mathbf{z})}{\partial \mathbf{z}^*} = \mathbf{b} \tag{29}$$

(3)若 $\mathbf{A} \in C^{n\times n}$, $\mathbf{A} = \mathbf{A}^H$ 為一 $n \times n$ 之常數 hermitian matrix, $f(\mathbf{z}) = \mathbf{z}^H\mathbf{A}\mathbf{z}$，則

$$\frac{\partial f(\mathbf{z})}{\partial \mathbf{z}} = \mathbf{A}\mathbf{z}^* \tag{30}$$

$$\frac{\partial f(\mathbf{z})}{\partial \mathbf{z}^*} = \mathbf{A}\mathbf{z} \tag{31}$$

例 34： There is a quantity $Q=\mathbf{b}^{*T}\mathbf{a}$, where $\mathbf{a}$ and $\mathbf{b}$ are $N\times 1$ vectors, and (*) represents the complex conjugate. Find $\dfrac{\partial Q}{\partial \mathbf{a}}$ and $\dfrac{\partial Q}{\partial \mathbf{a}^*}$.

（100 北科大電通）

解　From (26), (27),

$$\frac{\partial Q}{\partial \mathbf{a}}=\mathbf{b}^*$$

$$\frac{\partial Q}{\partial \mathbf{a}^*}=0$$

精選練習

1. Find $\mathbf{A}^{-1}$ if $\mathbf{A}=\begin{bmatrix}2&-3&2&5\\1&-1&1&2\\3&2&2&1\\1&1&-3&-1\end{bmatrix}$ （中興企管）

2. Suppose $\mathbf{A}=\begin{bmatrix}1&-1&2&3\\2&2&0&2\\4&1&-1&-1\\1&2&3&0\end{bmatrix}$ is a matrix of rational numbers. Compute its determinant.

3. 化簡 $\begin{vmatrix}a&a^2&b+c-a\\b&b^2&c+a-b\\c&c^2&a+b-c\end{vmatrix}$

4. Let $\mathbf{A}$, $\mathbf{B}$, and $\mathbf{C}$ be arbitrary square matrices of the same size. Given that $\det(\mathbf{EA})=\det(\mathbf{E})\det(\mathbf{A})$, where $\mathbf{E}$ is an elementary matrix. Prove that $\det(\mathbf{BC})=\det(\mathbf{B})\det(\mathbf{C})$.

（交大電信）

5. Evaluate the determinant of matrix $\mathbf{A}$

$$\mathbf{A}=\begin{bmatrix}3&-1&0&0&0\\2&4&0&0&0\\0&0&5&0&0\\0&0&1&2&7\\0&0&3&-6&1\end{bmatrix}$$

（交大土木）

6. 已知 $\mathbf{A}=\begin{bmatrix} t+3 & -1 & 1 \\ 5 & t-3 & 1 \\ 6 & -6 & t+4 \end{bmatrix}$ 若 $|\mathbf{A}|=0$，則 $t=$ ？ （交大工工）

7. Let **A** and **B** be 3×3 matrices, $|\mathbf{A}|=4$, $|\mathbf{B}|=5$ .Find the values of

(a)$|2\mathbf{AB}|$ (b)$|\mathbf{A}^{-1}\mathbf{B}|$ （成大）

8. Assuming that the stated inverses exist, prove the following equalities

(a)$(\mathbf{C}^{-1}+\mathbf{D}^{-1})^{-1}=\mathbf{C}\,(\mathbf{C}+\mathbf{D})^{-1}\mathbf{D}$

(b)$(\mathbf{I}+\mathbf{C}\mathbf{D}^{-1})^{-1}\mathbf{C}=\mathbf{C}\,(\mathbf{I}+\mathbf{D}\mathbf{C})^{-1}$ （台科大電機）

9. $\mathbf{A}=\begin{bmatrix} r & s & t \\ u & v & w \\ x & y & z \end{bmatrix}$, $|\mathbf{A}|=5$, find

(a)$|-4\mathbf{A}|$ (b)$|\mathbf{A}^{-1}|$ (c)$|\mathbf{A}^2|$ (d)$|\mathbf{A}^T|$ (e)$|(3\mathbf{A}^{-1})^T|$ (f)$\begin{vmatrix} t & r & s \\ w & u & v \\ z & x & y \end{vmatrix}$ （87 交大電子）

10. $\mathbf{A}=\begin{bmatrix} 1 & 3 & 4 \\ 2 & 1 & 5 \\ 4 & 7 & 9 \end{bmatrix}$，$\mathbf{B}=\begin{bmatrix} 1 & 5 & 2 \\ -1 & 0 & 1 \\ 3 & 2 & 4 \end{bmatrix}$，$\mathbf{C}=\begin{bmatrix} 6 & 9 & 1 \\ -1 & 1 & 2 \\ 4 & 1 & 3 \end{bmatrix}$

Determine the element f_{23} of matrix $\mathbf{F}=\mathbf{A}\,(\mathbf{BC})$

11. (a)Show that $\begin{bmatrix} a & x \\ 0 & b \end{bmatrix}$ is invertible if and only if $a\neq 0$ and $b\neq 0$

(b)If **A** and **B** are square invertible matrices, show

$$\begin{bmatrix} \mathbf{A} & \mathbf{X} \\ \mathbf{0} & \mathbf{B} \end{bmatrix}^{-1}=\begin{bmatrix} \mathbf{A}^{-1} & -\mathbf{A}^{-1}\mathbf{X}\mathbf{B}^{-1} \\ \mathbf{0} & \mathbf{B}^{-1} \end{bmatrix} \text{ for any } \mathbf{X}$$

(c)Find inverse of the matrix

$$\begin{bmatrix} 3 & 1 & 3 & 0 \\ 2 & 1 & -1 & 1 \\ 0 & 0 & 5 & 2 \\ 0 & 0 & 3 & 1 \end{bmatrix}$$

（雲科大）

12. Show that any square matrix maybe written as the sum of a Hermitian and skew Hermitian matrix.

13. $\mathbf{A}=\begin{bmatrix} 2 & 1 & 0 \\ 1 & 1 & 2 \\ -1 & 2 & 1 \end{bmatrix}$，$\mathbf{B}=\begin{bmatrix} 3 & 1 & -2 \\ 3 & -2 & 4 \\ -3 & 5 & 1 \end{bmatrix}$，find $\mathbf{AB}-\mathbf{BA}$

14. Find $\mathbf{A}^{-1}$ if exist $\mathbf{A}=\begin{bmatrix} 1 & 2 & 3 \\ 2 & 5 & 3 \\ 1 & 0 & 8 \end{bmatrix}$

15. True or False (You SHOULD justify your answer in every detail)

(1) There is an invertible matrix of the form $\begin{bmatrix} a & e & f & j \\ b & 0 & g & 0 \\ c & 0 & h & 0 \\ d & 0 & i & 0 \end{bmatrix}$

(2) The matrix $\begin{bmatrix} k^2 & 1 & 4 \\ k & -1 & -2 \\ 1 & 1 & 1 \end{bmatrix}$ is invertible for all positive constant k.

16. (1) Show that a 3×3 skew-symmetric matrix $\mathbf{A}$ ($\mathbf{A}^T=-\mathbf{A}$) is noninvertible ($|\mathbf{A}|=0$).

(2) Show that $|\mathbf{A}|=\pm1$ if $\mathbf{A}$ is an orthogonal matrix ($\mathbf{A}^T=\mathbf{A}^{-1}$).

17. Let $\mathbf{A}$ be a $n\times n$ matrix with a nonzero cofactor $\mathbf{A}_{nn}$ at (n, n) and set $c\dfrac{|\mathbf{A}|}{\mathbf{A}_{nn}}$. Show that if we subtract c from (n, n) entry of $\mathbf{A}$ then the resulting matrix will be singular.（91 成大資工）

18. Let $\mathbf{A}$ be a $m\times n$ matrix

(1) Prove that if tr $(\mathbf{A}^T\mathbf{A})=0$, then $\mathbf{A}=0$

(2) Prove or disprove that if m=n and tr $(\mathbf{A}^2)=0$, then $\mathbf{A}=0$ （91 中央統計）

19. Find the value of k that satisfies the following equation

$$\begin{vmatrix} b_1+c_1 & b_2+c_2 & b_3+c_3 \\ a_1+c_1 & a_2+c_2 & a_3+c_3 \\ a_1+b_1 & a_2+b_2 & a_3+b_3 \end{vmatrix} = k\begin{vmatrix} a_1 & a_2 & a_3 \\ b_1 & b_2 & b_3 \\ c_1 & c_2 & c_3 \end{vmatrix}$$ （91 逢甲應數）

20. Show that any square matrix maybe written as the sum of a Hermitian and skew Hermitian matrix.

21. 若 $x^3=1$，且 $x\neq1$，求

$$\begin{vmatrix} 1 & x & x^2 \\ x & x^2 & 1 \\ x^2 & 1 & x \end{vmatrix} = ?$$

22. $\mathbf{A}=\begin{bmatrix} 2 & 2 & 0 & 0 & 0 \\ 1 & 0 & 0 & 0 & 0 \\ 1 & 2 & 1 & 4 & 0 \\ 3 & 1 & 3 & 0 & 0 \\ 2 & 1 & 1 & 1 & 1 \end{bmatrix}$，求 $|\mathbf{A}|=$?

23. If $\mathbf{A}$, $\mathbf{B}$ are $n\times n$ matrices show that $\mathbf{AB}-\mathbf{BA}=\mathbf{I}_n$ is impossible （台大資工）

24. 若方陣 $\mathbf{A}$ 滿足 $\mathbf{A}^2=\mathbf{A}$，證明 $k\neq-1$ 時，$\mathbf{I}+k\mathbf{A}$ 為可逆，並求 $(\mathbf{I}+k\mathbf{A})^{-1}=$?

25. Prove $\begin{vmatrix} 1 & a & a^2 & a^3 \\ 1 & b & b^2 & b^3 \\ 1 & c & c^2 & c^3 \\ 1 & x & x^2 & x^3 \end{vmatrix} = (b-a)(c-a)(c-b)(x-a)(x-b)(x-c)$ （元智工工）

26. Find det ($\mathbf{A}$) for

$$\mathbf{A}=\begin{bmatrix} 5 & 0 & 71 & 0 & 0 \\ 98 & 3 & 34 & -37 & 86 \\ -33 & 0 & -16 & 2 & 25 \\ 0 & 0 & 2 & 0 & 0 \\ 81 & 0 & 23 & 0 & 1 \end{bmatrix}$$

27. 求 a 之值使得矩陣 $\mathbf{A}$ 為可逆

$$\mathbf{A}=\begin{bmatrix} 1 & 1 & a \\ 1 & a & a \\ a & a & a \end{bmatrix}$$

28. Find the determinant of a real matrix $\mathbf{K}$, where

$$\mathbf{K}=\begin{bmatrix} 0 & a & b & c & d \\ -a & 0 & e & f & g \\ -b & -e & 0 & h & i \\ -c & -f & -h & 0 & j \\ -d & -g & -i & -j & 0 \end{bmatrix}$$

（95 交大電子）

29. Given $\mathbf{A}=\begin{bmatrix} 2 & 3 & 1 \\ -4 & 0 & 5 \\ 1 & 6 & 5 \end{bmatrix}$, please list all the principal submatrix of matrix$\mathbf{A}$.

（99 雲科大通訊）

30. Find an upper triangular matrix $\mathbf{A}$ that satisfies $\mathbf{A}^3=\begin{bmatrix} 1 & 30 \\ 0 & -8 \end{bmatrix}$ （95 清大資應）

31. Find the inverse of the block matrix given by $\begin{bmatrix} \mathbf{0} & \mathbf{I} \\ -\mathbf{I} & \mathbf{G} \end{bmatrix}$, where 0 is an$n \times n$ zero matrix, $\mathbf{I}$ is an $n \times n$ identity matrix, and G is an $n \times n$ invertible matrix. （94 台科大電子）

32. 求下列矩陣之行列式

$$\begin{bmatrix} 0 & 0 & 2 & 3 & 1 \\ 0 & 0 & 0 & 2 & 2 \\ 0 & 9 & 7 & 9 & 3 \\ 0 & 0 & 0 & 0 & 5 \\ 3 & 4 & 5 & 8 & 5 \end{bmatrix}$$

33. 下列矩陣為可逆，求 x 之值？

$$\begin{bmatrix} 1 & 1 & x \\ 1 & x & x \\ x & x & x \end{bmatrix}$$

34. 求下列矩陣之積

$$\begin{bmatrix} 1 & 0 & -1 \\ 0 & 1 & 1 \\ 1 & -1 & -2 \end{bmatrix}\begin{bmatrix} 1 & 2 & 3 \\ 3 & 2 & 1 \\ 2 & 1 & 3 \end{bmatrix}$$

35. Given that $\det\left(\begin{bmatrix} a & b & c \\ d & e & f \\ g & h & i \end{bmatrix}\right)=3$, find the $\det\left(\begin{bmatrix} 2a+5g & 2b+5h & 2c+5i \\ 3d & 3e & 3f \\ g & h & i \end{bmatrix}\right)$ （99 暨南通訊）

36. Find a matrix **S** such that $\mathbf{S}^2=\mathbf{A}$, if $\mathbf{A}=\begin{bmatrix} 1 & 3 & 1 \\ 0 & 4 & 5 \\ 0 & 0 & 9 \end{bmatrix}$. （100 中正電機通訊）

37. Find **T** such that **TH** = **F**, where

$$\mathbf{H}=\begin{bmatrix} 1 & 1 & 1 & 1 \\ 1 & -1 & 1 & -1 \\ 1 & 1 & -1 & -1 \\ 1 & -1 & -1 & 1 \end{bmatrix},\ \mathbf{F}=\begin{bmatrix} 1 & 1 & 1 & 1 \\ 1 & j & -1 & -j \\ 1 & -1 & 1 & -1 \\ 1 & -j & -1 & j \end{bmatrix}$$
（94 台大工數 D）

38. Please compute the inverse of (a) $\begin{bmatrix} 2 & 4 \\ 1 & 3 \end{bmatrix}$ (b) $\begin{bmatrix} 2 & 1 & -3 \\ 3 & 1 & 0 \\ -6 & -4 & 2 \end{bmatrix}$. （92 中央通訊）

39. Let **A** and **B** be unitary matrices. Please show that the inverse of the matrix **C** = **AB** is also unitary. （92 中央通訊）

40. Find the 4 by 4 matrix **A** that represents a cyclic permutation: eah vector (x_1, x_2, x_3, x_4) is transformed to (x_2, x_3, x_4, x_1). What is the effect of $\mathbf{A}^2$? Show that $\mathbf{A}^3=\mathbf{A}^{-1}$.
（94 北科大電通）

3 矩陣的 LU 分解

Education is the lighting of the fire, not the filling of a bucket.

——William butler Yeats

3-1 線性方程組

定義：線性方程組

$$\begin{cases} a_{11}x_1 + a_{12}x_2 + \cdots + a_{1n}x_n = b_1 \\ a_{21}x_1 + a_{22}x_2 + \cdots + a_{2n}x_n = b_2 \\ \qquad\qquad\qquad \vdots \\ a_{m1}x_1 + a_{m2}x_2 + \cdots + a_{mn}x_n = b_m \end{cases} \tag{1}$$

令 $\mathbf{A} = [a_{ij}]_{m\times n} = \begin{bmatrix} a_{11} & a_{12} & \cdots & a_{1n} \\ a_{21} & a_{22} & \cdots & a_{2n} \\ \vdots & \vdots & \ddots & \vdots \\ a_{m1} & a_{m2} & \cdots & a_{mn} \end{bmatrix}$ 為係數矩陣，$\mathbf{x} = \begin{bmatrix} x_1 \\ x_2 \\ \vdots \\ x_n \end{bmatrix}$ 為未知數向量，$\mathbf{b} = \begin{bmatrix} b_1 \\ b_2 \\ \vdots \\ b_n \end{bmatrix}$ 為值向量，則(1)式可改寫為：

$$\mathbf{Ax} = \mathbf{b} \tag{2}$$

定義：$[\mathbf{A}|\mathbf{b}]$ 稱為線性方程組 $\mathbf{Ax}=\mathbf{b}$ 的增廣（Augmented）矩陣

在(1)式中若 $m=n$，則 $\mathbf{x}$ 之解可分為以下情形：

①$|\mathbf{A}| \neq 0 \quad \Rightarrow \mathbf{x}$ 恰有一解，根據 Cramer's Rule 可知其解為

$$x_1 = \frac{1}{|\mathbf{A}|}\begin{vmatrix} b_1 & a_{12} & \cdots & a_{1n} \\ b_2 & a_{22} & \cdots & a_{2n} \\ \vdots & \vdots & & \vdots \\ b_n & a_{n2} & \cdots & a_{nn} \end{vmatrix},$$

$$x_2 = \frac{1}{|\mathbf{A}|}\begin{vmatrix} a_{11} & b_1 & a_{13} & \cdots & a_{1n} \\ a_{21} & b_2 & a_{23} & \cdots & a_{2n} \\ \vdots & \vdots & \vdots & & \vdots \\ a_{n1} & b_n & a_{n3} & \cdots & a_{nn} \end{vmatrix}, \ldots,$$

$$x_n = \frac{1}{|\mathbf{A}|}\begin{vmatrix} a_{11} & a_{12} & a_{13} & \cdots & b_1 \\ a_{21} & a_{22} & a_{23} & \cdots & b_2 \\ \vdots & \vdots & \vdots & \ddots & \vdots \\ a_{n1} & a_{n2} & a_{n3} & \cdots & b_n \end{vmatrix}$$

②$|\mathbf{A}|=0\Rightarrow$ *1.* 若 $\mathbf{b}$ 可表為 $\mathbf{A}$ 之行向量$\{\mathbf{a}_1, \mathbf{a}_2, \cdots \mathbf{a}_n\}$的線性組合，則有無限多組解

③若 $\mathbf{b}$ 不能表為$\{\mathbf{a}_1, \mathbf{a}_2, \cdots \mathbf{a}_n\}$之線性組合，則無解

觀念提示： *1.* 若 $\mathbf{b}=0$ 則 $\mathbf{Ax}=0$ 稱之為齊性方程組，齊性方程組的解稱為齊性解，$\mathbf{x}=0$ 稱為 $\mathbf{Ax}=0$ 之 trivial solution（零解）

2. $\mathbf{Ax}=\mathbf{b}\Rightarrow\mathbf{b}=x_1\mathbf{a}_1+x_2\mathbf{a}_2+\cdots+x_n\mathbf{a}_n$ (3)

在(3)式中$\{\mathbf{a}_1, \mathbf{a}_2, \cdots \mathbf{a}_n\}$為已知矩陣 $\mathbf{A}$ 之行向量，$\mathbf{b}$ 為已知向量，而$\{x_1, x_2, \cdots, x_n\}$為待求之係數，以向量空間的觀點而言，(3)式即為$\{\mathbf{a}_1, \mathbf{a}_2, \cdots \mathbf{a}_n\}$在何種的線性組合之下可得到 $\mathbf{b}$，換言之，$\mathbf{Ax}=\mathbf{b}$ 若有解，則 $\mathbf{b}$ 必可表為 $\mathbf{A}$ 之行向量之線性組合，或 $\mathbf{b}$ 必落在$\{\mathbf{a}_1, \mathbf{a}_2, \cdots \mathbf{a}_n\}$所展開的空間上。

3. $\mathbf{Ax}=0$ 必定有解（至少有零解），若有非零解則必有無限多組解。

3-2　高斯消去法

Cramer's rule 在矩陣之階數大時，應用起來並不方便，此外，當係數矩陣為 singular 或係數矩陣非方陣時亦無法應用 Cramer's rule.較常用的方法為高斯消去法（Gauss-Jordan elimination method）。高斯消去法

之精神為利用基本列運算把聯立方程式的增廣矩陣逐步化為梯形矩陣。

解法要訣：順向消去→逆向疊代

例 1： $\begin{cases} 3x+y-z=2 \\ 2x+3y+z=0 \\ x+5y+2z=6 \end{cases}$

解 列出增廣矩陣

$$\left[\begin{array}{ccc|c} 3 & 1 & -1 & 2 \\ 2 & 3 & 1 & 0 \\ 1 & 5 & 2 & 6 \end{array}\right] \xrightarrow{r_{13}} \left[\begin{array}{ccc|c} 1 & 5 & 2 & 6 \\ 2 & 3 & 1 & 0 \\ 3 & 1 & -1 & 2 \end{array}\right]$$

$$\xrightarrow[r_{13}^{(-3)}]{r_{12}^{(-2)}} \left[\begin{array}{ccc|c} 1 & 5 & 2 & 6 \\ 0 & -7 & -3 & -12 \\ 0 & -14 & -7 & -16 \end{array}\right] \xrightarrow{r_{23}^{(-2)}} \left[\begin{array}{ccc|c} 1 & 5 & 2 & 6 \\ 0 & -7 & -3 & -12 \\ 0 & 0 & -1 & 8 \end{array}\right]$$

$$\xrightarrow{r_3^{(-1)}} \left[\begin{array}{ccc|c} 1 & 5 & 2 & 6 \\ 0 & -7 & -3 & -12 \\ 0 & 0 & 1 & -8 \end{array}\right]$$ ；梯形矩陣（echelon matrix）

$$\xrightarrow[r_{31}^{(-2)}]{r_{32}^{(3)}} \left[\begin{array}{ccc|c} 1 & 5 & 0 & 6 \\ 0 & -7 & 0 & -36 \\ 0 & 0 & 1 & -8 \end{array}\right] \xrightarrow{r_2^{(\frac{-1}{7})}} \left[\begin{array}{ccc|c} 1 & 5 & 0 & 22 \\ 0 & 1 & 0 & \frac{36}{7} \\ 0 & 0 & 1 & -8 \end{array}\right]$$

$$\xrightarrow{r_{21}^{(-5)}} \left[\begin{array}{ccc|c} 1 & 0 & 0 & \frac{-26}{7} \\ 0 & 1 & 0 & \frac{36}{7} \\ 0 & 0 & 1 & -8 \end{array}\right]$$ ；

列簡梯陣（row-reduced echelon matrix）

故得 $\begin{cases} x=\dfrac{-26}{7} \\ y=\dfrac{36}{7} \\ z=-8 \end{cases}$

觀念提示：*1.* 解的判別法

$\mathbf{A} \in R^{m \times n}, \mathbf{b} \in R^{m \times l}$ 求解 $\mathbf{Ax} = \mathbf{b}$ $(m \geq n)$

利用高斯消去法對 $[\mathbf{A}|\mathbf{b}]$ 進行一連串基本列運算後可得一梯形矩陣 $[\mathbf{A}_1|\mathbf{b}_1]$，令 $\mathbf{A}_1$ 之非零列數為 r，$[\mathbf{A}_1|\mathbf{b}_1]$ 之非零列數為 s，則 $r \leq s$，且 $s \leq n$，此時 $\mathbf{Ax} = \mathbf{b}$ 之解

(a)$r < s$：無解（矛盾）

(b)$r = n = s$：恰有一解

(c)$r = s, r < n$：無窮多組解（相依）

2. 由 *1.* 可知，若 $\mathbf{b} = 0$，則 $\mathbf{Ax} = 0$ 之解不是恰有一解（trivial solution），就是有無限多組解。

3. 若 $\mathbf{A}$ 為可逆方陣，則 $\mathbf{A}$ 列等價於 $\mathbf{I}_n$。

4. 若 *1.* 之 $m < n$ (the number of unknowns is larger than the number of equations)

(a)$r < s$：無解（矛盾）

(b)$r = s$：無窮多組解（相依）

5. Define rank $(\mathbf{A}) = r$, rank$([\mathbf{A}|\mathbf{b}]) = s$, then from *1.*, we have

(a)rank $(\mathbf{A}) <$ rank $(\mathbf{A}|\mathbf{b})$: inconsistent (no solution)

(b)rank $(\mathbf{A}) =$ rank $(\mathbf{A}|\mathbf{b}) = n$: unique solution

(c)rank $(\mathbf{A}) =$ rank $(\mathbf{A}|\mathbf{b}) = n$: inf inite many solutions

定理 3-1：

對於 n 階方陣 $\mathbf{A}$，下列各敘述等價：

(1)$\mathbf{A}$ 為可逆

(2)$\mathbf{A}$ 列等價於 $\mathbf{I}_n$

(3)$\mathbf{A}$ 可表示為基本矩陣的乘積

(4)$\mathbf{Ax} = 0$ 恰有一零解

(5)對任意已知向量 $\mathbf{b}$, $\mathbf{b} \in R^{n \times 1}$, $\mathbf{Ax} = \mathbf{b}$ 必恰有一解

定理 3-2：

設 **A**, **B**, **C** 均為 n 階方陣且 $\mathbf{A}=\mathbf{BC}$，則若 **A** 為可逆矩陣，**B**, **C** 皆為可逆矩陣，反之亦然

證明：$\mathbf{A}=\mathbf{BC}\Rightarrow\mathbf{A}^{-1}=(\mathbf{BC})^{-1}=\mathbf{C}^{-1}\mathbf{B}^{-1}$

$\Rightarrow$若一行向量 $\mathbf{x}$ 滿足 $\mathbf{Cx}=0$，則 $\mathbf{Ax}=\mathbf{BCx}=\mathbf{B0}=0$

$\because$ **A** 為可逆，故 $\mathbf{Ax}=0$. implies $\mathbf{x}=0$

故可得 **C** 為可逆方陣

$\therefore\mathbf{B}=\mathbf{BCC}^{-1}=\mathbf{AC}^{-1}$

$\mathbf{B}(\mathbf{CA}^{-1})=(\mathbf{AC}^{-1})(\mathbf{CA}^{-1})=\mathbf{I}$

故 **B** 亦可為可逆方陣

$\Rightarrow$若 **B**、**C** 皆為可逆

$\mathbf{A}=\mathbf{BC}$

$\mathbf{A}(\mathbf{C}^{-1}\mathbf{B}^{-1})=\mathbf{BCC}^{-1}\mathbf{B}^{-1}$

$=\mathbf{BB}^{-1}=\mathbf{I}$

故 **A** 亦為可逆方陣

例 2： Solve the following system of linear equations.

$$\begin{cases} x_1+x_3=0 \\ x_2+x_3+x_4=1 \\ x_1+2x_3+x_4=0 \\ x_1+x_2-x_4=1 \end{cases}$$

（台大電機）

解

$$\left[\begin{array}{cccc|c} 1 & 0 & 1 & 0 & 0 \\ 0 & 1 & 1 & 1 & 1 \\ 1 & 0 & 2 & 1 & 0 \\ 1 & 1 & 0 & -1 & 1 \end{array}\right] \xrightarrow[r_{14}^{(-1)}]{r_{13}^{(-2)}} \begin{bmatrix} 1 & 0 & 1 & 0 & 0 \\ 0 & 1 & 1 & 1 & 1 \\ 0 & 0 & 1 & 1 & 0 \\ 0 & 1 & -1 & -1 & 1 \end{bmatrix} \xrightarrow{r_{24}^{(-1)}}$$

$$\begin{bmatrix} 1 & 0 & 1 & 0 & 0 \\ 0 & 1 & 1 & 1 & 1 \\ 0 & 0 & 1 & 1 & 0 \\ 0 & 0 & -2 & -2 & 0 \end{bmatrix} \sim \begin{bmatrix} 1 & 0 & 1 & 0 & 0 \\ 0 & 1 & 1 & 1 & 1 \\ 0 & 0 & 1 & 1 & 0 \\ 0 & 0 & 0 & 0 & 0 \end{bmatrix} \sim \begin{bmatrix} 1 & 0 & 0 & -1 & 0 \\ 0 & 1 & 0 & 0 & 1 \\ 0 & 0 & 1 & 1 & 0 \\ 0 & 0 & 0 & 0 & 0 \end{bmatrix}$$

$$\therefore \begin{cases} x_1 = t \\ x_2 = 1 \\ x_3 = -t \\ x_4 = t \end{cases} ;\ \forall t \in R$$

例 3：　The complete solution to $\mathbf{Ax} = \begin{bmatrix} -3 \\ 3 \end{bmatrix}$ is $\mathbf{x} = \begin{bmatrix} 3 \\ 0 \end{bmatrix} + c\begin{bmatrix} 0 \\ 2 \end{bmatrix}, c \in R$. Find **A**.

（91 雲科大電機）

解　令 $\mathbf{p} = \begin{bmatrix} 3 \\ 0 \end{bmatrix}, \mathbf{v} = \begin{bmatrix} 0 \\ 2 \end{bmatrix}, \mathbf{b} = \begin{bmatrix} -3 \\ 3 \end{bmatrix}$，則 $\mathbf{Ax} = \mathbf{b}$ 的解集為 $\{\mathbf{p} + t\mathbf{v} | t \in R\}$

因為 $\mathbf{Ax} = \mathbf{b}$ 有解，所以 $\mathbf{b} = CSP\,(\mathbf{A})$，即 **A** 具有二列

另外，由解集知 **A** 具二行，所以 **A** 為一個 2×2 矩陣

令 $\mathbf{A} = \begin{bmatrix} a & b \\ c & d \end{bmatrix}$，取 $t = 1$ 及 -1 得 $\mathbf{A}\,(\mathbf{p} + \mathbf{v}) = \mathbf{b}$ 及 $\mathbf{A}\,(\mathbf{p} - \mathbf{v}) = \mathbf{b}$

$\Rightarrow \mathbf{0} = \mathbf{b} - \mathbf{b} = \mathbf{A}\,(\mathbf{p} + \mathbf{v}) - \mathbf{A}\,(\mathbf{p} - \mathbf{v}) = \mathbf{A}(2\mathbf{v}) = 2\mathbf{Av}$

$\Rightarrow \mathbf{Av} = \mathbf{0}$

$\Rightarrow \begin{bmatrix} a & b \\ c & d \end{bmatrix}\begin{bmatrix} 0 \\ 2 \end{bmatrix} = \begin{bmatrix} 0 \\ 0 \end{bmatrix}$

$\Rightarrow b = d = 0$

$\Rightarrow \mathbf{A} = \begin{bmatrix} a & 0 \\ c & 0 \end{bmatrix}$

取 $t = 0$，則 $\mathbf{Ap} = \mathbf{b}$

$\Rightarrow \begin{bmatrix} a & b \\ c & d \end{bmatrix}\begin{bmatrix} 3 \\ 0 \end{bmatrix} = \begin{bmatrix} -3 \\ 3 \end{bmatrix}$

$\Rightarrow a = -1, c = 1$

例 4： What values of a and b in the system

$$\begin{cases} x+4y-3z=0 \\ 3x+2y+z=10b \\ \quad y+az=-2 \end{cases}$$

have(i)no solution, (ii)unique solution, and (iiii) infinite solution.

（95 台科大電子所）

解

$$\left[\begin{array}{ccc|c} 1 & 4 & 3 & 0 \\ 3 & 2 & 1 & 10b \\ 0 & 1 & a & 2 \end{array}\right] \xrightarrow{r_{12}^{(-3)}} \left[\begin{array}{ccc|c} 1 & 4 & -3 & 0 \\ 0 & -10 & 10 & 10b \\ 0 & 1 & a & 2 \end{array}\right]$$

$$\xrightarrow{r_{32}^{(10)}} \left[\begin{array}{ccc|c} 1 & 4 & -3 & 0 \\ 0 & 0 & 10+10a & 10b+20 \\ 0 & 1 & a & 2 \end{array}\right]$$

(i)當 $\begin{cases} 10+10a=0 \\ 10b+20\neq 0 \end{cases}$，即 $a=-1$ 且 $b\neq -2$ 時無解

(ii)當 $10+10a\neq 0$，即 $a\neq -1$ 時具唯一解

(iii)當 $\begin{cases} 10+10a=0 \\ 10b+20=0 \end{cases}$，即 $a=-1$ 且 $b=-2$ 時具無限多解

例 5： Solve the following systems of linear equations.

(a) $\begin{cases} 3x_1-7x_2+4x_3=10 \\ x_1-2x_2+x_3=3 \\ 2x_1-x_2-2x_3=6 \end{cases}$ (b) $\begin{cases} 2x_1-x_2-x_3=-2 \\ 3x_1-3x_2-2x_3+5x_4=7 \\ x_1-x_2-2x_3-x_4=-3 \end{cases}$

（95 逢甲應數）

解

(a) $$\left[\begin{array}{ccc|c} 3 & -7 & 4 & 10 \\ 1 & -2 & 1 & 3 \\ 2 & -1 & -2 & 6 \end{array}\right] \xrightarrow{r_{21}^{(-2)},\, r_{23}^{(-2)}} \left[\begin{array}{ccc|c} 0 & -1 & 1 & 1 \\ 1 & -2 & 1 & 3 \\ 0 & 3 & -4 & 0 \end{array}\right]$$

$$\xrightarrow{r_{13}^{(3)}} \left[\begin{array}{ccc|c} 0 & -1 & 1 & 1 \\ 1 & -2 & 1 & 3 \\ 0 & 0 & -1 & 3 \end{array}\right]$$

$$\Rightarrow\begin{cases}x_1-2x_2+x_3=3\\-x_2+x_3=1\\-x_3=3\end{cases}\Rightarrow\begin{cases}x_1=14\\x_2=4\\x_3=-3\end{cases}$$

(b) $$\left[\begin{array}{cccc|c}2&-2&-3&0&-2\\3&-3&-2&5&7\\1&-1&-2&-1&-3\end{array}\right]\xrightarrow{r_{21}^{(-3)},\,r_{32}^{(-3)}}\left[\begin{array}{cccc|c}0&0&1&2&4\\0&0&4&8&16\\1&-1&-2&-1&-3\end{array}\right]$$

$$\xrightarrow{r_{12}^{(-4)}}\left[\begin{array}{cccc|c}0&0&1&2&4\\0&0&0&0&0\\1&-1&-2&-1&-3\end{array}\right]$$

$$\Rightarrow\begin{cases}x_1-x_2-2x_3-2x_4=-3\\x_3+2x_4=4\end{cases}\Rightarrow\begin{cases}x_1=x_2-2x_4+5\\x_3=-2x_4+4\end{cases}$$

所以解集合為 $\left\{\begin{bmatrix}s-2t+5\\s\\-2t+4\\t\end{bmatrix}\middle|\, s,t\in R\right\}$

例 6：　Find solution of the following system of linear equations

$$\begin{cases}x_1+2x_2-x_3+x_4=2\\2x_1+x_2+x_3-x_4=3\\x_1+2x_2-3x_3+2x_4=2\end{cases}$$

（台大電機）

解

$$\left[\begin{array}{cccc|c}1&2&-1&1&2\\2&1&1&-1&3\\1&2&-3&2&2\end{array}\right]\xrightarrow[r_{13}^{(-1)}]{r_{12}^{(-2)}}\left[\begin{array}{cccc|c}1&2&-1&1&2\\0&-3&3&-3&-1\\0&0&-2&1&2\end{array}\right]$$

$$\xrightarrow[r_3^{(\frac{-1}{2})}]{r_2^{(\frac{-1}{3})}}\begin{bmatrix}1&2&-1&1&2\\0&1&-1&1&\frac{1}{3}\\0&0&1&\frac{-1}{2}&0\end{bmatrix}$$

$$\xrightarrow[r_{31}^{(1)}]{r_{32}^{(1)}}\begin{bmatrix}1&2&0&\frac{1}{2}&2\\0&1&0&\frac{1}{2}&\frac{1}{3}\\0&0&1&\frac{-1}{2}&0\end{bmatrix}\xrightarrow{r_{21}^{(-2)}}\begin{bmatrix}1&0&0&\frac{-1}{2}&\frac{4}{3}\\0&1&0&\frac{1}{2}&\frac{1}{3}\\0&0&1&\frac{-1}{2}&0\end{bmatrix}$$

$$即\begin{cases} x_1-\dfrac{1}{2}x_4=\dfrac{4}{3} \\ x_2+\dfrac{1}{2}x_4=\dfrac{1}{3} \\ x_3-\dfrac{1}{2}x_4=0 \end{cases} \Rightarrow \begin{cases} x_1=\dfrac{t}{2}+\dfrac{4}{3} \\ x_2=\dfrac{-t}{2}+\dfrac{1}{3} \\ x_3=\dfrac{t}{2} \\ x_4=t \end{cases}, t\in R（無限多組解）$$

例 7： Compute the solution of the system

$ax+y+z=1$

$x+ay+z=1$

$x+y+az=1$

for all possible values of a （清大資工）

解 本題因牽涉文字係數 a，作列運算時若需除以含 a 之因式，需討論其是否為 0

$$\left[\begin{array}{ccc|c} a & 1 & 1 & 1 \\ 1 & a & 1 & 1 \\ 1 & 1 & a & 1 \end{array}\right] \xrightarrow{r_{13}} \left[\begin{array}{ccc|c} 1 & 1 & a & 1 \\ 1 & a & 1 & 1 \\ a & 1 & 1 & 1 \end{array}\right] \xrightarrow[r_{13}^{(-a)}]{r_{12}^{(-1)}} \left[\begin{array}{ccc|c} 1 & 1 & a & 1 \\ 0 & a-1 & 1-a & 0 \\ 0 & 1-a & 1-a^2 & 1-a \end{array}\right]$$

$$\xrightarrow{r_{23}^{(1)}} \left[\begin{array}{ccc|c} 1 & 1 & a & 1 \\ 0 & a-1 & 1-a & 0 \\ 0 & 0 & 2-a-a^2 & 1-a \end{array}\right] \quad ①$$

$\because 2-a-a^2=(1-a)(a+2)$

(a)若 $a=-2$ 則無解

(b)$a=1$ 則①式變為 $\left[\begin{array}{ccc|c} 1 & 1 & 1 & 1 \\ 0 & 0 & 0 & 0 \\ 0 & 0 & 0 & 0 \end{array}\right]$

即 $x+y+z=1$ 有無限多組解 $\begin{cases} x=1-s-t \\ y=s \\ z=t \end{cases}, s, t\in R$

(c)若 $a\neq -2$，$a\neq 1$ 則①式可繼續進行運算

$$\xrightarrow[r_2^{\left(\frac{1}{a-1}\right)}]{r_3^{\left(\frac{-1}{a^2+a-2}\right)}}\begin{bmatrix}1 & 1 & a & 1\\ 0 & 1 & -1 & 0\\ 0 & 0 & 1 & \frac{1}{a+2}\end{bmatrix}\xrightarrow[r_{31}^{(-a)}]{r_{32}^{(1)}}\begin{bmatrix}1 & 1 & 0 & \frac{2}{2+a}\\ 0 & 1 & 0 & \frac{1}{2+a}\\ 0 & 0 & 1 & \frac{1}{2+a}\end{bmatrix}$$

$$\xrightarrow{r_{21}^{(-1)}}\begin{bmatrix}1 & 1 & 0 & \frac{1}{2+a}\\ 0 & 1 & 0 & \frac{1}{2+a}\\ 0 & 0 & 1 & \frac{1}{2+a}\end{bmatrix}$$

$$\therefore x=y=z=\frac{1}{2+a}$$

例 8：　Find the solution of

$$\begin{cases}x-2y+3z=1\\ 2x+ky+6z=6\\ -x+3y+(k-3)z=0\end{cases}$$

for all possible of k.　（交大資料）

解

$$\begin{bmatrix}1 & -2 & 3 & 1\\ 2 & k & 6 & 6\\ -1 & 3 & k-3 & 0\end{bmatrix}\underset{r_{13}^{(1)}}{\overset{r_{12}^{(-2)}}{\sim}}\begin{bmatrix}1 & -2 & 3 & 1\\ 0 & k+4 & 0 & 4\\ 0 & 1 & k & 1\end{bmatrix}$$

(1) if $k=-4\Rightarrow$ 無解

(2) if $k\neq-4$ 且 $k\neq0$ $\Rightarrow\begin{bmatrix}1 & -2 & 3 & 1\\ 0 & k+4 & 0 & 4\\ 0 & 0 & k & 1-\frac{4}{k+4}\end{bmatrix}$

$$\Rightarrow z=\frac{1}{k+4},\ y=\frac{4}{k+4}$$

$$x=1+\frac{8}{k+4}-\frac{3}{k+4}=\frac{k+9}{k+4}$$

(3) if $k=0$ $\Rightarrow\begin{bmatrix}1 & -2 & 3 & 1\\ 0 & 4 & 0 & 4\\ 0 & 1 & 0 & 1\end{bmatrix}$

$\therefore y=1, x+3z=3$ 無窮多解

例 9： Given

$$\begin{cases} x+2y-z=1 \\ 2x+3y+z=2 \\ 4x+7y-z=4 \end{cases}$$

Find the solution of this system so that its length is minimal

（台大資訊）

解

$$\begin{bmatrix} 1 & 2 & -1 & 1 \\ 2 & 3 & 1 & 2 \\ 4 & 7 & -1 & 4 \end{bmatrix} \underset{r_{13}^{(-4)}}{\overset{r_{12}^{(-2)}}{\sim}} \begin{bmatrix} 1 & 2 & -1 & 1 \\ 0 & -1 & 0 & 0 \\ 0 & -1 & 0 & 0 \end{bmatrix} \Rightarrow \begin{bmatrix} x \\ y \\ z \end{bmatrix} = \begin{bmatrix} 1 \\ 0 \\ 0 \end{bmatrix} + t \begin{bmatrix} -5 \\ 3 \\ 1 \end{bmatrix}$$

$f(t)=(1-5t)^2+(3t)^2+(t)^2$

$f'(t)=0 \Rightarrow t=\frac{1}{7}$

例 10： Let $\mathbf{Ax}=\mathbf{b}$ be a linear system whose augmented matrix has reduced echelon form

$$\left[\begin{array}{ccccc|c} 1 & -1 & 2 & 0 & 7 & -3 \\ 0 & 0 & 0 & 1 & -5 & 2 \\ 0 & 0 & 0 & 0 & 0 & 0 \\ 0 & 0 & 0 & 0 & 0 & 0 \end{array}\right]$$

If $\mathbf{a}_1 = \begin{bmatrix} 5 \\ 0 \\ 1 \\ 3 \end{bmatrix}$ and $\mathbf{a}_4 = \begin{bmatrix} 7 \\ 3 \\ 0 \\ 5 \end{bmatrix}$ are the first and the fourth column vectors of $\mathbf{A}$, respectively, determine $\mathbf{b}$. （100 高一科電通）

解

$$\mathbf{E}\,[\mathbf{A}|\mathbf{b}] = \left[\begin{array}{ccccc|c} 1 & -1 & 2 & 0 & 7 & -3 \\ 0 & 0 & 0 & 1 & -5 & 2 \\ 0 & 0 & 0 & 0 & 0 & 0 \\ 0 & 0 & 0 & 0 & 0 & 0 \end{array}\right] \Rightarrow \mathbf{E}\begin{bmatrix} 5 \\ 0 \\ 1 \\ 3 \end{bmatrix} = \begin{bmatrix} 1 \\ 0 \\ 0 \\ 0 \end{bmatrix}, \mathbf{E}\begin{bmatrix} 7 \\ 3 \\ 0 \\ 5 \end{bmatrix} = \begin{bmatrix} 0 \\ 1 \\ 0 \\ 0 \end{bmatrix},$$

$$\mathbf{Eb}=\begin{bmatrix}-3\\2\\0\\0\end{bmatrix}$$

$$\therefore \mathbf{b}=\mathbf{E}^{-1}\begin{bmatrix}-3\\2\\0\\0\end{bmatrix}=-3\begin{bmatrix}5\\0\\1\\3\end{bmatrix}+2\begin{bmatrix}7\\3\\0\\5\end{bmatrix}=\begin{bmatrix}-1\\6\\-3\\1\end{bmatrix}$$

例 11： Solve the linear system $\mathbf{Az}=\begin{bmatrix}-1+i\\2+i\\1\end{bmatrix}$ if $\mathbf{A}=\begin{bmatrix}i & 1-i & 1+i\\0 & 1 & i\\1-i & -i & 1-i\end{bmatrix}$.

（96 成大電通）

解

$$\left[\begin{array}{cccc}i & 1-i & 1+i & -1+i\\0 & 1 & i & 2+i\\1-i & -i & 1-i & 1\end{array}\right]\xrightarrow[r_{23}^{(-2+i)}]{r_{13}^{(1+i)}}\left[\begin{array}{cccc}i & 1-i & 1+i & -1+i\\0 & 1 & i & 2+i\\0 & 0 & -i & -6\end{array}\right]$$

$$\Rightarrow\begin{bmatrix}z_1\\z_2\\z_3\end{bmatrix}=\begin{bmatrix}2+4i\\-4+i\\-6i\end{bmatrix}$$

3-3　LU 分解

定義：

1.1 $\mathbf{ER}_{ij}(a)$: a matrix that is obtained by multiplying by a of the ith row of an Identity matrix and adding to the jth row

1.2 $\mathbf{ER}_{i}(a)$: a matrix that is obtained by multiplying by a of the ith row of an Identity matrix

1.3 $\mathbf{ER}_{ij}$: a matrix that is obtained by exchanging the ith row of an Identity matrix with the jth row

2.1 $\mathbf{EC}_{ij}(a)$: a matrix that is obtained by multiplying by a of the ith column of an Identity matrix and adding to the jth column

2.2 $\mathbf{EC}_{i}(a)$: a matrix that is obtained by multiplying by a of the ith column of an Identity matrix

2.3 $\mathbf{EC}_{ij}$: a matrix that is obtained by exchanging the ith column of an Identity matrix with the jth column

觀念提示：$\mathbf{ER}_{ij}$ 亦稱為 Permutation matrix，通常表示為 **P**。

定理 3-3：

(1) $[\mathbf{EC}_{ij}]^{-1} = \mathbf{EC}_{ij},\ [\mathbf{ER}_{ij}]^{-1} = \mathbf{ER}_{ij}$ (4)

(2) $[\mathbf{EC}_{i}(a)]^{-1} = \mathbf{EC}_{i}(a^{-1}),\ [\mathbf{ER}_{i}(a)]^{-1} = \mathbf{ER}_{i}(a^{-1})$ (5)

(3) $[\mathbf{EC}_{ij}(a)]^{-1} = \mathbf{EC}_{ij}(-a),\ [\mathbf{ER}_{ij}(a)]^{-1} = \mathbf{ER}_{ij}(-a)$ (6)

A 經高斯消去法進行一連串基本列運算後可得一上三角矩陣，表示為 **U**：

$$\mathbf{ER_k \cdots ER_2 ER_1 A = U}$$

$$\Rightarrow \mathbf{A} = [\mathbf{ER_1}]^{-1}[\mathbf{ER_2}]^{-1}\cdots[\mathbf{ER_k}]^{-1}\mathbf{U} = \mathbf{LU} \tag{7}$$

其中 **L** 為一下三角矩陣，換言之，基本列運算可將 **A** 分解成一下三角矩陣與一上三角矩陣之乘積，此即為 **LU** 分解。

觀念提示：*1.* (7)中之反矩陣可利用定理 3-3 迅速得到

2. $\mathbf{Ax = b},\ \mathbf{A = LU},\ \Rightarrow \mathbf{LUx = b}$

$$\Rightarrow \begin{cases} \mathbf{Ly = b} \\ \mathbf{Ux = y} \end{cases} \tag{8}$$

3. If **A** is a symmetric matrix, then we have

$$\begin{aligned} \mathbf{A} &= \mathbf{LU} = \mathbf{LDL^T} \\ &= \left(\mathbf{LD}^{\frac{1}{2}}\right)\left(\mathbf{LD}^{\frac{1}{2}}\right)^{\mathbf{T}} \\ &= \mathbf{L_1 L_1^T} \end{aligned} \tag{9}$$

(9)亦稱為 Cholesky Factorization.

例 12： Given a 3×3 matrix

$$\mathbf{A}=\begin{bmatrix}1&2&3\\0&1&1\\1&4&6\end{bmatrix}$$

A can be decomposed as **A** = **LU** where **L** is a lower-triangular matrix, **U** is a unit-upper-triangular matrix (i.e., $\mathbf{U}_{ii}=1$, $\mathbf{U}_{ij}=0$ if $i>j$), Find **L** and **U** by Gauss Elimination Process. （交大電子）

解 應用 Gauss 消去法，矩陣 **A** 可化為

$$\begin{bmatrix}1&0&0\\0&1&0\\-1&0&1\end{bmatrix}\begin{bmatrix}1&2&3\\0&1&1\\1&4&6\end{bmatrix}=\begin{bmatrix}1&2&3\\0&1&1\\1&2&3\end{bmatrix}$$

$$\begin{bmatrix}1&0&0\\0&1&0\\0&-2&1\end{bmatrix}\begin{bmatrix}1&2&3\\0&1&1\\0&2&3\end{bmatrix}=\begin{bmatrix}1&2&3\\0&1&1\\0&0&1\end{bmatrix}$$

$$=\begin{bmatrix}1&0&0\\0&1&0\\0&-2&1\end{bmatrix}\begin{bmatrix}1&0&0\\0&1&0\\-1&0&1\end{bmatrix}\begin{bmatrix}1&2&3\\0&1&1\\1&4&6\end{bmatrix}$$

$$=\begin{bmatrix}1&0&0\\0&1&0\\-1&-2&1\end{bmatrix}\begin{bmatrix}1&2&3\\0&1&1\\1&4&6\end{bmatrix}$$

$$\mathbf{A}=\begin{bmatrix}1&0&0\\0&1&0\\-1&-2&1\end{bmatrix}^{-1}\begin{bmatrix}1&2&3\\0&1&1\\0&0&1\end{bmatrix}=ER_{13}^{(1)}ER_{23}^{(2)}\mathbf{U}$$

$$=\begin{bmatrix}1&0&0\\0&1&0\\1&2&1\end{bmatrix}\begin{bmatrix}1&2&3\\0&1&1\\0&0&1\end{bmatrix}=\mathbf{LU}$$

例 13 Find the **LU** decomposed of $\mathbf{A}=\begin{bmatrix}1&1&0&3\\2&1&-1&1\\3&-1&-1&2\\-1&2&3&-1\end{bmatrix}$

（84 中興應數）

解

$$\begin{bmatrix}1 & 1 & 0 & 3\\ 2 & 1 & -1 & 1\\ 3 & -1 & -1 & 2\\ -1 & 2 & 3 & -1\end{bmatrix} \underset{\substack{r_{13}^{(1)}\\ r_{14}^{(1)}}}{\overset{r_{12}^{(-2)}}{\sim}} \begin{bmatrix}1 & 1 & 0 & 3\\ 0 & -1 & -1 & -5\\ 0 & -4 & -1 & -7\\ 0 & 3 & 3 & 2\end{bmatrix}$$

$$\underset{r_{24}^{(3)}}{\overset{r_{23}^{(-4)}}{\sim}} \begin{bmatrix}1 & 1 & 0 & 3\\ 0 & -1 & -1 & -5\\ 0 & 0 & 3 & 13\\ 0 & 0 & 0 & -13\end{bmatrix} = \mathbf{U}$$

$$\mathbf{L} = ER_{12}^{(2)} ER_{13}^{(3)} ER_{14}^{(-1)} ER_{23}^{(4)} ER_{24}^{(-3)} = \begin{bmatrix}1 & 0 & 0 & 0\\ 2 & 1 & 0 & 0\\ 3 & 4 & 1 & 0\\ -1 & -3 & 0 & 1\end{bmatrix}$$

例 14　$\mathbf{A} = \begin{bmatrix}0 & 0 & 4 & 2\\ 2 & 4 & 6 & 2\\ -4 & -8 & -10 & -2\end{bmatrix}$，進行 $\mathbf{P}^T\mathbf{A} = \mathbf{LU}$ 之分解

（交大資訊）

解

$$\mathbf{A} \underset{r_{13}^{(2)}}{\overset{r_{12}}{\sim}} \begin{bmatrix}2 & 4 & 4 & 2\\ 0 & 0 & 4 & 2\\ 0 & 0 & -2 & 2\end{bmatrix} \overset{r_{23}^{(\frac{1}{2})}}{\sim} \begin{bmatrix}2 & 4 & 6 & 2\\ 0 & 0 & 4 & 2\\ 0 & 0 & 0 & 3\end{bmatrix} = \mathbf{U}$$

$$\mathbf{L} = ER_{13}^{(-2)} ER_{23}^{(-\frac{1}{2})} = \begin{bmatrix}1 & 0 & 0\\ 0 & 1 & 0\\ -2 & -\frac{1}{2} & 1\end{bmatrix}$$

$$\mathbf{P}^T = \begin{bmatrix}0 & 1 & 0\\ 1 & 0 & 0\\ 0 & 0 & 1\end{bmatrix}$$

例 15：$\mathbf{A} = \begin{bmatrix}9 & 3 & -6\\ 3 & 4 & 1\\ -6 & 1 & 9\end{bmatrix}$

(1)將 $\mathbf{A}$ 分解為 $\mathbf{A}=\mathbf{L}_1\mathbf{D}\mathbf{L}_1^T$，$\mathbf{L}_1$ 為主對角線為 1 之下三角矩陣，$\mathbf{D}$ 為對角矩陣。

(2)由(1)再將 $\mathbf{A}$ 分解為 $\mathbf{A}=\mathbf{L}_2\mathbf{L}_2^T$　（87 交大電子）

解

(1)$$\mathbf{A}\underset{r_{13}^{(\frac{2}{3})}}{\overset{r_{12}^{(-\frac{1}{3})}}{\sim}}\begin{bmatrix}9 & 3 & -6\\0 & 3 & 3\\0 & 3 & 5\end{bmatrix}\overset{r_{23}^{(-1)}}{\sim}\begin{bmatrix}9 & 3 & -6\\0 & 3 & 3\\0 & 0 & 2\end{bmatrix}=\mathbf{U}$$

$$\therefore \mathbf{L}=ER_{12}(\frac{1}{3})ER_{13}(-\frac{2}{3})ER_{13}(1)=\begin{bmatrix}1 & 0 & 0\\\frac{1}{3} & 1 & 0\\-\frac{2}{3} & 1 & 1\end{bmatrix}=\mathbf{L}_1$$

$$\mathbf{D}=\begin{bmatrix}9 & 0 & 0\\0 & 3 & 0\\0 & 0 & 2\end{bmatrix}$$

(2)$$\mathbf{L}_2=\mathbf{L}_1\begin{bmatrix}3 & 0 & 0\\0 & \sqrt{3} & 0\\0 & 0 & \sqrt{2}\end{bmatrix}=\begin{bmatrix}3 & 0 & 0\\1 & \sqrt{3} & 0\\-2 & \sqrt{3} & \sqrt{2}\end{bmatrix}$$

例 16：　Find an LU factorization of $\mathbf{A}=\begin{bmatrix}2 & 4 & -1 & 5 & -2\\-4 & -5 & 3 & -8 & 1\\2 & -5 & -4 & 1 & 8\\-6 & 0 & 7 & -3 & 1\end{bmatrix}$

（95 台科大電機）

解

$$\mathbf{A}=\mathbf{LU}=\begin{bmatrix}1 & 0 & 0 & 0\\-2 & 1 & 0 & 0\\1 & -3 & 1 & 0\\-3 & 4 & 2 & 1\end{bmatrix}\begin{bmatrix}2 & 4 & -1 & 5 & -2\\0 & 3 & 1 & 2 & -3\\0 & 0 & -4 & 2 & 1\\0 & 0 & 7 & 4 & 7\end{bmatrix}$$

精選練習

1. 試以高斯消去法解：$\begin{bmatrix} -4 & 1 & 0 \\ 1 & -4 & 1 \\ 0 & 1 & -4 \end{bmatrix}\begin{bmatrix} x_1 \\ x_2 \\ x_3 \end{bmatrix}=\begin{bmatrix} -7 \\ 17 \\ -19 \end{bmatrix}$ （清大化工）

2. Use Cramer's rule to obtain the solution of the following set of equations

   $5x_1+2x_2=\lambda x_1+2$

   $2x_1+2x_2=\lambda x_2+1$

   consider the exceptional cases separately. （成大機械）

3. Solve the following set of linear equations

   $$\begin{cases} x_1-3x_2+x_3+5x_4=4 \\ 3x_1-8x_2+2x_3-x_4=-1 \\ x_1-x_2-2x_3+7x_4=3 \end{cases}$$

4. Find the relation between b_1, b_2, and b_3 such that the system

   $\begin{cases} x_1+5x_2+2x_3=b_1 \\ 2x_1+x_2+x_3=b_2 \\ x_1+2x_2+x_3=b_3 \end{cases}$ has a solution （清大資工）

5. Given $\mathbf{A}=\begin{bmatrix} 1 & 2 & -1 \\ 2 & 3 & 1 \\ 1 & 1 & 2 \end{bmatrix}$ $\mathbf{b}=\begin{bmatrix} 7 \\ 14 \\ 7 \end{bmatrix}$

   (a)Find all solutions of $\mathbf{Ax}=\mathbf{b}$

   (b)Find the minimal solution of $\mathbf{Ax}=\mathbf{b}$ （86 台大電機）

6. (a)Find **LU** factorization of **A**

   L is a lower triangle matrix with 1 on diagonal, **U** is an upper triangle matrix

   $$\mathbf{A}=\begin{bmatrix} 1 & 1 & 0 \\ 1 & 2 & 1 \\ 0 & 1 & 2 \end{bmatrix}=\mathbf{LU}$$

   (b)for which x, **LU** factorization of **A** is impossible

   $\mathbf{A}=\begin{bmatrix} 1 & 3 & 0 \\ 3 & x & 1 \\ 0 & 1 & 1 \end{bmatrix}$ （88 交大電控）

7. $\mathbf{A}=\begin{bmatrix} -1 & -2 & 1 & 1 & 0 \\ 1 & 2 & 0 & 2 & 1 \\ 1 & 2 & -3 & -7 & -2 \end{bmatrix}$, $\mathbf{x}=\begin{bmatrix} a \\ b \\ c \\ d \\ e \end{bmatrix}$, $\mathbf{b}=\begin{bmatrix} 2 \\ 1 \\ -8 \end{bmatrix}$

   (a)Find the general solution of $\mathbf{Ax}=\mathbf{b}$

(b)Find the general solution of $\mathbf{Ax}=\mathbf{0}$

(c)Assume $[1 \quad 2 \quad 3 \quad 4 \quad 5]^T$ is a particular solution of $\mathbf{Ax}=[2 \quad 18 \quad -42]^T$, find the general solution of $\mathbf{Ax}=[2 \quad 18 \quad -42]^T$. (89 交大土木)

8. Consider the following augmented matrix of a linear system in R

$$\left[\begin{array}{ccc|c} 1 & a & 3 & 2 \\ 1 & 2 & 2 & 3 \\ 1 & 3 & a & a+3 \end{array}\right]$$

Determine all the possible value of a for the following cases

(a)infinite solutions (b)no solutions (c)unique solutions

9. Solve $\begin{cases} x_1+3x_2-4x_3-5x_4=1 \\ 2x_1-x_2+3x_3+2x_4=-5 \\ x_1-11x_2+18x_3+19x_4=-13 \end{cases}$

10. Given matrix **A** and vector **y** as shown.

$$\mathbf{A}=\begin{bmatrix} 1 & 2 & 1 \\ 2 & 1 & 1 \\ 1 & 3 & 2 \end{bmatrix} \quad \mathbf{y}=\begin{bmatrix} 1 \\ 2 \\ 3 \end{bmatrix}$$

(a)Find the LU factorization of **A**

(b)Use the results in (a) to solve the equation $\mathbf{Ax}=\mathbf{y}$, where $\mathbf{x}\in R^{3\times 1}$.

11. True or False (You SHOULD justify your answer in every detail)

(a)A system of five equations in four unknowns is always inconsistent.

(b)If **A** is a 3×3 matrix and the system $\mathbf{Ax}=\begin{bmatrix} -7 \\ 17 \\ -19 \end{bmatrix}$ has unique solution, then the system $\mathbf{Ax}=\begin{bmatrix} 0 \\ 0 \\ 0 \end{bmatrix}$ has unique solution $\mathbf{x}=\begin{bmatrix} 0 \\ 0 \\ 0 \end{bmatrix}$.

12. 使用基本列運算求 $\mathbf{A}^{-1}$，$\mathbf{A}=\begin{bmatrix} 1 & 2 & 3 \\ 2 & 5 & 3 \\ 1 & 0 & 8 \end{bmatrix}$

13. Given **A** and **b** as shown

$$\mathbf{A}=\begin{bmatrix} 1 & 2 & 3 \\ 2 & 6 & 7 \\ 2 & 2 & 4 \end{bmatrix} \quad \mathbf{b}=\begin{bmatrix} 1 \\ 2 \\ 3 \end{bmatrix}$$

(a)Find the **LU** factorization of **A**

(b)Use the results in (a) to solue the equation $\mathbf{Ax}=\mathbf{b}$ where $\mathbf{x}\in R^{3\times 1}$

14. $\mathbf{A}=\begin{bmatrix}0&1&1&1\\1&0&1&1\\1&1&0&1\\1&1&1&0\end{bmatrix}$

(a)Derive three matrices **P** (a permutation matrix) **L** and **U** such that

$\mathbf{PA}=\mathbf{LU}$

(b)Use the result of (a) to compute $|\mathbf{A}|$ （台大資工）

15. Consider the linear system

$ax+y+z=1$

$x+ay+z=0$

$x+y+az=0$

For what value of a does the linear system have a unique solution? Also use Cramer's rule to find the solution. （91 交大資科）

16. Let $\mathbf{A}=\begin{bmatrix}2&0&-1&0\\0&2&0&-1\\-1&0&2&0\\0&-1&0&2\end{bmatrix}$, and $\mathbf{B}=\mathbf{PAP}^T\begin{bmatrix}2&-1&1&0\\-1&2&0&0\\0&0&2&-1\\0&0&-1&2\end{bmatrix}$ with **P** being *a* permuation matrix. Denote the (i,j)-entry of **P** as $\mathbf{P}_{ij}$ then

(a)$\mathbf{P}_{12}\mathbf{P}_{22}=1$ (b)$\mathbf{P}_{31}=1$ (c)$\mathbf{P}_{43}=0$ (d)trace $(\mathbf{P})=2$ (e)$\mathbf{P}^T=\mathbf{P}^{-1}$ （95 台大電機）

17. Consider the followoing linear equation system in R:

$$\begin{cases}x+ay+3z=2\\x+2y+2z=3\\x+3y+az=a+3\end{cases}$$

Please discuss and determine all possible values of a and find its corresponding solution set conditions. （99 台聯大）

18. Please use LU decomposition to solve the following system of linear equation

$x_1-2x_2+x_3-3x_4=20$

$-x_1+x_2+x_3+2x_4=-8$

$-2x_1+3x_2+x_3+4x_4=-21$

$3x_1-4x_2-x_3-8x_4=40$ （99 中山電機通訊）

19. Gaussian-Jordan elimination can be applied to a matrix to produce a matrix in row-echelon form. Which of the following matriced is in row-echelon form?

(a)$\begin{bmatrix}1&2&0\\0&0&1\\0&0&0\end{bmatrix}$ (b)$\begin{bmatrix}2&1&-1\\1&2&1\\-1&1&2\end{bmatrix}$ (c)$\begin{bmatrix}1&1&-1\\0&2&1\\0&0&2\end{bmatrix}$ (d)$\begin{bmatrix}1&0&-1\\0&1&0\\0&0&1\end{bmatrix}$ (e)$\begin{bmatrix}1&3&0\\0&2&0\\0&0&0\end{bmatrix}$

（99 中正電機通訊）

20. Assume that $\mathbf{A}$, an $n \times n$ matrix, is not invertible. Which of the following statements is true?

(a)$\mathbf{Ax} = \mathbf{b}$ is consistent for evey $n \times 1$ matrix $\mathbf{b}$.

(b)det $(\mathbf{A}) \neq 0$

(c)The solition of $\mathbf{Ax} = \mathbf{0}$ is not trivial.

(d)$\mathbf{A}$ can be expressed as a product of elementary matrices.

(e)$\mathbf{Ax} = \mathbf{b}$ has exactly one solution for every $n \times 1$ matrix $\mathbf{b}$.　（99 中正電機通訊）

21. 求與下列三向量正交之所有向量

$$\begin{bmatrix}1\\1\\1\\1\end{bmatrix}, \begin{bmatrix}1\\2\\3\\4\end{bmatrix}, \begin{bmatrix}1\\9\\9\\7\end{bmatrix}$$

22. The matrix $\mathbf{A} = \begin{bmatrix}2 & 3 & 0 & 1\\4 & 5 & 3 & 3\\-2 & -6 & 7 & 7\\8 & 9 & 5 & 21\end{bmatrix}$ has a LU-factorization, i.e., $\mathbf{A} = \mathbf{LU}$. Please find the matrix $\mathbf{L}$ and $\mathbf{U}$, where $\mathbf{L}$ is a lower triangular with its diagonal entries equal to 1, and $\mathbf{U}$ is an upper triangular matrix.　（100 北科大電通）

23. What conditions must b_1, b_2, and b_3 satisty in order for the following system of equations to be consistent?

$x_1 + 2x_2 + 3x_3 = b_1$

$2x_1 + 5x_2 + 3x_3 = b_2$

$x_1 + 8x_3 = b_3$　（100 中正電機通訊）

24. Given a system $\mathbf{Ax} = \mathbf{b}$, where

$$\mathbf{A} = \begin{bmatrix}1 & 2 & 1\\-1 & 4 & 3\\2 & -2 & a\end{bmatrix} \text{ and } \mathbf{b} = \begin{bmatrix}1\\2\\3\end{bmatrix}$$

Find the value of a that makes the given system inconsistent.　（100 北科大電通）

25. Find the reduced row echeton form of $\mathbf{A}$, $\mathbf{B}$ and $\mathbf{C}$ defined below.

(a)$\mathbf{A}$ is a 5×4 matrix whose columns are linearly independent.

(b)$\mathbf{B} = \mathbf{uv}^T$, where $\mathbf{u}$ is a nonzero vectors of $\mathcal{R}^n$ and $\mathbf{v}^T = [1 \quad 2 \quad 3 \quad \cdots \quad n]$.

(c)$\mathbf{C} = \mathbf{R}^T$ where $\mathbf{R}$ is the reduced row echelon form of a 4×5 matrix with rank $= 3$.

（93 台大工數 D）

26. Let $\mathbf{A} = \begin{bmatrix}2 & 3 & 2\\4 & 8 & 6\\6 & 5 & 3\end{bmatrix}$. If $\mathbf{A}$ is factorized into $\mathbf{LU}$, where $\mathbf{L}$ is unit lower triangular matrix and $\mathbf{U}$ is an upper triangular matrix, then we have $\mathbf{L} = ?$ and $\mathbf{U} = ?$　（95 交大電信）

27. Consider the following system of linear equations over the real numbers, where, x, y, and z are variables and b is a real constant.

$x+y+z=0$

$x+2y+3z=0$

$x+3y+bz=0$

Which of the following statements are true?

I.There exists a value of b for which the system has no solution.

II.There exists a value of b for which the system has exactly one solution.

III.There exists a value of b for which the system has more than one solution.

（92 中正電機）

4 向量空間

Obvious is the most dangerous word in mathematics

——Eric Temple Bell

4-1 向量空間

定義：向量空間

設K為純量體，V為非空集合，若V中之元素滿足下列十大公設，稱V為佈於體K之向量空間

(a)$\forall x, y \in V, x+y \in V$

(b)$\forall x, y \in V, x+y=y+x$

(c)$\forall x, y, z \in V, (x+y)+z=x+(y+z)$

(d)$\exists\, 0 \in V$, such that $0+x=x+0=x$

(e)$\forall x \in V, \exists -x \in V$, such that $(-x)+x=x+(-x)=0$

(f)$\forall \alpha \in K, \forall x \in V, \alpha x \in V$

(g)$\forall \alpha, \beta \in K, \forall x \in V, (\alpha\beta)x=\alpha(\beta x)$

(h)$\forall \alpha \in K, \forall x, y \in V, \alpha(x+y)=\alpha x+\alpha y$

(i)$\forall \alpha, \beta \in K, \forall x \in V, (\alpha+\beta)x=\alpha x+\beta x$

(j)$\forall x \in V, \exists\, 1 \in K$, such that $1 \cdot x=x \cdot 1=x$

觀念提示：常見的向量空間包括

1. Euclidean Space
2. Polynomial Space

   $V_n(x)=\{f(x)|\deg(f) \le n\}$
3. Matrix Space

定義：Subspace

設V為佈於體K之向量空間，若$W \subseteq V$且仍為佈於體K之向量空間，稱W為V之Subspace

定義：(1)線性相關（linear dependent）

對於一組佈於C^n的向量$\{\mathbf{a}_1, \mathbf{a}_2, \cdots \mathbf{a}_n\}$而言，若存在一組不全為0的常數$\{c_1, c_2 \cdots, c_n\}$使得以下關係式滿足

$$c_1\mathbf{a}_1 + c_2\mathbf{a}_2 + \cdots + c_n\mathbf{a}_n=\mathbf{0} \tag{1}$$

則稱此組向量$\{\mathbf{a}_1, \mathbf{a}_2, \cdots \mathbf{a}_n\}$為線性相關

(2)線性獨立（linear independent）

如上所述，若唯有在$c_1 = c_2 = \cdots = c_n = 0$的條件下方能滿足(1)式，則稱此組向量$\{\mathbf{a}_1, \mathbf{a}_2, \cdots \mathbf{a}_n\}$為線性獨立

觀念提示： 1. 顯然的，任何一組含有零向量的向量集必為線性相關。

2. 若$\{\mathbf{a}_1, \mathbf{a}_2, \cdots \mathbf{a}_n\}$為線性相關，則必有某個向量可表為其他向量的線性組合。

討論向量集線性獨立的目的是在為向量空間尋找基底（basis）。其定義及特性如下：

定理 4-1：

若一組向量$\{\mathbf{a}_1, \mathbf{a}_2, \cdots \mathbf{a}_n\} \in R^{n\times 1}$（能形成向量空間$\mathbf{V}$之一組基底，則下列敘述等價：

(1)$\{\mathbf{a}_1, \mathbf{a}_2, \cdots \mathbf{a}_n\}$為線性獨立

(2)$\mathbf{V}$中之任何向量均可由$\{\mathbf{a}_1, \mathbf{a}_2, \cdots \mathbf{a}_n\}$的線性組合來表示

(3)對$\mathbf{V}$內之任何向量，線性組合的係數均為唯一

觀念提示： 1. $\left\{\begin{bmatrix}1\\0\\0\\\vdots\\0\\0\end{bmatrix}\begin{bmatrix}0\\1\\0\\\vdots\\0\\0\end{bmatrix}\begin{bmatrix}0\\0\\1\\0\\\vdots\\0\end{bmatrix}\cdots\begin{bmatrix}0\\0\\0\\\vdots\\0\\1\end{bmatrix}\right\}$稱為$R^{n\times 1}$之「標準基底」（standard basis）

2. R^n中的向量若包含超過個向量，則必線性相關

定義：span（展成）

若$\mathbf{X} = \{\mathbf{x}_1, \mathbf{x}_2, \mathbf{x}_3, \cdots, \mathbf{x}_n\}$為向量集合，則

$$\text{span}\,\mathbf{X} \equiv \{c_1\mathbf{x}_1 + \cdots + c_n\mathbf{x}_n\}$$

換言之，span **X** 就是以 **X** 內的所有的向量當作基底（basis），所有可能的線性組合所生成的向量空間；If **V** = span **X** and $\{\mathbf{x}_1, \mathbf{x}_2, \mathbf{x}_3, \cdots, \mathbf{x}_n\}$ linear independent，則$\{\mathbf{x}_1, \mathbf{x}_2, \mathbf{x}_3, \cdots, \mathbf{x}_n\}$稱為向量空間 **V** 之生成集（generating set）

觀念提示： *1.* CSP $(\mathbf{A}) = \text{span}\{\mathbf{a}_1, \mathbf{a}_2, \cdots \mathbf{a}_n\}$，行空間由所有的行向量所展成。

2. RSP $(\mathbf{A}) = \text{span}\{\mathbf{b}_1 \cdots \mathbf{b}_m\}$，列空間由所有的列向量所展成。

3. 同一個向量空間可以有許多不同的生成集。

> 例 1： Let $V = M_{2\times 2}(R)$ be the space of all 2×2 matrices with entries in R,
> $$W_1 = \left\{\begin{bmatrix} a & b \\ b & c \end{bmatrix} \in V \,\middle|\, a, b, c \in R\right\}, \text{ and } W_2 = \left\{\begin{bmatrix} a & 0 \\ b & -a \end{bmatrix} \in V \,\middle|\, a, b \in R\right\}.$$
> Find the dimensions of $W_1 \cap W_2$ and $W_1 + W_2$, where $W_1 + W_2 = \{x_1 + x_2 | x_1 \in W_1, x_2 \in W_2\}$. （95 市北教大數教）

解

取 $S_1 = \left\{\begin{bmatrix} 1 & 0 \\ 0 & 0 \end{bmatrix}, \begin{bmatrix} 0 & 1 \\ 1 & 0 \end{bmatrix}, \begin{bmatrix} 0 & 0 \\ 0 & 1 \end{bmatrix}\right\}$ 為 W_1 的一組 basis

取 $S_2 = \left\{\begin{bmatrix} 1 & 0 \\ 0 & -1 \end{bmatrix}, \begin{bmatrix} 0 & 0 \\ 1 & 0 \end{bmatrix}\right\}$ 為 W_2 的一組 basis

$\Rightarrow \dim(W_1) = 3, \dim(W_2) = 2$ 另外，

$$W_1 + W_2 = \text{span}(S_1 \cup S_2)$$
$$= \text{span}\left\{\begin{bmatrix} 1 & 0 \\ 0 & 0 \end{bmatrix}, \begin{bmatrix} 0 & 1 \\ 1 & 0 \end{bmatrix}, \begin{bmatrix} 0 & 0 \\ 0 & 1 \end{bmatrix}, \begin{bmatrix} 1 & 0 \\ 0 & -1 \end{bmatrix} \begin{bmatrix} 0 & 0 \\ 1 & 0 \end{bmatrix}\right\}$$

$$\begin{bmatrix} 1 & 0 & 0 & 0 \\ 0 & 1 & 1 & 0 \\ 0 & 0 & 0 & 1 \\ 1 & 0 & 0 & -1 \\ 0 & 0 & 1 & 0 \end{bmatrix} \xrightarrow{r_{14}^{(-1)}} \begin{bmatrix} 1 & 0 & 0 & 0 \\ 0 & 1 & 1 & 0 \\ 0 & 0 & 0 & 1 \\ 1 & 0 & 0 & -1 \\ 0 & 0 & 1 & 0 \end{bmatrix} \xrightarrow{r_{34}^{(1)}} \begin{bmatrix} 1 & 0 & 0 & 0 \\ 0 & 1 & 1 & 0 \\ 0 & 0 & 0 & 1 \\ 0 & 0 & 0 & 0 \\ 0 & 0 & 1 & 0 \end{bmatrix}$$

所以取 $\left\{\begin{bmatrix} 1 & 0 \\ 0 & 0 \end{bmatrix}, \begin{bmatrix} 0 & 1 \\ 1 & 0 \end{bmatrix}, \begin{bmatrix} 0 & 0 \\ 0 & 1 \end{bmatrix}, \begin{bmatrix} 0 & 0 \\ 1 & 0 \end{bmatrix}\right\}$ 為 $W_1 + W_2$ 的一組 basis

$\Rightarrow \dim(W_1 + W_2) = 4$

$\Rightarrow \dim(W_1 \cap W_2) = \dim(W_1) + \dim(W_2) - \dim(W_1 + W_2)$

$= 3 + 2 - 4 = 1$

例 2： Let **A** and **B** be defined by

$$\mathbf{A} = \begin{bmatrix} 1 & 1 & 1 \\ 2 & 2 & 2 \\ -1 & 1 & -3 \end{bmatrix} \text{ and } \mathbf{B} = \begin{bmatrix} 0 & 2 & 1 \\ 0 & 4 & 2 \\ 0 & -2 & -1 \end{bmatrix}$$

Show that the column space of **B** is a subspace of the column space of **A**. （95 高大統計）

解

$\forall \mathbf{y} \in CS(\mathbf{B})$

$\Rightarrow \mathbf{y} = \mathbf{Bx}$, for some $\mathbf{x} \in R^3$

$$\Rightarrow \mathbf{y} = \mathbf{B}\begin{bmatrix} x_1 \\ x_2 \\ x_3 \end{bmatrix} = x_2\begin{bmatrix} 2 \\ 4 \\ -2 \end{bmatrix} + x_3\begin{bmatrix} 1 \\ 2 \\ -2 \end{bmatrix}, \text{ for some } a, b \in R$$

$$\Rightarrow \mathbf{y} = (2x_2 + x_3)\begin{bmatrix} 1 \\ 2 \\ -2 \end{bmatrix} + 0\begin{bmatrix} 1 \\ 2 \\ 1 \end{bmatrix} + 0\begin{bmatrix} 1 \\ 2 \\ -3 \end{bmatrix}$$

$$\Rightarrow \mathbf{y} = \mathbf{A}\begin{bmatrix} 2x_2 + x_3 \\ 0 \\ 0 \end{bmatrix}$$

$\Rightarrow \mathbf{y} \in CS(\mathbf{A})$，所以 $CS(\mathbf{B}) \subseteq CS(\mathbf{A})$

定理 4-2：

若$\{\mathbf{a}_1 \cdots \mathbf{a}_n\}$形成向量空間 **V** 的一組基底則：

(1)**V** 中少於 n 個向量無法生成 **V**

(2)**V** 中多於 n 個向量必定線性相關

觀念提示： *1.* 基底是最小的生成集。

2.基底是最大的獨立集。

描述向量空間的重要觀念為維度（dimension）：一向量空間 $\mathbf{V}$ 的維度，$\dim(\mathbf{V})$，定義如下：

$\dim(\mathbf{V}) \equiv \mathbf{V}$ 中之一組基底的向量個數

$\equiv \mathbf{V}$ 中之一組線性獨立生成集的最多向量數

定理 4-3：若 $\dim(\mathbf{V})=n$，則

(1)若 $\mathbf{X}=\{\mathbf{x}_1, \mathbf{x}_2, \mathbf{x}_3, \cdots, \mathbf{x}_n\}$ 線性獨立，則 $\mathbf{X}$ 為 $\mathbf{V}$ 之基底

(2)若 $\mathbf{Y}=\{\mathbf{y}_1, \mathbf{y}_2, \cdots, \mathbf{y}_n\}$ 生成 $\mathbf{V}$，則 $\mathbf{Y}$ 為 $\mathbf{V}$ 之基底

(3)若 $\{\mathbf{x}_1, \mathbf{x}_2\cdots\mathbf{x}_m\}$ 為線性相關；則 $\{\mathbf{x}_1, \mathbf{x}_2\cdots\mathbf{x}_m, \mathbf{x}_{m+1}\}$ 必線性相關

(4)若 $\{\mathbf{x}_1, \mathbf{x}_2\cdots\mathbf{x}_m, \mathbf{x}_{m+1}\}$ 為線性獨立，則 $\{\mathbf{x}_1, \mathbf{x}_2\cdots\mathbf{x}_m\}$ 必為線性獨立

觀念提示：兩向量線性相關必定共線，三向量線性相關必定共面

定理 4-4：若 $\mathbf{A}$ 為 n 階方陣 $\{\mathbf{a}_1, \mathbf{a}_2\cdots, \mathbf{a}_n\}$ 為 $\mathbf{A}$ 的行向量，則下列敘述等價：

(1) $\{\mathbf{a}_1, \mathbf{a}_2\cdots, \mathbf{a}_n\}$ 為線性獨立。

(2) $\mathbf{A}$ 為可逆

(3) $|\mathbf{A}| \neq 0$

(4) $\mathbf{Ax}=\mathbf{0}$ 只有零解

(5) $\mathbf{Ax}=\mathbf{b}$ 具唯一解

例 3： $\mathbf{A}, \mathbf{B}, \mathbf{C}$ 不共面，並且 $\mathbf{r}_1=\mathbf{A}-3\mathbf{B}+2\mathbf{C}$，$\mathbf{r}_2=2\mathbf{A}-5\mathbf{B}+3\mathbf{C}$，$\mathbf{r}_3=\mathbf{A}-5\mathbf{B}+4\mathbf{C}$ 試問此三向量是否為線性相關？（交大機械）

解　$\mathbf{A}, \mathbf{B}, \mathbf{C}$ 不共面，則表示此三向量線性獨立（L.I.）可當作三維空間之一組基底，故 $\mathbf{r}_1, \mathbf{r}_2, \mathbf{r}_3$ 可表示為：

$$\mathbf{r}_1=\begin{bmatrix}1\\-3\\2\end{bmatrix}, \mathbf{r}_2=\begin{bmatrix}1\\-3\\2\end{bmatrix}, \mathbf{r}_3=\begin{bmatrix}1\\-5\\4\end{bmatrix}$$

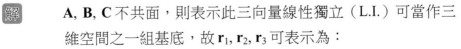

$$\because \begin{vmatrix} 1 & 2 & 1 \\ -3 & -5 & -5 \\ 2 & 3 & 4 \end{vmatrix} = 0 \therefore \mathbf{r}_1, \mathbf{r}_2, \mathbf{r}_3$$ 線性相關（共面）

例 4：　已知 $f_1(t), f_2(t), \cdots, f_n(t)$ 均為次數 $\leqq (n-2)$ 次之多項式，另外 $a_1, a_2, \cdots, a_n$ 為任意常數，證明以下為奇異方陣：

$$\mathbf{A} = \begin{bmatrix} f_1(a_1) & f_2(a_1) & \cdots & f_n(a_1) \\ f_1(a_2) & f_2(a_2) & \cdots & f_n(a_2) \\ \cdots & \cdots & \ddots & \cdots \\ f_1(a_n) & f_2(a_n) & \cdots & f_n(a_n) \end{bmatrix}$$

（台大電機）

解　設 $f(t) = C_{n-2}t^{n-2} + C_{n-3}t^{n-3} + \cdots + C_1 t + C_0$ 則 $\mathbf{A}$ 之第一行向量為

$$\begin{bmatrix} f_1(a_1) \\ f_1(a_2) \\ \vdots \\ f_1(a_n) \end{bmatrix} = \begin{bmatrix} C_{n-2}\,a_1^{n-2} + C_{n-3}\,a_1^{n-3} + \cdots + C_1 a_1 + C_0 \\ C_{n-2}\,a_2^{n-2} + C_{n-3}\,a_2^{n-3} + \cdots + C_1 a_2 + C_0 \\ \cdots\cdots\cdots\cdots\cdots\cdots \\ C_{n-2}\,a_n^{n-2} + C_{n-3}\,a_n^{n-3} + \cdots + C_1 a_n + C_0 \end{bmatrix}$$

$$= C_{n-2}\begin{bmatrix} a_1^{n-2} \\ \vdots \\ a_n^{n-2} \end{bmatrix} + C_{n-3}\begin{bmatrix} a_1^{n-3} \\ \vdots \\ a_n^{n-3} \end{bmatrix} + \cdots + C_1\begin{bmatrix} a_1 \\ \vdots \\ a_n \end{bmatrix} + C_0\begin{bmatrix} 1 \\ \vdots \\ 1 \end{bmatrix}$$

故 $\mathbf{A}$ 之第一行向量可看作以 $\left\{\begin{bmatrix} a_1^{n-2} \\ \vdots \\ a_n^{n-2} \end{bmatrix} \cdots \begin{bmatrix} 1 \\ \vdots \\ 1 \end{bmatrix}\right\}$ 為基底的線性組合

同理可知 $\mathbf{A}$ 的每一行向量均由相同的基底向量所展開。但由於 $\mathbf{A}$ 有 n 個行向量。而基底向量維度為 $(n-1)$ 故知 $\mathbf{A}$ 的行向量必定線性相關，換言之 $|\mathbf{A}| = 0$，即 $\mathbf{A}$ 為奇異方陣。

例 5：　Determine the given set of vectors is dependent or independent.

(a) $\{(1, 0, 0), (1, 1, 0), (1, 1, 1)\}$

(b) $\{(1, -2, 1), (3, -5, 2), (2, -3, 6), (1, 2, 1)\}$

(c){(1, −3, 2), (2, −5, 3), (4, 0,)1}　　（交大電子）

解

(a)$\begin{vmatrix} 1 & 1 & 1 \\ 0 & 1 & 1 \\ 0 & 0 & 1 \end{vmatrix} = 1 \neq 0 \quad \therefore$ L.I.D.

(b)L.D.　$\because R^3$ 中至多有 3 個線性獨立向量

(c)$\begin{vmatrix} 1 & 2 & 4 \\ -3 & -5 & 0 \\ 2 & 3 & 1 \end{vmatrix} = 5 \neq 0 \quad \therefore$ L.I.D.

例 6：　已知向量集$\{\mathbf{v}_1, \mathbf{v}_2, \cdots, \mathbf{v}_n\} \subset V$且為線性獨立，若$\mathbf{v} \in V$且$\mathbf{v} \notin$ span$\{\mathbf{v}_1, \cdots, \mathbf{v}_n\}$證明$\{\mathbf{v}, \mathbf{v}_1, \cdots, \mathbf{v}_n\}$為線性獨立集（交大資工）

解

若$\{\mathbf{v}, \mathbf{v}_1, \cdots, \mathbf{v}_n\}$為 Linear dependent

則存在一組不全為 0 之$\{c_0, c_1, \cdots, c_n\}$，使

$c_0\mathbf{v} + c_1\mathbf{v}_1 + \cdots + c_n\mathbf{v}_n = 0$

上式中 if $c_0 = 0 \Rightarrow c_1 = \cdots c_n = 0 \Rightarrow$ 與假設不合

$\therefore c_0 \neq 0$

但若 $c_0 \neq 0 \Rightarrow \{c_1, \cdots, c_n\}$必不能全為 0，否則 $\mathbf{v} = 0$

$\Rightarrow \mathbf{v} = \dfrac{-1}{c_0}(c_1\mathbf{v}_1 + \cdots + c_n\mathbf{v}_n)$

$\Rightarrow \mathbf{v} \in \text{span}(\mathbf{v}_1 + \cdots + \mathbf{v}_n)$

$\therefore$假設不成立

$\therefore \{\mathbf{v}, \mathbf{v}_1, \cdots, \mathbf{v}_n\}$為線性獨立集

例 7：　在 R^3 中，為子空間 $w = \{[x_1\, x_2\, x_3]^T | 2x_1 + x_2 + x_3 = 0\}$ 找一組基底（中興應數）

解

$$\mathbf{x}=\begin{bmatrix}x_1\\x_2\\x_3\end{bmatrix}=\begin{bmatrix}x_1\\x_2\\-2x_1-x_2\end{bmatrix}=x_1\begin{bmatrix}1\\0\\-2\end{bmatrix}+x_2\begin{bmatrix}0\\1\\-1\end{bmatrix}$$

$$w=\text{span}\left\{\begin{bmatrix}1\\0\\-2\end{bmatrix},\begin{bmatrix}0\\1\\-1\end{bmatrix}\right\}$$

例 8：　證明$\{1,(t-2),(t-2)^2\}$可作為次數不高於 2 次之多項式空間之一組基底　（台大電機）

解

$$a_0\cdot 1+a_1(t-2)+a_2(t-2)^2=0$$

$$\Rightarrow\begin{cases}a_2=0\\a_1=0\\a_0=0\end{cases}$$

$\therefore$Linear independent

例 9：　Show that

$$\text{span}\left\{\begin{bmatrix}1\\0\\-1\end{bmatrix},\begin{bmatrix}1\\1\\0\end{bmatrix},\begin{bmatrix}0\\1\\1\end{bmatrix}\right\}=\text{span}\left\{\begin{bmatrix}2\\1\\-1\end{bmatrix},\begin{bmatrix}1\\2\\1\end{bmatrix}\right\}$$

（交大資料）

解

$$\because\begin{vmatrix}1&1&0\\0&1&1\\-1&0&1\end{vmatrix}=0\quad\therefore\text{span}\left\{\begin{bmatrix}1\\0\\-1\end{bmatrix},\begin{bmatrix}1\\1\\0\end{bmatrix},\begin{bmatrix}0\\1\\1\end{bmatrix}\right\}=\text{span}\left\{\begin{bmatrix}1\\1\\1\end{bmatrix},\begin{bmatrix}0\\1\\1\end{bmatrix}\right\}$$

又 $$\begin{bmatrix}2\\1\\-1\end{bmatrix}=2\begin{bmatrix}1\\1\\0\end{bmatrix}-\begin{bmatrix}0\\1\\1\end{bmatrix}$$

$$\begin{bmatrix}1\\2\\1\end{bmatrix}=\begin{bmatrix}1\\1\\0\end{bmatrix}+\begin{bmatrix}0\\1\\1\end{bmatrix}$$

得證

例 10　Let $s=\{\mathbf{A}\in M_3\ (R)|\mathbf{A}^{\mathrm{T}}=\mathbf{A}\}$. Find a basis of s over R

（清大資工）

解

$$\mathbf{A}^{\mathrm{T}}=\mathbf{A}\Rightarrow s=\begin{bmatrix} a & b & c \\ b & d & e \\ c & e & f \end{bmatrix}$$

$$\therefore s=\operatorname{span}\left\{\begin{bmatrix} 1 & 0 & 0 \\ 0 & 0 & 0 \\ 0 & 0 & 0 \end{bmatrix},\begin{bmatrix} 0 & 1 & 0 \\ 1 & 0 & 0 \\ 0 & 0 & 0 \end{bmatrix},\begin{bmatrix} 0 & 0 & 1 \\ 0 & 0 & 0 \\ 1 & 0 & 0 \end{bmatrix},\begin{bmatrix} 0 & 0 & 0 \\ 0 & 1 & 0 \\ 0 & 0 & 0 \end{bmatrix},\begin{bmatrix} 0 & 0 & 0 \\ 0 & 0 & 1 \\ 0 & 1 & 0 \end{bmatrix},\begin{bmatrix} 0 & 0 & 0 \\ 0 & 0 & 0 \\ 0 & 0 & 1 \end{bmatrix}\right\}$$

例 11：$\mathbf{A}=\mathbf{P}\begin{bmatrix} 0 & 0 & 1 & 1 \\ 1 & 0 & 0 & 0 \\ 0 & 0 & 0 & 0 \end{bmatrix}$

where **P** is an invertible matrix show that the first and third columns of **A** are linearly independent　（清大資工）

解

if $c_1\mathbf{a}_1+c_3\mathbf{a}_3=0$

$$\Rightarrow [\mathbf{a}_1\quad \mathbf{a}_2\quad \mathbf{a}_3\quad \mathbf{a}_4]\begin{bmatrix} c_1 \\ 0 \\ c_3 \\ 0 \end{bmatrix}=0=\mathbf{A}\begin{bmatrix} c_1 \\ 0 \\ c_3 \\ 0 \end{bmatrix}$$

$$\Rightarrow\mathbf{P}\begin{bmatrix} 0 & 0 & 1 & 1 \\ 1 & 0 & 0 & 0 \\ 0 & 0 & 0 & 0 \end{bmatrix}\begin{bmatrix} c_1 \\ 0 \\ c_3 \\ 0 \end{bmatrix}=0$$

$$\text{同乘 }\mathbf{P}^{-1}\Rightarrow\begin{bmatrix} 0 & 0 & 1 & 1 \\ 1 & 0 & 0 & 0 \\ 0 & 0 & 0 & 0 \end{bmatrix}\begin{bmatrix} c_1 \\ 0 \\ c_3 \\ 0 \end{bmatrix}=0\Rightarrow\begin{bmatrix} c_3 \\ c_1 \\ 0 \end{bmatrix}=0\Rightarrow c_1=c_3=0$$

例 12： Show that an orthogonal set of non-zero vectors is linearly independent.

解　Let $\{\mathbf{v}_1, \cdots, \mathbf{v}_n\}$ an orthogonal set

$$c_1\mathbf{v}_1+\cdots+c_n\mathbf{v}_n=0 \Rightarrow \mathbf{v}_1^T(c_1\mathbf{v}_1+\cdots+c_n\mathbf{v}_n)=0$$
$$\Rightarrow c_1\|\mathbf{v}_1\|^2=0$$
$$\Rightarrow c_1=0$$

同理可得 $c_1=c_3=\cdots c_n=0$

$\therefore \{\mathbf{v}_1, \cdots, \mathbf{v}_n\}$ L.I.D.

例 13： Let V be the vector space of all 2×2 matrices over the field F. W_1 and W_2 are the subspaces of V defined as

$$W_1=\left\{\begin{bmatrix} a & -a \\ b & c \end{bmatrix} \in V;\ a,b,c \in F\right\}$$
$$W_2=\left\{\begin{bmatrix} x & y \\ -x & z \end{bmatrix} \in V;\ x,y,z \in F\right\}$$

what are the basis and dimensions of W_1, W_2, $W_1 \cap W_2$ and W_1+W_2?　（台大電機）

解

$$\begin{bmatrix} a & -a \\ b & c \end{bmatrix}=a\begin{bmatrix} 1 & -1 \\ 0 & 0 \end{bmatrix}+b\begin{bmatrix} 0 & 0 \\ 1 & 0 \end{bmatrix}+c\begin{bmatrix} 0 & 0 \\ 0 & 1 \end{bmatrix}$$
$$=\text{span}\left\{\begin{bmatrix} 1 & -1 \\ 0 & 0 \end{bmatrix}, \begin{bmatrix} 0 & 0 \\ 1 & 0 \end{bmatrix}, \begin{bmatrix} 0 & 0 \\ 0 & 1 \end{bmatrix}\right\}$$

$$W_2: \begin{bmatrix} x & y \\ -x & z \end{bmatrix}=x\begin{bmatrix} 1 & 0 \\ -1 & 0 \end{bmatrix}+y\begin{bmatrix} 0 & 1 \\ 0 & 0 \end{bmatrix}+z\begin{bmatrix} 0 & 0 \\ 0 & 1 \end{bmatrix}$$
$$=\text{span}\left\{\begin{bmatrix} 1 & 0 \\ -1 & 0 \end{bmatrix}, \begin{bmatrix} 0 & 1 \\ 0 & 0 \end{bmatrix}, \begin{bmatrix} 0 & 0 \\ 0 & 1 \end{bmatrix}\right\}$$

$$W_1 \cap W_2=\left\{\begin{bmatrix} a & -a \\ b & c \end{bmatrix} \middle| \begin{bmatrix} a & -a \\ b & c \end{bmatrix} \in W_2\right\}$$
$$=\left\{\begin{bmatrix} a & -a \\ -a & c \end{bmatrix} \middle| a,c \in F\right\}$$

$$= a\begin{bmatrix} 1 & 0 \\ -1 & 0 \end{bmatrix} + c\begin{bmatrix} 0 & 0 \\ 0 & 1 \end{bmatrix}$$

$$= \text{span}\left\{\begin{bmatrix} 1 & -1 \\ -1 & 0 \end{bmatrix}, \begin{bmatrix} 0 & 0 \\ 0 & 1 \end{bmatrix}\right\}$$

$$\begin{aligned}\dim(W_1 + W_2) &= \dim(W_1) + \dim(W_2) - \dim(W_1 \cap W_2) \\ &= 3 + 3 - 2 \\ &= 4 \\ &= \dim V\end{aligned}$$

$$\therefore \left\{\begin{bmatrix} 1 & 0 \\ 0 & 0 \end{bmatrix}, \begin{bmatrix} 0 & 1 \\ 0 & 0 \end{bmatrix}, \begin{bmatrix} 0 & 0 \\ 1 & 0 \end{bmatrix}, \begin{bmatrix} 0 & 0 \\ 0 & 1 \end{bmatrix}\right\} \text{ can be a basis of } W_1 + W_2$$

例 14： Which of the following collections of vectors have a different vector space

(a)$(1, 2, 4)^T, (2, 1, 3)^T, (4, -1, 1)^T$

(b)$(1, 2, 4)^T, (3, 3, 7)^T, (5, 1, 5)^T$

(c)$(3, 0, 2)^T, (0, 3, 5)^T$

(d)$(1, -1, -1)^T, (2, 1, 3)^T, (5, 1, 5)^T$

(e)$(1, 2, 4)^T, (1, 1, 3)^T, (3, 0, 2)^T$ （95 宜蘭大學電子所）

解 (a), (b), (c), (d)皆生成相同的二維子空間，(e)生成三維空間

例 15： Which of the following collections of vectors are linear dependent

(a)$(1, 1, 1)^T, (1, 1, 0)^T, (1, 0, 0)^T$

(b)$(1, 2, 4)^T, (2, 1, 3)^T, (4, -1, 2)^T$

(c)$(1, 0, 1)^T, (0, 1, 0)^T$

(d)$p_1(x) = x^2 - 2x + 3, p_2(x) = 2x^2 + x + 8, p_3(x) = x^2 + 8x + 7$

(e)$\begin{bmatrix} 1 & 0 \\ 0 & 1 \end{bmatrix}, \begin{bmatrix} 0 & 0 \\ 0 & 1 \end{bmatrix}, \begin{bmatrix} 0 & 1 \\ 0 & 1 \end{bmatrix}, \begin{bmatrix} 1 & 0 \\ 1 & 0 \end{bmatrix}$ （95 宜蘭大學電子所）

解　(d)

例 16： $\mathbf{A}$ is an $n \times n$ matrix. Suppose $\mathbf{A}^k\mathbf{x} = \mathbf{0}$ has a vector solution $\boldsymbol{\alpha}$ and $\mathbf{A}^{k-1}\boldsymbol{\alpha} \neq 0$, where k is an integer and $\mathbf{x}$ is a vector. Is $\boldsymbol{\alpha}, \mathbf{A}\boldsymbol{\alpha}, \cdots, \mathbf{A}^{k-1}\boldsymbol{\alpha}$ linearly independent or not? Prove your answer.

（95 台科大電子所）

證　$a_0\boldsymbol{\alpha} + a_1\mathbf{A}\boldsymbol{\alpha} + \cdots + a_{k-1}\mathbf{A}^{k-1}\boldsymbol{\alpha} = 0$

$\Rightarrow \mathbf{A}^{k-1}(a_0\boldsymbol{\alpha} + a_1\mathbf{A}\boldsymbol{\alpha} + \cdots + a_{k-1}\mathbf{A}^{k-1}\boldsymbol{\alpha}) = \mathbf{A}^{k-1}\mathbf{0} = \mathbf{0}$

$\Rightarrow a_0\mathbf{A}^{k-1}\boldsymbol{\alpha} + a_1\mathbf{A}^k\boldsymbol{\alpha} + \cdots a_{k-1}\mathbf{A}^{2k-2}\boldsymbol{\alpha} = 0$

$\Rightarrow a_0\mathbf{A}^{k-1}\boldsymbol{\alpha} = 0$

$\Rightarrow a_0 = 0$，代回得 $a_1\mathbf{A}\boldsymbol{\alpha} + \cdots + a_{k-1}\mathbf{A}^{\mathbf{k}-\mathbf{1}}\boldsymbol{\alpha} = 0$

利用同樣的方法，二邊同時乘 $\mathbf{A}^{k-2}, \cdots, \mathbf{A}, \mathbf{I}$ 可依序得 $a_1, \cdots, a_{k-2}, a_{k-1}$ 為 0，因此 $\boldsymbol{\alpha}, \mathbf{A}\boldsymbol{\alpha}, \cdots, \mathbf{A}^{k-1}\boldsymbol{\alpha}$ 為 linearly independent

例 17： Let P_n denote the set of all polynomials of degree less than n. Now consider two subspaces V and W of P_{10} which are given by $V = \{p(x) : p(x) = x^9p(x^{-1})\}$ and $W = \{q(x) : q(x) = q(-x)\}$

(a)Determine dim (V).

(b)Determine dim ($V \cap W$).　（95 台科大電子所）

解　(a) $\forall p(x) = a_0 + a_1x + \cdots + a_9x^9 \in V$

$\Rightarrow p(x) = x^9 p(x^{-1})$

$\Rightarrow a_0 + a_1x + \cdots + a_9x^9 = x^9(a_0 + a_1x^{-1} + \cdots + a_9x^{-9})$

$\Rightarrow a_0 + a_1x + \cdots + a_9x^9 = a_0x^9 + a_1x^8 + \cdots + a_9$

$\Rightarrow a_0 = a_9, a_1 = a_8, a_2 = a_7, a_3 = a_6, a_4 = a_5$

$\Rightarrow p(x) = a_9 + a_8x + a_7x^2 + a_6x^3 + a_5x^4 + a_5x^5 + a_6x^6 + a_7x^7$
$+ a_8x^8 + a_9x^9$

所以取$\{1+x^9, x+x^8, x^2+x^7, x^3+x^6, x^4+x^5\}$為 V 的一組 basis

$\Rightarrow \dim(V)=5$

(b) $\forall p(x)=a_0+a_1x+\cdots+a_9x^9 \in V\cap W$

$\Rightarrow p(x)=x^9p(x^{-1})$ 且 $p(x)=p(-x)$

由(a)知，

$p(x)=a_9+a_8x+a_7x^2+a_6x^3+a_5x^4+a_5x^5+a_6x^6+a_7x^7$
$+a_8x^8+a_9x^9$

因為 $p(x)=p(-x)$

$\Rightarrow a_9+a_8x+a_7x^2+a_6x^3+a_5x^4+a_5x^5+a_6x^6+a_7x^7+a_8x^8+a_9x^9$

$=a_9-a_8x+a_7x^2-a_6x^3+a_5x^4-a_5x^5+a_6x^6-a_7x^7+a_8x^8-a_9x^9$

$\Rightarrow a_8=a_6=a_5=a_7=a_9=0$

$\Rightarrow p(x)=0$

所以 $V\cap W=\{0\}$

$\Rightarrow \dim(V\cap W)=0$

例 18： Suppose **u**, **v**, and **w** are nonzero orthogonal vectors.

(a)Show that $\|\mathbf{u}+\mathbf{v}+\mathbf{w}\|^2=\|\mathbf{u}\|^2+\|\mathbf{v}\|^2+\|\mathbf{w}\|^2$

(b)Show that **u**, **v**, and **w** are linearly independent.

(c)Suppose **u**, **v**, and **w** are linearly independent vectors. Show that $\mathbf{u}+\mathbf{v}+\mathbf{w}$, $\mathbf{v}+\mathbf{w}$, $\mathbf{v}-\mathbf{w}$ are linearly independent.

（95 中山電機所）

解

(a) $\|\mathbf{u}+\mathbf{v}+\mathbf{w}\|^2=\langle \mathbf{u}+\mathbf{v}+\mathbf{w}, \mathbf{u}+\mathbf{v}+\mathbf{w}\rangle$

$=\langle \mathbf{u},\mathbf{u}\rangle+2\langle \mathbf{u},\mathbf{v}\rangle+2\langle \mathbf{u},\mathbf{w}\rangle+\langle \mathbf{v},\mathbf{v}\rangle$
$+2\langle \mathbf{v},\mathbf{w}\rangle+\langle \mathbf{w},\mathbf{w}\rangle$

$=\langle \mathbf{u},\mathbf{u}\rangle+\langle \mathbf{v},\mathbf{v}\rangle+\langle \mathbf{w},\mathbf{w}\rangle$

$=\|\mathbf{u}\|^2+\|\mathbf{v}\|^2+\|\mathbf{w}\|^2$

(b)假設 $\alpha\mathbf{u}+\beta\mathbf{v}+\gamma\mathbf{w}=0$

$\Rightarrow \alpha \langle \mathbf{u}, \mathbf{u} \rangle + \beta \langle \mathbf{v}, \mathbf{v} \rangle + \gamma \langle \mathbf{w}, \mathbf{w} \rangle = 0$

$\Rightarrow \alpha \langle \mathbf{u}, \mathbf{u} \rangle = 0$

因為 $\langle \mathbf{u}, \mathbf{u} \rangle \neq 0$

$\Rightarrow \alpha = 0$

同理可證 $\beta = \gamma = 0$

所以 $\mathbf{u}, \mathbf{v}, \mathbf{w}$，為 linearly independent.

(c)假設 $\alpha(\mathbf{u}+\mathbf{v}+\mathbf{w}) + \beta(\mathbf{v}+\mathbf{w}) + \gamma(\mathbf{v}-\mathbf{w}) = 0$

$\Rightarrow \alpha\mathbf{u} + (\alpha+\beta+\gamma)\mathbf{v} + (\alpha+\beta-\gamma)\mathbf{w} = 0$

因為 $\mathbf{u}, \mathbf{v}, \mathbf{w}$ 為 linearly independent

$\Rightarrow \alpha = \alpha+\beta+\gamma = \alpha+\beta-\gamma$

$\Rightarrow \alpha = \beta = \gamma = 0$

所以 $\mathbf{u}+\mathbf{v}+\mathbf{w}, \mathbf{v}+\mathbf{w}, \mathbf{v}-\mathbf{w}$ 為 linearly independent

4-2　正交補空間

定義：行空間（Column space）與列空間（Row space）：

$\mathbf{A} \in R^{m \times n}$，設 $\mathbf{A}$ 的行向量為 $\{\mathbf{a}_1, \mathbf{a}_2, \cdots \mathbf{a}_n\}$ 列向量為 $\{\mathbf{b}_1, \mathbf{b}_2, \cdots \mathbf{b}_m\}$

1. **A 的行空間為 A 的行向量之所有可能的線性組合；記為 CSP (A)**

$\text{CSP}(\mathbf{A}) = \{\alpha_1\mathbf{a}_1 + \alpha_2\mathbf{a}_2 + \cdots + \alpha_n\mathbf{a}_n\}$ for $\forall \{\alpha_1 \cdots \alpha_n\} \in R$

$= \text{span}\{\mathbf{a}_1, \mathbf{a}_2, \cdots \mathbf{a}_n\}$

2. **A 的列空間為 A 的列向量之所有可能的線性組合；記為 RSP (A)**

$\text{RSP}(\mathbf{A}) = \{\beta_1\mathbf{b}_1 + \beta_2\mathbf{b}_2 + \cdots + \beta_m\mathbf{b}_m\}$ for $\forall \{\beta_1 \cdots \beta_m\} \in R$

$= \text{span}\{\mathbf{b}_1, \mathbf{b}_2, \cdots \mathbf{b}_m\}$

定理 4-5：

(1)任意列運算不改變 **RSP (A)**

(2)任意行運算不改變 **CSP (A)**

(3) CSP ($\mathbf{A}$) $= \{\mathbf{Ax} \mid \mathbf{x} \in R^{n \times 1}\}$

(4) RSP ($\mathbf{A}$) $= \{\mathbf{yA} \mid \mathbf{y} \in R^{1 \times m}\}$

(5) RSP ($\mathbf{A}$) = CSP ($\mathbf{A}^T$)

觀念提示：CSP ($\mathbf{A}$)即為 $\mathbf{Ax}$ 之值域空間。

定義：Kernel (Null) space：$\mathbf{A} \in R^{m \times n}$, $\mathbf{x} \in R^{n \times 1}$, $\mathbf{y} \in R^{1 \times m}$

1. ker ($\mathbf{A}$) $= \{\mathbf{x} \mid \mathbf{Ax} = \mathbf{0}\}$稱為 $\mathbf{A}$ 之 kernel 或 Null space，或可表示為 $N(\mathbf{A})$

2. lker ($\mathbf{A}$) $= \{\mathbf{y} \mid \mathbf{yA} = \mathbf{0}\}$稱為 $\mathbf{A}$ 之 left kernel 或 left Null space

觀念提示： *1.* lker ($\mathbf{A}$) = ker ($\mathbf{A}^T$)

2. Null space 其實是齊性方程式 $\mathbf{Ax} = \mathbf{0}$ 的解空間

定理 4-6：

(1)任意列運算不改變 ker ($\mathbf{A}$)

(2)任意行運算不改變 lker ($\mathbf{A}$)

定義：正交補集（Orthogonal Complement）

$\{\mathbf{v}_1, \mathbf{v}_2, \mathbf{v}_3, ..., \mathbf{v}_m\}$ is a basis of $\mathbf{V}$, $\{\mathbf{w}_1, \mathbf{w}_2, \mathbf{w}_3, ..., \mathbf{w}_m\}$ is a basis of $\mathbf{W}$. If $\forall \mathbf{v} \in \mathbf{V}$, $\forall \mathbf{w} \in \mathbf{w}$, $\langle \mathbf{v}, \mathbf{w} \rangle = 0$, then $\mathbf{W}$ is the Orthogonal Complement of $\mathbf{V}$, and can be represented as $\mathbf{V}^{\perp}$.

定理 4-7：

(1) CSP ($\mathbf{A}$) and lker ($\mathbf{A}$) are Orthogonal Complements

(2) RSP ($\mathbf{A}$) and ker ($\mathbf{A}$) are Orthogonal Complements

證明：僅證明(1)，讀者可依下列步驟自行證明(2)

1. $\mathbf{x} \in \ker(\mathbf{A}^T) \Rightarrow \mathbf{x} \in \text{CSP}(\mathbf{A})^{\perp}$

$\mathbf{x} \in \ker(\mathbf{A}^T) \Rightarrow \mathbf{A}^T\mathbf{x} = 0 \Rightarrow \mathbf{x}^T\mathbf{A} = 0^T$

for $\forall \mathbf{y} \in R^{n \times 1} \Rightarrow \mathbf{x}^T\mathbf{A}\mathbf{y} = 0^T\mathbf{y} = 0$

let $\mathbf{z} = \mathbf{Ay} \Rightarrow \mathbf{z} \in \text{CSP}(\mathbf{A})$

$\Rightarrow \mathbf{x}^T\mathbf{z}=0$

$\Rightarrow \mathbf{x} \in \text{CSP}\,(\mathbf{A})^{\perp}$

2. $\mathbf{x} \in \text{CSP}\,(\mathbf{A})^{\perp} \Rightarrow \mathbf{x} \in \ker\,(\mathbf{A}^T)$

for $\forall \mathbf{z} \in \text{CSP}\,(\mathbf{A})$ we have $\mathbf{x}^T\mathbf{z}=0$

$\mathbf{z} \in \text{CSP}\,(\mathbf{A}) \Rightarrow \mathbf{z}=\mathbf{A}\mathbf{y};\ \forall \mathbf{y} \in R^{n\times 1}$

$\Rightarrow \mathbf{x}^T\mathbf{z}=\mathbf{x}^T\mathbf{A}\mathbf{y}=0$

$\Rightarrow \mathbf{x}^T\mathbf{A}=\mathbf{0}^T$

$\Rightarrow \mathbf{A}^T\mathbf{x}=\mathbf{0}^T$

$\Rightarrow \mathbf{x} \in \ker\,(\mathbf{A}^T)$

定義：Direct Sum

$\mathbf{W}_1$ and $\mathbf{W}_2$ are two subspaces of $\mathbf{V}$, $\mathbf{V}=\mathbf{W}_1+\mathbf{W}_2$. If any vector $\mathbf{w}$ can be uniquely expressed as $\mathbf{v}=\mathbf{w}_1+\mathbf{w}_2$; where $\mathbf{w}_1 \in \mathbf{W}_1$, $\mathbf{w}_2 \in \mathbf{W}_2$, then $\mathbf{V}$ is the direct sum of $\mathbf{W}_1$ and $\mathbf{W}_2$, denoted as

$\mathbf{V}=\mathbf{W}_1 \oplus \mathbf{W}_2$

觀念提示： *1.* $\mathbf{V}=\mathbf{W}_1 \oplus \mathbf{W}_2 \Leftrightarrow \mathbf{W}_1 \cap \mathbf{W}_2=\{0\}$

2. Orthogonal Complemensts must be Direct sums

定理 4-8：$\mathbf{W}_1$ and $\mathbf{W}_2$ are two subspaces of $\mathbf{V}$

(1) $\mathbf{W}_1 \subset \mathbf{W}_2 \Leftrightarrow \mathbf{W}_2^{\perp} \subset \mathbf{W}_1^{\perp}$

(2) $(\mathbf{W}_1+\mathbf{W}_2)^{\perp}=\mathbf{W}_1^{\perp} \cap \mathbf{W}_2^{\perp}$

(3) $(\mathbf{W}_1 \cap \mathbf{W}_2)^{\perp}=\mathbf{W}_1^{\perp}+\mathbf{W}_2^{\perp}$（台大資訊、台大電機）

證明：(1) $\Rightarrow$

若 $\mathbf{x}=\mathbf{W}_2^{\perp} \Rightarrow \forall \mathbf{w} \in \mathbf{W}_2, (\mathbf{x}, \mathbf{w})=0$

但 $\mathbf{W}_1 \subset \mathbf{W}_2$

$\therefore \forall \mathbf{w} \in \mathbf{W}_1, (\mathbf{x}, \mathbf{w})=0$

$\therefore \mathbf{x}=\mathbf{W}_1$

$\mathbf{W}_2^{\perp} \subset \mathbf{W}_1^{\perp}$

$\Leftarrow$

已知$\mathbf{W}_2^{\perp} \subset \mathbf{W}_1^{\perp}$，則由上述證明知$(\mathbf{W}_1^{\perp})^{\perp} \subset (\mathbf{W}_2^{\perp})^{\perp}$

$\therefore \mathbf{W}_1 \subset \mathbf{W}_2$

(2)$\because \mathbf{W}_1 \subset \mathbf{W}_1 + \mathbf{W}_2$

$\therefore (\mathbf{W}_1 + \mathbf{W}_2)^{\perp} \subset \mathbf{W}_1^{\perp}$

同理可得$(\mathbf{W}_1 + \mathbf{W}_2)^{\perp} \subset \mathbf{W}_2^{\perp}$

$\therefore (\mathbf{W}_1 + \mathbf{W}_2)^{\perp} \subset (\mathbf{W}_1^{\perp} \cap \mathbf{W}_2^{\perp})$

若$\mathbf{x} \in (\mathbf{W}_1^{\perp} \cap \mathbf{W}_2^{\perp})$, $\forall \mathbf{w}_1 \in \mathbf{W}_1$, $\forall \mathbf{w}_2 \in \mathbf{W}_2 \Rightarrow \mathbf{w}_1 + \mathbf{w}_2 \in \mathbf{W}_1 + \mathbf{W}_2$

$(\mathbf{x}, \mathbf{w}_1 + \mathbf{w}_2) = (\mathbf{x}, \mathbf{w}_1) + (\mathbf{x}, \mathbf{w}_2) = 0 + 0 = 0$

$\mathbf{x} \in (\mathbf{W}_1 + \mathbf{W}_2)^{\perp}$　故得證

(3)由(2)$(\mathbf{W}_1^{\perp} + \mathbf{W}_2^{\perp})^{\perp} = (\mathbf{W}_1^{\perp})^{\perp} \cap (\mathbf{W}_2^{\perp})^{\perp} = \mathbf{W}_1 \cap \mathbf{W}_2$

$\therefore \mathbf{W}_1^{\perp} + \mathbf{W}_2^{\perp} = (\mathbf{W}_1 \cap \mathbf{W}_2)^{\perp}$

例 19：　$\mathbf{A} = \begin{bmatrix} 1 & 9 & 8 & 9 \\ 0 & 5 & 1 & 4 \\ 1 & -1 & 6 & a \end{bmatrix}$

Find the null space of $\mathbf{A}$ for every $a \in R$　（清大資工）

解

Let $\mathbf{x} = \begin{bmatrix} x_1 \\ x_2 \\ x_3 \\ x_4 \end{bmatrix}$, $\mathbf{x} = \ker(\mathbf{A}) \Rightarrow \mathbf{A}\mathbf{x} = \mathbf{0}$

$$\begin{bmatrix} 1 & 9 & 8 & 9 \\ 0 & 5 & 1 & 4 \\ 1 & -1 & 6 & a \end{bmatrix} \overset{r_{13}^{(-1)}}{\sim} \begin{bmatrix} 1 & 9 & 8 & 9 \\ 0 & 5 & 1 & 4 \\ 1 & -10 & -2 & a-9 \end{bmatrix} \overset{r_{23}^{(2)}}{\sim} \begin{bmatrix} 1 & 9 & 8 & 9 \\ 0 & 5 & 1 & 4 \\ 0 & 0 & 0 & a-1 \end{bmatrix}$$

case 1: $a \neq 1$

$$\Rightarrow \sim \begin{bmatrix} 1 & 9 & 8 & 9 \\ 0 & 5 & 1 & 4 \\ 0 & 0 & 0 & 1 \end{bmatrix} \sim \begin{bmatrix} 1 & 9 & 8 & 0 \\ 0 & 5 & 1 & 0 \\ 0 & 0 & 0 & 1 \end{bmatrix} \sim \begin{bmatrix} 1 & -31 & 0 & 0 \\ 0 & 5 & 1 & 0 \\ 0 & 0 & 0 & 1 \end{bmatrix}$$

$$\therefore \mathbf{x}=\begin{bmatrix}31t\\t\\-5t\\0\end{bmatrix}=t\begin{bmatrix}31\\1\\-5\\0\end{bmatrix}$$

case 2: $a=1$

$$\begin{bmatrix}1&9&8&9\\0&5&1&4\\0&0&0&0\end{bmatrix}\overset{r_{21}^{(-8)}}{\sim}\begin{bmatrix}1&-31&0&-23\\0&5&1&4\\0&0&0&0\end{bmatrix}$$

$$\Rightarrow\begin{cases}x_1=31s+23t\\x_2=s\\x_3=-5s-4t\\x_4=t\end{cases}$$

$$\therefore \mathbf{x}=s\begin{bmatrix}31\\1\\-5\\0\end{bmatrix}+t\begin{bmatrix}23\\0\\-4\\1\end{bmatrix}$$

例 20： $\mathbf{A}=\begin{bmatrix}1&2&0&2\\3&4&2&6\\2&5&1&4\\2&0&-1&4\end{bmatrix}$, $\mathbf{b}=\begin{bmatrix}b_1\\b_2\\b_3\\b_4\end{bmatrix}$, $\mathbf{x}=\begin{bmatrix}x_1\\x_2\\x_3\\x_4\end{bmatrix}$

Find all possible **b**, such that $\mathbf{Ax}=\mathbf{b}$ has a solution（交大應數）

解

$\mathbf{Ax}=\mathbf{b}$ has solution $\Rightarrow \mathbf{b}\in$ CSP ($\mathbf{A}$)

$\Rightarrow$對 **A** 進行行運算

$$\sim\begin{bmatrix}1&0&0&0\\3&-2&2&0\\2&1&1&0\\2&-4&-1&0\end{bmatrix}\sim\begin{bmatrix}1&0&0&0\\3&-2&0&0\\2&1&2&0\\2&-4&-5&0\end{bmatrix}$$

$$\Rightarrow\begin{cases} b_1 = x \\ b_2 = 3x - 2y \\ b_3 = 2x + y + 2z \\ b_4 = 2x - 4y - 5z \end{cases}$$

〈另解〉亦可利用第三章高斯消去法求解

例 21：　重做第三章習題 4

解　The linear system $\mathbf{Ax} = \mathbf{b}$ has solution, then $\mathbf{b} \in \text{CSP}(\mathbf{A})$

$$\begin{bmatrix} 1 & 5 & 2 \\ 2 & 1 & 1 \\ 1 & 2 & 1 \end{bmatrix} \sim \begin{bmatrix} 1 & 0 & 0 \\ 2 & -9 & -3 \\ 1 & -3 & -1 \end{bmatrix} \sim \begin{bmatrix} 1 & 0 & 0 \\ 2 & 3 & 0 \\ 1 & 1 & 0 \end{bmatrix} \sim \begin{bmatrix} 1 & 0 & 0 \\ -1 & 3 & 0 \\ 0 & 1 & 0 \end{bmatrix}$$

$$\therefore \begin{cases} b_1 = x \\ b_2 = -x + 3y \\ b_3 = y \end{cases}$$

or $b_1 + b_2 = 3y$

例 22：　$\mathbf{A} = \begin{bmatrix} 1 & 2 & -1 & 0 \\ 1 & 3 & 0 & 2 \\ 0 & 0 & 1 & -1 \\ 1 & 2 & 0 & -1 \end{bmatrix}$, Find

(a)CSP $(\mathbf{A})$　(b)RSP $(\mathbf{A})$　(c)$N(\mathbf{A})$　(d)$l\ker(\mathbf{A})$

解

(a)
$$\begin{bmatrix} 1 & 2 & -1 & 0 \\ 1 & 3 & 0 & 2 \\ 0 & 0 & 1 & -1 \\ 1 & 2 & 0 & -1 \end{bmatrix} \sim \begin{bmatrix} 1 & 0 & 0 & 0 \\ 1 & 1 & 1 & 2 \\ 0 & 0 & 1 & -1 \\ 1 & 0 & 1 & -1 \end{bmatrix} \sim \begin{bmatrix} 1 & 0 & 0 & 0 \\ 0 & 1 & 0 & 0 \\ 0 & 0 & 1 & 0 \\ 1 & 0 & 1 & 0 \end{bmatrix}$$

$$\therefore \text{CSP}(\mathbf{A}) = \text{span}\left\{ \begin{bmatrix} 1 \\ 0 \\ 0 \\ 1 \end{bmatrix}, \begin{bmatrix} 0 \\ 1 \\ 0 \\ 0 \end{bmatrix}, \begin{bmatrix} 0 \\ 0 \\ 1 \\ 1 \end{bmatrix} \right\}$$

$$(b)\begin{bmatrix}1&2&-1&0\\1&3&0&2\\0&0&1&-1\\1&2&0&-1\end{bmatrix}\sim\begin{bmatrix}1&0&0&-7\\0&1&0&3\\0&0&1&-1\\0&0&0&0\end{bmatrix}$$

$$\therefore \text{RSP}(\mathbf{A})=\text{span}\left\{\begin{bmatrix}1\\0\\0\\-7\end{bmatrix},\begin{bmatrix}0\\1\\0\\3\end{bmatrix},\begin{bmatrix}0\\0\\1\\-1\end{bmatrix}\right\}$$

$$(c)N(\mathbf{A})=\begin{bmatrix}7x_4\\-3x_4\\x_4\\x_4\end{bmatrix}=x_4\begin{bmatrix}7\\-3\\1\\1\end{bmatrix}$$

$$(d)\ell\ker(\mathbf{A})=\ker(\mathbf{A}^T)$$

$$\therefore 由\ (a)\begin{cases}x_1+x_4=0\\x_2=0\\x_3+x_4=0\end{cases}\Rightarrow \ell\ker(\mathbf{A})=t\begin{bmatrix}-1\\0\\-1\\1\end{bmatrix}$$

例 23： Let $\mathbf{a}=\begin{bmatrix}2\\-1\\0\\2\end{bmatrix}$，$\mathbf{b}=\begin{bmatrix}1\\2\\-2\\0\end{bmatrix}$

(1) Verify that **a** and **b** are orthogonal.

(2) Find a nonzero vector in R^4 which is orthogonal to both **a** and **b**　　（91 朝陽通訊）

解

(2) Let $\mathbf{c}=\begin{bmatrix}x\\y\\z\\w\end{bmatrix}$，$\langle \mathbf{c},\mathbf{a}\rangle=\langle \mathbf{c},\mathbf{b}\rangle=0$

$$\Rightarrow\begin{cases}2x-y+2w=0\\x+2y-2z=0\end{cases}\Rightarrow\begin{cases}x=-2y+2z\\w=\dfrac{5}{2}y-2z\end{cases}$$

取 $\mathbf{c}=\begin{bmatrix}2\\0\\1\\-2\end{bmatrix}$

例 24： Find the orthogonal complement of the following subspace in R^3

(1) $\{(x, y, z)|x+2y+3z=0\}$

(2) $\{(x, y, z)|x+y+z=0 \text{ and } x-y+z=0\}$ （91 交大資料）

解

$\forall\ (x, y, z)\in W^{\perp}\Rightarrow \langle (x, y, z), (-1, 0, 1)\rangle=0$

$\Rightarrow x=z$

$\therefore W^{\perp}=\text{span}\{(1, 0, 1), (0, 1, 0)\}$

(1) $W=\{(x, y, z)|x+2y+3z=0\}$

$=\{(x, y, z)|x=-2y-3z\}$

$=\text{span}\left\{\begin{bmatrix}-2\\1\\0\end{bmatrix}, \begin{bmatrix}-3\\0\\1\end{bmatrix}\right\}$

$\forall\ (x, y, z)\in W^{\perp}$

$\Rightarrow \langle (x, y, z), (-2, 1, 0)\rangle=0=\langle (x, y, z), (-3, 0, 1)\rangle$

$\Rightarrow\begin{cases}-2x+y=0\\-3x+z=0\end{cases}\Rightarrow\begin{cases}y=2x\\z=3x\end{cases}$

$\therefore W^{\perp}=\text{span}\left\{\begin{bmatrix}1\\2\\3\end{bmatrix}\right\}$

(2) $W=\{(x, y, z)|x=-z, y=0\}$

$=\text{span}\left\{\begin{bmatrix}-1\\0\\1\end{bmatrix}\right\}$

例 25： Let **A** be m by n matrix. If $m=n$, then RSP (**A**) = CSP (**A**) (True or False). （91 師大數學）

解 False

Let $\mathbf{A}=\begin{bmatrix}1 & 1\\ 0 & 0\end{bmatrix}$

例 26： $V=\left\{\mathbf{A}=\begin{bmatrix}a & b\\ c & a\end{bmatrix}\middle| 2a-b+3c+d=0\right\}$

解 Determine a basis and the dimension of V

$2a-b+3c+d=0 \Rightarrow d=-2a+b-3c$

$\Rightarrow \mathbf{A}=\begin{bmatrix}a & b\\ c & -2a+b-3c\end{bmatrix}$

$\therefore$取 $\left\{\begin{bmatrix}1 & 0\\ 0 & -2\end{bmatrix}, \begin{bmatrix}0 & 1\\ 0 & 1\end{bmatrix}, \begin{bmatrix}0 & 0\\ 1 & -3\end{bmatrix}\right\}$ 為 V 之一組 basis

$\therefore \dim(V)=3$

例 27： Let S be the subspace of R^4 containing all vectors with $x_1+x_2+x_3+x_4=0$ and $x_1+x_2-x_3-x_4=0$, find a basis for the space $S^{\perp}$.

（91 台大資工）

解 Let $\mathbf{A}=\begin{bmatrix}1 & 1 & 1 & 1\\ 1 & 1 & -1 & -1\end{bmatrix} \Rightarrow S=\ker(\mathbf{A})$

$\Rightarrow S^{\perp}=\ker(\mathbf{A})^{\perp}=\text{CSP}(\mathbf{A}^T)$

$\begin{bmatrix}1 & 1\\ 1 & 1\\ 1 & -1\\ 1 & -1\end{bmatrix} \sim \begin{bmatrix}1 & 0\\ 1 & 0\\ 1 & -2\\ 1 & -2\end{bmatrix}$

$\therefore S^{\perp}=\text{span}\left\{\begin{bmatrix}1\\ 1\\ 1\\ 1\end{bmatrix}, \begin{bmatrix}0\\ 0\\ -2\\ -2\end{bmatrix}\right\}$

4-3 Norm 與內積空間

定義：內積（Inner Product）

若 $\mathbf{x}, \mathbf{y}$ 為向量空間中之任意兩個非零之實數向量，內積表示為 $\langle \mathbf{x}, \mathbf{y} \rangle$，其結果為一純量，且滿足：

1. $\langle \mathbf{x}, \mathbf{x} \rangle > 0$
2. $\langle \mathbf{x}, \mathbf{y} \rangle = \langle \mathbf{y}, \mathbf{x} \rangle$
3. $\langle \mathbf{x}+\mathbf{y}, \mathbf{z} \rangle = \langle \mathbf{x}, \mathbf{z} \rangle + \langle \mathbf{y}, \mathbf{z} \rangle$
4. $\langle \alpha\mathbf{x}, \mathbf{y} \rangle = \alpha \langle \mathbf{x}, \mathbf{y} \rangle$ 對任意純量 α

觀念提示：由以上定義可得

1. $\langle \mathbf{x}+\mathbf{y}, \mathbf{x}+\mathbf{y} \rangle = \langle \mathbf{x}, \mathbf{x} \rangle + 2\langle \mathbf{x}, \mathbf{y} \rangle + \langle \mathbf{y}, \mathbf{y} \rangle$
2. $\left\langle \sum_{i=1}^{K} \mathbf{x}_i, \mathbf{y} \right\rangle = \sum_{i=1}^{K} \langle \mathbf{x}_i, \mathbf{y} \rangle$

定義：p-Norm

$\mathbf{x} \in R^n$ or C^n, $p > 0$

$$\|\mathbf{x}\|_p \equiv \left(\sum_{i=1}^{n} |x_i|^p \right)^{\frac{1}{p}}$$

$$\begin{cases} \|\mathbf{x}\|_1 = |x_1| + |x_2| + \cdots + |x_n| \\ \|\mathbf{x}\|_2 = \sqrt{|x_1|^2 + |x_2|^2 + \cdots + |x_n|^2} \\ \vdots \\ \|\mathbf{x}\|_\infty = \max\limits_i |x_i| \end{cases}$$

觀念提示：最常用之 Norm 為 2-Norm，通常省略下標

定理 4-9：在內積空間中 Norm 滿足以下特性

1. $\|\mathbf{x}\| > 0$
2. $\|\alpha\mathbf{x}\| = |\alpha|\,\|\mathbf{x}\|$
3. $|\langle \mathbf{x}, \mathbf{y} \rangle| \le \|\mathbf{x}\| \times \|\mathbf{y}\|$（Cauchy-Schwarz inequality）
4. $\|\mathbf{x} + \mathbf{y}\| \le \|\mathbf{x}\| + \|\mathbf{y}\|$（三角不等式）

5. $\|\mathbf{x}+\mathbf{y}\|^2=\|\mathbf{x}\|^2+\|\mathbf{y}\|^2+2\langle \mathbf{x}, \mathbf{y}\rangle$

定理 4-10：

若 $\mathbf{x}, \mathbf{y}$ 為向量空間中之任意兩個非零之實數向量，則 $\mathbf{x}$ 在 $\mathbf{y}$ 之正交投影（orthogonal projection）向量為

$$\mathbf{z}=\frac{\langle \mathbf{x}, \mathbf{y}\rangle}{\langle \mathbf{y}, \mathbf{y}\rangle}\mathbf{y} \tag{2}$$

定理 4-11：

若 $\{\mathbf{e}_1 \quad \mathbf{e}_2 \quad \cdots \quad \mathbf{e}_n\}$ 為 orthonormal set in an inner product space，則任意向量 $\mathbf{x}$ 可表示為

$$\mathbf{x}=\sum_{i=1}^{n}\langle \mathbf{x}, \mathbf{e}_i\rangle \mathbf{e}_i \tag{3}$$

觀念提示：若 $\{\mathbf{e}_1 \quad \mathbf{e}_2 \quad \cdots \quad \mathbf{e}_n\}$ 為 orthonormal set，則 $\{\mathbf{e}_1 \quad \mathbf{e}_2 \quad \cdots \quad \mathbf{e}_n\}$ linearly independent

定理 4-12：p-Norm 之不等式

1. $\|\mathbf{x}\|_\infty \le \|\mathbf{x}\|_2 \le \|\mathbf{x}\|_1$
2. $\frac{1}{n}\|\mathbf{x}\|_1 \le \|\mathbf{x}\|_\infty \le \|\mathbf{x}\|_1$
3. $\|\mathbf{x}\|_2 \le \|\mathbf{x}\|_1 \le \sqrt{n}\|\mathbf{x}\|_2$

例 28：　Let $\mathbf{x}\in R^n$. Show that $\|\mathbf{x}\|_1 \le n\|\mathbf{x}\|_\infty$ and $\|\mathbf{x}\|_2 \le \sqrt{n}\|\mathbf{x}\|_\infty$

（95 成大電通所）

解　令

$\mathbf{x}=(x_1, x_2, \cdots, x_n)$

$\|\mathbf{x}\|_\infty=\max\{|x_1|, |x_2|, \cdots, |x_n|\}=|x_k|$

for some $k\in\{1, 2, \cdots, n\}$

$$(1)\|\mathbf{x}\|_1=\sum_{i=1}^{n}|x_i|\leq n\cdot|x_k|=n\|\mathbf{x}\|_\infty$$

$$(2)\|\mathbf{x}\|_2^2=\sum_{i=1}^{n}|x_i|^2\leq n|x_k|^2=n\|\mathbf{x}\|_\infty^2=(\sqrt{n}\|\mathbf{x}\|_\infty)^2$$

$$\Rightarrow\|\mathbf{x}\|_2\leq\sqrt{n}\|\mathbf{x}\|_\infty$$

例 29： Let $q(x)=x^3$ and $P=\text{span}\{1, x, x^2\}$ with an inner product defined as $(u, v)=\int_0^1 u(x)v(x)dx$

Define a norm $\|u\|^2=(u, u)$ for the space P. Find a vector $w\in P$ such that $\|q-w\|\leq\|q-v\|$ for all $v\in P$ （95 輔大數學）

解

利用Gram-Schmidt正交化過程對$f_1(x)=1, f_2(x)=x, f_3(x)=x^2$正交化

$$h_1(x)=f_1(x)=1,\ (h_1, h_1)=\int_0^1 1dx=1$$

$$h_2(x)=f_2(x)-\frac{(f_2, h_1)}{(h_1, h_1)}h_1(x)=x-\frac{\int_0^1 xdx}{1}\cdot 1=x-\frac{1}{2},\ (h_2, h_2)$$

$$=\int_0^1(x-\frac{1}{2})^2dx=\frac{1}{12}$$

$$h_3(x)=f_3(x)-\frac{(f_3, h_1)}{(h_1, h_1)}h_1(x)-\frac{(f_3, h_2)}{(h_2, h_2)}h_2(x)$$

$$=x^2-\frac{\int_0^1 x^2dx}{1}\cdot 1-\frac{\int_0^1 x^2(x-\frac{1}{2})dx}{\frac{1}{12}}(x-\frac{1}{2})=x^2-x+\frac{1}{6}$$

$$(h_3, h_3)=\int_0^1(x^2-x+\frac{1}{6})^2dx=\frac{1}{180}$$

取

$$w=\text{proj}_p q(x)=\frac{(q, h_1)}{(h_1, h_1)}h_1(x)+\frac{(q, h_2)}{(h_2, h_2)}h_2(x)+\frac{(q, h_3)}{(h_3, h_3)}h_3(x)$$

$$=\frac{\int_0^1 x^3dx}{1}\cdot 1+\frac{\int_0^1 x^3(x-\frac{1}{2})dx}{\frac{1}{12}}(x-\frac{1}{2})+$$

$$\frac{\int_0^1 x^3(x^2-x+\frac{1}{6})\,dx}{\frac{1}{180}}(x^2-x+\frac{1}{6})$$

$$=\frac{1}{4}+\frac{\frac{3}{40}}{\frac{1}{12}}(x-\frac{1}{2})+\frac{\frac{1}{120}}{\frac{1}{180}}(x^2-x+\frac{1}{6})$$

$$=\frac{1}{20}(30x^2-12x+1)$$

$$\|q-w\|\le\|q-v\|,\ \forall v\in P$$

4-4 Gram-Schmidt 正交化過程與 QR 分解

基底之正交化（Gram-Schmidt Orthogonalization process）：

$\{\mathbf{x}_1, \mathbf{x}_2\ldots \mathbf{x}_n\}$為 $\mathbf{V}$ 上之一組基底，則一組新的正交基底可利用下列步驟得到：

$$\mathbf{y}_1=\mathbf{x}_1$$

$$\mathbf{y}_2=\mathbf{x}_2-\frac{\mathbf{x}_2^T\mathbf{y}_1}{\mathbf{y}_1^T\mathbf{y}_1}\mathbf{y}_1$$

$$\mathbf{y}_3=\mathbf{x}_3-\frac{\mathbf{x}_3^T\mathbf{y}_1}{\mathbf{y}_1^T\mathbf{y}_1}\mathbf{y}_1-\frac{\mathbf{x}_3^T\mathbf{y}_2}{\mathbf{y}_2^T\mathbf{y}_2}\mathbf{y}_2$$

$$\cdots\cdots\cdots\cdots\cdots\cdots\cdots\cdots\cdots$$

$$\mathbf{y}_n=\mathbf{x}_n-\frac{\mathbf{x}_n^T\mathbf{y}_1}{\mathbf{y}_1^T\mathbf{y}_1}\mathbf{y}_1-\frac{\mathbf{x}_n^T\mathbf{y}_2}{\mathbf{y}_2^T\mathbf{y}_2}\mathbf{y}_2\cdots-\frac{\mathbf{x}_n^T\mathbf{y}_{n-1}}{\mathbf{y}_{n-1}^T\mathbf{y}_{n-1}}\mathbf{y}_{n-1}$$

其中：$\mathbf{y}_{k+1}=\mathbf{x}_{k+1}-\sum_{j=1}^{k}\frac{\mathbf{x}_{k+1}^T\mathbf{y}_j}{\mathbf{y}_j^T\mathbf{y}_j}\mathbf{y}_j;\ k=1, 2, \cdots, n-1$ (4)

定理 4-13：QR 分解

對 $\mathbf{A}\in C^{m\times n}$，若 $\mathbf{A}$ 之行向量 L.I.D. 則

(1)存在 $\mathbf{Q}\in C^{m\times n}$，$\mathbf{R}\in C^{n\times n}$，使得 $\mathbf{A}=\mathbf{QR}$，且 $\mathbf{Q}$ 的行向量形成 orthogonal set，$\mathbf{R}$ 為上三角可逆矩陣，且主對角線元素皆為 1。

(2)存在 $\mathbf{Q}\in C^{m\times n}$，$\mathbf{D}\in C^{n\times n}$，$\mathbf{R}\in C^{n\times n}$，使得 $\mathbf{A}=\mathbf{QDR}$，且 $\mathbf{Q}$ 的行向量形成 orthonormal set，$\mathbf{D}$ 為對角線矩陣，$\mathbf{R}$ 為上三角可逆矩陣，且主對角線元素為 1。

(3)存在 $\mathbf{Q}\in C^{m\times n}$，$\mathbf{R}\in C^{n\times n}$ 使得 $\mathbf{A}=\mathbf{QR}$，且 $\mathbf{Q}$ 的行向量形成 orthonormal set，$\mathbf{R}$ 為上三角可逆矩陣。

觀念提示： *1.* 有關 Gram-Schmidt 正交化過程需由幾何意義上瞭解，不需記憶任何公式。

2. **QR** 分解即為將 G-S 正交化過程以矩陣相乘的形式表示之，其中 $\mathbf{Q}$ 為以正交化之基底為行向量排列而成，而 $\mathbf{Q}=\mathbf{AR}^{-1}$，故知 $\mathbf{R}^{-1}$ 的效用在對 $\mathbf{A}$ 之行向量作運算。

3. 對 $\mathbf{A}\in R^{n\times n}$，若 $\mathbf{A}$ 之行向量L.I.D.則 $\mathbf{Q}$ 為正交矩陣，$\mathbf{QQ}^T=\mathbf{Q}^T\mathbf{Q}=\mathbf{I}$，or $\mathbf{Q}^T=\mathbf{Q}^{-1}$

例 29： Apply the Gram-Schmidt process to $\mathbf{a}_1=\begin{bmatrix}1\\1\\1\end{bmatrix}$, $\mathbf{a}_2=\begin{bmatrix}0\\1\\1\end{bmatrix}$, $\mathbf{a}_3=\begin{bmatrix}0\\0\\1\end{bmatrix}$, and write the result in the form $\mathbf{A}=\mathbf{QR}$, with $\mathbf{R}$ upper-triangular and $\mathbf{Q}$ having orthonormal columns （交大電信）

解　取 $\mathbf{e}_1=\mathbf{a}_1$

$$\mathbf{e}_2=\mathbf{a}_2-\frac{(\mathbf{a}_2,\mathbf{e}_1)}{(\mathbf{e}_1,\mathbf{e}_1)}\mathbf{e}_1=\begin{bmatrix}0\\1\\1\end{bmatrix}-\frac{2}{3}\begin{bmatrix}1\\1\\1\end{bmatrix}=\frac{1}{3}\begin{bmatrix}-2\\1\\1\end{bmatrix}$$

$$\mathbf{e}_3=\mathbf{a}_3-\frac{(\mathbf{a}_3,\mathbf{e}_1)}{(\mathbf{e}_1,\mathbf{e}_1)}\mathbf{e}_1-\frac{(\mathbf{a}_3,\mathbf{e}_2)}{(\mathbf{e}_2,\mathbf{e}_2)}\mathbf{e}_2=\begin{bmatrix}0\\0\\1\end{bmatrix}-\frac{1}{3}\begin{bmatrix}1\\1\\1\end{bmatrix}-\frac{1}{2}\mathbf{e}_2=\begin{bmatrix}0\\-\frac{1}{2}\\\frac{1}{2}\end{bmatrix}$$

$$\|\mathbf{e}_1\|=\sqrt{3}\quad \|\mathbf{e}_2\|=\frac{2}{\sqrt{6}}\quad \|\mathbf{e}_3\|=\frac{1}{\sqrt{2}}$$

再將 $\mathbf{e}_1, \mathbf{e}_2, \mathbf{e}_3$ 化為單位向量得

$$\mathbf{e}_1=\frac{1}{\sqrt{3}}\begin{bmatrix}1\\1\\1\end{bmatrix}, \mathbf{e}_2=\frac{1}{\sqrt{6}}\begin{bmatrix}-2\\1\\1\end{bmatrix}, \mathbf{e}_3=\frac{1}{\sqrt{2}}\begin{bmatrix}0\\-1\\1\end{bmatrix}$$

將上述過程表成矩陣形式

$$\mathbf{A}=\begin{bmatrix}1&0&0\\1&1&0\\1&1&1\end{bmatrix}=[\mathbf{a}_1\quad \mathbf{a}_2\quad \mathbf{a}_3]=[\mathbf{e}_1\quad \mathbf{e}_2\quad \mathbf{e}_3]\begin{bmatrix}1&\frac{2}{3}&\frac{1}{3}\\0&1&\frac{1}{2}\\0&0&1\end{bmatrix}$$

$$=\begin{bmatrix}\frac{\mathbf{e}_1}{\|\mathbf{e}_1\|}&\frac{\mathbf{e}_2}{\|\mathbf{e}_2\|}&\frac{\mathbf{e}_3}{\|\mathbf{e}_3\|}\end{bmatrix}\begin{bmatrix}\|\mathbf{e}_1\|&0&0\\0&\|\mathbf{e}_2\|&0\\0&0&\|\mathbf{e}_3\|\end{bmatrix}\begin{bmatrix}1&\frac{2}{3}&\frac{1}{3}\\0&1&\frac{1}{2}\\0&0&1\end{bmatrix}$$

$$=\begin{bmatrix}\frac{\mathbf{e}_1}{\|\mathbf{e}_1\|}&\frac{\mathbf{e}_2}{\|\mathbf{e}_2\|}&\frac{\mathbf{e}_3}{\|\mathbf{e}_3\|}\end{bmatrix}\begin{bmatrix}\|\mathbf{e}_1\|&\frac{2}{3}\|\mathbf{e}_1\|&\frac{1}{3}\|\mathbf{e}_1\|\\0&\|\mathbf{e}_2\|&\frac{1}{2}\|\mathbf{e}_2\|\\0&0&\|\mathbf{e}_3\|\end{bmatrix}$$

$$=\begin{bmatrix}\frac{1}{\sqrt{3}}&\frac{-2}{\sqrt{6}}&0\\\frac{1}{\sqrt{3}}&\frac{1}{\sqrt{6}}&\frac{-1}{\sqrt{2}}\\\frac{1}{\sqrt{3}}&\frac{1}{\sqrt{6}}&\frac{1}{\sqrt{2}}\end{bmatrix}\begin{bmatrix}\sqrt{3}&\frac{2}{\sqrt{3}}&\frac{1}{\sqrt{3}}\\0&\frac{2}{\sqrt{6}}&\frac{1}{\sqrt{6}}\\0&0&\frac{1}{\sqrt{2}}\end{bmatrix}=\mathbf{QR}$$

例 30：　考慮佈於 R^4 中的三個向量如下：

$\mathbf{x}^1=[1\quad 0\quad 1\quad 0], \mathbf{x}^2=[2\quad 1\quad 2\quad 1], \mathbf{x}^3=[0\quad 2\quad -2\quad 2]$

(1)試找出 $\text{span}\{\mathbf{x}^1, \mathbf{x}^2, \mathbf{x}^3\}$ 中的一組正交且單一化集 $\{\mathbf{y}^1, \mathbf{y}^2, \mathbf{y}^3\}$

(2)試找出 R^4 中單位向量 $\mathbf{y}^4$，其與 $\text{span}\{\mathbf{x}^1, \mathbf{x}^2, \mathbf{x}^3\}$ 垂直

（83 成大電機）

解 (1) Gram-Schmidt 正交程序

$$\mathbf{y}^1=\frac{\mathbf{x}^1}{|\mathbf{x}^1|}=\frac{[1\quad 0\quad 1\quad 0]}{\sqrt{2}}=\begin{bmatrix}\frac{1}{\sqrt{2}} & 0 & \frac{1}{\sqrt{2}} & 0\end{bmatrix}$$

$$\mathbf{y}^2=\mathbf{x}^2-(\mathbf{x}^2,\mathbf{y}^1)\mathbf{y}^1$$
$$=[2\quad 1\quad 2\quad 1]-[2\quad 0\quad 2\quad 0]$$
$$=[0\quad 1\quad 0\quad 1]$$

Normalize：$\mathbf{y}^2=\begin{bmatrix}0 & \frac{1}{\sqrt{2}} & 0 & \frac{1}{\sqrt{2}}\end{bmatrix}$

$$\mathbf{y}^3=\mathbf{x}^3-(\mathbf{x}^3,\mathbf{y}^1)\mathbf{y}^1-(\mathbf{x}^3,\mathbf{y}^2)\mathbf{y}^2$$
$$=[0\quad 2\quad -2\quad 2]+[1\quad 0\quad 1\quad 0]-[0\quad 2\quad 0\quad 2]$$
$$=[1\quad 0\quad -1\quad 0]$$

Normalize：$\mathbf{y}^3=\begin{bmatrix}\frac{1}{\sqrt{2}} & 0 & \frac{-1}{\sqrt{2}} & 0\end{bmatrix}$

(2)令 $\mathbf{y}^4=[y_1\quad y_2\quad y_3\quad y_4]$由 $\mathbf{y}^4\perp \text{span}\{\mathbf{y}^1\quad \mathbf{y}^2\quad \mathbf{y}^3\}$可知

$$\begin{cases}y_1+y_3=0\\ y_2+y_4=0\\ y_1-y_3=0\end{cases}\Rightarrow y_1=y_3=0,\ y_2=-y_4$$

再由$|\mathbf{y}^4|=1$ 知 $\mathbf{y}^4=\begin{bmatrix}0 & \frac{1}{\sqrt{2}} & 0 & \frac{-1}{\sqrt{2}}\end{bmatrix}$

例 31： Given a 3×3 matrix

$$\mathbf{A}=\begin{bmatrix}1 & 2 & 3\\ 0 & 1 & 1\\ 1 & 4 & 6\end{bmatrix}$$

A can also be decomposed as **A** = **QR**, where **Q** is a matrix having orthonormal columns, **R** is a upper-triangular matrix, Find **Q** and **R** by G-S process. （交大電子）

解 $\mathbf{e}_1=\begin{bmatrix}1\\0\\1\end{bmatrix},\ \|\mathbf{e}_1\|=\sqrt{2}$

$$\mathbf{e}_2=\begin{bmatrix}2\\1\\4\end{bmatrix}-\frac{6}{2}\begin{bmatrix}1\\0\\1\end{bmatrix}=\begin{bmatrix}-1\\1\\1\end{bmatrix},\ \|\mathbf{e}_2\|=\sqrt{3}$$

$$\mathbf{e}_3=\begin{bmatrix}3\\1\\6\end{bmatrix}-\frac{9}{2}\begin{bmatrix}1\\0\\1\end{bmatrix}-\frac{4}{3}\begin{bmatrix}-1\\1\\1\end{bmatrix}=\begin{bmatrix}\frac{-1}{6}\\\frac{-1}{3}\\\frac{1}{6}\end{bmatrix},\ \|\mathbf{e}_3\|=\frac{1}{\sqrt{6}}$$

將上述過程表示為矩陣形式

$$\mathbf{A}=\begin{bmatrix}1&2&3\\0&1&1\\1&4&6\end{bmatrix}=[\mathbf{a}_1\quad\mathbf{a}_2\quad\mathbf{a}_3]=[\mathbf{e}_1\quad\mathbf{e}_2\quad\mathbf{e}_3]\begin{bmatrix}1&3&\frac{9}{2}\\0&1&\frac{4}{3}\\0&0&1\end{bmatrix}$$

$$=\begin{bmatrix}\frac{\mathbf{e}_1}{\|\mathbf{e}_1\|}&\frac{\mathbf{e}_2}{\|\mathbf{e}_2\|}&\frac{\mathbf{e}_3}{\|\mathbf{e}_3\|}\end{bmatrix}\begin{bmatrix}\|\mathbf{e}_1\|&0&0\\0&\|\mathbf{e}_2\|&0\\0&0&\|\mathbf{e}_3\|\end{bmatrix}\begin{bmatrix}1&3&\frac{9}{2}\\0&1&\frac{4}{3}\\0&0&1\end{bmatrix}$$

$$=\begin{bmatrix}\frac{\mathbf{e}_1}{\|\mathbf{e}_1\|}&\frac{\mathbf{e}_2}{\|\mathbf{e}_2\|}&\frac{\mathbf{e}_3}{\|\mathbf{e}_3\|}\end{bmatrix}\begin{bmatrix}\|\mathbf{e}_1\|&3\|\mathbf{e}_1\|&\frac{9}{2}\|\mathbf{e}_1\|\\0&\|\mathbf{e}_2\|&\frac{4}{3}\|\mathbf{e}_2\|\\0&0&\|\mathbf{e}_3\|\end{bmatrix}$$

$$=\begin{bmatrix}\frac{1}{\sqrt{2}}&\frac{-1}{\sqrt{3}}&\frac{-1}{\sqrt{6}}\\0&\frac{1}{\sqrt{3}}&\frac{-2}{\sqrt{6}}\\\frac{1}{\sqrt{2}}&\frac{1}{\sqrt{3}}&\frac{1}{\sqrt{6}}\end{bmatrix}\begin{bmatrix}\sqrt{2}&3\sqrt{2}&\frac{9}{\sqrt{2}}\\0&\sqrt{3}&\frac{4}{\sqrt{3}}\\0&0&\frac{1}{\sqrt{6}}\end{bmatrix}=\mathbf{QR}$$

例 32： In the space of integral L_2 functions over $(-1, 1)$ with the inner product

$$\langle f, g \rangle = \int_{-1}^{1} f(x)\, g(x) dx$$

Construct on orthonormal set from the functions $1, x, x^2$, and x^3

（交大電子）

解

$$\phi_1 = 1$$

$$\phi_2 = x - \frac{\langle x, 1 \rangle}{\langle 1, 1 \rangle} 1 = x$$

$$\phi_3 = x^2 - \frac{\langle x^2, 1 \rangle}{\langle 1, 1 \rangle} 1 - \frac{\langle x^2, x \rangle}{\langle x, x \rangle} x = x^2 - \frac{1}{3}$$

$$\phi_4 = x^3 - \frac{\langle x^3, 1 \rangle}{\langle 1, 1 \rangle} 1 - \frac{\langle x^3, x \rangle}{\langle x, x \rangle} x - \frac{\langle x^3, x^2 - \frac{1}{3} \rangle}{\langle x^2 - \frac{1}{3}, x^2 - \frac{1}{3} \rangle} (x^2 - \frac{1}{3})$$

$$= x^3 - \frac{3}{5} x$$

normalization

$$\phi_1 = 1, \phi_2 = \frac{x}{\sqrt{\int_{-1}^{1} x^2\, dx}} = \sqrt{\frac{3}{2}} x$$

$$\phi_3 = \frac{x^2 - \frac{1}{3}}{\sqrt{\int_{-1}^{1} (x^2 - \frac{1}{3})^2\, dx}} = \sqrt{\frac{45}{8}} (x^2 - \frac{1}{3}),$$

$$\phi_4 = \frac{x^3 - \frac{3}{5} x}{\sqrt{\int_{-1}^{1} (x^3 - \frac{3}{5})^2\, dx}} = \sqrt{\frac{175}{8}} (x^3 - \frac{3}{5})$$

例 33： **A** is real and $p \times q$ with rank k, and that $\mathbf{A} = \mathbf{QR}$, where **Q** is $p \times k$ and has orthonormal columns while **R** is $k \times q$, uppertriangular, and of rank k. Prove that the columns of **Q** form an orthonormal basis for csp (**A**) and that $\mathbf{P} = \mathbf{QQ}^T$ represents orthogonal projection onto the csp (**A**).

（清大工工）

解　(a)Let $\{\mathbf{q}_1, \cdots, \mathbf{q}_k\}$ be column vectors of $\mathbf{Q}$ since $\{\mathbf{q}_1, \cdots, \mathbf{q}_k\}$ form orthonormal set $\{\mathbf{q}_1, \cdots, \mathbf{q}_k\}$ linear independent and can be an orthonormal basis of csp ($\mathbf{Q}$)

$$\begin{aligned} \text{CSP}(\mathbf{A}) &= \{\mathbf{Ax} \mid \forall \mathbf{x} \in q \times 1 \text{ vector}\} \\ &= \{\mathbf{QRx} \mid \forall \mathbf{x}\} \\ &= \{\mathbf{Qy} \mid \forall \mathbf{y}\} \\ &= \text{csp}(\mathbf{Q}) \end{aligned}$$

$\Rightarrow \{\mathbf{q}_1, \cdots, \mathbf{q}_k\}$為 CSP ($\mathbf{A}$)之一組 orthonormal basis

(b)若 $\mathbf{w} \in \text{Im}\,\mathbf{P} \Rightarrow \mathbf{Pv} = \mathbf{QQ}^T\mathbf{v}$

對任意 $p \times 1$ 向量 $\boldsymbol{\mu}$

$$\begin{aligned} \mathbf{w}^T(\boldsymbol{\mu} - \mathbf{P}\boldsymbol{\mu}) &= \mathbf{v}^T\mathbf{P}^T(\boldsymbol{\mu} - \mathbf{P}\boldsymbol{\mu}) \\ &= \mathbf{v}^T(\mathbf{P}^T\boldsymbol{\mu} - \mathbf{P}^T\mathbf{P}\boldsymbol{\mu}) \end{aligned}$$

$\because \mathbf{P}^T = \mathbf{QQ}^T = \mathbf{P}$

$\mathbf{P}^T\mathbf{P} = \mathbf{P}^2 = \mathbf{QQ}^T\mathbf{QQ}^T = \mathbf{QIQ}^T = \mathbf{QQ}^T = \mathbf{P}$

$\therefore \mathbf{w}^T(\boldsymbol{\mu} - \mathbf{P}\boldsymbol{\mu}) = 0$

$\Rightarrow \mathbf{w}$ 與$(\boldsymbol{\mu} - \mathbf{P}\boldsymbol{\mu})$正交

又 $\mathbf{Pv} = \mathbf{QQ}^T\mathbf{v} = \mathbf{Q}(\mathbf{Q}^T\mathbf{v}) \in \text{csp}(\mathbf{Q})$

若 $\mathbf{y} \in \text{csp}(\mathbf{Q}) \Rightarrow \mathbf{y} = \mathbf{Qz}$

$$\begin{aligned} \Rightarrow \mathbf{Py} &= (\mathbf{QQ}^T)\mathbf{Qz} \\ &= \mathbf{Q}(\mathbf{Q}^T\mathbf{Q})\mathbf{z} \\ &= \mathbf{Qz} \\ &= \mathbf{y} \end{aligned}$$

$\therefore \mathbf{y} = \text{Im}\,\mathbf{P}$

$\therefore \text{Im}\,\mathbf{P} = \text{CSP}(\mathbf{Q}) = \text{CSP}(\mathbf{A})$

故得證

例 34：　Find an orthonormal basis for the subspace of R^3 consisting of all vectors (a, b, c) such that $a+b+c=0$.　（95 暨南通訊所）

解　令 $W=\{(a,b,c)|a+b+c=0\}$

$\forall x=(a,b,c)\in W$

$\Rightarrow a+b+c=0$

$\Rightarrow a=-b-c$

$\Rightarrow x=(-b-c,b,c)$

$\Rightarrow W=\text{span}\{\mathbf{v}_1=(-1,1,0),\mathbf{v}_2=(-1,0,1)\}$

利用 Gram-Schmidt process 對 $\mathbf{v}_1\mathbf{v}_2$ 正交化

$\mathbf{u}_1=\mathbf{v}_1=(-1,1,0),\ \langle\mathbf{u}_1,\mathbf{u}_1\rangle=2$

$$\mathbf{u}_2=\mathbf{v}_2-\frac{\langle\mathbf{v}_2,\mathbf{u}_1\rangle}{\langle\mathbf{u}_1,\mathbf{u}_1\rangle}\mathbf{u}_1=(-1,0,1)-\frac{1}{2}(-1,1,0)=\left(-\frac{1}{2},-\frac{1}{2},1\right),$$

$\langle\mathbf{u}_2,\mathbf{u}_2\rangle=\frac{3}{2}$

令 $\mathbf{w}_1=\frac{\mathbf{u}_1}{\|\mathbf{u}_1\|}=\left(\frac{-1}{\sqrt{2}},\frac{1}{\sqrt{2}},0\right),\ \mathbf{w}_2=\frac{\mathbf{u}_2}{\|\mathbf{u}_2\|}=\left(\frac{-1}{\sqrt{6}},\frac{-1}{\sqrt{6}},\frac{2}{\sqrt{6}}\right)$

則 $\{\mathbf{w}_1,\mathbf{w}_2\}$ 為 W 的一組 orthonormal basis

例 35：A set of polynomials $\{f(x)=a_0+a_1x+a_2x^2\}$, the possible basis function for the set is $\{1,x,x^2\}$,

(a)Applying Gram-Schmidt process to the basis function to find the orthonormal basis functions if the inner product is defined as $\langle f(x),g(x)\rangle=\int_0^1 f(x)g(x)dx$.

(b)Representing $f(x)=1+x$ in terms of the orthonormal basis functions. （95 台科大電子所）

解　(a)$h_1(x)=1,\ \langle h_1,h_1\rangle=\int_{-1}^1 1dx=2$

$$h_2(x)=x-\frac{\langle x,h_1\rangle}{\langle h_1,h_1\rangle}h(x)=x-\frac{\int_{-1}^1 xdx}{2}=x,$$

$\langle h_2,h_2\rangle=\int_{-1}^1 x^2\,dx=\frac{2}{3}$

$$h_3(x)=x^2-\frac{\langle x^2,h_1\rangle}{\langle h_1,h_1\rangle}h_1(x)-\frac{\langle x^2,h_2\rangle}{\langle h_2,h_2\rangle}h_2(x)$$

$$=x^2-\frac{\int_{-1}^{1}x^2dx}{2}\cdot 1-\frac{\int_{-1}^{1}x^3dx}{\frac{2}{3}}x^2-\frac{1}{3},$$

$$\langle h_3, h_3\rangle=\left(x^2-\frac{1}{3}\right)^2dx=\frac{8}{45}$$

令 $g_1(x)=\frac{h_1(x)}{\|h_1\|}=\frac{1}{\sqrt{2}}, g_2(x)=\frac{h_2(x)}{\|h_2\|}=\frac{\sqrt{3}}{\sqrt{2}},$

$$g_3(x)=\frac{h_3(x)}{\|h_3\|}=\frac{\sqrt{45}}{\sqrt{8}}\left(x^2-\frac{1}{3}\right)^2$$

則 $\{g_1(x), g_2(x), g_3(x)\}$ 為一組 orthonormal basis

(b) $f(x)=\langle f, g_1\rangle\ g_1(x)+\langle f, g_2\rangle\ g_2(x)+\ \langle f, g_3\rangle\ g_3(x)$

$$=\left(\int_{-1}^{1}f(x)\,g_1(x)dx\right)g_1(x)+\left(\int_{-1}^{1}f(x)\,g_2(x)dx\right)g_2(x)$$

$$+\left(\int_{-1}^{1}f(x)\,g_3(x)dx\right)g_3(x)$$

$$=\sqrt{2}g_1(x)+\sqrt{\frac{2}{3}}g_2(x)-\sqrt{\frac{2}{5}}g_3(x)$$

例 36：　Let $\mathbf{a}=[1, 1, 0, 1]^T$, $\mathbf{b}=[0, 1, -1, 1]^T$, $\mathbf{c}=[1, 0, 1, 1]^T$ and $\mathbf{d}=[2, 1, 1, 2]^T$.

Suppose L: $R^4\rightarrow R^3$ is a linear transformation such that $L(\mathbf{a})=[2, 1, 1, 2]^T$ and $L(\mathbf{b})=[-1, 2, 4]^T$.

(a)Compute det $(\mathbf{A})$, where $\mathbf{A}=[\mathbf{a}\quad\mathbf{b}\quad\mathbf{c}\quad\mathbf{d}]$.

(b)Compute $L([3, -2, 5, -2]^T)$.

(c)Determine the rank of $\mathbf{B}=[\mathbf{a}+99\mathbf{b}\quad\mathbf{b}-\mathbf{d}\quad\mathbf{a}+9\mathbf{b}\quad 5\mathbf{d}]$.

(d)Find an orthogonal basis for span $(\mathbf{a}, \mathbf{b}, \mathbf{c})$（95 中興通訊所）

解

$$\text{(a)}\mathbf{A}=\begin{bmatrix}1&0&1&2\\1&1&0&1\\0&-1&1&1\\1&1&1&2\end{bmatrix}\xrightarrow{r_{12}^{(-1)},r_{13}^{(-1)}}\begin{bmatrix}1&0&1&2\\0&1&-1&-1\\0&-1&1&1\\0&1&0&2\end{bmatrix}$$

$$\xrightarrow{r_{23}^{(1)},\, r_{24}^{(-1)}} \begin{bmatrix} 1 & 0 & 1 & 2 \\ 0 & 1 & -1 & -1 \\ 0 & 0 & 0 & 0 \\ 0 & 0 & 1 & 1 \end{bmatrix}$$

$$\Rightarrow \det(\mathbf{A}) = \det \begin{bmatrix} 1 & 0 & 1 & 2 \\ 0 & 1 & -1 & -1 \\ 0 & 0 & 0 & 0 \\ 0 & 0 & 1 & 1 \end{bmatrix} = 0$$

(b)因為 $\begin{bmatrix} 3 \\ -2 \\ 5 \\ -2 \end{bmatrix} = 3\begin{bmatrix} 1 \\ 1 \\ 0 \\ 1 \end{bmatrix} - 5\begin{bmatrix} 0 \\ 1 \\ -1 \\ 1 \end{bmatrix} = 3\mathbf{a} - 5\mathbf{b}$

$$\Rightarrow L\begin{bmatrix} 3 \\ -2 \\ 5 \\ -2 \end{bmatrix} = 3L(\mathbf{a}) - 5L(\mathbf{b}) = 3\begin{bmatrix} 2 \\ 1 \\ 0 \end{bmatrix} - 5\begin{bmatrix} -1 \\ 2 \\ 4 \end{bmatrix} = \begin{bmatrix} 1 \\ -7 \\ -20 \end{bmatrix}$$

(c)$\mathbf{B} = [\mathbf{a}+99\mathbf{b} \quad \mathbf{b}-\mathbf{d} \quad \mathbf{a}+9\mathbf{b} \quad 5\mathbf{d}] \xrightarrow{c_{42}^{(\frac{1}{5})}} [\mathbf{a}+99\mathbf{b} \quad \mathbf{b} \quad \mathbf{a}+9\mathbf{b} \quad 5\mathbf{d}]$

$$\xrightarrow{c_{21}^{(-99)},\, c_{23}^{(-9)}} [\mathbf{a} \quad \mathbf{b} \quad \mathbf{a}-\mathbf{c} \quad 5\mathbf{d}] \xrightarrow{c_{13}^{(-1)}} [\mathbf{a} \quad \mathbf{b} \quad -\mathbf{c} \quad 5\mathbf{d}]$$

$$\xrightarrow{c_{3}^{(-1)},\, c_{4}^{(\frac{1}{5})}} [\mathbf{a} \quad \mathbf{b} \quad \mathbf{c} \quad \mathbf{d}] = \mathbf{A}$$

$$\Rightarrow \text{rank}(\mathbf{B}) = \text{rank}(\mathbf{A}) = 3$$

(d)利用 Gram-Schmidt process 對 **a**, **b**, **c** 正交化

$$\mathbf{u}_1 = \mathbf{a} = \begin{bmatrix} 1 \\ 1 \\ 0 \\ 1 \end{bmatrix}, \quad \langle \mathbf{u}_1, \mathbf{u}_1 \rangle = 3$$

$$\mathbf{u}_2 = \mathbf{b} - \frac{\langle \mathbf{b}, \mathbf{u}_1 \rangle}{\langle \mathbf{u}_1, \mathbf{u}_1 \rangle}\mathbf{u}_1 = \begin{bmatrix} 0 \\ 1 \\ -1 \\ 1 \end{bmatrix} - \frac{2}{3}\begin{bmatrix} 1 \\ 1 \\ 0 \\ 1 \end{bmatrix}$$

$$=\begin{bmatrix}\frac{-2}{3}\\ \frac{1}{3}\\ -1\\ \frac{1}{3}\end{bmatrix},\ \langle \mathbf{u}_2, \mathbf{u}_2\rangle=\frac{5}{3}$$

$$\mathbf{u}_3=\mathbf{c}-\frac{\langle \mathbf{c}, \mathbf{u}_1\rangle}{\langle \mathbf{u}_1, \mathbf{u}_1\rangle}\mathbf{u}_1-\frac{\langle \mathbf{c}, \mathbf{u}_2\rangle}{\langle \mathbf{u}_2, \mathbf{u}_2\rangle}\mathbf{u}_2$$

$$=\begin{bmatrix}1\\0\\1\\1\end{bmatrix}-\frac{2}{3}\begin{bmatrix}1\\1\\0\\1\end{bmatrix}-\frac{\frac{-4}{3}}{\frac{5}{3}}\begin{bmatrix}\frac{-2}{3}\\ \frac{1}{3}\\ -1\\ \frac{1}{3}\end{bmatrix}=\begin{bmatrix}\frac{-1}{5}\\ \frac{-2}{5}\\ \frac{1}{5}\\ \frac{3}{5}\end{bmatrix}$$

則$\{\mathbf{u}_1, \mathbf{u}_2, \mathbf{u}_3\}$為 span ($\mathbf{a}, \mathbf{b}, \mathbf{c}$)的一組 orthogonal basis.

例 37： Consider the vector space $C[-1, 1]$ whit inner product $\langle f, g\rangle=\int_{-1}^{1} f(x)g(x)dx$. Let S be the subspace spanned by the basis $B=\{1, x, x^2\}$. Find the vector (function) in S which is closest to $f(x)=x^4$ with respect to the given inner product. （95 交大電子所）

解　利用 Gram-Schmidt process 對 $1, x, x^2$ 正交化

$h_1(x)=1,\ \langle h_1, h_1\rangle=\int_{-1}^{1} 1dx=2$

$$h_2(x)=x-\frac{\langle x, h_1\rangle}{\langle h_1, h_1\rangle}h_1(x)=x-\frac{\int_{-1}^{1}xdx}{2}=x,$$

$$\langle h_2, h_2\rangle=\int_{-1}^{1}x^2\,dx=\frac{2}{3}$$

$$h_3(x)=x^2-\frac{\langle x^2, h_1\rangle}{\langle h_1, h_1\rangle}h_1(x)-\frac{\langle x^2, h_2\rangle}{\langle h_2, h_2\rangle}h_2(x)$$

$$=x^2-\frac{\int_{-1}^{1}x^2dx}{2}\cdot 1-\frac{\int_{-1}^{1}x^3dx}{\frac{2}{3}}=x^2-\frac{1}{3},$$

$$\langle h_3, h_3\rangle=\int_{-1}^{1}\left(x^2-\frac{1}{3}\right)^2dx=\frac{8}{45}$$

則 $\text{proj}_s f(x)=\frac{\langle f, h_1\rangle}{\langle h_1, h_1\rangle}h_1(x)+\frac{\langle f, h_2\rangle}{\langle h_2, h_2\rangle}h_2(x)+\frac{\langle f, h_3\rangle}{\langle h_3, h_3\rangle}h_3(x)$

$$=\frac{\int_{-1}^{1}x^4dx}{2}\cdot 1+\frac{\int_{-1}^{1}x^5dx}{\frac{2}{3}}x+\frac{\int_{-1}^{1}x^4\left(x^2-\frac{1}{3}\right)dx}{\frac{8}{45}}\left(x^2-\frac{1}{3}\right)$$

$$=\frac{\frac{2}{5}}{2}+\frac{0}{\frac{2}{3}}x+\frac{\frac{16}{105}}{\frac{8}{45}}\left(x^2-\frac{1}{3}\right)=\frac{1}{5}+\frac{6}{7}\left(x^2-\frac{1}{3}\right)$$

$$=\frac{6}{7}x^2-\frac{3}{35}$$

精選練習

1. 已知向量 $\mathbf{v}_1=\begin{bmatrix}1\\1\\1\end{bmatrix}, \mathbf{v}_2=\begin{bmatrix}1\\2\\3\end{bmatrix}, \mathbf{v}_3=\begin{bmatrix}1\\-1\\3\end{bmatrix}$，試找出正交集合 $\{\mathbf{u}_1, \mathbf{u}_2, \mathbf{u}_3\}$，並用此集合來表示 $\mathbf{u}=\begin{bmatrix}2\\-5\\6\end{bmatrix}$ （清大電機）

2. 試為以下各向量空間找出一組基底

   $\mathbf{A}=\{(x, y, z)|x-z=0\}$; $\mathbf{B}=\{(x, y, z)|x+y+z=0\}$

   $\mathbf{C}=\{(x, y, z)|x-y+z=0\}$; $\mathbf{D}=\{(x, y, z)|x=0, y+z=0\}$ （交大資工）

3. Consider three vectors in R^3: $(0, 1, 1)^T$, $(1, 0, 1)^T$, $(1, 1, 0)^T$

   (a)Use Gram-Schmidt process to normalize these vectors

   (b)Let $\mathbf{A}=\begin{bmatrix}0&1&1\\1&0&1\\1&1&0\end{bmatrix}$ write $\mathbf{A}=\mathbf{QR}$, where the columns of $\mathbf{Q}$ are those obtained in (a), and

   $\mathbf{R}$ is an upper triangular matrix. （台大資工）

4. 若 $\mathbf{T}=\begin{bmatrix}1 & 1 & 3\\ 1 & 2 & 4\\ 2 & 3 & 7\end{bmatrix}$ 求 $\dim(\ker \mathbf{T})=$?

5. V 為 R^4 之向量子空間，且 **V** 中向量 **x** 滿足：$x_1+x_2=x_3+x_4$ 現已知向量：$[1\quad 0\quad 1\quad 0]^T$ 及 $[0\quad 1\quad 0\quad 1]^T$ 為 **V** 中的二個 L.I. 向量，試由此二向量找出一組 **V** 的基底（交大電子）

6. 試求 **v** 對基底 $S=\{\mathbf{v}_1, \mathbf{v}_2, \mathbf{v}_3\}$ 的座標向量

   (a) $\mathbf{v}=(2, -1, 3)$; $\mathbf{v}_1=(1, 0, 0)$, $\mathbf{v}_2=(2, 2, 0)$, $\mathbf{v}_3=(3, 3, 3)$

   (b) $\mathbf{v}=(5, -12, 3)$; $\mathbf{v}_1=(1, 2, 3)$, $\mathbf{v}_2=(-4, 5, 6)$, $\mathbf{v}_3=(7, -8, 9)$

7. Determine the value of $\boldsymbol{a}$ such that $\mathbf{v}_1$, $\mathbf{v}_2$, $\mathbf{v}_3$ are linear dependent

   $\mathbf{v}_1=(a, -\frac{1}{2}, \frac{1}{2})$, $\mathbf{v}_2=(-\frac{1}{2}, a, -\frac{1}{2})$, $\mathbf{v}_3=(-\frac{1}{2}, -\frac{1}{2}, a)$

8. Let $P_3(R)=\{a+bx+cx^2+dx^3, a, b, c, d\in R\}$ be the inner product space defined by $\langle p(x), q(x)\rangle=\int_0^1 p(x)q(x)$ for $p(x)$ and $q(x)$ in $P_3(R)$. Let W be a subspace of $P_3(R)$ with bases $\{1, x^2\}$, please find $W^\perp$, which is orthogonal complement of W in $P_3(R)$（86 台大電信）

9. Let V be a subspace of R^4 with an orthogonal basis $\{[-1\quad -1\quad 1\quad 1], [2\quad -1\quad 0\quad 1]\}$. Please find the orthogonal complement of V, $V^\perp=\{\mathbf{w}\in R^4 | \mathbf{w}\cdot\mathbf{v}=0, \mathbf{v}\in V\}$.

   Let $\mathbf{u}=[3\quad -1\quad 0\quad -2]$ be a vector in R^4. Please find a vector **v** in V and a vector **w** in $V^\perp$ such that $\mathbf{u}=\mathbf{v}+\mathbf{w}$（85 清大電機）

10. For what values of a is the vector $(a^2, -3a, -2)$ in span $\{(1, 2, 3), (0, 1, 1)\}$（85 交大電子）

11. True or False (You SHOULD justify your answer in every detail)

    If **u** is a linear combination of **v** and **w**, then **w** must be a linear combination of **u** and **v**.

12. Consider the inner product space C $[-1, 1]$ with inner product defined by

    $$\langle p(x), q(x)\rangle=\int_{-1}^{1} p(x)q(x)dx$$

    for $p(x)$ and $q(x)$ in C $[-1, 1]$. Let S be the subspace spanned by $\{1, x, x^2\}$

    (a)Find an orthonormal basis for S.

    (b)Find the best least squares approximation to the function $|x|$ by a function in S.

    （86 交大電信）

13. Prove or disprove the following statements

    (a)The intersection of two vector spaces is a vector space

    (b)The union of two vector spaces is a vector space

    (c)$\mathrm{N}(\mathbf{A}^{\mathrm{T}}\mathbf{T})=\mathrm{N}(\mathbf{A})$（91 中山電機）

14. W 為有限維度向量空間 V 的一個子空間。試證明對任何 $\mathbf{x}\in\mathbf{V}$ 恆存在唯一的 $\mathbf{y}'\in\mathbf{W}$。滿足 $\min\limits_{y\in W}\|\mathbf{x}-\mathbf{y}\|=\|\mathbf{x}-\mathbf{y}'\|$ 並且 $(\mathbf{x}-\mathbf{y}')\in W^\perp$。其中 $\|\mathbf{x}\|$ 表示向量 **x** 之歐幾里得

長度而 $W^{\perp}$ 表示 W 之正交子空間 （83 台大電機）

15. Given a set of linearly independent vectors $\{\mathbf{e}_1, \cdots, \mathbf{e}_r\}$ in a vector space V, we construct another set of vectors according to

$\mathbf{u}_i = \sum_{j=1}^{r} a_{ij}\,\mathbf{e}_i;\ i=1, \cdots, m$

Let $\mathbf{A}$ be the $m \times r$ matrix with a_{ij} as its entry at ith row and jth column. What are the conditions on $\mathbf{A}$ and m if we want:

(a) $\{\mathbf{u}_1, \cdots, \mathbf{u}_m\}$ to be linearly independent

(b) $\text{span}\{\mathbf{e}_1, \cdots, \mathbf{e}_r\} = \text{span}\{\mathbf{u}_1, \cdots, \mathbf{u}_m\}$ （交大電信）

16. Let W be the solution space of the linear system

$$\begin{cases} x_1 + x_2 + x_3 = 0 \\ 2x_2 + x_3 + x_4 = 0 \end{cases}$$

(a) Find a basis for W and then determine the dimension of W

(b) Find the orthogonal projection of $\mathbf{u} = [2, 2, 1, -1]$ on W

(c) Find a basis for $W^{\perp}$ （91 輔大數學）

17. Prove or disprove the following statements:

(a) Let W_1, W_2 be subspace of a vector space V. Then $W_1 \cup W_2$ is also subspace of V.

(b) Let $\mathbf{Ax} = \mathbf{0}$ be a homogeneous linear system of m equations in n unknowns. If $m < n$, then the system has a nonzero solution （91 輔大數學）

18. Let U and V be subspaces of the vector space W. Show that the sets $U + V$ and $U \cap V$ are both subspaces of W. （91 彰師數學）

19. Let $\mathbf{D} = \begin{bmatrix} 1 & 2 & 1 \\ 2 & 1 & 1 \\ 1 & 0 & 0 \\ 0 & 1 & 0 \\ 0 & 0 & 2 \end{bmatrix}$

Find a 3×3 matrix $\mathbf{E}$ such that $(\mathbf{DE})^T(\mathbf{DE}) = \mathbf{I}_3$ （台大資訊）

20. Construct orthonormal vectors which are linear combinations of

(a) (1, 1, 0), (1, 0, 1), (0, 1, 1)

(b) 1, t using $\langle f, g \rangle = \int_0^1 f(t)g(t)dt$ （交大資科）

21. $\mathbf{A} = \begin{bmatrix} 1 & -2 & 1 & -1 \\ 3 & 0 & -2 & 3 \\ 5 & -4 & 0 & 1 \end{bmatrix}$, $\mathbf{x} = \begin{bmatrix} x_1 \\ x_2 \\ x_3 \end{bmatrix}$, $\mathbf{b} = \begin{bmatrix} 1 \\ 4 \\ a \end{bmatrix}$

Find all possible a such that $\mathbf{Ax} = \mathbf{b}$ has a solution

22. Find the relation between b_1, b_2, and b_3 such that the system

$$\begin{cases} x_1+5x_2+2x_3=b_1 \\ 2x_1+x_2+x_3=b_2 \\ x_1+2x_2+x_3=b_3 \end{cases}$$

has a solution （清大資工）

23. Let $s=\{\mathbf{A}\in M_3\ (R)|\mathbf{A}^{\mathrm{T}}=-\mathbf{A}\}$, Find a basis of s over R.

24. Consider the set $B=\{(1, 1, 0), (0, 1, 1), (1, 0, 1)\}$.

(a)Show that B is a basis for R^3.

(b)Express $\boldsymbol{u}=(2, 4, -6)$ as a linear combination of the elements of B. （99 暨南通訊）

25. $f_1(x)=1+x+x^3, f_2(x)=1+x^2, f_3(x)=1$

(a)Is $\{f_1, f_2, f_3\}$ linearly independent?

(b)Is the linear span $\{f_1, f_2, f_3\}$ equal to $p_3(x)$?

26. Find an orthonormal basis for the null space of the matrix

$$\mathbf{A}=\begin{bmatrix} 1 & 2 & 1 & 1 \\ 0 & 1 & -1 & 2 \\ 2 & 5 & 1 & 4 \\ 1 & 1 & 2 & -1 \end{bmatrix}$$

（95 淡江數學）

27. Find a basis for the solution space of the following homogeneous system

$$\begin{cases} x+2y+w=0 \\ 2x+4y+z+w=0 \\ x+2y+2z-w=0 \end{cases}$$

（95 政大統計）

28. $W=\text{span}\left\{\begin{bmatrix} 1 \\ 1 \\ 2 \\ 0 \end{bmatrix}, \begin{bmatrix} 3 \\ -1 \\ 2 \\ 0 \end{bmatrix}, \begin{bmatrix} 1 \\ -3 \\ -2 \\ 1 \end{bmatrix}\right\}$

(1) Find an orthogonal basis of W.

(2) Find a basis of $W^{\perp}$. （95 銘傳統計資訊所）

29. Consider three vectors in R^3: $\begin{bmatrix} 0 \\ 1 \\ 1 \end{bmatrix}, \begin{bmatrix} 1 \\ 0 \\ 1 \end{bmatrix}, \begin{bmatrix} 1 \\ 1 \\ 0 \end{bmatrix}$

(a)Use Gram-Schmidt process to normalize these vectors

(b)Let $\mathbf{A}=\begin{bmatrix} 0 & 1 & 1 \\ 1 & 0 & 1 \\ 1 & 1 & 0 \end{bmatrix}$. Write $\mathbf{A}=\mathbf{QR}$, where the columns of $\mathbf{Q}$ are those obtained in

(1) and $\mathbf{R}$ is an upper triangular matrix. （95 彰師大統計資訊所）

30. $S_1=\{(1, 2, 3), (2, 3, 4)\}$

$S_2=\{(5, 8, 11), (1, 1, 1), (1, -1, -3)\}$ （95 清大統計）

Is the space spanned by the set S_1 a subspace of the space spanned by S_2?

31. Suppose $\{\mathbf{x}_1, \mathbf{x}_2, \mathbf{x}_3\}$ is a linearly independent set of vectors in R^3. Find the values of d such that $\{\mathbf{x}_1+2\mathbf{x}_2, \mathbf{x}_1+d\mathbf{x}_2+3\mathbf{x}_3, \mathbf{x}_2+d\mathbf{x}_3\}$ is also linearly independent in R^3.（95 靜宜應數）

32. If two nonzero vectors $\mathbf{v}_1$, $\mathbf{v}_2$ are orthogonal, prove that $\mathbf{v}_1$, $\mathbf{v}_2$ are linear independent.

（99 中原電機）

33. Construct orthonormal vectors which are linear combinations of $\{e^{-t^2}, e^{-2t^2}\}$ using $\langle f, g\rangle = \int_0^\infty f(t)g(t)dt$（97 中興電機）

34. Find an orthogonal matrix $\mathbf{Q}$ and a lower triangular matrix $\mathbf{L}$ such that

$\mathbf{QL}=\begin{bmatrix}1 & -1\\ 2 & 3\end{bmatrix}$（99 中正電機通訊）

35. In R^4, let $S=\{u_1, u_2, u_3\}$, where $u_1=(1, 0, 1, 0)$, $u_2=(1, 1, 1, 1)$, and $u_3=(0, 1, 2, 1)$. Use the gram-schmidt process and compute and orthonoraml basis $\{v_1, v_2, v_3\}$ for the subspace span(S)

（95 清大電機）

36. Let $V=M_{2\times 2}$ be a vector space eith the Frobenius inner product and W be a subset of V defined by

$W=\left\{\mathbf{A} \text{ in } V\text{: trace}\left(\begin{bmatrix}1 & 1\\ 1 & 0\end{bmatrix}\mathbf{A}\right)=0\right\}$

(a)find $\langle\mathbf{A}, \mathbf{B}\rangle$ for $\mathbf{A}=\begin{bmatrix}1 & 2\\ -1 & 3\end{bmatrix}$ and $\mathbf{B}=\begin{bmatrix}2 & -1\\ 1 & 1\end{bmatrix}$

(b)Find a basis for the subspace of V consising of all matrices that are orthogonal to $\begin{bmatrix}1 & 4\\ 3 & 2\end{bmatrix}$

(c)Is W a subspace of V? If yes, find and orthonormal basis for W

(d)Let $\mathbf{B}=\begin{bmatrix}1 & 1\\ 1 & 1\end{bmatrix}$. find the orthogonal projection of $\mathbf{B}$ onto W what is the distance form $\mathbf{B}$ to W?（95 台大電信）

37. Let $\mathbf{A}$ be a 5×3 matrix with orthonormal columns, then

(a)det $(\mathbf{A}^T\mathbf{A})=0$.(b)det $(\mathbf{A}^T\mathbf{A})=1$.(c)det $(\mathbf{A}\mathbf{A}^T)=1$(d)det $(\mathbf{A}\mathbf{A}^T)=0$

(e)$\mathbf{A}^T$ has a non-trivial null space of dimension 2（95 台大電機）

38. Let V be a vector space, W_1 and W_2 be two subspaces of V. Is it possible that the intersection of W_1 and W_2, $W_1\cap W_2=\varnothing$, where $\varnothing$ denotes the empty set. (explain your answer.)

（99 成大電通）

39. Let $V_1=\text{Span}\{\mathbf{v}_1, \mathbf{v}_2\}$ and $V_2=\text{Span}\{\mathbf{v}_3, \mathbf{v}_4\}$, where

$$\mathbf{v}_1=\begin{bmatrix}1\\ -1\\ 1\end{bmatrix}, \mathbf{v}_2=\begin{bmatrix}-1\\ 1\\ 1\end{bmatrix}, \mathbf{v}_3=\begin{bmatrix}-1\\ 1\\ -1\end{bmatrix}, \mathbf{v}_4=\begin{bmatrix}1\\ -1\\ -1\end{bmatrix}.$$

(a)Find an orthogonal basis for V_1.

(b)Find a basis for Null $([\mathbf{v}_3\mathbf{v}_4]^T)$.

(c)Let W be the intersection of V_1 and V_2. Find a basis for W. （99 台大工數 D）

40. (a)Apply the Gram-Schmidt process to the following vectorts to form a set of orthonormal bases.

$$\boldsymbol{u}_1=\begin{bmatrix}1\\0\\1\\0\end{bmatrix}, \boldsymbol{u}_2=\begin{bmatrix}0\\0\\1\\1\end{bmatrix}, \boldsymbol{u}_2=\begin{bmatrix}0\\1\\1\\1\end{bmatrix}$$

(b)Find the QR decomposition of

$$\mathbf{A}=\begin{bmatrix}1&0&0\\0&0&1\\1&1&1\\0&1&1\end{bmatrix}$$

（99 中山電機通訊）

41. Which of the following matrices is a linear combination of $\begin{bmatrix}3&-1\\5&2\end{bmatrix}\begin{bmatrix}-1&0\\2&1\end{bmatrix}$ and $\begin{bmatrix}2&1\\0&3\end{bmatrix}$?

(a)$\begin{bmatrix}2&3\\-4&4\end{bmatrix}$ (b)$\begin{bmatrix}1&1\\-1&1\end{bmatrix}$ (c)$\begin{bmatrix}1&1\\1&-1\end{bmatrix}$ (b)$\begin{bmatrix}-4&6\\-13&4\end{bmatrix}$ (e)$\begin{bmatrix}3&-1\\8&2\end{bmatrix}$ （99 中正電機通訊）

42. Suppose that **u**, **v**, and **w** are vectors such that inner products $\langle \mathbf{u}, \mathbf{v}\rangle=2$, $\langle \mathbf{v}, \mathbf{w}\rangle=-3$, and $\langle \mathbf{u}, \mathbf{w}\rangle=5$, and, the norms $\|\mathbf{u}\|=1$, $\|\mathbf{v}\|=2$, and $\|\mathbf{w}\|=7$. The expression $\langle 2\mathbf{v}-\mathbf{w}, 3\mathbf{u}+2\mathbf{w}\rangle$ equals

(a)-113

(b)8

(c)-40

(d)24

(e)90 （99 中正電機通訊）

43. Let inner product of two matrices **A** and **B** be equal to the sum of the diagonal entries of $\mathbf{A}^T\mathbf{B}$, i.e., $\langle \mathbf{A}, \mathbf{B}\rangle=\text{trace}\,(\mathbf{A}^T\mathbf{B})$. Suppose that matrix $\mathbf{A}=\begin{bmatrix}2&1\\-1&3\end{bmatrix}$. Which of the following matrices is NOT orthogonal to matrix **A**?

(a)$\begin{bmatrix}-3&0\\0&2\end{bmatrix}$ (b)$\begin{bmatrix}1&1\\0&-1\end{bmatrix}$ (c)$\begin{bmatrix}0&0\\0&0\end{bmatrix}$ (d)$\begin{bmatrix}2&1\\5&2\end{bmatrix}$ (e)$\begin{bmatrix}3&4\\4&-2\end{bmatrix}$ （99 中正電機通訊）

44. Use the Gram-Schmidt process to obtain the orthonorml basis from the basis $\{1, \cos x, \cos 2x, \cos 3x, \sin x, \sin 2x, \sin 3x\}$, using the inner product

$$\langle \text{f, g}\rangle=\int_0^{2\pi} f(x)g(x)dx.$$

（93 中正電機）

45. Let $V=M_{2\times 2}(R)$ be an inner product space with $\langle \mathbf{A}, \mathbf{B}\rangle=\text{trace}\,(\mathbf{AB}^T)$.

(a)Let W be the subspace of V containing all symmetric 2×2 matrices. Find an orthonormal basis for W.

(b)Find a basis for $W^{\perp}$.

(c)Find the matrix in W that is closest to $\mathbf{C}=\begin{bmatrix} c_{11} & c_{12} \\ c_{21} & c_{22} \end{bmatrix}$. （93 台大工數 D）

46. Let $V=P(R)$ be an inner product space with inner product

$$\langle f(t), g(t) \rangle = \int_{-1}^{1} f(t) \cdot g(t)dt \tag{2}$$

Recall that $P(R)$ is the vector space composed of all polynomials with real coefficients. Similarly, $P_n(R)$ is the vector space composed of all polynomials with real coefficients and degree smaller than or equal to n.

Now, consider the subspace $P_2(R)$ with the standard ordered basis $\beta=\{1, x, x^2\}$. Use the Gram-Schmidt process to replace β by an orthonormal basis $\{v_1, v_2, v_3\}$ for $P_2(R)$.

（94 中山通訊）

47. In R^4, let $S=\{u_1, u_2, u_3\}$, where $u_1=(1, 0, 1, 0)$, $u_2=(1, 1, 1, 1)$, and $u_3=(0, 1, 2, 1)$. Use the Gram-Schmidt process and compute an orthonormal basis $\{v_1, v_2, v_3\}$ for the subspace span (S). （95 清華電機）

48. Let $\mathbf{u}=(u_1, u_2, u_3)$ and $\mathbf{v}=(v_1, v_2, v_3)$. Determine which of the following are inner products on R^3.

(i) $\langle \mathbf{u}, \mathbf{v} \rangle = u_1^2 v_1^2 + u_2^2 v_2^2 + u_3^2 v_3^2$,

(ii) $\langle \mathbf{u}, \mathbf{v} \rangle = 2u_1v_1 + u_2v_2 + 3u_3v_3$,

(iii) $\langle \mathbf{u}, \mathbf{v} \rangle = u_1v_1 - u_2v_2 + 3u_3v_3$. （92 交大電信）

49. Find the **QR**-decomposition of the following matrix

$$\mathbf{A}=\begin{bmatrix} 1 & 2 \\ 0 & 1 \\ 1 & 4 \end{bmatrix}$$ （93 交大電信）

50. Let $\{\mathbf{v}_1, \mathbf{v}_2, \cdots, \mathbf{v}_n\}$ be an orthonormal basis for an inner product space V. Show that if $\mathbf{w}$ is a vector in V, then $\|\mathbf{w}\|^2 = \langle \mathbf{w}, \mathbf{v}_1 \rangle^2 + \langle \mathbf{w}, \mathbf{v}_2 \rangle^2 + \cdots + \langle \mathbf{w}, \mathbf{v}_n \rangle^2$. （93 交大電信）

51. Let $\mathbf{u}$, $\mathbf{v}$ and $\mathbf{w}$ are nonzero vectors in R^3. Answer the following questions and explain your reasoning.

(a)Is it true that $\mathbf{u} \cdot (\mathbf{v} \times \mathbf{w}) = (\mathbf{u} \times \mathbf{v}) \cdot \mathbf{w}$?

(b)If $\mathbf{u} \neq \mathbf{v}$, is it possible that $\|\mathbf{u}\| = \|\mathbf{v}\|$?

(c)If $\mathbf{u} \neq \mathbf{v}$, is it possible that $\|\mathbf{u} - \mathbf{v}\| = 0$?

(d)Is $(\mathbf{u}, \mathbf{v}) = u_1 v_1 + u_2 v_2 - u_3 v_3$ an inner product? （93 交大電信）

52. Let $\{x, y, z\}$ be a basis for a vector space V. Please show that $\{x+y, y, x+y+z\}$ is also a basis for V. （92 中央通訊）

53. Let $M_{m \times n}$ represent the set of all $m \times n$ matrices. For $\mathbf{A} \in M_{m \times n}$, let $\mathbf{A}_i$ denote the i-th column of $\mathbf{A}$ where $i \in \{1, 2, \cdots, n\}$. Is the set of all $m \times n$ matrices having $\sum_{i=1}^{n} \mathbf{A}_i = 0_{m \times 1}$ a sub-

space of $M_{m \times n}$? If the answer is "yes", prove it and find a basis for this subspace. If the answer is "no", justify your answer. （94 中央通訊）

54. Suppose that $v_1, v_2, \cdots, v_n$ are pairwise orthogonal vectors (that is, $\langle v_i, v_j \rangle = 0 \forall i \neq j$) in an inner product space. Prove that $\| v_1 + v_2 + \cdots + v_n \|^2 = \| v_1 \|^2 + \| v_2 \|^2 + \cdots + \| v_n \|^2$.

（94 中央通訊）

55. Pick up false statement(s)?

I.A basis in a vector space is unique.

II.Let $H = \left\{ \begin{pmatrix} x \\ y \\ z \end{pmatrix} : 2x + 11y - 17z = 0 \right\}$. Then dim $H = 2$.

III.Let $\{v_1, v_2, \cdots, v_n\}$ be a basis for the vector space V. Then it is possible to find a vector $v \in V$ such that $v \notin$ span $\{v_1, v_2, \cdots, v_n\}$.

IV.$\left\{ \begin{pmatrix} 2 & 0 \\ 0 & 0 \end{pmatrix}, \begin{pmatrix} 0 & 3 \\ 0 & 0 \end{pmatrix}, \begin{pmatrix} 0 & 0 \\ -7 & 0 \end{pmatrix}, \begin{pmatrix} 0 & 0 \\ 0 & 12 \end{pmatrix} \right\}$ is a basis for M_{22}. （92 中正電機）

56. If **A** is an $n \times n$ invertible matrix and if the linear mapping $T_A: R^n \to R^n$ is defined by the multiplication of a $n \times 1$ vector by **A**. Which of the following statement is not true?

(a)The row vectors of **A** Span R^n.

(b)The column vectors of **A** form a basis for R^n.

(c)The orthogonal complement of the nullspace of **A** is R^n.

(d)None of the above. （93 中正電機）

57. True or False

(1) If W is a subset of one or more vector from a vector space V, and if $u + v$ is a vector in W for all vectors u and v in W. Then W is a subspace of V.

(2) If S = $\{v_1, v_2, \cdots, v_n\}$ is a finite set of vectors in a vector space V, then span(S) is a subspace of V.

(3) If S = $\{v_1, v_2, \cdots, v_n\}$is a linear independent set of vectors in a vector space V, then every vector v in V can be expressed in the linear combination of S in exactly one way.

(4) If span (S1) = span(S2) then S1 = S2 （93 中正電機）

5 線性映射

Everything should be made as simple as possible, but not simpler.

——Albert Einstein

5-1 線性映射與相似變換

定義：線性映射（linear mapping）

對於向量空間 **V**, **W** 及函數 T：$\mathbf{V}\to\mathbf{W}$，若對任意 $\mathbf{x}, \mathbf{y} \in \mathbf{V}$ 及任意純量 c_1, c_2，滿足如下之線性條件

$$T(c_1\mathbf{x} + c_2\mathbf{y}) = c_1 T(\mathbf{x}) + c_2 T(\mathbf{y}) \tag{1}$$

則稱 T 為線性映射或線性變換（linear transformation）

對於佈於 $C^{n\times 1}$ 及 $C^{m\times 1}$ 之向量空間之間的線性轉換，必可藉助一矩陣來完成，例如：

$$\begin{bmatrix} y_1 \\ y_2 \\ y_3 \end{bmatrix} = T\left(\begin{bmatrix} x_1 \\ x_2 \end{bmatrix}\right) = \begin{bmatrix} a_{11}x_1 + a_{12}x_2 \\ a_{21}x_1 + a_{22}x_2 \\ a_{31}x_1 + a_{32}x_2 \end{bmatrix} = \begin{bmatrix} a_{11} & a_{12} \\ a_{21} & a_{22} \\ a_{31} & a_{32} \end{bmatrix}\begin{bmatrix} x_1 \\ x_2 \end{bmatrix} = \mathbf{A}\mathbf{x} \tag{2}$$

(2)式亦可表示為 **A** 之行向量 $\mathbf{a}_1, \mathbf{a}_2$ 之線性組合

$$\mathbf{y} = T\mathbf{x} = x_1\begin{bmatrix} a_{11} \\ a_{21} \\ a_{31} \end{bmatrix} + x_2\begin{bmatrix} a_{12} \\ a_{22} \\ a_{32} \end{bmatrix} \tag{3}$$

向量可以看作是在某基底下的座標表示法，故向量對於不同的基底會有不同的數學形式。例如向量 **v** 在標準直角座標基底（standard basis），$C=\left\{\begin{bmatrix}1\\0\\0\end{bmatrix},\begin{bmatrix}0\\1\\0\end{bmatrix},\begin{bmatrix}0\\0\\1\end{bmatrix}\right\}$,下可表示為 $\mathbf{v}=3\hat{\mathbf{i}}-\hat{\mathbf{j}}+2\hat{\mathbf{k}}$，或 $\begin{bmatrix}3\\-1\\2\end{bmatrix}$，但若基底改為 $B=\left\{\begin{bmatrix}1\\1\\0\end{bmatrix},\begin{bmatrix}1\\0\\1\end{bmatrix},\begin{bmatrix}0\\1\\0\end{bmatrix}\right\}$，則其座標將變為 $\begin{bmatrix}1\\2\\-2\end{bmatrix}$，表示如下：

$$\mathbf{v}=\begin{bmatrix}3\\-1\\2\end{bmatrix}=3\begin{bmatrix}1\\0\\0\end{bmatrix}-\begin{bmatrix}0\\1\\0\end{bmatrix}+2\begin{bmatrix}0\\0\\1\end{bmatrix}=\begin{bmatrix}1&0&0\\0&1&0\\0&0&1\end{bmatrix}\begin{bmatrix}3\\-1\\2\end{bmatrix}$$

$$=\begin{bmatrix}1\\1\\0\end{bmatrix}+2\begin{bmatrix}1\\0\\1\end{bmatrix}-2\begin{bmatrix}0\\1\\0\end{bmatrix}=\begin{bmatrix}1&1&0\\1&0&1\\0&1&0\end{bmatrix}\begin{bmatrix}1\\2\\-2\end{bmatrix}=\begin{bmatrix}1\\2\\-2\end{bmatrix}_B$$

其中 $\mathbf{C}=\begin{bmatrix}1&0&0\\0&1&0\\0&0&1\end{bmatrix}=[\mathbf{c}_1\quad\mathbf{c}_2\quad\mathbf{c}_3]$，及 $\mathbf{B}=\begin{bmatrix}1&1&0\\1&0&1\\0&1&0\end{bmatrix}=[\mathbf{b}_1\quad\mathbf{b}_2\quad\mathbf{b}_3]$.

$\begin{bmatrix}3\\-1\\2\end{bmatrix}_C$ 表示以 $\mathbf{C}$ 之行向量為基底的座標向量，而 $\begin{bmatrix}1\\2\\-2\end{bmatrix}_B$ 表示以 $\mathbf{B}$ 之行向量為基底的座標向量，現考量一新的基底 $\left\{\begin{bmatrix}0\\1\\1\end{bmatrix},\begin{bmatrix}1\\-1\\0\end{bmatrix},\begin{bmatrix}0\\1\\0\end{bmatrix}\right\}$，則有

$$\begin{bmatrix}3\\-1\\2\end{bmatrix}=\begin{bmatrix}1&1&0\\1&0&1\\0&1&0\end{bmatrix}\begin{bmatrix}1\\2\\-2\end{bmatrix}=\begin{bmatrix}0&1&0\\1&-1&1\\1&0&0\end{bmatrix}\begin{bmatrix}2\\3\\0\end{bmatrix}$$

令 $\mathbf{B}'=\begin{bmatrix}0&1&0\\1&-1&1\\1&0&0\end{bmatrix}=[\mathbf{b}_1'\quad\mathbf{b}_2'\quad\mathbf{b}_3']\Rightarrow\begin{bmatrix}1\\2\\-2\end{bmatrix}$ 為向量 $\mathbf{v}$ 在以 $\mathbf{B}$ 為基底下的座標，$\begin{bmatrix}2\\3\\0\end{bmatrix}$ 為向量 $\mathbf{v}$ 在 $\mathbf{B}'$ 為基底下的座標；$\begin{bmatrix}3\\-1\\2\end{bmatrix}$ 為向量 $\mathbf{v}$ 在標準基底下的座標，則顯然有

$$\mathbf{v}=\mathbf{B}\,[\mathbf{v}]_B=\mathbf{B}'\,[\mathbf{v}]_{B'}$$
$$\text{or}\qquad(4)$$
$$[\mathbf{v}]_B=\mathbf{B}^{-1}\mathbf{B}'\,[\mathbf{v}]_{B'}$$

此外，觀察二組基底，可得到 $\mathbf{B}'$ 基底在 $\mathbf{B}$ 基底下的表示法：

$$\begin{bmatrix}0\\1\\1\end{bmatrix}=-\begin{bmatrix}1\\1\\0\end{bmatrix}+\begin{bmatrix}1\\0\\1\end{bmatrix}+2\begin{bmatrix}0\\1\\0\end{bmatrix}\Rightarrow\mathbf{b}'_1=\mathbf{B}\begin{bmatrix}-1\\1\\2\end{bmatrix}\Rightarrow[\mathbf{b}'_1]_B=\begin{bmatrix}-1\\1\\2\end{bmatrix}$$
$$\begin{bmatrix}1\\-1\\0\end{bmatrix}=1\begin{bmatrix}1\\1\\0\end{bmatrix}+0\begin{bmatrix}1\\0\\1\end{bmatrix}-2\begin{bmatrix}0\\1\\0\end{bmatrix}\Rightarrow\mathbf{b}'_2=\mathbf{B}\begin{bmatrix}1\\0\\-2\end{bmatrix}\Rightarrow[\mathbf{b}'_2]_B=\begin{bmatrix}1\\0\\-2\end{bmatrix}\qquad(5)$$
$$\begin{bmatrix}0\\1\\0\end{bmatrix}=0\begin{bmatrix}1\\1\\0\end{bmatrix}+0\begin{bmatrix}1\\0\\1\end{bmatrix}+\begin{bmatrix}0\\1\\0\end{bmatrix}\Rightarrow\mathbf{b}'_3=\mathbf{B}\begin{bmatrix}0\\0\\1\end{bmatrix}\Rightarrow[\mathbf{b}'_3]_B=\begin{bmatrix}0\\0\\1\end{bmatrix}$$

定義轉移矩陣或係數矩陣 $\mathbf{P}$ 為：

$$\mathbf{P}=[[\mathbf{b}'_1]_B\quad[\mathbf{b}'_2]_B\quad[\mathbf{b}'_3]_B]$$
$$\Rightarrow\mathbf{P}=\begin{bmatrix}-1&1&0\\1&0&0\\2&-2&1\end{bmatrix}=[\mathbf{p}_1\quad\mathbf{p}_2\quad\mathbf{p}_3]\qquad(6)$$

顯然的，係數矩陣 $\mathbf{P}$ 的第 i 個行向量即表示了 $\mathbf{B}'$ 中第 i 個基底向量在 $\mathbf{B}$ 基底下的座標

$$\mathbf{B}'=[\mathbf{B}\mathbf{p}_1\quad\mathbf{B}\mathbf{p}_2\quad\mathbf{B}\mathbf{p}_3]=\mathbf{BP}\qquad(7)$$

代入(4)中，可得

$$\mathbf{B}\,[\mathbf{v}]_B=\mathbf{B}'\,[\mathbf{v}]_{B'}=\mathbf{BP}\,[\mathbf{v}]_{B'}\qquad(8)$$
$$\therefore\ [\mathbf{v}]_B=\mathbf{P}\,[\mathbf{v}]_{B'}\qquad(9)$$

(9)式說明了同一向量在不同基底下的座標關係。

另一值得注意的問題為：在不同的基底下，線性映射矩陣的變化。若在以 **B** 為基底的條件下，向量 **v** 與 **w** 之間具有矩陣 **A** 的映射關係：**Av**=**w**，則由上述討論可知：若基底換為 **B′**，$[\mathbf{v}]_B=\mathbf{P}[\mathbf{v}]_{B'}$，$[\mathbf{w}]_B=\mathbf{P}[\mathbf{w}]_{B'}$，故有

$$\mathbf{AP}\,[\mathbf{v}]_{B'}=\mathbf{P}\,[\mathbf{w}]_{B'}\Rightarrow(\mathbf{P}^{-1}\mathbf{AP})[\mathbf{v}]_{B'}=[\mathbf{w}]_{B'} \tag{10}$$

由以上討論可知 **A** 與($\mathbf{P}^{-1}\mathbf{AP}$)是在不同基底下的映射矩陣

$$\mathbf{A}=[T]_B,\ \mathbf{P}^{-1}\mathbf{AP}=[T]_{B'} \tag{11}$$

定義：相似變換（similar transformation）

對 $n\times n$ 矩陣 **A**、**Q**，若存在可逆矩陣 **P** 滿足

$(\mathbf{P}^{-1}\mathbf{AP})=\mathbf{Q}$

則稱 **A** 與 **Q** 相似（similar），且 **A** 與 **Q** 之間的變換稱為相似變換（similar transformation）

定理 5-1：If A is similar to B, then

(1) trace (**A**) = trace (**B**)

(2) eigenvalues of **A** = eigenvalues of **B** with the same algebraic and geometric multiplicities.

(3) rank (**A**) = rank (**B**), nullity (**A**) = nullity (**B**)

(4) $\mathbf{A}^k$ is similar to $\mathbf{B}^k$, k is any nonzero integer.

(5) $|\mathbf{A}|=|\mathbf{B}|$

(6) for any polynomial $f(x)$, $f(\mathbf{A})$ is similar to $f(\mathbf{B})$

(7) $\mathbf{A}^T$ is similar to $\mathbf{B}^T$

(8) **A** and **B** have the same characteristic polynomial, i.e., $f_{\mathbf{A}}(\lambda)=f_{\mathbf{B}}(\lambda)$

觀念提示：1. 求矩陣表示時必需要注意使用何種基底系統。

2. 相似變換就是基底轉換後的變換。

3. 相似變換不改變矩陣之特徵值，但會改變特徵向量。

證明：(1) $Tr(\mathbf{B}) = Tr(\mathbf{P}^{-1}\mathbf{AP}) = Tr(\mathbf{APP}^{-1}) = Tr(\mathbf{A})$

(4) $\mathbf{B}^k = (\mathbf{P}^{-1}\mathbf{AP})^k = (\mathbf{P}^{-1}\mathbf{AP})(\mathbf{P}^{-1}\mathbf{AP})\cdots(\mathbf{P}^{-1}\mathbf{AP}) = \mathbf{P}^{-1}\mathbf{A}^k\mathbf{P}$

(6) $f(x) = \sum_{i=0}^{m} a_i x^i \Rightarrow$

$$f(\mathbf{B}) = \sum_{i=0}^{m} a_i \mathbf{B}^i = \sum_{i=0}^{m} a_i \mathbf{P}^{-1}\mathbf{A}^i\mathbf{P} = \mathbf{P}^{-1}\left(\sum_{i=0}^{m} a_i \mathbf{A}^i\right)\mathbf{P} = \mathbf{P}^{-1}f(\mathbf{A})\mathbf{P}$$

(7) $\mathbf{B}^T = (\mathbf{P}^{-1}\mathbf{AP})^T = \mathbf{P}^T\mathbf{A}^T(\mathbf{P}^T)^{-1}$

(5) $|\mathbf{B}| = |\mathbf{P}^{-1}\mathbf{AP}| = |\mathbf{P}^{-1}||\mathbf{A}||\mathbf{P}| = |\mathbf{A}|$

(8)
$$\begin{aligned} f_{\mathbf{B}}(\lambda) &= |\mathbf{B} - \lambda\mathbf{I}| = |\mathbf{P}^{-1}\mathbf{AP} - \lambda\mathbf{I}| \\ &= |\mathbf{P}^{-1}(\mathbf{A} - \lambda\mathbf{I})\mathbf{P}| = |\mathbf{P}^{-1}||\mathbf{A} - \lambda\mathbf{I}||\mathbf{P}| \\ &= |\mathbf{A} - \lambda\mathbf{I}| \\ &= f_{\mathbf{A}}(\lambda) \end{aligned}$$

(1), (2), (5): From $f_{\mathbf{A}}(\lambda) = f_{\mathbf{B}}(\lambda)$ then eigenvalues of $\mathbf{A}$ = eigenvalues of $\mathbf{B}$, trace $(\mathbf{A})$ = trace $(\mathbf{B})$, $|\mathbf{A}| = |\mathbf{B}|$ since trace and determinant are coefficients of characteristic polynomial.

(3) see the proof in Chapter 6 Theorem 6-2

例 1： Prove that matrix $\mathbf{A} = \begin{bmatrix} 0 & 1 \\ -1 & 2 \end{bmatrix}$ is similar to matrix $\mathbf{B} = \begin{bmatrix} 1 & 1 \\ 0 & 1 \end{bmatrix}$

解

若 $\mathbf{A}$ 相似於 $\mathbf{B}$ 則

$\mathbf{AP} = \mathbf{PB}$

設 $\mathbf{P} = \begin{bmatrix} a & b \\ c & d \end{bmatrix} \Rightarrow \begin{bmatrix} 0 & 1 \\ -1 & 2 \end{bmatrix}\begin{bmatrix} a & b \\ c & d \end{bmatrix} = \begin{bmatrix} a & b \\ c & d \end{bmatrix}\begin{bmatrix} 1 & 1 \\ 0 & 1 \end{bmatrix}$

$\Rightarrow \begin{bmatrix} c & d \\ 2c-a & 2d-b \end{bmatrix} = \begin{bmatrix} a & a+b \\ c & c+d \end{bmatrix} \Rightarrow \begin{cases} a = c \\ a+b = d \end{cases}$

令 $a = 1, b = 0 \Rightarrow \mathbf{P}\begin{bmatrix} 1 & 0 \\ 1 & 1 \end{bmatrix}$

$|\mathbf{P}| \neq 0$ 故知 **P** 為可逆，故得證 **A** 相似於 **B**

例 2： Show that if $\mathbf{A} \in C^{n \times n}$ is similar to a unitary matrix, then $\mathbf{A}^{-1}$ exists and is similar to $\mathbf{A}^H$ （台大電機）

解 **A** 與 unitary matrix **U** 相似，故$(\mathbf{P}^{-1}\mathbf{A}\mathbf{P}) = \mathbf{U}$ or $\mathbf{A} = \mathbf{P}\mathbf{U}\mathbf{P}^{-1}$ 且因 **P**, **U**, $\mathbf{P}^{-1}$ 均為可逆，故 **A** 亦為可逆。

$\mathbf{A}^{-1} = (\mathbf{P}\mathbf{U}\mathbf{P}^{-1})^{-1} = \mathbf{P}\mathbf{U}^{-1}\mathbf{P}^{-1} = \mathbf{P}\mathbf{U}^{\mathrm{H}}\mathbf{P}^{-1}$

$\mathbf{A}^{\mathrm{H}} = (\mathbf{P}\mathbf{U}\mathbf{P}^{-1})^{\mathrm{H}} = (\mathbf{P}^{-1})^{\mathrm{H}}\mathbf{U}^{\mathrm{H}}\mathbf{P}^{\mathrm{H}} \Rightarrow \mathbf{P}^H\mathbf{A}^H(\mathbf{P}^H)^{-1} = \mathbf{U}^H$

$\therefore \mathbf{A}^{-1} = \mathbf{P}\mathbf{U}^H\mathbf{P}^{-1} = \mathbf{P}\mathbf{P}^H\mathbf{A}^H(\mathbf{P}^H)^{-1}\mathbf{P}^{-1} = (\mathbf{P}\mathbf{P}^H)\mathbf{A}^H(\mathbf{P}\mathbf{P}^H)^{-1}$

因此 $\mathbf{A}^{-1}$ 與 $\mathbf{A}^H$ 為相似

觀念提示： *1.* 可逆矩陣 **ABC** 之乘積仍為可逆且

$(\mathbf{ABC})^{-1} = \mathbf{C}^{-1}\mathbf{B}^{-1}\mathbf{A}^{-1}$

2. unitary matrix **U** 必可逆且 $\mathbf{U}^{-1} = \mathbf{U}^H$

例 3： 試證：相似變換不會改變矩陣之特徵值 （84 清大電機）

解 若 **A** 與 **B** 為相似，則 $\mathbf{B} = (\mathbf{P}^{-1}\mathbf{A}\mathbf{P})$，**B** 之特徵方程式可表示為

$|\mathbf{B} - \lambda\mathbf{I}| = |(\mathbf{P}^{-1}\mathbf{A}\mathbf{P}) - \mathbf{P}^{-1}\lambda\mathbf{I}\mathbf{P}| = |\mathbf{P}^{-1}(\mathbf{A} - \lambda\mathbf{I})\mathbf{P}| = |\mathbf{A} - \lambda\mathbf{I}| = 0$

因此可知 **B** 與 **A** 若相似則必有相同之特徵值多項式，故有相同之特徵值

觀念提示：相似矩陣因有相同特徵值，故其 trace 與行列式值亦相同

例 4： $T: R^3 \rightarrow R^2$

$T(1, 1, 0) = (3, 1), T(1, 0, 1) = (-1, 0), T(0, 1, 1) = (0, 2)$

求 $T(x, y, z) = ?$

解

$$\begin{bmatrix} x \\ y \\ z \end{bmatrix} = \frac{1}{2}(x+y-z)\begin{bmatrix} 1 \\ 1 \\ 0 \end{bmatrix} + \frac{1}{2}(x-y+z)\begin{bmatrix} 1 \\ 0 \\ 1 \end{bmatrix} + \frac{1}{2}(z-x+y)\begin{bmatrix} 0 \\ 1 \\ 1 \end{bmatrix}$$

$$\therefore T\left(\begin{bmatrix} x \\ y \\ z \end{bmatrix}\right) = \frac{1}{2}(x+y-z)T\left(\begin{bmatrix} 1 \\ 1 \\ 0 \end{bmatrix}\right) + \frac{1}{2}(x-y+z)T\left(\begin{bmatrix} 1 \\ 0 \\ 1 \end{bmatrix}\right)$$

$$+\frac{1}{2}(z-x+y)T\left(\begin{bmatrix} 0 \\ 1 \\ 1 \end{bmatrix}\right)$$

$$= \frac{1}{2}(x+y-z)\begin{bmatrix} 3 \\ 1 \end{bmatrix} + \frac{1}{2}(x-y+z)\begin{bmatrix} -1 \\ 0 \end{bmatrix} + \frac{1}{2}(z-x+y)\begin{bmatrix} 0 \\ 2 \end{bmatrix}$$

$$= \begin{bmatrix} x+2y-2z \\ -\frac{1}{2}x+\frac{3}{2}y+\frac{1}{2}z \end{bmatrix}$$

$$= \begin{bmatrix} 1 & 2 & -2 \\ -\frac{1}{2} & \frac{3}{2} & \frac{1}{2} \end{bmatrix}\begin{bmatrix} x \\ y \\ z \end{bmatrix}$$

例 5： $T: V \to V$, $V = \text{span}\{e^{-x} \quad xe^{-x} \quad x^2e^{-x}\}$, $T(f) = f'(x)$

找出轉換矩陣 （台大電機）

解

若 $f(x) = ae^{-x} + bxe^{-x} + cx^2e^{-x}$

則 $f'(x) = (b-a)e^{-x} + (2c-b)xe^{-x} - cx^2e^{-x} = T(f)$

可寫成 $\begin{bmatrix} -1 & 1 & 0 \\ 0 & -1 & 2 \\ 0 & 0 & -1 \end{bmatrix}\begin{bmatrix} a \\ b \\ c \end{bmatrix} = \begin{bmatrix} b-a \\ 2c-b \\ -c \end{bmatrix}$

例 6： Let $T(p) = p'' - 3p' + 4p$ show that T is a linear transformation on $p_2(x)$ and find its matrix representation with respect to the basis $\{1, x, x^2\}$

解 $\forall c_1, c_2 \in R, \forall f(x), g(x) \in p_2(x)$

$$T(c_1 f(x)+c_2 g(x)) = (c_1 f(x)+c_2 g(x))'' - 3(c_1 f + c_2 g)' + 4(c_1 f + c_2 g)$$
$$= c_1 (f'' - 3f' + 4f) + c_2 (g'' - 3g' + 4g)$$
$$= c_1 T(f(x)) + c_2 T(g(x))$$

$\therefore T$ is a linear trans formation on $p_2(x)$

$T(1) = 4 = 4 \cdot 1 + 0 \cdot x + 0 \cdot x^2$

$T(x) = -3 + 4x = -3 \cdot 1 + 4 \cdot x + 0 \cdot x^2$

$T(x^2) = 2 - 6x + 4x^2$

$\therefore$the matrix representation with respect to $\{1, x, x^2\}$ is

$$\begin{bmatrix} 4 & -3 & 2 \\ 0 & 4 & -6 \\ 0 & 0 & 4 \end{bmatrix}$$

例 7： Let $T: R^3 \to R^3$ be the linear transformation given by the formula $T(x, y, z) = (y+z, x+z, y+x)$

Compute the matrices **A**, **B** and **P** that satisfy $\mathbf{A} = \mathbf{P}\mathbf{B}\mathbf{P}^{-1}$, where **A** is the matrix of T relative to the standard basis of $\boldsymbol{R}^3$, and **B** is the matrix of T relative to the basis $\{(1, 1, 1), (1, -1, 0), (1, 1, -2)\}$.

（91 交大資料）

解 令 $\beta = \{(1, 0, 0), (0, 1, 0), (0, 0, 1)\}$,

$\gamma = \{(1, 1, 1), (1, -1, 0), (1, 1, -2)\}$

$$\mathbf{A} = [T]_\beta = \begin{bmatrix} 0 & 1 & 1 \\ 1 & 0 & 1 \\ 1 & 1 & 0 \end{bmatrix},$$

$$\begin{bmatrix} 1 & 1 & 1 \\ 1 & -1 & 1 \\ 1 & 0 & -2 \end{bmatrix} = \begin{bmatrix} 1 & 0 & 0 \\ 0 & 1 & 0 \\ 0 & 0 & 1 \end{bmatrix} \mathbf{P} = \mathbf{P}$$

所以 $\mathbf{B} = [T]_\gamma = \mathbf{P}^{-1}\mathbf{AP} = \begin{bmatrix} 2 & 0 & 0 \\ 0 & -1 & 0 \\ 0 & 0 & -1 \end{bmatrix}$

例 8： If matrix **A** is similar to matrix **B**, show that:

(1) $\det(\mathbf{A}^c - c\mathbf{I}) = \det(\mathbf{B}^c - c\mathbf{I})$ for some scalar c.

(2) The trace of $\mathbf{A}^T$ is equal to that of $\mathbf{B}^T$. （91 清大資工）

解

(1)因為 **A** 與 **B** 相似，所以存在一可逆矩陣 **P** 使得 $\mathbf{P}^{-1}\mathbf{AP} = \mathbf{B}$

$\Rightarrow \mathbf{B}^c = (\mathbf{P}^{-1}\mathbf{AP})^c = \mathbf{P}^{-1}\mathbf{A}^c\mathbf{P}$

$\Rightarrow \mathbf{B}^c - c\mathbf{I} = \mathbf{P}^{-1}\mathbf{A}^c\mathbf{P} - \mathbf{P}^{-1}(c\mathbf{I})\mathbf{P} = \mathbf{P}^{-1}(\mathbf{A}^c - c\mathbf{I})\mathbf{P}$

$\Rightarrow \det(\mathbf{B}^c - c\mathbf{I}) = \det(\mathbf{P}^{-1}(\mathbf{A}^c - c\mathbf{I})\mathbf{P})$

$= \det(\mathbf{P}^{-1})\det(\mathbf{A}^c - c\mathbf{I})\det(\mathbf{P})$

因為 $\det(\mathbf{P}^{-1}) = \dfrac{1}{\det(\mathbf{P})}$

$\Rightarrow \det(\mathbf{B}^c - c\mathbf{I}) = \det(\mathbf{P}^{-1})\det(\mathbf{A}^c - c\mathbf{I})\det(\mathbf{P}) = \det(\mathbf{A}^c - c\mathbf{I})$

(2) $\mathbf{B}^T = (\mathbf{P}^{-1}\mathbf{AP})^T = \mathbf{P}^T\mathbf{A}^T(\mathbf{P}^{-1})^T = \mathbf{P}^T\mathbf{A}^T(\mathbf{P}^T)^{-1}$

$\Rightarrow tr(\mathbf{B}^T) = tr(\mathbf{P}^T\mathbf{A}^T(\mathbf{P}^T)^{-1}) = tr(\mathbf{A}^T(\mathbf{P}^T)^{-1}\mathbf{P}^T) = tr(\mathbf{A}^T)$

例 9：$T(\mathbf{x}) = \begin{bmatrix} x_1 + 2x_2 + 3x_3 + 4x_4 \\ x_1 + 3x_2 + 5x_3 + 7x_4 \\ x_1 - x_3 - 2x_4 \end{bmatrix} = \mathbf{Ax}$

(1) Find a basis for Im (**A**)

(2) Find a basis for ker (**A**)

(3) Find an orthonormal basis for Im (**A**) （91 交大資工）

解

(1) $\mathbf{A}=\begin{bmatrix}1&2&3&4\\1&3&5&7\\1&0&-1&-2\end{bmatrix}\sim\begin{bmatrix}1&2&0&0\\1&3&2&3\\1&0&-4&-6\end{bmatrix}\sim\begin{bmatrix}1&2&0&0\\1&3&0&0\\1&0&0&0\end{bmatrix}$

$\therefore$取 $\left\{\begin{bmatrix}1\\1\\1\end{bmatrix},\begin{bmatrix}2\\3\\0\end{bmatrix}\right\}$ 為 Im ($\mathbf{A}$)之一組 basis

(2) $\begin{bmatrix}1&2&3&4&0\\1&3&5&7&0\\1&0&-1&-2&0\end{bmatrix}\sim\begin{bmatrix}1&2&3&4&0\\0&1&2&3&0\\0&0&0&0&0\end{bmatrix}$

$\Rightarrow\begin{cases}x_1=x_3+2x_4\\x_2=-2x_3-3x_4\end{cases}$

(3) G-S process

$$\mathbf{y}_1=\begin{bmatrix}1\\1\\1\end{bmatrix},\ \Rightarrow\|\mathbf{y}_1\|=\sqrt{3}$$

$$\mathbf{y}_2=\begin{bmatrix}2\\3\\0\end{bmatrix}-\frac{\left\langle\begin{bmatrix}2\\3\\0\end{bmatrix},\begin{bmatrix}1\\1\\1\end{bmatrix}\right\rangle}{3}\begin{bmatrix}1\\1\\1\end{bmatrix}=\begin{bmatrix}1/3\\4/3\\-5/3\end{bmatrix}\Rightarrow\|\mathbf{y}_2\|=\sqrt{\frac{14}{3}}$$

$$\therefore\mathbf{e}_1=\frac{\mathbf{y}_1}{\|\mathbf{y}_1\|}=\frac{1}{\sqrt{3}}\begin{bmatrix}1\\1\\1\end{bmatrix},\ \mathbf{e}_2=\frac{\mathbf{y}_2}{\|\mathbf{y}_2\|}=\sqrt{\frac{3}{14}}\begin{bmatrix}1/3\\4/3\\-5/3\end{bmatrix}$$

例 10： Let the linear transformation $\mathbf{w}=T(\mathbf{v})$ from R^2 to R^3 be defined by $w_1=v_1-v_2$, $w_2=2v_1+v_2$, and $w_3=v_1-2v_2$ where $\mathbf{v}=[v_1\quad v_2]^T$ and $\mathbf{w}=[w_1\quad w_2\quad w_3]^T$.

(a)Find the matrix $\mathbf{A}$ that represents T with respect to the ordered bases

$\mathbf{B}=\{\mathbf{e}_1,\mathbf{e}_2\}$ for R^2 and $\mathbf{C}=\{\mathbf{e}_1,\mathbf{e}_2,\mathbf{e}_3\}$ for R^3

(b)Check by computing $T([2\quad 1]^T)$ two ways.

（95 中正電機、通訊所）

解 (a)$T(\mathbf{e}_1)=[1\quad 2\quad 1]^T$, $T(\mathbf{e}_2)=[-1\quad 1\quad -2]^T$

所以$[T]_B^C=\begin{bmatrix}1 & -1\\ 2 & 1\\ 1 & -2\end{bmatrix}$

(b)(1)由定義直接得到 $T([2\quad 1]^T)=[1\quad 5\quad 0]^T$

(2)$[T([2\quad 1]^T)]_c=[T]_B^C[[2\quad 1]^T]_B=\begin{bmatrix}1 & -1\\ 2 & 1\\ 1 & -2\end{bmatrix}\begin{bmatrix}2\\ 1\end{bmatrix}=\begin{bmatrix}1\\ 5\\ 0\end{bmatrix}$

$\Rightarrow T([2\quad 1]^T)=[1\quad 5\quad 0]^T$

例 11. Let $T: V\to W$ be a linear transformation. Prove that if T^{-1} exists, then T^{-1} is also a linear transformation. （95 中央通訊所）

解 $\forall\mathbf{u}_1,\mathbf{u}_2\in W,\alpha,\beta\in F$，欲證 $T^{-1}(\alpha\mathbf{u}_1+\beta\mathbf{u}_2)=\alpha T^{-1}(\mathbf{u}_1)+\beta T^{-1}(\mathbf{u}_2)$

因為 T^{-1} exists 故 T 為 one-to-one 且 onto 函數

所以存在唯一 $\mathbf{v}_1,\mathbf{v}_2\in V$ 使得 $T(\mathbf{v}_1)=\mathbf{u}_1$ 且 $T(\mathbf{v}_2)=\mathbf{u}_2$

$\Rightarrow T^{-1}(\mathbf{u}_1)=\mathbf{v}_1$ 且 $T^{-1}(\mathbf{u}_2)=\mathbf{v}_2$

故有

$$\begin{aligned}T^{-1}(\alpha\mathbf{u}_1+\beta\mathbf{u}_2)&=T^{-1}(\alpha T(\mathbf{v}_1)+\beta T(\mathbf{v}_2))\\&=T^{-1}(T(\alpha\mathbf{v}_1+\beta\mathbf{v}_2))\\&=(T^{-1}T)(\alpha\mathbf{v}_1+\beta\mathbf{v}_2))\\&=\mathbf{I}(\alpha\mathbf{v}_1+\beta\mathbf{v}_2)\\&=\alpha\mathbf{v}_1+\beta\mathbf{v}_2\\&=\alpha T^{-1}(\mathbf{u}_1)+\beta T^{-1}(\mathbf{u}_2)\end{aligned}$$

所以 T^{-1} 為一個 linear transformation

例 12： Consider the basis $S=\{\mathbf{v}_1,\mathbf{v}_2,\mathbf{v}_3\}$ for R^3, where $\mathbf{v}_1=[1, 2, 1]^T$, $\mathbf{v}_2=[2, 9, 0]^T$, and $\mathbf{v}_3=[3, 3, 4]^T$, and let $T: R^3\to R^2$ be the linear transformation such that

$T(\mathbf{v}_1)=[1, 0]^T$, $T(\mathbf{v}_2)=[-1, 1]^T$, and $T(\mathbf{v}_3)=[0, 1]^T$
Let $\mathbf{w}=[7, 13, 7]^T$, find $T(\mathbf{w})$.　（95 清華電機所）

解

令 $\mathbf{w}=a\mathbf{v}_1+b\mathbf{v}_2+c\mathbf{v}_3$

$$\Rightarrow [7, 13, 7]^T=a[1, 2, 1]^T+b[2, 9, 0]^T+c[3, 3, 4]^T$$

$$\Rightarrow \begin{cases} a+2b+3c=7 \\ 2a+9b+3c=13 \\ a+4c=7 \end{cases} \Rightarrow \begin{cases} a=-1 \\ b=1 \\ c=2 \end{cases}$$

$$\Rightarrow \mathbf{w}=-\mathbf{v}_1+\mathbf{v}_2+2\mathbf{v}_3$$

$$T(\mathbf{w})=-T(\mathbf{v}_1)+T(\mathbf{v}_2)+2T(\mathbf{v}_3)=-[1, 0]^T+[-1, 1]^T+2[0, 1]^T$$
$$=[-2, 3]^T$$

例 13：Let T be a linear transformation from R^3 to R^3 such that

$$T\begin{bmatrix}1\\-1\\0\end{bmatrix}=\begin{bmatrix}0\\0\\0\end{bmatrix}, T\begin{bmatrix}-2\\1\\1\end{bmatrix}=\begin{bmatrix}-2\\1\\1\end{bmatrix} \text{ and } T\begin{bmatrix}1\\1\\1\end{bmatrix}=\begin{bmatrix}4\\4\\4\end{bmatrix}=4\begin{bmatrix}1\\1\\1\end{bmatrix}.$$

Find the standard matrix representation of T.（95 交大資訊所）

解

假設 $\beta=\left\{\begin{bmatrix}1\\0\\0\end{bmatrix}, \begin{bmatrix}0\\1\\0\end{bmatrix}, \begin{bmatrix}0\\0\\1\end{bmatrix}\right\}, \gamma=\left\{\begin{bmatrix}1\\-1\\0\end{bmatrix}, \begin{bmatrix}-2\\1\\1\end{bmatrix}, \begin{bmatrix}1\\1\\1\end{bmatrix}\right\}$，本題欲求 $[T]_\beta$

根據已知 $[T]_\gamma=\begin{bmatrix}0&0&0\\0&1&0\\0&0&4\end{bmatrix}$

$$\Rightarrow [T]_\beta=\mathbf{P}\,[T]_\gamma\,\mathbf{P}^{-1}=\begin{bmatrix}1&-2&1\\-1&1&1\\0&1&1\end{bmatrix}\begin{bmatrix}0&0&0\\0&1&0\\0&0&4\end{bmatrix}\begin{bmatrix}1&-2&1\\-1&1&1\\0&1&1\end{bmatrix}^{-1}$$

$$=\begin{bmatrix}2&2&0\\1&1&2\\1&1&2\end{bmatrix}$$

例 14： Let V be a finite dimensional abstract inner product space, let $\{\mathbf{v}_1, \cdots, \mathbf{v}_n\}$ be an orthonormal basis for V, and let T: V→R be a linear transformation.

(a)Show that the vector $\mathbf{x} = T(\mathbf{v}_1)\mathbf{v}_1 + \cdots + T(\mathbf{v}_n)\mathbf{v}_n$ satisfies the equation

$\langle \mathbf{x}, \mathbf{y} \rangle = T(\mathbf{y})$ for all $\mathbf{y} \in V$

(b)Show that such a vector $\mathbf{x}$ from part (a) is unique.

（95 中山電機）

解 (a)$\forall \mathbf{y} \in V$ 因為 $\{\mathbf{v}_1, \cdots, \mathbf{v}_n\}$ 為 V 的一組 orthonormal basis

$$\Rightarrow \mathbf{y} = \sum_{j=1}^{n} \langle \mathbf{y}, \mathbf{v}_j \rangle \mathbf{v}_j$$

$$\Rightarrow (\mathbf{x}, \mathbf{y}) = \left\langle \sum_{i=1}^{r} T(\mathbf{v}_i)\mathbf{v}_i, \sum_{j=1}^{n} \langle \mathbf{y}, \mathbf{v}_j \rangle \mathbf{v}_j \right\rangle = \sum_{i=1}^{n} \sum_{j=1}^{n} T(\mathbf{v}_i) \langle \mathbf{y}, \mathbf{v}_j \rangle \langle \mathbf{v}_i, \mathbf{v}_j \rangle$$

$$\because \langle \mathbf{v}_i, \mathbf{v}_j \rangle = \delta_{ij} = \begin{cases} 1, & if\ i = j \\ 0, & if\ i \neq j \end{cases}$$

$$\therefore \langle \mathbf{x}, \mathbf{y} \rangle = \sum_{i=1}^{n} \sum_{j=1}^{n} T(\mathbf{v}_i) \langle \mathbf{y}, \mathbf{v}_j \rangle \langle \mathbf{v}_i, \mathbf{v}_j \rangle = \sum_{i=1}^{n} T(\mathbf{v}_i) \langle \mathbf{y}, \mathbf{v}_i \rangle$$

$$= \sum_{i=1}^{n} \langle \mathbf{y}, \mathbf{v}_i \rangle T(\mathbf{v}_i) = T\left(\sum_{i=1}^{n} \langle \mathbf{y}, \mathbf{v}_i \rangle \mathbf{v}_i \right) = T(\mathbf{y})$$

(b)若存在 $\mathbf{z} \in V$ 使得 $\langle \mathbf{z}, \mathbf{y} \rangle = T(\mathbf{y})$, for all $\mathbf{y} \in V$

$\langle \mathbf{x}, \mathbf{y} \rangle = \langle \mathbf{z}, \mathbf{y} \rangle$, $\forall \mathbf{y} \in V$

$\Rightarrow \langle \mathbf{x}, \mathbf{y} \rangle - \langle \mathbf{z}, \mathbf{y} \rangle = 0, \forall \mathbf{y} \in V$

$\Rightarrow \langle \mathbf{x} - \mathbf{z}, \mathbf{y} \rangle = 0$

$\Rightarrow \mathbf{x} = \mathbf{z}$

故 $\mathbf{x}$ 唯一

例 15： Suppose $T: R^4 \to R^4$ is a function defined by $T\left(\begin{bmatrix} w \\ x \\ y \\ z \end{bmatrix}\right) = \begin{bmatrix} x \\ y \\ z \\ w \end{bmatrix}$.

(a)Find a 4×4 matrix B such that $T\mathbf{v}=\mathbf{B}\mathbf{v}$ for all vectors v in R^4.
(b)Find $\mathbf{B}^{50}$ （95 靜宜應數）

解

(a)$T\begin{bmatrix} w \\ x \\ y \\ z \end{bmatrix}=\begin{bmatrix} x \\ y \\ z \\ w \end{bmatrix}=\begin{bmatrix} 0 & 1 & 0 & 0 \\ 0 & 0 & 1 & 0 \\ 0 & 0 & 0 & 1 \\ 1 & 0 & 0 & 0 \end{bmatrix}$使得 $\mathbf{T}\mathbf{v}=\mathbf{B}\mathbf{v}$

(b)$T^2\begin{bmatrix} w \\ x \\ y \\ z \end{bmatrix}=\begin{bmatrix} x \\ y \\ z \\ w \end{bmatrix}, T^3\begin{bmatrix} w \\ x \\ y \\ z \end{bmatrix}=\begin{bmatrix} x \\ y \\ z \\ w \end{bmatrix}, T^4\begin{bmatrix} w \\ x \\ y \\ z \end{bmatrix}=\begin{bmatrix} x \\ y \\ z \\ w \end{bmatrix}$，所以 $T^4=\mathbf{I}$

$\rightarrow T^{50}=(T^4)^{12}T^2=T^2$

$\rightarrow \mathbf{B}^{50}=\mathbf{B}^2=\begin{bmatrix} 0 & 0 & 1 & 0 \\ 0 & 0 & 0 & 1 \\ 1 & 0 & 0 & 0 \\ 0 & 1 & 0 & 0 \end{bmatrix}$

5-2 基底變換

根據(9)式以及上節中相關的討論，可歸納出以下定理：

定理 5-2：基底座標轉換

設 $B=\{\mathbf{e}_1, \mathbf{e}_2, \cdots, \mathbf{e}_n\}$，$B'=\{\mathbf{e}'_1, \mathbf{e}'_2, \cdots, \mathbf{e}'_n\}$為向量空間 $\mathbf{V}$ 的兩組基底，令 $n\times n$ 方陣 $\mathbf{P}$ 的第 j 行是$[\mathbf{e}'_j]_B$，則對任意向量 $\mathbf{v}\in\mathbf{V}$

$$[\mathbf{v}]_B=\mathbf{P}\,[\mathbf{v}]_{B'} \tag{12}$$

證明：

$$[\mathbf{e}_j']_B=\begin{bmatrix}P_{1j}\\P_{2j}\\\vdots\\P_{nj}\end{bmatrix}\Leftrightarrow\mathbf{e}_j'=\sum_{i=1}^{n}P_{ij}\,\mathbf{e}_i$$

$$令[\mathbf{v}]_B=\begin{bmatrix}x_1\\\vdots\\x_n\end{bmatrix}\Rightarrow\mathbf{v}=\sum_{i=1}^{n}x_i\,\mathbf{e}_i \tag{a}$$

$$[\mathbf{v}]_{B'}=\begin{bmatrix}x_1'\\\vdots\\x_n'\end{bmatrix}\Rightarrow\mathbf{v}=\sum_{j=1}^{n}x_j'\,\mathbf{e}_j'=\sum_{j=1}^{n}x_j'\sum_{i=1}^{n}P_{ij}\,\mathbf{e}_i$$

$$=\sum_{i=1}^{n}\left(\sum_{j=1}^{n}P_{ij}x_j'\right)\mathbf{e}_i \tag{b}$$

From (a) and (b),

$$\therefore x_i=\sum_{j=1}^{n}P_{ij}x_j'\quad i=1,\cdots,n$$

$$\therefore\begin{bmatrix}x_1\\\vdots\\x_n\end{bmatrix}=\mathbf{P}\begin{bmatrix}x_1'\\\vdots\\x_n'\end{bmatrix}\Rightarrow[\mathbf{v}]_B=\mathbf{P}\,[\mathbf{v}]_{B'}$$

定義：線性映射在不同基底下之矩陣表示式

設線性映射 $T：V\to W$; $B=\{\mathbf{b}_1,\mathbf{b}_2\cdots,\mathbf{b}_n\}$, $E=\{\mathbf{e}_1,\mathbf{e}_2\cdots,\mathbf{e}_m\}$分別為 V, W之基底，對於在 **B** 中的每個基底向量，經由線性映射至 W 後，在 E 的基底下的表示法（座標）為：

$$T\mathbf{b}_1=a_{11}\,\mathbf{e}_1+a_{21}\,\mathbf{e}_2+\cdots+a_{m1}\,\mathbf{e}_m$$

$$T\mathbf{b}_2=a_{12}\,\mathbf{e}_1+a_{22}\,\mathbf{e}_2+\cdots+a_{m2}\,\mathbf{e}_m$$

....

$$T\mathbf{b}_n=a_{1n}\,\mathbf{e}_1+a_{2n}\,\mathbf{e}_2+\cdots+a_{mn}\,\mathbf{e}_m$$

亦即

$$T\mathbf{b}_i=\sum_{k=1}^{m}a_{ki}\,\mathbf{e}_k;\ \text{for } i=1,2,\cdots,n \tag{13}$$

則稱矩陣

$\mathbf{A}=\begin{bmatrix} a_{11} & a_{12} & \cdots & a_{1n} \\ a_{21} & a_{22} & \cdots & a_{2n} \\ \vdots & \vdots & & \vdots \\ a_{m1} & a_{m2} & & a_{mn} \end{bmatrix}$為線性變換 T 相對於基底 $\mathbf{B}$ 及 $\mathbf{E}$ 的矩陣表示，表示為$[T]_E^B$

換言之，在 $\mathbf{B}$ 中的第 i 個基底向量經映射至 W 後，針對於 E 基底的座標即為 $\mathbf{A}$ 之第 i 行

定理 5-3：對任意 $\mathbf{v} \in \mathbf{V}$

$$[T\mathbf{v}]_E = [T]_E^B [\mathbf{v}]_B \tag{14}$$

證明：

設 $[\mathbf{v}]_B = \begin{bmatrix} x_1 \\ x_2 \\ \vdots \\ x_n \end{bmatrix}$　i.e., $\mathbf{v} = \sum_{i=1}^{n} x_i \mathbf{b}_i$

$[T\mathbf{v}]_B = \begin{bmatrix} y_1 \\ y_2 \\ \vdots \\ y_n \end{bmatrix}$　i.e., $T\mathbf{v} = \sum_{k=1}^{n} y_k \mathbf{e}_k$

定義：$[T]_E^B = \mathbf{A} = \begin{bmatrix} a_{11} & a_{12} & \cdots & a_{1n} \\ a_{21} & a_{22} & \cdots & a_{2n} \\ \vdots & \vdots & & \vdots \\ a_{m1} & a_{m2} & & a_{mn} \end{bmatrix}$

$$\begin{aligned} T\mathbf{v} &= T\left(\sum_{i=1}^{n} x_i \mathbf{b}_i\right) = \sum_{i=1}^{n} x_i (T\mathbf{b}_i) = \sum_{i=1}^{n} x_i \left(\sum_{k=1}^{m} a_{ki} \mathbf{e}_k\right) \\ &= \sum_{i=1}^{n} \sum_{k=1}^{m} x_i a_{ki} \mathbf{e}_k = \sum_{k=1}^{m} \left(\sum_{i=1}^{n} a_{ki} x_i\right) \mathbf{e}_k = \sum_{k=1}^{n} y_k \mathbf{e}_k \end{aligned}$$

$\Rightarrow y_k = \sum_{i=1}^{n} a_{ki} x_i \quad k = 1, 2, \cdots, m$

$\Rightarrow \mathbf{y} = \mathbf{A}\mathbf{x}$

故可得$[T\mathbf{v}]_E = \mathbf{y} = [T]_E^B [\mathbf{v}]_B$

觀念提示：在 $V=W$ 且 $B=E$ 時，$[\mathbf{T}]_B^B$ 可表示為 $[\mathbf{T}]_B$，此時⒁式可簡化為

$$[T\mathbf{v}]_B = [\mathbf{T}]_B [\mathbf{v}]_B \tag{15}$$

定理 5-4：矩陣表示的換底公式

設 $B=\{\mathbf{b}_1,\cdots \mathbf{b}_n\}$, $\mathbf{B}'=\{\mathbf{b}_1',\cdots \mathbf{b}_n'\}$ 為向量空間 V 的兩組基底，則對任意線性算子 T：$V\to V$ 有

$$[\mathbf{T}]_B^B\,\mathbf{P} = \mathbf{P}\,[\mathbf{T}]_{B'}^{B'} \tag{16}$$

其中 $\mathbf{P}\in R^{n\times n}$，$\mathbf{P}$ 的第 j 行是 $[\mathbf{b}_j']_B$

觀念提示：定理 5-4 can be obtained directly from

$$[\mathbf{T}]_B^B=\mathbf{A}$$

$$[\mathbf{T}]_{B'}^{B'}=\mathbf{P}^{-1}\mathbf{AP}$$

例 16： Let $\mathbf{B}=\left\{\begin{bmatrix}1\\1\\1\end{bmatrix},\begin{bmatrix}1\\1\\0\end{bmatrix},\begin{bmatrix}-1\\0\\0\end{bmatrix}\right\}$, $\mathbf{B}'=\left\{\begin{bmatrix}0\\-1\\2\end{bmatrix},\begin{bmatrix}0\\0\\-1\end{bmatrix},\begin{bmatrix}1\\0\\0\end{bmatrix}\right\}$

(a)Find the transformation matrix **P** from **B** basis to basis **B**′

(b)let $\mathbf{x}=\begin{bmatrix}-1\\2\\-1\end{bmatrix}$, Find $[\mathbf{x}]_B$ and $[\mathbf{x}]_{B'}$ （台大電機）

解

(a) $\begin{bmatrix}0\\-1\\2\end{bmatrix}=2\begin{bmatrix}1\\1\\1\end{bmatrix}-3\begin{bmatrix}1\\1\\0\end{bmatrix}-\begin{bmatrix}-1\\0\\0\end{bmatrix}$

$\begin{bmatrix}0\\0\\-1\end{bmatrix}=-\begin{bmatrix}1\\1\\1\end{bmatrix}+\begin{bmatrix}1\\1\\0\end{bmatrix}$

$\begin{bmatrix}1\\0\\0\end{bmatrix}=-\begin{bmatrix}-1\\0\\0\end{bmatrix}$

$$\therefore \mathbf{P}=\begin{bmatrix} 2 & -1 & 0 \\ -3 & 1 & 0 \\ -1 & 0 & -1 \end{bmatrix}$$

$$\text{(b)}\mathbf{x}=\begin{bmatrix} -1 \\ 2 \\ -1 \end{bmatrix}=-\begin{bmatrix} 1 \\ 1 \\ 1 \end{bmatrix}+3\begin{bmatrix} 1 \\ 1 \\ 0 \end{bmatrix}+3\begin{bmatrix} -1 \\ 0 \\ 0 \end{bmatrix}$$

$$=-2\begin{bmatrix} 0 \\ -1 \\ 2 \end{bmatrix}-3\begin{bmatrix} 0 \\ 0 \\ -1 \end{bmatrix}-\begin{bmatrix} -1 \\ 0 \\ 0 \end{bmatrix}$$

$$\therefore\ [\mathbf{x}]_B=\begin{bmatrix} -1 \\ 3 \\ 3 \end{bmatrix}, [\mathbf{x}]_{B'}=\begin{bmatrix} -2 \\ -3 \\ -1 \end{bmatrix}$$

例 17： $\mathbf{B}_0=\left\{\begin{bmatrix} 1 \\ 0 \end{bmatrix}, \begin{bmatrix} 0 \\ 1 \end{bmatrix}\right\}$，$\mathbf{B}=\left\{\begin{bmatrix} 1 \\ 1 \end{bmatrix}, \begin{bmatrix} -1 \\ 1 \end{bmatrix}\right\}$，$\mathbf{B}'=\left\{\begin{bmatrix} -2 \\ 0 \end{bmatrix}, \begin{bmatrix} 0 \\ -1 \end{bmatrix}\right\}$

$T\begin{bmatrix} x \\ y \end{bmatrix}=\begin{bmatrix} x-y \\ 2x+y \end{bmatrix}$求

(a)$[T]_{B_0}^{B_0}$ (b)$[T]_{B}^{B_0}$ (c)$[T]_{B_0}^{B}$ (d)$[T]_{B}^{B}$ (e)$[T]_{B'}^{B}$

解

$$\text{(a)}T\begin{bmatrix} 1 \\ 0 \end{bmatrix}=\begin{bmatrix} 1 \\ 2 \end{bmatrix}=\begin{bmatrix} 1 \\ 0 \end{bmatrix}+2\begin{bmatrix} 0 \\ 1 \end{bmatrix}$$

$$T\begin{bmatrix} 0 \\ 1 \end{bmatrix}=\begin{bmatrix} -1 \\ 1 \end{bmatrix}=-\begin{bmatrix} 1 \\ 0 \end{bmatrix}+\begin{bmatrix} 0 \\ 1 \end{bmatrix}$$

$$\therefore\ [T]_{B_0}^{B_0}=\begin{bmatrix} 1 & -1 \\ 2 & 1 \end{bmatrix}$$

$$\text{(b)}T\begin{bmatrix} 1 \\ 0 \end{bmatrix}=\begin{bmatrix} 1 \\ 2 \end{bmatrix}=a\begin{bmatrix} 1 \\ 1 \end{bmatrix}+b\begin{bmatrix} -1 \\ 1 \end{bmatrix}$$

$$T\begin{bmatrix} 0 \\ 1 \end{bmatrix}=\begin{bmatrix} -1 \\ 1 \end{bmatrix}=c\begin{bmatrix} 1 \\ 1 \end{bmatrix}+d\begin{bmatrix} -1 \\ 1 \end{bmatrix}$$

$$\Rightarrow a=\frac{3}{2}, b=\frac{1}{2}, c=0, d=1$$

$$\therefore\ [T]_{B}^{B_0}=\begin{bmatrix} \frac{3}{2} & 0 \\ \frac{1}{2} & 1 \end{bmatrix}$$

(c)$T\begin{bmatrix}1\\1\end{bmatrix}=\begin{bmatrix}0\\3\end{bmatrix}=3\begin{bmatrix}0\\1\end{bmatrix}$

$T\begin{bmatrix}-1\\1\end{bmatrix}=\begin{bmatrix}-2\\-1\end{bmatrix}=-2\begin{bmatrix}1\\0\end{bmatrix}-\begin{bmatrix}0\\1\end{bmatrix}$

$\therefore\ [T]_{B_0}^{B}=\begin{bmatrix}0 & -2\\3 & -1\end{bmatrix}$

(d)$T\begin{bmatrix}1\\1\end{bmatrix}=\begin{bmatrix}0\\3\end{bmatrix}=a\begin{bmatrix}1\\1\end{bmatrix}+b\begin{bmatrix}-1\\1\end{bmatrix}$

$T\begin{bmatrix}-1\\1\end{bmatrix}=\begin{bmatrix}-2\\-1\end{bmatrix}=c\begin{bmatrix}1\\1\end{bmatrix}+d\begin{bmatrix}-1\\1\end{bmatrix}$

$a=\frac{3}{2}, b=\frac{3}{2}, c=-\frac{3}{2}, d=\frac{1}{2}$

$\therefore\ [T]_{B}^{B}=\begin{bmatrix}\frac{3}{2} & -\frac{3}{2}\\ \frac{3}{2} & \frac{1}{2}\end{bmatrix}$

(e)$T\begin{bmatrix}1\\1\end{bmatrix}=\begin{bmatrix}0\\3\end{bmatrix}=a\begin{bmatrix}-2\\0\end{bmatrix}+b\begin{bmatrix}0\\-1\end{bmatrix}$

$T\begin{bmatrix}-1\\1\end{bmatrix}=\begin{bmatrix}-2\\-1\end{bmatrix}=c\begin{bmatrix}-2\\0\end{bmatrix}+d\begin{bmatrix}0\\-1\end{bmatrix}$

$\Rightarrow a=0, b=-3, c=1, d=1$

$\therefore\ [T]_{B'}^{B}=\begin{bmatrix}0 & 1\\-3 & 1\end{bmatrix}$

例 18： 已知$\mathbf{A}=\begin{bmatrix}1 & -1\\2 & 1\end{bmatrix}$

$\mathbf{B}_0=\left\{\begin{bmatrix}1\\0\end{bmatrix},\begin{bmatrix}0\\1\end{bmatrix}\right\}$，$\mathbf{B}=\left\{\begin{bmatrix}1\\1\end{bmatrix},\begin{bmatrix}-1\\1\end{bmatrix}\right\}$，$\mathbf{B}'=\left\{\begin{bmatrix}-2\\0\end{bmatrix},\begin{bmatrix}0\\-1\end{bmatrix}\right\}$

T_i：$R^{2\times 1}\to R^{2\times 1}$若

(a)$[T_1]_{B_0}^{B_0}=\mathbf{A}$，求$T_1\begin{bmatrix}x\\y\end{bmatrix}$ (b)$[T_2]_{B}^{B_0}=\mathbf{A}$，求$T_2\begin{bmatrix}x\\y\end{bmatrix}$

(c)$[T_3]_{B_0}^{B}=\mathbf{A}$，求$T_3\begin{bmatrix}x\\y\end{bmatrix}$ (d)$[T_4]_{B}^{B}=\mathbf{A}$，求$T_4\begin{bmatrix}x\\y\end{bmatrix}$

(e)$[T_5]_{B'}^{B}=\mathbf{A}$，求$T_5\begin{bmatrix}x\\y\end{bmatrix}$

解

(a)$T_1\begin{bmatrix}1\\0\end{bmatrix}=1\begin{bmatrix}1\\0\end{bmatrix}+2\begin{bmatrix}0\\1\end{bmatrix}=\begin{bmatrix}1\\2\end{bmatrix}$

$T_1\begin{bmatrix}0\\1\end{bmatrix}=-\begin{bmatrix}1\\0\end{bmatrix}+1\begin{bmatrix}0\\1\end{bmatrix}=\begin{bmatrix}-1\\1\end{bmatrix}$

$T_1\begin{bmatrix}x\\y\end{bmatrix}=T_1\ (x\begin{bmatrix}1\\0\end{bmatrix}+y\begin{bmatrix}0\\1\end{bmatrix})=x\begin{bmatrix}1\\2\end{bmatrix}+y\begin{bmatrix}-1\\1\end{bmatrix}=\begin{bmatrix}x-y\\2x+y\end{bmatrix}$

(b)$T_2\begin{bmatrix}1\\0\end{bmatrix}=1\begin{bmatrix}1\\1\end{bmatrix}+2\begin{bmatrix}-1\\1\end{bmatrix}=\begin{bmatrix}-1\\3\end{bmatrix}$

$T_2\begin{bmatrix}0\\1\end{bmatrix}=-\begin{bmatrix}1\\1\end{bmatrix}+1\begin{bmatrix}-1\\1\end{bmatrix}=\begin{bmatrix}-2\\0\end{bmatrix}$

$T_2\begin{bmatrix}x\\y\end{bmatrix}=T_2\ (x\begin{bmatrix}1\\0\end{bmatrix}+y\begin{bmatrix}0\\1\end{bmatrix})=x\begin{bmatrix}-1\\3\end{bmatrix}+y\begin{bmatrix}-2\\0\end{bmatrix}=\begin{bmatrix}-x-2y\\3x\end{bmatrix}$

(c)$T_3\begin{bmatrix}1\\1\end{bmatrix}=1\begin{bmatrix}1\\0\end{bmatrix}+2\begin{bmatrix}0\\1\end{bmatrix}=\begin{bmatrix}1\\2\end{bmatrix}$

$T_3\begin{bmatrix}-1\\1\end{bmatrix}=-\begin{bmatrix}1\\0\end{bmatrix}+1\begin{bmatrix}0\\1\end{bmatrix}=\begin{bmatrix}-1\\1\end{bmatrix}$

$\begin{bmatrix}x\\y\end{bmatrix}=u\begin{bmatrix}1\\1\end{bmatrix}+v\begin{bmatrix}-1\\1\end{bmatrix}\Rightarrow u=\dfrac{x+y}{2},\ v=\dfrac{y-x}{2}$

$\therefore T_3\begin{bmatrix}x\\y\end{bmatrix}=T_3\ (\dfrac{x+y}{2}\begin{bmatrix}1\\1\end{bmatrix}+\dfrac{y-x}{2}\begin{bmatrix}-1\\1\end{bmatrix})$

$=\dfrac{x+y}{2}\begin{bmatrix}1\\2\end{bmatrix}+\dfrac{y-x}{2}\begin{bmatrix}-1\\1\end{bmatrix}=\begin{bmatrix}x\\\dfrac{x+3y}{2}\end{bmatrix}$

(d)$T_4\begin{bmatrix}1\\1\end{bmatrix}=1\begin{bmatrix}1\\0\end{bmatrix}+2\begin{bmatrix}-1\\1\end{bmatrix}=\begin{bmatrix}-1\\3\end{bmatrix}$

$T_4\begin{bmatrix}-1\\1\end{bmatrix}=-\begin{bmatrix}1\\1\end{bmatrix}+1\begin{bmatrix}-1\\1\end{bmatrix}=\begin{bmatrix}-2\\0\end{bmatrix}$

$T_4\begin{bmatrix}x\\y\end{bmatrix}=T_4\left\{\dfrac{x+y}{2}\begin{bmatrix}1\\1\end{bmatrix}+\dfrac{y-x}{2}\begin{bmatrix}-1\\1\end{bmatrix}\right\}$

$=\dfrac{x+y}{2}\begin{bmatrix}-1\\3\end{bmatrix}+\dfrac{y-x}{2}\begin{bmatrix}-2\\0\end{bmatrix}=\begin{bmatrix}\dfrac{x-3y}{2}\\\dfrac{3x+3y}{2}\end{bmatrix}$

(e)$T_5\begin{bmatrix}1\\1\end{bmatrix}=1\begin{bmatrix}-2\\0\end{bmatrix}+2\begin{bmatrix}0\\-1\end{bmatrix}=\begin{bmatrix}-2\\-2\end{bmatrix}$

$$T_5\begin{bmatrix}-1\\1\end{bmatrix}=-\begin{bmatrix}-2\\0\end{bmatrix}+1\begin{bmatrix}0\\-1\end{bmatrix}=\begin{bmatrix}2\\-1\end{bmatrix}$$

$$T_5\begin{bmatrix}x\\y\end{bmatrix}=T_5\ (\frac{x+y}{2}\begin{bmatrix}1\\1\end{bmatrix}+\frac{y-x}{2}\begin{bmatrix}-1\\1\end{bmatrix})$$

$$=\frac{x+y}{2}\begin{bmatrix}-2\\-2\end{bmatrix}+\frac{y-x}{2}\begin{bmatrix}2\\-1\end{bmatrix}=\begin{bmatrix}-2x\\\frac{-x-3y}{2}\end{bmatrix}$$

例 19： 設 $T：R^2 \to R^3$ 定義為

$$T\begin{bmatrix}x\\y\end{bmatrix}=\begin{bmatrix}x-3y\\4x-y\\y\end{bmatrix}$$

(a)對於標準基底，求$[T]$

(b)令 $\mathbf{B}=\left\{\begin{bmatrix}1\\1\end{bmatrix},\begin{bmatrix}-1\\2\end{bmatrix}\right\}$，$\mathbf{C}=\left\{\begin{bmatrix}1\\0\\1\end{bmatrix},\begin{bmatrix}0\\1\\1\end{bmatrix},\begin{bmatrix}1\\1\\0\end{bmatrix}\right\}$ 求$[T]_C^B$

解

$$\text{(a)}T\begin{bmatrix}1\\0\end{bmatrix}=\begin{bmatrix}1\\4\\0\end{bmatrix}=1\begin{bmatrix}1\\0\\0\end{bmatrix}+4\begin{bmatrix}0\\1\\0\end{bmatrix}+0\begin{bmatrix}0\\0\\1\end{bmatrix}$$

$$T\begin{bmatrix}1\\0\end{bmatrix}=\begin{bmatrix}-3\\-1\\0\end{bmatrix}=-3\begin{bmatrix}1\\0\\0\end{bmatrix}-1\begin{bmatrix}0\\1\\0\end{bmatrix}+1\begin{bmatrix}0\\0\\1\end{bmatrix}\Rightarrow T=\begin{bmatrix}1&-3\\4&-1\\0&1\end{bmatrix}$$

$$\text{(b)}T\begin{bmatrix}1\\1\end{bmatrix}=\begin{bmatrix}-2\\3\\1\end{bmatrix}=\alpha_1\begin{bmatrix}1\\0\\1\end{bmatrix}+\alpha_2\begin{bmatrix}0\\1\\1\end{bmatrix}+\alpha_3\begin{bmatrix}0\\0\\1\end{bmatrix}$$

$$\Rightarrow\alpha_1=-2,\ \alpha_2=3,\ \alpha_3=0$$

$$T\begin{bmatrix}-1\\2\end{bmatrix}=\begin{bmatrix}-7\\-6\\2\end{bmatrix}=\beta_1\begin{bmatrix}1\\0\\1\end{bmatrix}+\beta_2\begin{bmatrix}0\\1\\1\end{bmatrix}+\beta_3\begin{bmatrix}1\\1\\0\end{bmatrix}$$

$$\Rightarrow\beta_1=\frac{1}{2},\ \beta_2=\frac{3}{2},\ \beta_3=\frac{-15}{2}$$

$$\therefore\ [T]_C^B=\begin{bmatrix}-2 & \frac{1}{2}\\ 3 & \frac{3}{2}\\ 0 & -\frac{15}{2}\end{bmatrix}$$

例 20：　$\mathbf{B}=\left\{\begin{bmatrix}1\\0\end{bmatrix},\begin{bmatrix}1\\-1\end{bmatrix}\right\}$ 為 $R^{2\times 1}$ 之基底 T：$R^{2\times 1}\to R^{2\times 1}$ 滿足

$[\mathbf{v}]_B=\begin{bmatrix}x\\y\end{bmatrix}\Rightarrow [T\mathbf{v}]_B=\begin{bmatrix}5x-2y\\x+y\end{bmatrix}$

(a)求$[T]_B$

(b)求$[T]_{B_0}$　$\mathbf{B}_0$ 為標準基底

(c)求 $T\begin{bmatrix}x\\y\end{bmatrix}$

解　(a)$[T]_B=[T]_B\,[\mathbf{v}]_B$

$$\begin{bmatrix}5x-2y\\x+y\end{bmatrix}=[T]_B\begin{bmatrix}x\\y\end{bmatrix}$$

$$\therefore\ [T]_B=\begin{bmatrix}5 & -2\\1 & 1\end{bmatrix}$$

(b)$[\mathbf{v}]_B=\begin{bmatrix}x\\y\end{bmatrix}=x\begin{bmatrix}1\\0\end{bmatrix}+y\begin{bmatrix}1\\-1\end{bmatrix}=(x+y)\begin{bmatrix}1\\0\end{bmatrix}-y\begin{bmatrix}0\\1\end{bmatrix}$

$$\therefore\ [\mathbf{v}]_{B_0}=\begin{bmatrix}x+y\\-y\end{bmatrix}$$

同理$[T\mathbf{v}]_{B_0}=\begin{bmatrix}5x-2y\\x+y\end{bmatrix}=(5x-2y)\begin{bmatrix}1\\0\end{bmatrix}+(x+y)\begin{bmatrix}1\\-1\end{bmatrix}$

$$=(6x-y)\begin{bmatrix}1\\0\end{bmatrix}-(x+y)\begin{bmatrix}0\\1\end{bmatrix}$$

$$\therefore\ [T\mathbf{v}]_{B_0}=\begin{bmatrix}6x-y\\-(x+y)\end{bmatrix}$$

$[T\mathbf{v}]_{B_0}=[T]_{B_0}\,[\mathbf{v}]_{B_0}$，假設$[T]_{B_0}=\begin{bmatrix}a & b\\c & d\end{bmatrix}$，則

$$\begin{bmatrix} 6x-y \\ -(x+y) \end{bmatrix} = \begin{bmatrix} a & b \\ c & d \end{bmatrix} \begin{bmatrix} x+y \\ -y \end{bmatrix} \Rightarrow \begin{cases} 6x-y=a(x+y)-by \\ -(x+y)=c(x+y)-dy \end{cases}$$

$\Rightarrow a=6, b=7, c=-1, d=0$

$\therefore [T]_{B_0} = \begin{bmatrix} 6 & 7 \\ -1 & 0 \end{bmatrix}$

〈另解〉（在標準系統 $\mathbf{B}_0$ 下求解）

已知 $T\begin{bmatrix} 1 \\ 0 \end{bmatrix} = 5\begin{bmatrix} 1 \\ 0 \end{bmatrix} + 1\begin{bmatrix} 1 \\ -1 \end{bmatrix} = 6\begin{bmatrix} 1 \\ 0 \end{bmatrix} - \begin{bmatrix} 0 \\ 1 \end{bmatrix}$

$T\begin{bmatrix} 1 \\ -1 \end{bmatrix} = -2\begin{bmatrix} 1 \\ 0 \end{bmatrix} + 1\begin{bmatrix} 1 \\ -1 \end{bmatrix} = \begin{bmatrix} -1 \\ -1 \end{bmatrix} = -1\begin{bmatrix} 1 \\ 0 \end{bmatrix} - \begin{bmatrix} 0 \\ 1 \end{bmatrix}$

$T\begin{bmatrix} 0 \\ 1 \end{bmatrix} = T\left(\begin{bmatrix} 1 \\ 0 \end{bmatrix} - \begin{bmatrix} 1 \\ -1 \end{bmatrix}\right) = 7\begin{bmatrix} 1 \\ 0 \end{bmatrix} + 0\begin{bmatrix} 0 \\ 1 \end{bmatrix}$

$\therefore [T]_{B_0} = \begin{bmatrix} 6 & 7 \\ -1 & 0 \end{bmatrix}$

(c)$[T\mathbf{v}]_{B_0} = [T]_{B_0}[\mathbf{v}]_{B_0}$

$\because T\begin{bmatrix} x \\ y \end{bmatrix} = \begin{bmatrix} 6 & 7 \\ -1 & 0 \end{bmatrix}$

$\Rightarrow T\begin{bmatrix} x \\ y \end{bmatrix} = \begin{bmatrix} 6 & 7 \\ -1 & 0 \end{bmatrix}\begin{bmatrix} x \\ y \end{bmatrix} = \begin{bmatrix} 6x+7y \\ -x \end{bmatrix}$

例 21： Let $\mathbf{T} = \begin{bmatrix} 1 & 1 \\ -2 & 2 \end{bmatrix}$ be the linear transformation relative to the basis $\left\{\mathbf{b}_1 = \begin{bmatrix} 1 \\ 1 \end{bmatrix}, \mathbf{b}_2 = \begin{bmatrix} 1 \\ 0 \end{bmatrix}\right\}$. Find the corresponding matrix $\mathbf{T}'$ relative to the basis $\left\{\mathbf{b}_1' = \begin{bmatrix} 0 \\ 1 \end{bmatrix}, \mathbf{b}_2' = \begin{bmatrix} 1 \\ 1 \end{bmatrix}\right\}$ （台大電機）

解

$\mathbf{T}\begin{bmatrix} 1 \\ 1 \end{bmatrix} = 1\begin{bmatrix} 1 \\ 1 \end{bmatrix} - 2\begin{bmatrix} 1 \\ 0 \end{bmatrix} = \begin{bmatrix} 1 \\ -1 \end{bmatrix}$

$\mathbf{T}\begin{bmatrix} 1 \\ 0 \end{bmatrix} = 1\begin{bmatrix} 1 \\ 1 \end{bmatrix} + 2\begin{bmatrix} 1 \\ 0 \end{bmatrix} = \begin{bmatrix} 3 \\ 1 \end{bmatrix}$

$\Rightarrow T\begin{bmatrix} 0 \\ 1 \end{bmatrix} = T\left(\begin{bmatrix} 1 \\ 1 \end{bmatrix} - \begin{bmatrix} 1 \\ 0 \end{bmatrix}\right) = \begin{bmatrix} -1 \\ 1 \end{bmatrix} - \begin{bmatrix} 3 \\ 1 \end{bmatrix} = \begin{bmatrix} -4 \\ 0 \end{bmatrix}$

令 $\mathbf{T}' = \begin{bmatrix} a & c \\ b & d \end{bmatrix}$ 則

$$\mathbf{T}'\begin{bmatrix} 0 \\ 1 \end{bmatrix} = a\begin{bmatrix} 0 \\ 1 \end{bmatrix} + b\begin{bmatrix} 1 \\ 1 \end{bmatrix} = \begin{bmatrix} -4 \\ 0 \end{bmatrix} \Rightarrow a = 4,\ b = -4$$

$$\mathbf{T}'\begin{bmatrix} 1 \\ 1 \end{bmatrix} = c\begin{bmatrix} 0 \\ 1 \end{bmatrix} + d\begin{bmatrix} 1 \\ 1 \end{bmatrix} = \begin{bmatrix} -1 \\ 1 \end{bmatrix}$$

$\Rightarrow d = -1,\ c = 2$

故 $\mathbf{T}' = \begin{bmatrix} 4 & 2 \\ -4 & -1 \end{bmatrix}$

〈另解〉利用定理 4

$$\mathbf{b}_1' = \begin{bmatrix} 0 \\ 1 \end{bmatrix} = \begin{bmatrix} 1 \\ 1 \end{bmatrix} - \begin{bmatrix} 1 \\ 0 \end{bmatrix} \Rightarrow [\mathbf{b}_1']_B = \begin{bmatrix} 1 \\ -1 \end{bmatrix}$$

$$\mathbf{b}_2' = \begin{bmatrix} 1 \\ 1 \end{bmatrix} = \begin{bmatrix} 1 \\ 1 \end{bmatrix} + 0\begin{bmatrix} 1 \\ 0 \end{bmatrix} \Rightarrow [\mathbf{b}_2']_B = \begin{bmatrix} 1 \\ 0 \end{bmatrix}$$

∴由 $\mathbf{B}$ 至 $\mathbf{B}'$ 的轉換矩陣為

$$\mathbf{P} = \begin{bmatrix} 1 & 1 \\ -1 & 0 \end{bmatrix}$$

$$[T]_B\,\mathbf{P} = \mathbf{P}\,[T']_{B'}$$

$$\Rightarrow [T']_{B'} = \mathbf{P}^{-1}\,[T]_B\,\mathbf{P} = \begin{bmatrix} 4 & 2 \\ -4 & -1 \end{bmatrix}$$

例 22：(a)Let V equal p^3, W equal p^4, $T: V \to W$ for each $f(t)$ in V.

$$T(f) = tf(t) + \frac{f(t) - f(0)}{t}$$

Find the matrix representation of T, with respect to the ordered basis

$B = \{1, 1+t, 1+t+t^2\}$ for V and

$C = \{1, 1-t, 1+t+t^2, 1-3t+3t^2-t^3\}$ for W

(b)Let $T: W \to W$, that takes each $f(t)$ to $\dfrac{d}{dt}(tf(t))$. Use the ordered basis $\{1, t, t^2, t^3\}$ for both domain to find a matrix representation for T. （清大工工）

解

(a) $T(1)=t+\dfrac{1-1}{t}=t$

$T(1+t)=t(1+t)+\dfrac{1+t-1}{t}=1+t+t^2$

$T(1+t+t^2)=t(1+t+t^2)+\dfrac{t+t^2}{t}$

$=1+2t+t^2+t^3$

$t=1\cdot 1+(-1)(1-t)$

$1+t+t^2=(-1)\cdot 1+1\cdot(1-t)+1\cdot(1+2t+t^2)$

$1+2t+t^2+t^3=(-11)\cdot 1+9(1-t)+4(1+2t+t^2)$

$+(-1)\cdot(1-3t+3t^2-t^3)$

$$\therefore\begin{bmatrix}1 & -1 & -11\\ -1 & 1 & 9\\ 0 & 1 & 4\\ 0 & 0 & -1\end{bmatrix}$$

(b) $T(1)=(t)'=1$

$T(t)=(t^2)'=2t$

$T(t^2)=(t^3)'=3t^2$

$T(t^3)=(t^4)'=3t^3$

$$\therefore\begin{bmatrix}1 & 0 & 0 & 0\\ 0 & 2 & 0 & 0\\ 0 & 0 & 3 & 0\\ 0 & 0 & 0 & 4\end{bmatrix}$$

例 23： Let L be the operator on P_3 defined by

$L(p(x))=xp'(x)+p''(x)$

(a)Find the matrix **A** representing L with respect to $[1, x, x^2]$.

(b)Find the matrix **B** representing L with respect to $[1, x, 1+x^2]$.

(c)Find the matrix **S** representing $\mathbf{B}=\mathbf{S}^{-1}\mathbf{A}\mathbf{S}$.

(d)If $p(x)=a_0+a_1x+a_2(1+x^2)$, calculate $L^n(p(x))$.

（95 海洋通訊）

解 令 $\beta=[1, x, x^2], \gamma=[1, x, 1+x^2]$

(a)$L(1)=0, L(x)=x, L(x^2)=2x^2+2$

所以 $\mathbf{A}=[L]_\beta=\begin{bmatrix}0&0&2\\0&1&0\\0&0&2\end{bmatrix}$

(b)$L(1)=0, L(x)=x, L(1+x^2)=2x^2+2=2(1+x^2)$

所以 $\mathbf{B}=[L]_\gamma=\begin{bmatrix}0&0&0\\0&1&0\\0&0&2\end{bmatrix}$

(c)因為

$1=1\times 1+0\times x+0\times x^2$

$x=0\times 1+1\times x+0\times x^2$

$1+x^2=1\times 1+0\times x+1\times x$

所以 $\mathbf{S}=\begin{bmatrix}1&0&1\\0&1&0\\0&0&1\end{bmatrix}$

(d)$[L^n p(x)]_\gamma=[L^n]_\gamma[p(x)]_\gamma=\begin{bmatrix}0&0&0\\0&1&0\\0&0&2\end{bmatrix}^n\begin{bmatrix}a_0\\a_1\\a_2\end{bmatrix}$

$=\begin{bmatrix}0&0&0\\0&1^n&0\\0&0&2^n\end{bmatrix}\begin{bmatrix}a_0\\a_1\\a_2\end{bmatrix}=\begin{bmatrix}0\\a_1\\2^n a_2\end{bmatrix}$

所以

$L^n(p(x))=0\cdot 1+a_1x+2^na_2(1+x^2)$

$=2^na_2+a_1x+a_1x+2^na_2(1+x^2)$

例 24： Let T：$W\to W$, where $W=\text{span}\{e^x, xe^x, x^2e^x\}$ and T is the derivative transformation. Let the matrix representation of T relative to bases $B_1=(e^x, xe^x, x^2e^x)$ and $B_2=(2xe^x, x^2e^x, e^x)$ be $\mathbf{M}_1$ and $\mathbf{M}_2$, respectively.

(a)Find $\mathbf{M}_2$.

(b)Find an invertible matrix $\mathbf{C}$ such that $\mathbf{M}_2 = \mathbf{C}^{-1}\mathbf{M}_1\mathbf{C}$.

（95 中興通訊）

解 (a)$T(2xe^x) = (2xe^x)' = 2xe^x + 2e^x$

$T(x^2e^x) = (x^2e^x)' = 2xe^x + x^2e^x$

$T(e^x) = (e^x)' = e^x$

所以 $\mathbf{M}_2 = [T]_{B_2} = \begin{bmatrix} 1 & 1 & 0 \\ 0 & 1 & 0 \\ 2 & 0 & 1 \end{bmatrix}$

因為 $2xe^x = 0e^x + 2xe^x + 0x^2e^x$

$x^2e^x = 0e^x + 0xe^x + x^2e^x$

$e^x = e^x + 0xe^x + 0x^2e^x$

$\Rightarrow \mathbf{C} = \begin{bmatrix} 0 & 0 & 1 \\ 2 & 0 & 0 \\ 0 & 1 & 0 \end{bmatrix}$

精選練習

1. 設 $\mathbf{T} : R^{3\times 1} \to R^{2\times 1}$ 定義為

$$T\begin{bmatrix} x \\ y \\ z \end{bmatrix} = \begin{bmatrix} 5x - 4z \\ 2x - 6y - 9z \end{bmatrix}$$

求 $\mathbf{T}$ 對標準基底的矩陣表示

2. $T = \begin{bmatrix} 1 & 1 & 2 \\ -1 & 2 & 1 \\ 0 & 1 & 3 \end{bmatrix}$ is the corresponding matrix of a linear transformation $\mathbf{A}$ from R^3 into R^3 with respect to basis $\left\{\mathbf{v}_1 = \begin{bmatrix} 1 \\ 0 \\ 0 \end{bmatrix}, \mathbf{v}_2 = \begin{bmatrix} 0 \\ 1 \\ 0 \end{bmatrix}, \mathbf{v}_3 = \begin{bmatrix} 0 \\ 0 \\ 1 \end{bmatrix}\right\}$ Find the corresponding matrices of $\mathbf{A}$ with respect to following bases respectively .

(a)$\mathbf{u}_1=\begin{bmatrix}1\\1\\1\end{bmatrix}$，$\mathbf{u}_2=\begin{bmatrix}0\\1\\1\end{bmatrix}$，$\mathbf{u}_3=\begin{bmatrix}0\\0\\1\end{bmatrix}$

(b)$\mathbf{u}_1=\begin{bmatrix}1\\1\\0\end{bmatrix}$，$\mathbf{u}_2=\begin{bmatrix}1\\2\\0\end{bmatrix}$，$\mathbf{u}_3=\begin{bmatrix}1\\2\\1\end{bmatrix}$ （清大資工）

3. 證明 **A**、**B** 並不相似

$\mathbf{A}=\begin{bmatrix}1&1&0\\0&2&0\\0&0&1\end{bmatrix}$　$\mathbf{B}=\begin{bmatrix}2&0&0\\0&2&2\\0&0&1\end{bmatrix}$ （中興應數）

4. 矩陣 $\mathbf{T}=\begin{bmatrix}4&-2\\2&1\end{bmatrix}$，若將基底自 $\left\{\begin{bmatrix}1\\0\end{bmatrix},\begin{bmatrix}0\\1\end{bmatrix}\right\}$ 轉變成 $\left\{\begin{bmatrix}1\\1\end{bmatrix},\begin{bmatrix}-1\\0\end{bmatrix}\right\}$ 則 **T** 之形式為何？

（交大工工）

5. 已知 $\mathbf{A}=\begin{bmatrix}1&4&7\\2&5&8\\3&6&11\end{bmatrix}$, $\mathbf{b}=\begin{bmatrix}1\\1\\1\end{bmatrix}$, $\mathbf{B}=\begin{bmatrix}4&3&6\\2&5&1\\1&7&2\end{bmatrix}$ 求：

(a)矩陣 $[\mathbf{A}|\mathbf{b}]$ 之 rank

(b)解 $\mathbf{Ax}=\mathbf{b}$

(c)**A**, **B** 是否相似 （交大電信）

6. Prove: if **A** is similar to a Hermitian matrix , then **A** is similar to $\mathbf{A}^H$.

7. (a)The vectors $\mathbf{x}_1=\frac{1}{2}[1\quad 1\quad 1\quad -1]^T$, $\mathbf{x}_2=\frac{1}{6}[1\quad 1\quad 3\quad 5]^T$ form an orthonormal set. Extend this set to an orthonormal basis by finding an orthonormal basis for the null space of

$\begin{bmatrix}1&1&1&-1\\1&1&3&5\end{bmatrix}$

(b)Explain why **A** is never similar to $\mathbf{A}+\mathbf{I}$ （86 中興電機）

8. For each of the following pairs of ordered bases $\mathbf{E}_1$ and $\mathbf{E}_2$ for the second degree polynomials, find the change of coordinates matrix that changes $\mathbf{E}_2$ coordinate into $\mathbf{E}_1$ coordinates

(a)$\mathbf{E}_1=\{x^2, x, 1\}$, $\mathbf{E}_2=\{a_2x^2+a_1x+a_0,\ b_2x^2+b_1x+b_0,\ c_2x^2+c_1x+c_0\}$

(b)$\mathbf{E}_1=\{1, x, x^2\}$, $\mathbf{E}_2=\{2x^2-x,\ 3x^2+1,\ 1\}$

(c)$\mathbf{E}_1=\{2x^2-x,\ 3x^2+1,\ 1\}$, $\mathbf{E}_2=\{1, x, x^2\}$ （86 台大電機）

9. State which T is linear

(a)$T(a_1, a_2)=(1, a_2)$

(b)$T(a_1, a_2)=(1, a_1a_2)$

(c)$T(a_1, a_2)=(\sin a_1, \cos a_2)$

(d)$T(a_1, a_2)=(0, 0)$

(e)$T(a_1, a_2)=(|a_1|, |a_2|)$

(f)$T(a_1, a_2)=(a_1+1, a_2+3)$ （87 中山電機）

10. $T\begin{bmatrix}1 & 0\\0 & 0\end{bmatrix}=x^2+x,\ T\begin{bmatrix}1 & 1\\0 & 0\end{bmatrix}=x^2+2x+1$

$T\begin{bmatrix}1 & 1\\1 & 0\end{bmatrix}=2x^2+2x+2,\ T\begin{bmatrix}1 & 1\\1 & 1\end{bmatrix}=3x^2+4x+5$

(1) Find $T\begin{bmatrix}1 & 2\\3 & 4\end{bmatrix}$ (2) Find $N(T)$ (3) Find Im (T) （中正電機）

11. The linear operator L defined by $L(p(x))=p(x)+p(0)$

(a)Find the matrix representation of L with respect to the ordered bases $\{x^2, x, 1\}$ and $\{1, 1-x\}$

(b)Let $p(x)=x^2+2x-3$, find the coordinates of $L(p(x))$ with respect to the ordered bases $\{1, 1-x\}$

(c)Repeat (b) for $p(x)=4x^2+2x$ （91 清大通訊）

12. Given $\mathbf{A}=\begin{bmatrix}2 & 1 & 0 & 0\\0 & 2 & 1 & 0\\0 & 0 & 2 & 0\\0 & 0 & 0 & 1\end{bmatrix}$, $\mathbf{b}=\begin{bmatrix}0\\0\\1\\1\end{bmatrix}$, $\bar{\mathbf{b}}=\begin{bmatrix}1\\1\\1\\1\end{bmatrix}$, what are the representations of $\mathbf{A}$ with respect to the basis $\{\mathbf{b}\quad \mathbf{A}\mathbf{b}\quad \mathbf{A}^2\mathbf{b}\quad \mathbf{A}^3\mathbf{b}\}$, $\{\bar{\mathbf{b}}\quad \mathbf{A}\bar{\mathbf{b}}\quad \mathbf{A}^2\bar{\mathbf{b}}\quad \mathbf{A}^3\bar{\mathbf{b}}\}$ respectively? （91 輔大電子）

13. $T(x, y, z)=(x-4y+2z, 3x-4y, 3x-y-3z)$, find an order basis S such that $[T]_S$ is diagonal matrix. （91 逢甲應數）

14. Let the linear transformation is given by $T(\mathbf{u}_1)=\mathbf{v}_1+\mathbf{v}_2+\mathbf{v}_3$, $T(\mathbf{u}_2)=\mathbf{v}_1-\mathbf{v}_2$

where $\mathbf{u}_1=\begin{bmatrix}1\\1\end{bmatrix}$, $\mathbf{u}_2=\begin{bmatrix}1\\-1\end{bmatrix}$, $\mathbf{v}_1=\begin{bmatrix}1\\1\\1\end{bmatrix}$, $\mathbf{v}_2=\begin{bmatrix}1\\1\\0\end{bmatrix}$, $\mathbf{v}_3=\begin{bmatrix}1\\0\\0\end{bmatrix}$, find the standard transformation matrix $\mathbf{A}$ for linear transform T. （91 台科大電機）

15. Let $T: R^3 \to P_2(R)$ defined by

$T(a_1, a_2, a_3)=(a_1+a_2+a_3)+(a_1-a_2+a_3)x+a_1x^2$

consider $\alpha=\{(1, 0, 0), (0, 1, 0), (0, 0, 1)\}$, $\beta=\{1, x, x^2\}$, determine

(a)$[T]_\alpha^\beta$

(b)$T^{-1}(ax^2+bx+c)=$? （91 逢甲應數）

16. $T: R^2 \to R^2$ with the following matrix representation

$\mathbf{A}=\begin{bmatrix}1 & 0\\0 & 3\end{bmatrix}$

Apply this linear transformation to the ellipse

$\frac{x^2}{9}+y^2=1$

Show the figure and equation onto which the ellipse is mapped to

17. Consider the transformation

$$T\begin{bmatrix} x_1 \\ x_2 \\ x_3 \\ x_4 \end{bmatrix} = \det\begin{bmatrix} 1 & 2 & x_1 & 3 \\ 4 & 5 & x_2 & 6 \\ 7 & 6 & x_3 & 5 \\ 4 & 3 & x_4 & 1 \end{bmatrix}$$

(1) Is this transformation linear? (no credit without reasons)

(2) What is T?

18. Let V be the space spanned by the functions $\cos(3x)$ and $\sin(5x)$. Find the determinant of the linear transformation $D(f) = f''$ from V to V.

19. If matrix **A** is similar to matrix **B**, what is the relationship between det (**A**) and det (**B**)?

20. Let $T: R^3 \to R^2$ be a linear mapping. If
$T(1, 0, 0) = (3, 6)$; $T(1, 1, 0) = (-1, 2)$; $T(1, 1, 1) = (4, -5)$.
Find $T(1, 2, 3) = ?$, $T(3, 2, 1) = ?$ （95 大同應數）

21. Let α, β, and γ be the ordered basis of $\mathbf{P}_2(R)$, $\mathbf{P}_3(R)$, and $\mathbf{M}_{2\times 2}(R)$, respectively defined by

$$\alpha = \left\{1, x, \frac{1}{2}(-1+3x^2)\right\}, \beta = \left\{1, x, \frac{1}{2}(-1+3x^2), \frac{1}{2}(-3x+5x^3)\right\}$$

and

$$\gamma = \left\{\begin{pmatrix} 1 & 0 \\ 0 & 0 \end{pmatrix}, \begin{pmatrix} 2 & 1 \\ 0 & 0 \end{pmatrix}, \begin{pmatrix} 3 & 2 \\ 0 & 0 \end{pmatrix}, \begin{pmatrix} 4 & 3 \\ 2 & 1 \end{pmatrix}\right\}$$

Let $\mathbf{T}: \mathbf{P}_2(R) \to \mathbf{P}_3(R)$, and $\mathbf{U}: \mathbf{P}_3(R) \to \mathbf{M}_{2\times 2}(R)$ be the linear transformations respectively defined by

$$\mathbf{T}(f(x)) = 15xf(x) \quad \text{and} \quad \mathbf{U}(g(x)) = 2\begin{pmatrix} g(4) & g(3) \\ g(2) & g(1) \end{pmatrix}$$

(a)Compute the matrix representation of **T** in α and β.

(b)Compute the matrix representation of **U** in β and γ.

(c)Find a basis for the null space of **U**.

(d)Compute the nullity and rank of **UT**. （99 台聯大）

22. Let $B = \{e^t, te^t, t^2e^t\}$, $V = \text{Span } B$, and T be a linear operator on V defined by $T(f) = f'(t)$.

(a)Find $[T]_B$, the matrix representation of T with respect to B.

(b)Find the eigenvalues of T and a basis for each eigenspace.

(c)Is T invertible? If it is, find $T^{-1}(c_1e^t + c_2te^t + c_3t^3e^t)$. （99 台大工數 D）

23. Which equation is linear?

(a)$\sin(x) - \log(y) = 4$.

(b)$y = \sqrt{3}x + 1$.

(c)$x - y^3 = 4$.

(d)$5^y = x + 1$.

(e)$xy = 1$. （99 中正電機通訊）

24. Let $T: R^2 \rightarrow R^3$ be the linear transformation defined by $T([x, y]) = [2x+3y, x-y, 2y]$ Find the area of the image in R^3 under T of the disk $x^2+y^2 \leq 9$. （96 成大電通）

25. Find the coordinate vector of $\mathbf{v}$ relative to the basis $S=\{\mathbf{v}_1, \mathbf{v}_2, \mathbf{v}_3\}$, where $\mathbf{v}=(2, -1, 3)$, $\mathbf{v}_1=(1, 0, 0)$, $\mathbf{v}_2=(2, 2, 0)$, $\mathbf{v}_3=(3, 3, 3)$ （100 中正電機通訊）

26. Let L be the linear mapping in R^3 defined by $L(\mathbf{x})=\mathbf{A}\mathbf{x}$ corresponding to the standard basis, where $\mathbf{A}=\begin{bmatrix} 3 & -1 & -2 \\ 2 & 0 & -2 \\ 2 & -1 & -1 \end{bmatrix}$, and let $\mathbf{v}_1=\begin{bmatrix} 1 \\ 1 \\ 0 \end{bmatrix}$, $\mathbf{v}_2=\begin{bmatrix} 1 \\ 0 \\ 1 \end{bmatrix}$, and $\mathbf{v}_3=\begin{bmatrix} 0 \\ 1 \\ 1 \end{bmatrix}$ form another basis $[v_1, v_2, v_3]$. Find the matrix $\boldsymbol{B}$ represention $\boldsymbol{L}$ with respect to $[v_1, v_2, v_3]$. （100 北科大電機）

27. Which of the following statement(s) is(are) true:
(a)Let $\boldsymbol{P}_2$ be the set of all polynomials of the form
$p(x)=\mathrm{a}_2 x^2+\mathrm{a}_1 x+\mathrm{a}_0$,
where a_0, a_1 and a_2 are real number. $\boldsymbol{P}_2$ is a vector space.
(b)Let $\mathbf{W}=\{(x_1, x_2): x_1 \geqq 0 \text{ and } x_2 \geqq 0\}$, with the standard addition and scalar multiplication operations. $\mathbf{W}$ is a subspace of $\mathbf{R}^2$.
(c)The set $\mathbf{S}=\{(1, 2, 3), (0, 1, 2), (-1, 0, 1)\}$ spans $\mathbf{R}^3$.
(d)Let the matrix $\mathbf{A}=\begin{bmatrix} 1 & 0 & -2 & 1 & 0 \\ 0 & -1 & -3 & 1 & 3 \\ -2 & -1 & 1 & -1 & 3 \\ 0 & 3 & 9 & 0 & -12 \end{bmatrix}$. The row space and column space of $\mathbf{A}$ have the same dimension.
(e)Let the coordinate matrix of x in $\mathbf{R}^2$ relative to the ordered basis $\mathbf{B}=\{(1, 0), (1, 2)\}$ be $[x]_B=\begin{bmatrix} 3 \\ 2 \end{bmatrix}$. The coordinate matrix of x relative to the standard basis $\mathbf{B}'=\{(1, 0), (0, 1)\}$ is $[x]_{B'}=\begin{bmatrix} 5 \\ 4 \end{bmatrix}$.
(f)The set $\{1, \cos x, \sin x\}$ is lineaely dependent. （100 台聯大）

28. Sketch the image of the triangle with vertices (0, 0), (1, 0) and (0, 1) under the linear transformation defined by the matrix product $\begin{bmatrix} 1 & 0 \\ 6 & 2 \end{bmatrix}=\begin{bmatrix} 1 & 0 \\ 0 & 2 \end{bmatrix}\begin{bmatrix} 1 & 0 \\ 3 & 1 \end{bmatrix}$ and give a geometric description. （100 台聯大）

29. Let P_3 be the vector space of all polynomials of degree less than 3. Let $E=[1, x+1, x^2]$ and $F=[1, x, 1+x+x^2]$ be two orderd bases of P_3. If $\mathbf{A}$ is the transition matrix representing the change of coordinates from the ordered the ordered basis E to the ordered basis F, then $\mathbf{A}=$ ______. （95 交大電信）

30. Let $L: R^3 \rightarrow R^2$ be a linear transformation defined by $L(x)=(x_1+x_2)\vec{b}_1+(x_1+x_3)\vec{b}_2$ for $\vec{x}=$

$\begin{bmatrix} x_1 \\ x_2 \\ x_3 \end{bmatrix}$, where $\vec{b}_1 = \begin{bmatrix} 1 \\ -1 \end{bmatrix}$ and $\vec{b}_2 = \begin{bmatrix} 1 \\ 2 \end{bmatrix}$. If **A** is the matrix representing L with respect to the ordered standard basis $[\vec{e}_1 \quad \vec{e}_2 \quad \vec{e}_3]$ and the ordered basis $[\vec{b}_1 \quad \vec{b}_2]$, then $\mathbf{A} =$ ______.

（95 交大電信）

31. Find the transition matrix representing the change of coordinates on P_3, where P_3 denotes the set of all polynomials of degree less than 3, from the ordered basis $[1, x, x^2]$ to the ordered basis $[1, 1+x, 1+x+x^2]$. （94 成大電通）

32. True or False

Let $T: R^3 \to R^2$ be the linear transformation such that $T(1, 1, 1) = (1, 0)$, $T(1, 1, 0) = (2, -1)$ and $T(1, 0, 0) = (4, 3)$,

The nullspace of T is $\{0\}$.

If $T(2, -3, 5) = (x, y)$ then

$x = 9$

$y = 23$ （93 中正電機）

33. Find the matrix of T with respect to B, and compute the matrix of T with respect to B'.

$T: R^2 \to R^2$ is defined by

$$T\left(\begin{bmatrix} x_1 \\ x_2 \end{bmatrix}\right) = \begin{bmatrix} x_1 + 7x_2 \\ 3x_1 - 4x_2 \end{bmatrix}$$

$B = \{\mathbf{u}_1, \mathbf{u}_2\}$ and $B' = \{\mathbf{v}_1, \mathbf{v}_2\}$, where

$$\mathbf{u}_1 = \begin{bmatrix} 2 \\ 2 \end{bmatrix}, \mathbf{u}_2 = \begin{bmatrix} 4 \\ -1 \end{bmatrix}, \mathbf{v}_1 = \begin{bmatrix} 1 \\ 3 \end{bmatrix}, \mathbf{v}_2 = \begin{bmatrix} -1 \\ -1 \end{bmatrix}.$$

Please compute

(a)$[T]_B$

(b)$[T]_{B'}$ （94 中正電機）

6 映射理論

I have learned to seek my happiness by limiting my desires, rather than in attempting to satisfy them.

——J. S. Mill

6-1 映射理論

定義：對線性映射 T：$V \rightarrow W$

$\ker T = \{\mathbf{v} \in \mathrm{V} | T(\mathbf{v}) = \mathbf{0}\}$稱為 T 的 null space

$\mathrm{Im}\ T = \{T\mathbf{v} | \mathbf{v} \in \mathrm{V}\}$稱為 T 的值域（range space 或 image）

Nullity $(T) = \dim(\ker T)$，稱為 T 的零數（nullity）

rank $(T) = \dim(\mathrm{Im}\ T)$，稱為 T 的秩（rank）

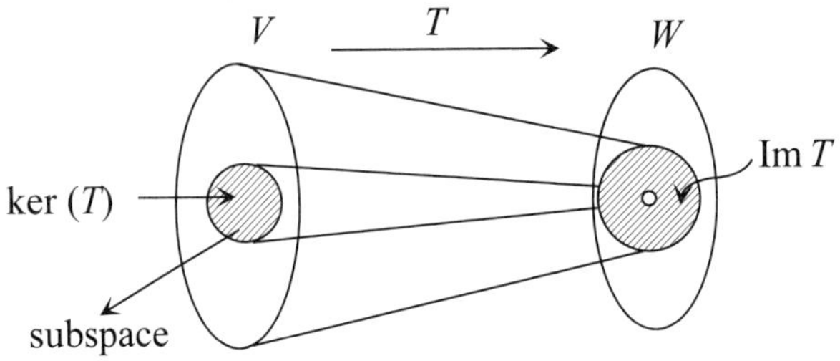

觀念提示： *1.* $\ker T$ 即為 $T^{-1}\{\mathbf{0}\}$ 故其結果必為 V 的子空間，若將 V 稱之為定義域，W 稱為值域，則 $\ker T$ 即為在定義域中所有滿足映射結果為零向量所形成的向量集合。

2. $\mathrm{Im}\ T$ 便是在定義域中所有可能的映射結果所形成的集合，故其必屬於 W 子空間。

3. 對於 $\mathbf{A} \in R^{m \times n}$

$\mathbf{Ax} = \boldsymbol{T}(\mathbf{x}) = \mathrm{Im}\ \boldsymbol{T} = \mathrm{span}\{\boldsymbol{a}_1, \boldsymbol{a}_2, \cdots \boldsymbol{a}_n\}$

已知 CSP $(\mathbf{A}) = \mathrm{span}\{\boldsymbol{a}_1,\ \boldsymbol{a}_2, \cdots \boldsymbol{a}_n\}$ 即為 $\mathbf{A}$ 之行向量所有可能的線性組合，故顯然可知：

$\mathrm{Im}\ T = \mathrm{CSP}\ (\mathbf{A})$

定理 6-1：T 為一對一映射，$\mathbf{Ax} = \mathbf{T}(\mathbf{x})$，$\mathbf{A} \in R^{m \times n}$：則下列敘述等價：

(1) $\mathbf{T}(\mathbf{v}_1) = \mathbf{T}(\mathbf{v}_2) \Leftrightarrow \mathbf{v}_1 = \mathbf{v}_2$

(2) $\ker T = \{\mathbf{0}\}$

(3)**A** 的各行向量線性獨立

(4)$m \geq n$，rank (**A**) = n

定義：Rank

(1)對任何矩陣 **A**，其最大的獨立列（行）向量數目稱為 **A** 之rank，記作 r (**A**)

(2)矩陣 **A** 內可能選出最高階之非奇異性方陣之階數稱為矩陣之秩

例 1： Suppose there exists a linear transformation $T: R^2 \to R^3$ such that $T(1, 1)=(1, 0, 2)$ and $T(2, 3)=(1, -1, 4)$. What is $T(8, 11)$? Is T one-to-one?（95 屏教大應數）

解

假設$(8, 11)=a(1, 1)+b(2, 3)$

$$\begin{cases} a+2b=8 \\ a+3b=11 \end{cases} \Rightarrow \begin{cases} a=2 \\ b=3 \end{cases}$$

所以

$T(8, 11)=aT(1, 1)+bT(2, 3)=2(1, 0, 2)+3(1, -1, 4)=(5, -3, 16)$

取$\{(1, 1), (2, 3)\}$為 R^2 的一組 basis

$\Rightarrow R(T)=\text{span}\{T(1, 1), (2, 3)\}=\text{span}\{(1, 0, 2), (1, -1, 4)\}$

因為$\{(1, 0, 2), (1, -1, 4)\}$為 linearly independent set

$\Rightarrow \text{rank}\ (T)=2$

$\Rightarrow \text{nullity}\ (T)=\dim\ (R^2)-\text{rank}\ (T)=0$

所以 T 為 one-to-one

觀念提示：若 $\mathbf{A} \in R^{m \times n}$，$m \geq n$ 則 r (**A**) $\leq n$，若 r (**A**) $= n$ 則稱 **A** 為 full rank 或 full column rank

定義：子矩陣

刪除 **A** 中的某一列（或數列），或刪除其中的某一行（或數行）後剩餘部分稱為 **A** 之子矩陣，所有子矩陣中為方陣者稱為 **A** 的子方陣。

觀念提示： *1.* 若 $r(\mathbf{A})=l$，則至少有一 l 階子方陣之行列式值 $\neq 0$，而其餘$(l+1)$階（或高於）之子方陣之行列式值均為 0

2. 矩陣 **A** 經過基本列（行）運算之後得到矩陣 **B**，稱之為 **A** 的同義矩陣

$\Rightarrow r(\mathbf{A})=r(\mathbf{B})$

3. 對於任何 n 階方陣若 $r(\mathbf{A})=n \Leftrightarrow |\mathbf{A}| \neq 0 \Leftrightarrow \{\boldsymbol{a}_1, \boldsymbol{a}_2, \cdots \boldsymbol{a}_n\}$ 為線性獨立集。

4. 任何矩陣之行向量最大獨立集數目＝列向量最大獨立集數目

定理 6-2：對於任何矩陣 A，B 恆有：

(1)若 **AB** 存在 $\Leftrightarrow r(\mathbf{AB}) \leq \min\{r(\mathbf{A}), r(\mathbf{B})\}$

(2) **P** is a nonsingular matrix, then $r(\mathbf{PA}) = r(\mathbf{A})$

(3) If **A** is similar to **B**, then $r(\mathbf{A}) = r(\mathbf{B})$

(4)$r(\mathbf{A}^T\mathbf{A}) = r(\mathbf{A}) = r(\mathbf{A}\mathbf{A}^T)$

(5)$r(\mathbf{A}) = r(\mathbf{A}^T)$

觀念提示： *1.* 矩陣愈乘，rank 趨向於變小，但若所乘為可逆方陣時 rank 不變

2. 由於 $\mathrm{CSP}(\mathbf{A})=\mathrm{span}\{\boldsymbol{a}_1, \boldsymbol{a}_2, \cdots \boldsymbol{a}_n\}$，根據定義可知，行空間的維度即是行向量中最大的線性獨立向量個數，而由 rank 的定義知此最大的線性獨立的向量個數即為 $r(\mathbf{A})$，故知

$$r(\mathbf{A})=\dim(\mathrm{Im}(\mathbf{A}))=\dim(\mathrm{CSP}(\mathbf{A}))=\dim(\mathrm{RSP}(\mathbf{A})) \quad (1)$$

3. 至於零空間 $\ker \mathbf{A}$ 的維度與 $\dim(\mathrm{Im}(\mathbf{A}))$之關係，可由 $\mathbf{Ax}=0$ 中未知數（自由度）的個數及獨立方程式的個數（限制條件）來判定，已知未知數之個數為 $\dim \mathbf{V}=n$，獨立方程式共 $r(\mathbf{A})$個，所以恰有 $n-r(\mathbf{A})$個自由度，故零空間之維度為

$$\dim \ker(\mathbf{A})=n-r(\mathbf{A}) \quad (2)$$

證明：1. CSP $(\mathbf{AB}) \subseteq$ CSP $(\mathbf{A}) \Rightarrow$ rank $(\mathbf{AB}) <$ ran $(\mathbf{A})$

RSP $(\mathbf{AB}) \subseteq$ RSP $(\mathbf{B}) \Rightarrow$ rank $(\mathbf{AB}) <$ rank $(\mathbf{B})$

2. $r(\mathbf{PA}) \leq r(\mathbf{A})$

$r(\mathbf{A}) = r(\mathbf{P}^{-1}\mathbf{PA}) \leq r(\mathbf{PA})$

$\therefore r(\mathbf{A}) = r(\mathbf{PA})$

3. $\mathbf{B} = \mathbf{P}^{-1}\mathbf{AP} \Rightarrow \mathbf{AP} = \mathbf{PB}$

$\Rightarrow r(\mathbf{A}) = r(\mathbf{AP}) = r(\mathbf{PB}) = r(\mathbf{B})$

4. $\mathbf{Ax} = 0 \Leftrightarrow \mathbf{A}^T\mathbf{Ax} = 0$

$\therefore \ker \mathbf{A} = \ker(\mathbf{A}^T\mathbf{A})$

若 $\mathbf{A}$ 為 $m \times n$，$\mathbf{A}^T\mathbf{A}$ 為 $n \times n$

$\therefore r(\mathbf{A}) = n - \text{nullity}(\mathbf{A})$

$= n - \text{nullity}(\mathbf{A}^T\mathbf{A})$

$= r(\mathbf{A}^T\mathbf{A})$

定理 6-3：For matrices A and B such that AB exists

(1) $\ker(\mathbf{B}) \subset \ker(\mathbf{AB})$

(2) $\text{Im}(\mathbf{AB}) \subset \text{Im}(\mathbf{A})$

(3) $\ker(\mathbf{A}^H) \subset \ker((\mathbf{AB})^H)$

(4) $\text{Im}((\mathbf{AB})^H) \subset \text{Im}(\mathbf{B})$

證明：1. If $\mathbf{Bx} = \mathbf{0}$, then $\mathbf{ABx} = \mathbf{0} \Rightarrow$ every $\mathbf{x} \in \ker(\mathbf{B})$ is also in $\ker(\mathbf{AB})$

Thus $\dim(\ker(\mathbf{AB})) \geq \dim(\ker(\mathbf{B}))$

2. If $\mathbf{x} \in \text{Im}(\mathbf{AB})$, then there exists some $\mathbf{y}$ so that

$\mathbf{x} = (\mathbf{AB})\mathbf{y} = \mathbf{A}(\mathbf{By})$, so $\mathbf{x} \in \text{Im}(\mathbf{A})$

3. If $\mathbf{y^H A} = \mathbf{0}$ then $\mathbf{y^H AB} = \mathbf{0}$

4. If $\mathbf{x} \in \text{Im}((\mathbf{AB})^H)$, then there exists some $\mathbf{y}$ so that

$\mathbf{x} = (\mathbf{AB})^H\mathbf{y} = \mathbf{B}^H(\mathbf{A^H y})$, so $\mathbf{x} \in \text{Im}(\mathbf{B}^H)$

定理 6-4：Rank-Nullity Theorem（Sylvester Theorem）

對線性映射 $T：V \rightarrow W$

$$\dim V = \dim (\ker T) + \dim (\operatorname{Im} T)$$
$$= \text{nullity}\, T + \text{rank}\, T$$

觀念提示： *1.* $\dim(\text{CSP}(T)) = \dim(\text{RSP}(T)) = \dim(\operatorname{Im} T) = \text{r}(T)$

2. 本定理與 W 之維度無關

3. 若 T 為一對一映射⇒

(1) $\text{nullity}(T) = 0$（$\ker T = \{0\}$）

(2) $\dim V = \text{rank}\, T$

(3)若 V 的維度為 n，W 的維度為 m，則 $m \geq n$

4. 若 T 為映成（onto）（$\operatorname{Im} T = W$）⇒$\text{rank}\, T = \dim \text{W}$

證明：令$\{\mathbf{e}_1, \cdots, \mathbf{e}_k\}$為 $\ker T$之一組 basis

$\{\mathbf{u}_1, \cdots, \mathbf{u}_l\}$為 $\operatorname{Im} T$之一組 basis

取 $\mathbf{m}_1, \cdots, \mathbf{m}_l \in \mathbf{V}$ 使 $T(\mathbf{m}_i) = \mathbf{u}_i$；$i = 1, \cdots, l$

$\because \{\mathbf{u}_1, \cdots, \mathbf{u}_l\}$L.I.D.⇒$\{\mathbf{m}_1, \cdots, \mathbf{m}_l\}$L.I.D.（證明見例題）

欲證明$\{\mathbf{e}_1, \cdots, \mathbf{e}_k, \mathbf{m}_1, \cdots, \mathbf{m}_l\}$形成 $\mathbf{V}$ 之一組 basis

對於 $\mathbf{V}$ 中之任一向量 $\mathbf{v}$，必存在一組純量

$c_1, \cdots, c_l$ 使得

$$T(\mathbf{v}) = \sum_{i=1}^{l} c_i \mathbf{u} = \sum_{i=1}^{l} c_i T(\mathbf{m}_i) = T\left(\sum_{i=1}^{l} c_i \mathbf{m}_i\right)$$

$$\therefore T\left(\mathbf{v} - \sum_{i=1}^{l} c_i \mathbf{m}_i\right) = 0$$

$$\therefore \mathbf{v} - \sum_{i=1}^{l} c_i \mathbf{m}_i \in \ker T$$

∴存在一組純量 $\alpha_1, \cdots, \alpha_k$ 使得

$$\mathbf{v} - \sum_{i=1}^{l} c_i \mathbf{m}_i = \sum_{j=1}^{k} \alpha_j \mathbf{e}_j$$

$$\therefore \mathbf{v} = \sum_{i=1}^{l} c_i \mathbf{m}_i + \sum_{j=1}^{k} \alpha_j \mathbf{e}_j$$

$\Rightarrow \mathbf{v} = \text{span}\{\mathbf{m}_1, \cdots, \mathbf{m}_l, \mathbf{e}_1, \cdots, \mathbf{e}_k\}$

再由 $\sum_{i=1}^{l} c_i \mathbf{m}_i + \sum_{j=1}^{k} \alpha_j \mathbf{e}_j = 0 \Rightarrow c_1 = \cdots = c_1 = \alpha_1 = \cdots = \alpha_k = 0$

可知$\{\mathbf{m}_1, \cdots, \mathbf{m}_l, \mathbf{e}_1, \cdots, \mathbf{e}_k\}$L.I.D.　得證

定義：Isomorphism

若線性映射 T：$V \to W$，為一對一且映成，則稱向量空間 V、W 為 isomorphism

定理 6-5：

設 $\mathbf{A} \in R^{m\times n}$，定義 T：$R^{n\times 1} \to R^{m\times 1}$ such that $T(\mathbf{x}) = \mathbf{Ax}$，$\mathbf{x} \in R^{n\times 1}$ 則下列敘述等價：

(1)$\mathbf{A}$ 的各行向量線性獨立

(2)$\mathbf{Ax} = \mathbf{0}$ 只有零解

(3) $\ker(\mathbf{A}) = \{\mathbf{0}\}$

(4)$\mathbf{Ax} = \mathbf{Ay} = \mathbf{b} \Rightarrow \mathbf{x} = \mathbf{y}$（$T$ 為一對一函數）

(5)$\mathbf{Ax} = \mathbf{b}$ 之解若存在必唯一

定理 6-6：

$\mathbf{A} \in R^{m\times n}$，$\mathbf{b} \in R^{m\times 1}$，線性方程組 $\mathbf{Ax} = \mathbf{b}$ 之解分析如下：

(1) $\text{rank}\,[\mathbf{A}\,|\,\mathbf{b}] = \text{rank}\,\mathbf{A} = n$；恰有一解

(2) $\text{rank}\,[\mathbf{A}\,|\,\mathbf{b}] = \text{rank}\,\mathbf{A} < n$；無窮多解

(3) $\text{rank}\,[\mathbf{A}\,|\,\mathbf{b}] > \text{rank}\,\mathbf{A}$；無解

證明：

$\text{rank}\,[\mathbf{A}|\mathbf{b}] = \text{rank}\,(\mathbf{A})$

$\Leftrightarrow \text{CSP}\,(\mathbf{A}) = \text{CSP}([\mathbf{A}|\mathbf{b}])$

$\Leftrightarrow \mathbf{b} \in \text{CSP}\,(\mathbf{A})$

$\Leftrightarrow \exists\, x_1, x_2, \cdots x_n$　使得　$\mathbf{b} = x_1\mathbf{a}_1 + \cdots + x_n\mathbf{a}_n$

$$\Leftrightarrow \exists\, \mathbf{x}=\begin{bmatrix} x_1 \\ \vdots \\ x_n \end{bmatrix} \text{ 使得 } \mathbf{b}=\mathbf{Ax}$$

$\Leftrightarrow \mathbf{Ax}=\mathbf{b}$　有解

求解線性方程組 $\mathbf{Ax}=\mathbf{b}$，就是在 $\mathbf{A}$ 的定義域中尋找經映射後為 $\mathbf{b}$ 的向量 $\mathbf{x}$。顯然的，若 $\mathbf{b}$ 不落在 $\mathrm{Im}\,(\mathbf{A})$上，則 $\mathbf{A}$ 的各行向量之任何線性組合均無法表示 $\mathbf{b}$，故無解。

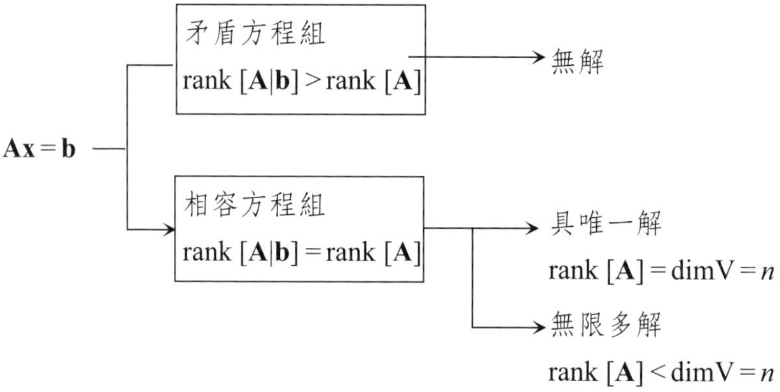

觀念提示： 1. 若 nullity $\mathbf{A} \neq 0$，則恆存在 $\mathbf{x}_N$，$\mathbf{x}_N \in \ker \mathbf{A}$，$\mathbf{Ax}_N=0$，且 rank $\mathbf{A}=n$-nullity $\mathbf{A}$。設 $\mathbf{x}_r$ 為 $\mathbf{Ax}=\mathbf{b}$ 之一解，i.e.，

$\mathbf{Ax}_r=\mathbf{b}$

$\Rightarrow \mathbf{x}_r+k\mathbf{x}_N$ 亦為 $\mathbf{Ax}=\mathbf{b}$ 之一解，因 $\mathbf{A}\ (\mathbf{x}_r+k\mathbf{x}_N)=\mathbf{Ax}_r+k\mathbf{Ax}_N$ $=\mathbf{b}$，而 k 可為任意整數，故有無限多解

2. 若 nullity $\mathbf{A}=0$ 則 $\ker\ \mathbf{A}=\{\mathbf{0}\}$，rank $\mathbf{A}=n$ 假設 $\mathbf{x}_1$，$\mathbf{x}_2$ 均為 $\mathbf{Ax}=\mathbf{b}$ 之解，則

$\mathbf{Ax}_1-\mathbf{Ax}_2=\mathbf{0}=\mathbf{A}\ (\mathbf{x}_1-\mathbf{x}_2)\Rightarrow \mathbf{x}_1=\mathbf{x}_2$（唯一解）

例 2： (a)Let $\mathbf{Ax}=\mathbf{0}$ be a homogeneous system of m linear equations in n unknowns. If $m>n$, prove that this system $\mathbf{Ax}=\mathbf{0}$ has a nonzero solution.

> (b)Solve the following system of linear equations
> $x+2y+z=0$
> $x-y-z=0$ （95 竹教大應數）

解　(a)因為 rank $(\mathbf{A}) \le \min\{m, n\} = m$ 且 rank $(\mathbf{A})$ + mullity $(\mathbf{A}) = n$

$\Rightarrow$mullity $(\mathbf{A}) = n -$ rank $(\mathbf{A}) \ge n - m \ge 1$

$\Rightarrow$ker $(\mathbf{A}) \ne \{0\}$

因此存在 $\mathbf{x}_0 \ne 0$ 使得 $\mathbf{x}_0 \in \ker(\mathbf{A})$，即 $\mathbf{A}\mathbf{x}_0 = 0$，這表示 $\mathbf{A}\mathbf{x}_0 = 0$ 具非零解

(b)$\begin{bmatrix} 1 & 2 & 1 \\ 1 & -1 & -1 \end{bmatrix} \xrightarrow{r_{12}^{(-1)}} \begin{bmatrix} 1 & 2 & 1 \\ 0 & -3 & -2 \end{bmatrix}$

$\Rightarrow \begin{cases} x+2y+z=0 \\ -3y-2z=0 \end{cases} \Rightarrow \begin{cases} x = \dfrac{1}{3}x \\ y = \dfrac{-2}{3}z \end{cases}$，所以解集合為

$\left\{ \begin{bmatrix} t \\ -2t \\ 3t \end{bmatrix} \middle| t \in R \right\}$

定理 6-7：

若 $\mathbf{x}_p$ 為線性方程式組 $\mathbf{Ax} = \mathbf{b}$ 之一解，$\{\mathbf{x}_1, \mathbf{x}_2, \cdots \mathbf{x}_s\}$ 為零空間（ker **A**）之一組基底，則其通解為：

$$\mathbf{x} = \mathbf{x}_p + \sum_{i=1}^{s} c_i \mathbf{x}_i \tag{3}$$

定理 6-8：T 為向量空間 V 上的線性算子，則

(1) $\ker T \subset \ker T^2 \subset \ker T^3 \subset \cdots$

(2) $\mathrm{Im}\, T \supset \mathrm{Im}\, T^2 \supset \mathrm{Im}\, T^3 \supset \cdots$

證明：(1)$\mathbf{x} \in \ker \mathbf{T}^k \Rightarrow \mathbf{T}^k\mathbf{x} = \mathbf{0} \Rightarrow \mathbf{T}^{k+1}\mathbf{x} = \mathbf{0} \Rightarrow \mathbf{x} \in \ker \mathbf{T}^{k+1} \Rightarrow \ker \mathbf{T}^k \subset \ker \mathbf{T}^{k+1}$

(2)$\mathbf{x} \in \mathrm{Im}\, \mathbf{T}^k \quad \mathbf{x} = \mathbf{T}^k\mathbf{y} = \mathbf{T}^{k-1}\,(\mathbf{T}^1\mathbf{y}) \Rightarrow \mathbf{x} \in \mathrm{Im}\, \mathbf{T}^{k-1} \Rightarrow \mathrm{Im}\mathbf{T}^k \subset \mathrm{Im}\, \mathbf{T}^{k-1}$

定理 6-9：If $\mathbf{A}$ is $m \times n$ matrix,

(1) $\ker(\mathbf{A}) = \ker(\mathbf{A}^T\mathbf{A})$

(2) $\ker(\mathbf{A}) = 0 \Rightarrow \mathbf{A}^T\mathbf{A}$ is invertible

證明：(1) $\forall \mathbf{x} \in \ker(\mathbf{A}) \Rightarrow \mathbf{A}\mathbf{x} = 0 \Rightarrow \mathbf{A}^T\mathbf{A}\mathbf{x} = 0$

$\Rightarrow \mathbf{x} \in \ker(\mathbf{A}^T\mathbf{A})$

$\forall \mathbf{x} \in \ker(\mathbf{A}^T\mathbf{A}) \Rightarrow \mathbf{A}^T\mathbf{A}\mathbf{x} = 0 \Rightarrow \mathbf{A}^T\mathbf{A}\mathbf{x} = 0$

$\Rightarrow \mathbf{A}\mathbf{x} \in \ker(\mathbf{A}^T)$

$\Rightarrow \mathbf{A}\mathbf{x} \in RSP(\mathbf{A}^T)^\perp = CSP(\mathbf{A})^\perp$

$\Rightarrow \mathbf{A}\mathbf{x} = 0 (\because CSP(\mathbf{A}) \cap CSP(\mathbf{A})^\perp = \{0\})$

$\Rightarrow \mathbf{x} \in \ker(\mathbf{A})$

(2) $\ker(\mathbf{A}) = 0 \Rightarrow \mathbf{A}$ has independent column vectors

$\Rightarrow r(\mathbf{A}) = n$ （$n \leq m$）

$\Rightarrow r(\mathbf{A}^T\mathbf{A}) = n$

$\Rightarrow |\mathbf{A}^T\mathbf{A}| \neq 0$

若(x_0, y_0)為平面上一點之座標，其極座標可表示為(ρ, θ_0)，其中：

$$\begin{cases} x_0 = \rho\cos\theta_0 \\ y_0 = \rho\sin\theta_0 \end{cases} \tag{4}$$

將(x_0, y_0)逆時針旋轉θ之後可得新座標(x_1, y_1)，則

$$\begin{cases} x_1 = \rho\cos(\theta_0 + \theta) = \rho(\cos\theta_0\cos\theta - \sin\theta_0\sin\theta) \\ y_1 = \rho\sin(\theta_0 + \theta) = \rho(\sin\theta_0\cos\theta + \cos\theta_0\sin\theta) \end{cases} \tag{5}$$

則可得：

$$\begin{bmatrix} x_1 \\ y_1 \end{bmatrix} = \begin{bmatrix} \cos\theta & -\sin\theta \\ \sin\theta & \cos\theta \end{bmatrix} \begin{bmatrix} x_0 \\ y_0 \end{bmatrix} \tag{6}$$

定理 6-10：Rotation operator

The matrix of a counterclockwise rotation through an angle θ is

$$R(\theta)=\begin{bmatrix}\cos\theta & -\sin\theta\\ \sin\theta & \cos\theta\end{bmatrix}$$

觀念提示：旋轉矩陣之行列式之值為 1

例 3：Let $T: R^3\to R^4$ be a linear transformation represented by the matrix

$$\begin{bmatrix}1 & 0 & 0\\ 0 & 1 & 1\\ 1 & 1 & 0\\ 0 & 0 & 1\end{bmatrix}$$

relative to the standard bases of R^3 and R^4. Find the bases for the kernel and image of T （清大資工）

解 令 $\ker T=\{\mathbf{v}|T\mathbf{v}=0\}$ 則

$$\left[\begin{array}{ccc|c}1 & 0 & 0 & 0\\ 0 & 1 & 1 & 0\\ 1 & 1 & 0 & 0\\ 0 & 0 & 1 & 0\end{array}\right]\sim\left[\begin{array}{ccc|c}1 & 0 & 0 & 0\\ 0 & 1 & 1 & 0\\ 0 & 1 & 0 & 0\\ 0 & 0 & 1 & 0\end{array}\right]\sim\left[\begin{array}{ccc|c}1 & 0 & 0 & 0\\ 0 & 0 & 0 & 0\\ 0 & 1 & 0 & 0\\ 0 & 0 & 1 & 0\end{array}\right]\sim\sim\left[\begin{array}{ccc|c}1 & 0 & 0 & 0\\ 0 & 1 & 0 & 0\\ 0 & 0 & 1 & 0\\ 0 & 0 & 0 & 0\end{array}\right]$$

$$\Rightarrow\ker T=\left\{\begin{bmatrix}v_1\\ v_2\\ v_3\end{bmatrix}\middle|\begin{bmatrix}1 & 0 & 0\\ 0 & 1 & 0\\ 0 & 0 & 1\\ 0 & 0 & 0\end{bmatrix}\begin{bmatrix}v_1\\ v_2\\ v_3\end{bmatrix}=\begin{bmatrix}0\\ 0\\ 0\\ 0\end{bmatrix}\right\}\Rightarrow v_1=0,\ v_2=0,\ v_3=0$$

$$\Rightarrow\ker T=\left\{\begin{bmatrix}0\\ 0\\ 0\end{bmatrix}\right\}$$

$$\therefore\mathbf{v}=\begin{bmatrix}0\\ 0\\ 0\end{bmatrix}\text{ is the basis of }\ker T$$

$$\text{而 }\operatorname{Im}(T)=\operatorname{span}\left\{\begin{bmatrix}1\\ 0\\ 1\\ 0\end{bmatrix},\begin{bmatrix}0\\ 1\\ 1\\ 0\end{bmatrix},\begin{bmatrix}0\\ 1\\ 0\\ 1\end{bmatrix}\right\}$$

$\because \ker T = \mathbf{0}$

$\therefore \left\{ \begin{bmatrix} 1 \\ 0 \\ 1 \\ 0 \end{bmatrix}, \begin{bmatrix} 0 \\ 1 \\ 1 \\ 0 \end{bmatrix}, \begin{bmatrix} 0 \\ 1 \\ 0 \\ 1 \end{bmatrix} \right\}$L.I.D.故可用以作為 $\text{Im}\{T\}$

例 4： $\mathbf{A} = \begin{bmatrix} 1 & 2 & -1 & 3 & 1 \\ 0 & 1 & -3 & 2 & 3 \\ 2 & 3 & 1 & 4 & -1 \\ -1 & 2 & 2 & 2 & -5 \\ 3 & 1 & -1 & 2 & 4 \end{bmatrix}$，$r(\mathbf{A}) = ?$ （交大工工）

解 利用基本列運算將 **A** 化成最簡單形式後，觀察列向量之間是否相關：

$$\begin{bmatrix} 1 & 2 & -1 & 3 & 1 \\ 0 & 1 & -3 & 2 & 3 \\ 2 & 3 & 1 & 4 & -1 \\ -1 & 2 & 2 & 2 & -5 \\ 3 & 1 & -1 & 2 & 4 \end{bmatrix} \sim \begin{bmatrix} 1 & 2 & -1 & 3 & 1 \\ 0 & 1 & -3 & 2 & 3 \\ 0 & -1 & 3 & -2 & -3 \\ 0 & 4 & 1 & 5 & -4 \\ 0 & -5 & 2 & -7 & 1 \end{bmatrix} \sim$$

$$\begin{bmatrix} 1 & 2 & -1 & 3 & 1 \\ 0 & 1 & -3 & 2 & 3 \\ 0 & 0 & 0 & 0 & 0 \\ 0 & 0 & 13 & -3 & -16 \\ 0 & 0 & -13 & 3 & 16 \end{bmatrix} \sim \begin{bmatrix} 1 & 2 & -1 & 3 & 1 \\ 0 & 1 & -3 & 2 & 3 \\ 0 & 0 & 0 & 0 & 0 \\ 0 & 0 & 13 & -3 & -16 \\ 0 & 0 & 0 & 0 & 0 \end{bmatrix}$$

⇒由列運算後之最簡形式觀察可發現 **A** 僅有 3 個獨立列向量

$\therefore r(\mathbf{A}) = 3$

例 5： $\mathbf{A} = \begin{bmatrix} 5-\lambda & 4 & -2 \\ 4 & 5-\lambda & -2 \\ -2 & -2 & 3-2\lambda \end{bmatrix}$，試問 $r(\mathbf{A})$與 λ 之關係？

（台大材研）

解　$|\mathbf{A}| = -2\lambda^3 + 23\lambda^2 - 40\lambda + 19$

若$|\mathbf{A}| = 0 \Rightarrow \lambda = 1, 1, \dfrac{19}{2}$

故當 $\lambda \neq 1$，$\dfrac{19}{2}$時 $r(\mathbf{A}) = 3$

當時 $\mathbf{A} = \begin{bmatrix} 4 & 4 & -2 \\ 4 & 4 & -2 \\ -2 & -2 & 1 \end{bmatrix}$三個行向量均成比例，故 $r(\mathbf{A}) = 1$

當 $\lambda = \dfrac{19}{2}$ 時 $\mathbf{A} = \dfrac{1}{2}\begin{bmatrix} -9 & 8 & -4 \\ 8 & -9 & -4 \\ -4 & -4 & 32 \end{bmatrix}$，故 $r(\mathbf{A}) = 2$

例 6：　$\mathbf{A} = \begin{bmatrix} 1 & 0 & 1 & -1 \\ -1 & 1 & 1 & 2 \\ 1 & 2 & 5 & 1 \end{bmatrix}$,

(a)rank $(\mathbf{A})$ = ？

(b)dim [ker $(\mathbf{A})$] = ？

(c)為 ker $(\mathbf{A})$與 Im $(\mathbf{A})$找出一組基底　　（交大控制）

解　先對 $\mathbf{A}$ 執行列運算以求出 $r(\mathbf{A})$

$$\begin{bmatrix} 1 & 0 & 1 & -1 \\ -1 & 1 & 1 & 2 \\ 1 & 2 & 5 & 1 \end{bmatrix} \sim \begin{bmatrix} 1 & 0 & 1 & -1 \\ 0 & 1 & 2 & 1 \\ 0 & 2 & 4 & 2 \end{bmatrix} \sim \begin{bmatrix} 1 & 0 & 1 & -1 \\ 0 & 1 & 2 & 1 \\ 0 & 0 & 0 & 0 \end{bmatrix}$$

顯然可得 $r(\mathbf{A}) = 2$

$r(\mathbf{A}) = \dim(\text{CSP}(\mathbf{A})) = \dim(\text{RSP}(\mathbf{A})) = \dim(\text{Im}(\mathbf{A})) = 2$

$\dim \ker(\mathbf{A}) = n\text{-}\dim(\text{Im}(\mathbf{A})) = 2$

Im $(\mathbf{A})$之基底即為 CSP $(\mathbf{A})$中找出 $r(\mathbf{A})$個 L.I.D.向量

如$\left\{\begin{bmatrix} 1 \\ -1 \\ 1 \end{bmatrix}, \begin{bmatrix} 0 \\ 1 \\ 2 \end{bmatrix}\right\}$

已知 $\ker(\mathbf{A}) = \{\mathbf{x} | \mathbf{A}\mathbf{x} = \mathbf{0}\}$

將已化簡的 $\mathbf{A}$ 代入，並在滿足 $\mathbf{A}\mathbf{x} = \mathbf{0}$ 的所有 $\mathbf{x}$ 中找出二個 L.

I.D.的向量即可；

如$\left\{\begin{bmatrix}1\\-1\\0\\1\end{bmatrix},\begin{bmatrix}0\\-3\\1\\1\end{bmatrix}\right\}$

例 7： (a)A certain system of linear equations with six unknowns is known to be consistent and have a unique solution what can be said about the ranks of the augmented and coefficient matrices? What can be said about the number of equations? Give reasons

(b)The rank of the coefficient matrix of a certain inconsistent system of linear equations with five unknowns is found to be 4. What can be said about the rank of the augmented matrix.

(c)Suppose we are given 5 linear homogeneous equations in 5 unknowns. If $\mathbf{A}$ is the coefficient matrix, and if $|\mathbf{A}| \neq 0$. What can we say about the solution?

解　設線性聯立方程組為 $\mathbf{Ax}=\mathbf{b}$

(a)rank $[\mathbf{A}|\mathbf{b}]=$ rank $(\mathbf{A})=6$

number of equations ≥ 6

⑴有解 $\Leftrightarrow \mathbf{b}$ 可表示為 $\mathbf{A}$ 之行向量的線性組合

$\Leftrightarrow$ rank $[\mathbf{A}|\mathbf{b}]=$ rank $(\mathbf{A})$

⑵唯一解 $\Leftrightarrow$ ker $\mathbf{A}=\{\mathbf{0}\}$

$\Leftrightarrow \mathbf{A}$ 的行向量 L.I.D.

$\Leftrightarrow$ rank $\mathbf{A}=\mathbf{A}$ 的寬度 $=$ 方程式的個數 $=\mathbf{A}$ 的高度

(b)無解 $\Leftrightarrow$ rank $[\mathbf{A}|\mathbf{b}]=5$，rank $(\mathbf{A})=4$

(c)有唯一解 $\mathbf{0}$。$\because |\mathbf{A}| \neq 0$，$\mathbf{A}$ 可逆

$\mathbf{Ax}=\mathbf{0} \Rightarrow \mathbf{A}^{-1}\mathbf{Ax}=\mathbf{0} \Rightarrow \mathbf{x}=\mathbf{0}$

例 8：　給定矩陣 **A** 及向量 **b** 試以高斯消去法解 **Ax** = **b**，並為 ker (**A**) 定一組基底

$$\mathbf{A}=\begin{bmatrix}2&3&1&4&-9\\1&1&1&1&-3\\1&1&1&2&-5\\2&2&2&3&-8\end{bmatrix},\ \mathbf{b}=\begin{bmatrix}17\\6\\8\\14\end{bmatrix}$$

（83 台大電機）

解

$$\left[\begin{array}{ccccc|c}2&3&1&4&-9&17\\1&1&1&1&-3&6\\1&1&1&2&-5&8\\2&2&2&3&-8&14\end{array}\right]\sim\left[\begin{array}{ccccc|c}2&3&1&4&-9&17\\0&\frac{-1}{2}&\frac{1}{2}&-1&\frac{3}{2}&-\frac{5}{2}\\0&\frac{-1}{2}&\frac{1}{2}&0&\frac{-1}{2}&-\frac{1}{2}\\0&-1&1&-1&1&-3\end{array}\right]$$

$$\sim\left[\begin{array}{ccccc|c}2&3&1&4&-9&17\\0&-1&1&-2&3&-5\\0&-1&1&0&-1&-1\\0&-1&1&-1&1&-3\end{array}\right]\sim\left[\begin{array}{ccccc|c}2&3&1&4&-9&17\\0&-1&1&-2&3&-5\\0&0&0&2&-4&4\\0&0&0&1&-2&2\end{array}\right]$$

$$\left[\begin{array}{ccccc|c}2&0&4&-2&0&2\\0&-1&1&-2&3&-5\\0&0&0&1&-2&2\\0&0&0&0&0&0\end{array}\right]\sim\left[\begin{array}{ccccc|c}2&0&4&-2&0&2\\0&-1&1&0&-1&-1\\0&0&0&1&-2&2\\0&0&0&0&0&0\end{array}\right]$$

$$\sim\left[\begin{array}{ccccc|c}1&0&2&-1&0&1\\0&1&-1&0&1&1\\0&0&0&1&-2&2\end{array}\right]\Rightarrow\begin{cases}x_1+2x_3-x_4=1\\x_2-x_3+x_5=1\\x_4-2x_5=2\end{cases}$$

令 $x_3=s,\ x_5=t\Rightarrow$

$$\mathbf{x}=\begin{bmatrix}x_1\\x_2\\x_3\\x_4\\x_5\end{bmatrix}=\begin{bmatrix}3+2t-2s\\1-t+s\\s\\2+2t\\t\end{bmatrix}=\begin{bmatrix}3\\1\\0\\2\\0\end{bmatrix}+s\begin{bmatrix}-2\\1\\1\\0\\0\end{bmatrix}+t\begin{bmatrix}2\\-1\\0\\2\\1\end{bmatrix}=\mathbf{x}_p+\ker(\mathbf{A})$$

$$\therefore \begin{bmatrix} -2 \\ 1 \\ 1 \\ 0 \\ 0 \end{bmatrix} \text{及} \begin{bmatrix} 2 \\ -1 \\ 0 \\ 2 \\ 1 \end{bmatrix}$$ 可當作 ker (**A**)的一組基底

觀念提示：題目中有 5 個未知數，但經高斯消去法處理後只有 3 個聯立方程式，故知有 2 個自由度，一為 s，一為 t。

例 9： 試解以下方程組 **Ax** = **b**，並問

(a)**A** 之 rank 與 nullity = ？

(b)**A** 之列空間為何？

(c)解釋 **b** 是否屬於 **A** 之行空間？

$$\mathbf{Ax} = \begin{bmatrix} 1 & -1 & 2 \\ 2 & 1 & -3 \\ 4 & -1 & 1 \end{bmatrix}\begin{bmatrix} x_1 \\ x_2 \\ x_3 \end{bmatrix} = \begin{bmatrix} 4 \\ -2 \\ 6 \end{bmatrix}$$ （83 中央土木）

解 Augmented matrix

$$\mathbf{C} = \left[\begin{array}{ccc|c} 1 & -1 & 2 & 4 \\ 2 & 1 & -3 & -2 \\ 4 & -1 & 1 & 6 \end{array}\right] \sim \begin{bmatrix} 1 & -1 & 2 & 4 \\ 0 & 3 & -7 & -10 \\ 0 & 3 & -7 & -10 \end{bmatrix}$$

$$\sim \begin{bmatrix} 1 & -1 & 2 & 4 \\ 0 & 3 & -7 & -10 \\ 0 & 0 & 0 & 0 \end{bmatrix}$$

由列運算之結果可知 **A** 之 rank 為 2

nullity = dim[ker (**A**)] = $n - r$ (**A**) = 1

$$\text{RSP}(\mathbf{A}) = \text{span}\left\{\begin{bmatrix} 1 \\ -1 \\ 2 \end{bmatrix}, \begin{bmatrix} 0 \\ 3 \\ -7 \end{bmatrix}\right\}$$

由廣置矩陣之列運算結果可知：$r(\mathbf{A}) = r(\mathbf{C}) = 2$ 此聯立方程式必定有解，故 **b** 必定位於 **A** 之行向量所span的空間上，亦即 **b** 與 **A** 之行向量線性相關。

例 10： Let $\mathbf{A}$ be a 7×7 matrix and consider the system of equation $\mathbf{Ax}=\mathbf{b}$. Modify each of the following statements so that the new statement implies the existence of a solution whatever $\mathbf{b}$ may be

(a)The rank of $\mathbf{A}$ is 5

(b)$\mathbf{A}$ is invertible

(c)dim {ker ($\mathbf{A}$)} = 2

(d)$|\mathbf{A}|=0$

解

(a)$r(\mathbf{A})=r([\mathbf{A}|\mathbf{b}])=5$ 才有解，亦即將 $\mathbf{b}$ 放入 $\mathbf{A}$ 中後（廣置矩陣）不可增加獨立的行向量數（否則無解）

(b)$\mathbf{Ax}=\mathbf{b}$. If $\mathbf{A}$ is invertible, then $\mathbf{x}=\mathbf{A}^{-1}\mathbf{b}$ 一定有解。故本陳述不需修正

(c)dim{ker ($\mathbf{A}$)} $=2\Rightarrow r(\mathbf{A})=7-2=5$ 故答案與(a)相同

(d)$|\mathbf{A}|=0\Rightarrow r(\mathbf{A})<7$

此時必需保證廣置矩陣$[\mathbf{A}|\mathbf{b}]$不會增加 $\mathbf{A}$ 的 rank

$r(\mathbf{A})=r([\mathbf{A}|\mathbf{b}])$才會有解

例 11： 若向量集合$\{\mathbf{x}_1, \cdots \mathbf{x}_k\}$可形成 $\mathbf{Ax}=\mathbf{0}$ 之一組基底，則此集合稱作齊性線性空間的一組基本解；試證明向量集合 $\{[1\ \ 3\ \ -2]^T, [2\ \ 3\ \ -1]^T\}$與$\{[4\ \ 9\ \ -5]^T, [1\ \ 0\ \ 2]^T\}$不可能同為某一空間之基本解　（台大電機）

解

若$\{[1\ \ 3\ \ -2]^T, [2\ \ 3\ \ -1]^T\}$與$\{[4\ \ 9\ \ -5]^T, [1\ \ 0\ \ 2]^T\}$同為某一空間之基本解，則 $\text{span}\left\{\begin{bmatrix}1\\3\\-2\end{bmatrix},\begin{bmatrix}2\\3\\-1\end{bmatrix}\right\}$ 與

$\text{span}\left\{\begin{bmatrix}4\\9\\-5\end{bmatrix},\begin{bmatrix}1\\0\\2\end{bmatrix}\right\}$ 為相同空間

換言之

$\mathbf{A}=\begin{bmatrix}1 & 2 & 4 & 1\\ 3 & 3 & 9 & 0\\ -2 & -1 & -5 & 2\end{bmatrix}$之獨立行向量數必需為 2，i.e., $r(\mathbf{A})=2$

$$\begin{bmatrix}1 & 2 & 4 & 1\\ 3 & 3 & 9 & 0\\ -2 & -1 & -5 & 2\end{bmatrix}\sim\begin{bmatrix}1 & 2 & 4 & 1\\ 0 & -3 & -3 & -3\\ 0 & 3 & 3 & 4\end{bmatrix}\sim\begin{bmatrix}1 & 2 & 4 & 1\\ 0 & 1 & 1 & 1\\ 0 & 0 & 0 & 1\end{bmatrix}$$

故知 $r\ (\mathbf{A})=3$，矛盾，故兩組不可能同為某一線性方程式之基本解得證

例 12： 對於任何 $\mathbf{A}\in R^{m\times n}$，試證明以下二敘述為同義

(a) $\forall\mathbf{b}$，$\mathbf{b}\in R^m$，$\mathbf{Ax}=\mathbf{b}$ 至少會有一解

(b) $\forall\mathbf{b}$，$\mathbf{b}\in R^n$，$\mathbf{A}^T\mathbf{x}=\mathbf{b}$ 至多會有一解　　（82 交大應數）

解　由(a)可得：$\mathbf{b}$ 必屬於 $\mathbf{A}$ 之行向量所 span 的空間，但因 $\mathbf{b}$ 可為 R^m 中之任意向量，故知 $\mathbf{A}$ 之行向量可以 span 向量空間 R^m，或 $r\ (\mathbf{A})=m$。（$\because m\leq n$）

由(b)可得：$\mathbf{A}^T\mathbf{x}=\mathbf{b}$ 即使有解，其自由度亦為 0（至多只有一解）。換言之，$\ker\ (\mathbf{A}^T)$為零空間或

$\dim[\ker\ (\mathbf{A}^T)]=0$

$\Leftrightarrow$因 $\mathbf{A}^T\in R^{m\times n}$（$n\geq m$）故 $\dim[\ker\ (\mathbf{A}^T)]=m-r\ (\mathbf{A}^T)$

$\Leftrightarrow r\ (\mathbf{A}^T)=m$

故由(b)可得到 $r\ (\mathbf{A})=r\ (\mathbf{A}^T)$而此為恆等式，故知上述二項為同義。

例 13： Consider the following linear equation with 3 unknowns

$$\begin{cases} ax_2+x_3=b\\ ax_1+bx_3=1\\ ax_1+ax_2+2x_3=2\end{cases}$$

Determine for what values of the a and b the system possesses the followings

(a)a unique solution

(b)a one-parameter solution

(c)a two- parameter solution

(d)no solution （交大機械）

解 利用 Gauss 消去法，Augmented matrix 可化簡如下：

$$\mathbf{C}=\left[\begin{array}{ccc|c|c} 0 & a & 1 & b \\ a & 0 & b & 1 \\ a & a & 2 & 2 \end{array}\right]\sim\left[\begin{array}{cccc} a & 0 & b & 1 \\ 0 & a & 1 & b \\ 0 & a & 2-b & 1 \end{array}\right]\sim\left[\begin{array}{cccc} a & 0 & b & 1 \\ 0 & a & 1 & b \\ 0 & 0 & 1-b & 1-b \end{array}\right]$$

$$\Rightarrow\begin{bmatrix} a & 0 & b \\ 0 & a & 1 \\ 0 & 0 & 1-b \end{bmatrix}\begin{bmatrix} x_1 \\ x_2 \\ x_3 \end{bmatrix}\begin{bmatrix} 1 \\ b \\ 1-b \end{bmatrix}=\mathbf{b}\text{；}$$

令係數矩陣 $\mathbf{A}=\begin{bmatrix} a & 0 & b \\ 0 & a & 1 \\ 0 & a & 1-b \end{bmatrix}$，$|\mathbf{A}|=a^2(1-b)$

(a)唯一解存在，則$|\mathbf{A}|\neq 0$，$\mathrm{x}=\mathbf{A}^{-1}\mathbf{b}$

$\mathbf{A}$ is invertible$\Rightarrow b\neq 1$，$a\neq 0$

(b)解含一自由度$\Rightarrow \dim(\ker(\mathbf{A}))=1$ 則

rank $\mathbf{A}$ = rank $\mathbf{C}=2\Rightarrow b=1$，$a\neq 0$

(c)解含二自由度$\Rightarrow \dim(\ker(\mathbf{A}))=2$ 則

rank $\mathbf{A}$ = rank $\mathbf{C}=1\Rightarrow b=1$，$a=0$

(d)無解$\Rightarrow r(\mathbf{A})<r(\mathbf{C})$

$\Rightarrow a=0$，$b\neq 1$

例 14： (a)Let $\mathbf{A}\in R^{n\times n}$, $\mathbf{b}\in R^n$

Under what condition will $\mathbf{Ax}=\mathbf{b}$ have a unique solution?

What methods can accurately compute the solution $\mathbf{x}$?

Under what condition will $\mathbf{Ax}=\mathbf{b}$ have no solution?

Under what condition will $\mathbf{Ax}=\mathbf{b}$ have an infinite number of solution?

(b)Let $\mathbf{A}\in R^{m\times n}$, $\mathbf{b}\in R^{m}$，$m>n$

Is it possible that $\mathbf{Ax}=\mathbf{b}$ has a unique solution?

Under what condition will $\mathbf{Ax}=\mathbf{b}$ have no solution? If this happens; how do you determine a best solution $\mathbf{x}$ such that the Euclidean norm of $\mathbf{Ax}-\mathbf{b}$ is minimized? Is $\mathbf{x}$ unique?

Under what condition will $\mathbf{Ax}=\mathbf{b}$ have an infinite number of solution?

(c)Let $\mathbf{A}\in R^{n\times p}$，$\mathbf{b}\in R^{n}$，and $n<p$

Is it possible that $\mathbf{Ax}=\mathbf{b}$ has a unique solution?

Under what condition will $\mathbf{Ax}=\mathbf{b}$ have no solution?

Under what condition will $\mathbf{Ax}=\mathbf{b}$ have an infinite number of equations? （交大電信）

解 (a)$|\mathbf{A}|\neq 0 \quad \mathbf{x}=\mathbf{A}^{-1}\mathbf{b}$

$\mathbf{b}$不在$\mathbf{A}$之行向量所span的空間上（$r(\mathbf{A})<r([\mathbf{A}|\mathbf{b}])$）

$r(\mathbf{A})=r([\mathbf{A}|\mathbf{b}])<n$

(b)yes 當$\mathbf{A}$之行向量$\{\mathbf{a}_1, \mathbf{a}_2, \cdots \mathbf{a}_n\}$L.I.D.，

且$\mathbf{b}\in \text{span}\{\mathbf{a}_1, \mathbf{a}_2, \cdots \mathbf{a}_n\}$時$\mathbf{Ax}=\mathbf{b}$之解唯一。

當$r(\mathbf{A})<r([\mathbf{A}|\mathbf{b}])\Leftrightarrow\{\mathbf{a}_1, \mathbf{a}_2, \cdots \mathbf{a}_n\}$與$\mathbf{b}$ L.I. D.

$\Leftrightarrow\mathbf{b}\neq \text{span}\{\mathbf{a}_1, \mathbf{a}_2, \cdots \mathbf{a}_n\}$時無解。

此時最佳近似解（Least Square solution）為

$\arg\min\limits_{\mathbf{x}}(\mathbf{Ax}-\mathbf{b})^T(\mathbf{Ax}-\mathbf{b})\Rightarrow\hat{\mathbf{x}}=(\mathbf{A}^T\mathbf{A})^{-1}\mathbf{A}^T\mathbf{b}$

$r(\mathbf{A})=r([\mathbf{A}|\mathbf{b}])<n$時具$\infty$組解

(c)由$n<p$可知$\mathbf{a}_1, \cdots \mathbf{a}_p$必定為L.D.（在$R^n$中最多只有$n$個L. I.D.向量）$\Rightarrow\mathbf{Ax}-\mathbf{b}$不可能有唯一解

$r(\mathbf{A}) \neq r([\mathbf{A}|\mathbf{b}]) \Rightarrow$ 無解

$r(\mathbf{A}) = r([\mathbf{A}|\mathbf{b}]) \Rightarrow$ 有無限多組解

例 15： $T: V \to V$, $\|\mathbf{x}\|$ denote the norm of the vector $\mathbf{x}$ in $\mathbf{V}$ suppose that $\|T\mathbf{x}\| = \|\mathbf{x}\|$ for all $\mathbf{x} \in V$. Prove that T is one-to-one.

（台大電機）

解

$T\mathbf{x} = 0 \Leftrightarrow \|T\mathbf{x}\| = 0 \Leftrightarrow \|\mathbf{x}\| = 0 \Leftrightarrow \mathbf{x} = 0$

$\therefore \ker T = \{0\}$

$\therefore T$ is one-to-one

例 16： Let V and W be two finite dimensional vector spaces and T be a linear transformation from V and W. Prove that if $\dim V > \dim W$, then there is a nonzero vector x in V such that $T\mathbf{x} = 0$.

（清大資工）

解

From rank-nullity theorem:

$\dim V = \dim(\ker T) + \dim(\operatorname{Im} T)$

$\dim V > \dim W \geq \dim(\operatorname{Im} T)$

$\therefore \dim(\ker T) > 0 \Rightarrow \ker T \neq \{0\}$

$\therefore$ there exists a nonzero vector x in V, such that $T\mathbf{x} = 0$.

例 17： Let $T: V \to W$. If $\{w_1, \cdots, w_k\}$ is a linearly independent set in W, and $T(v_i) = w_i$ for $i = 1, \cdots, k$. Show that $\{v_1, \cdots, v_k\}$ is a linearly independent set in V.

解

若 $c_1v_1 + c_2v_2 + \cdots + c_kv_k = 0$

$\Rightarrow T(c_1v_1 + \cdots + c_kv_k) = T(0) = 0$

$\Rightarrow c_1T(v_1)+\cdots+c_kT(v_k)=0$

$\Rightarrow c_1w_1+\cdots+c_kw_k=0$

$\because \{w_1, \cdots, w_k\}$ linearly independent

$\therefore c_1=c_2=\cdots=c_k=0$

$\{v_1, \cdots, v_k\}$ linearly independent

例 18： Suppose a linear operator L transforms $(1, 0, -1)$ to $(0, 0, 2)$, $(1, -1, 2)$ to $(-1, 7, 1)$ and $(-1, -1, 0)$ to $(-1, 1, 2)$

(1) Find the matrix **A** that represents L

(2) Find ker of L

(3) det(adj (**A**))= ？ （91 清大資工）

解 (1) Let $(x, y, z)=a(1, 0, -1)+b(1, -1, 2)+c(-1, -1, 1)$

$$\Rightarrow\begin{cases} a=\dfrac{x-3y-2z}{3} \\ b=\dfrac{x+z}{3} \\ c=\dfrac{-x-3y-z}{3} \end{cases}$$

$\Rightarrow L(x, y, z)=aL(1, 0, -1)+bL(1, -1, 2)+cL(-1, -1, 1)$

$=a(0, 0, 2)+b(-1, 7, 1)+c(-1, 1, 2)$

$=(-b-c, 7b+c, -2a+b+2c)$

$=(y, 2x-y+2z, -x+z)$

$$\therefore \mathbf{A}=\begin{bmatrix} 0 & 1 & 0 \\ 2 & -1 & 2 \\ -1 & 0 & 1 \end{bmatrix}$$

(2) $L(x, y, z)=(0, 0, 0)=(y, 2x-y+2z, -x+z)$

$$\Rightarrow\begin{cases} y=0 \\ 2x-y+2z=0 \\ -x+z=0 \end{cases}\Rightarrow\begin{cases} x=0 \\ y=0 \\ z=0 \end{cases}$$

$\therefore \ker(L) = \{(0, 0, 0)\}$

(3) $\because \mathbf{A}^{-1} = \frac{1}{|\mathbf{A}|}\text{adj}(\mathbf{A}) \Rightarrow \text{adj}(\mathbf{A}) = |\mathbf{A}|\mathbf{A}^{-1}$

$\Rightarrow \mathbf{A}\text{adj}(\mathbf{A}) = |\mathbf{A}|\mathbf{I}_3$

$\Rightarrow |\mathbf{A}||\text{adj}(\mathbf{A})| = |\mathbf{A}|^3$

$\Rightarrow |\text{adj}(\mathbf{A})| = |\mathbf{A}|^2 = (-4)^2 = 16$

例 19： $\forall \mathbf{A} \in R^{n\times n}$, prove if $r(\mathbf{A}) = r(\mathbf{A}^2)$, then $\text{Im}(\mathbf{A}) \cap \ker(\mathbf{A}) = \{\mathbf{0}\}$

（83 台大電機）

解

mullity $(\mathbf{A}) = n - r(\mathbf{A}) = n - r(\mathbf{A}^2) =$ mullity $(\mathbf{A}^2)$

$\therefore \ker(\mathbf{A}) = \ker(\mathbf{A}^2)$

Let $\mathbf{y} = \text{Im}(\mathbf{A}) \Rightarrow \exists\, \mathbf{x}, \mathbf{A}\mathbf{x} = \mathbf{y}$

$\Rightarrow \mathbf{x} \notin \ker(\mathbf{A})$

$\Rightarrow \mathbf{x} \notin \ker(\mathbf{A}^2)$

$\Rightarrow \mathbf{A}^2\mathbf{x} \neq 0$

$\Rightarrow \mathbf{A}\mathbf{y} \neq 0$

$\Rightarrow \mathbf{y} \notin \ker(\mathbf{A})$

例 20： $T: R^2 \to R^2$，$T\left(\begin{bmatrix}1\\0\end{bmatrix}\right) = \begin{bmatrix}1\\4\end{bmatrix}$，$T\left(\begin{bmatrix}1\\1\end{bmatrix}\right) = \begin{bmatrix}2\\5\end{bmatrix}$

(1) $T\left(\begin{bmatrix}3\\5\end{bmatrix}\right) = ?$

(2) $\ker(T) = ?$

(3) $\text{Im}(T) = ?$

(4) T是否為一對一映射？　（交大電子）

解

(1) $\begin{bmatrix}3\\5\end{bmatrix} = -2\begin{bmatrix}1\\0\end{bmatrix} + 5\begin{bmatrix}1\\1\end{bmatrix}$

$\therefore T\left(\begin{bmatrix}3\\5\end{bmatrix}\right) = T\left(-2\begin{bmatrix}1\\0\end{bmatrix} + 5\begin{bmatrix}1\\1\end{bmatrix}\right) = -2\begin{bmatrix}1\\4\end{bmatrix} + 5\begin{bmatrix}2\\5\end{bmatrix} = \begin{bmatrix}8\\17\end{bmatrix}$

(2) $T\left(\begin{bmatrix} x \\ y \end{bmatrix}\right) = T\left((x-y)\begin{bmatrix} 1 \\ 0 \end{bmatrix} + y\begin{bmatrix} 1 \\ 1 \end{bmatrix}\right) = (x-y)\begin{bmatrix} 1 \\ 4 \end{bmatrix} + y\begin{bmatrix} 2 \\ 5 \end{bmatrix}$

$= \begin{bmatrix} x+y \\ 4x+y \end{bmatrix} = \begin{bmatrix} 1 & 1 \\ 4 & 1 \end{bmatrix}\begin{bmatrix} x \\ y \end{bmatrix}$

$\Rightarrow \ker(\mathbf{A}) = 0$

(3) $\text{Im}(T) = \text{CSP}(\mathbf{A}) = R^2$

(4) $\because \ker(\mathbf{A}) = 0 \quad \therefore T$ 為一對一映射

例 21： (a)Consider a 3 × 3 system of linear equations $\mathbf{Ax} = \mathbf{b}$, where

$\mathbf{A} = \begin{bmatrix} 1 & 2 & 3 \\ 2 & 5 & 8 \\ 3 & 5 & 7 \end{bmatrix}$ and $\mathbf{b} = \begin{bmatrix} b_1 \\ b_2 \\ b_3 \end{bmatrix}$

Determine the condition on b_1, b_2, and b_3 such that $\mathbf{Ax} = \mathbf{b}$ does not have a solution.

(b)Let $\mathbf{A}$ be an $n \times n$ matrix with rank r, then which of the following matrices also has (have) rank r?

$3\mathbf{A}^T$, $[2\mathbf{A} \quad 3\mathbf{A}]$, $\begin{bmatrix} \mathbf{A} \\ \mathbf{A} \end{bmatrix}$, $\begin{bmatrix} \mathbf{A} & \mathbf{A} \\ \mathbf{A} & \mathbf{A} \end{bmatrix}$.

(c)Plot $\text{span}\left(\begin{bmatrix} 1 \\ 1 \end{bmatrix}\right) \cup \text{span}\left(\begin{bmatrix} 0 \\ 1 \end{bmatrix}\right)$. （95 台科大電子所）

解

(a) $\left[\begin{array}{ccc|c} 1 & 2 & 3 & b_1 \\ 2 & 5 & 8 & b_2 \\ 3 & 5 & 7 & b_3 \end{array}\right] \xrightarrow{r_{12}^{(-2)}} \left[\begin{array}{ccc|c} 1 & 2 & 3 & b_1 \\ 0 & 1 & 2 & b_1 - b_2 \\ 0 & -1 & -2 & b_3 - 3b_1 \end{array}\right]$

$\xrightarrow{r_{23}^{(1)}} \left[\begin{array}{ccc|c} 1 & 2 & 3 & b_1 \\ 0 & 1 & 2 & b_2 - 2b_1 \\ 0 & 0 & 0 & -5b_1 + b_2 + b_3 \end{array}\right]$

所以當 $-5b_1 + b_2 + b_3 \neq 0$ 時，$\mathbf{Ax} = \mathbf{b}$ 無解

(b)假設 $\mathbf{v}_1, \mathbf{v}_2, \cdots, \mathbf{v}_n$ 為 $\mathbf{A}$ 的行向量，$\mathbf{u}_1, \mathbf{u}_2, \cdots, \mathbf{u}_n$ 為 $\mathbf{A}$ 的列向量

因為 $\text{rank}(\mathbf{A}) = r$

$\Rightarrow \dim(\text{span}\{\mathbf{v}_1, \mathbf{v}_2, \cdots, \mathbf{v}_n\}) = \dim(\text{span}\{\mathbf{u}_1, \mathbf{u}_2, \cdots, \mathbf{u}_n\}) = r$

$\text{rank}(3\mathbf{A}^T) = \text{rank}\,(\mathbf{A}^T) = \text{rank}\,(\mathbf{A}) = r$

$\text{rank}[2\mathbf{A} \quad 3\mathbf{A}] = \dim(\text{span}\{2\mathbf{v}_1, \cdots, 2\mathbf{v}_n, 3\mathbf{v}_1, \cdots, 3\mathbf{v}_n\}) =$

$\dim(\text{span}\{\mathbf{v}_1, \mathbf{v}_2, \cdots, \mathbf{v}_n\}) = r$

$\text{rank}\begin{bmatrix}\mathbf{A}\\ \mathbf{A}\end{bmatrix} = r$

另外，$\text{rank}\begin{bmatrix}\mathbf{A} & \mathbf{A}\\ \mathbf{A} & \mathbf{A}\end{bmatrix} = 2r$

所以具 rank r 的矩陣為 $3\mathbf{A}^T$, $[2\mathbf{A} \quad 3\mathbf{A}]$, $\begin{bmatrix}\mathbf{A}\\ \mathbf{A}\end{bmatrix}$

例 22： Show that if **A** is square matrix such that $\mathbf{A}^k = \mathbf{0}$ for some positive integer k, then **I-A** is nonsingular.　（95 中原應數）

證明：假設 $\mathbf{A}^k = 0$，其中 $k \in Z^+$

假設$(\mathbf{I}\text{-}\mathbf{A})\mathbf{x} = 0$

$\Rightarrow \mathbf{x} - \mathbf{A}\mathbf{x} = 0$

$\Rightarrow \mathbf{x} = \mathbf{A}\mathbf{x}$

$\Rightarrow \mathbf{A}^2\mathbf{x} = \mathbf{A}\,(\mathbf{A}\mathbf{x}) = \mathbf{A}\mathbf{x} = \mathbf{x}$

$\Rightarrow \cdots$

$\Rightarrow \mathbf{A}^k\mathbf{x} = \mathbf{x}$

$\Rightarrow \mathbf{x} = \mathbf{A}^k\mathbf{x} = \mathbf{0} \cdot \mathbf{x} = \mathbf{0}$

所以 **I-A** 為 nonsingular

例 23： Let $\mathbf{D} = \begin{bmatrix} 2 & -4 & 3 & -4 & -11\\ -1 & 2 & -1 & 2 & 5\\ 0 & 0 & -3 & 1 & 6\\ 3 & -6 & 10 & -8 & -28\end{bmatrix}$.

Find dim (r (**D**)) and dim (ker (**D**)).　（95 靜宜應數）

解

$$\mathbf{D}=\begin{bmatrix}2 & -4 & 3 & -4 & -11\\ -1 & 2 & -1 & 2 & 5\\ 0 & 0 & -3 & 1 & 6\\ 3 & -6 & 10 & -8 & -28\end{bmatrix}$$

$$\xrightarrow{r_{21}^{(2)},\, r_{24}^{(3)}}\begin{bmatrix}0 & 0 & 1 & 0 & -1\\ -1 & 2 & -1 & 2 & 5\\ 0 & 0 & -3 & 1 & 6\\ 0 & 0 & 7 & -2 & -13\end{bmatrix}$$

$$\xrightarrow{r_{13}^{(3)},\, r_{14}^{(-7)}}\begin{bmatrix}0 & 0 & 1 & 0 & -1\\ -1 & 2 & -1 & 2 & 5\\ 0 & 0 & 0 & 1 & 3\\ 0 & 0 & 0 & -2 & -6\end{bmatrix}$$

$$\xrightarrow{r_{34}^{(2)}}\begin{bmatrix}0 & 0 & 1 & 0 & -1\\ -1 & 2 & -1 & 2 & 5\\ 0 & 0 & 0 & 1 & 3\\ 0 & 0 & 0 & 0 & 0\end{bmatrix}\text{具三個非零列}$$

$\text{rank}\,(\mathbf{D})=3$

$\dim\,(\ker\,(\mathbf{D}))=5-\text{rank}\,(\mathbf{D})=5-3=2$

6-2 正交投影

在許多工程上的問題會出現 $\mathbf{Ax}=\mathbf{b}$ 無解的情形，換言之，$\mathbf{b}$ 並不落在 $\mathbf{A}$ 的行向量所 span 的空間上，此時行向量的任何線性組合均無法得到 $\mathbf{b}$。當 $\text{rank}\,(\mathbf{A})<\text{rank}\,[\mathbf{A}|\mathbf{b}]$時，如何找出一最佳近似解 $\mathbf{x}_0$ 使得 $\mathbf{Ax}_0$ 至 $\mathbf{b}$ 的距離最接近？

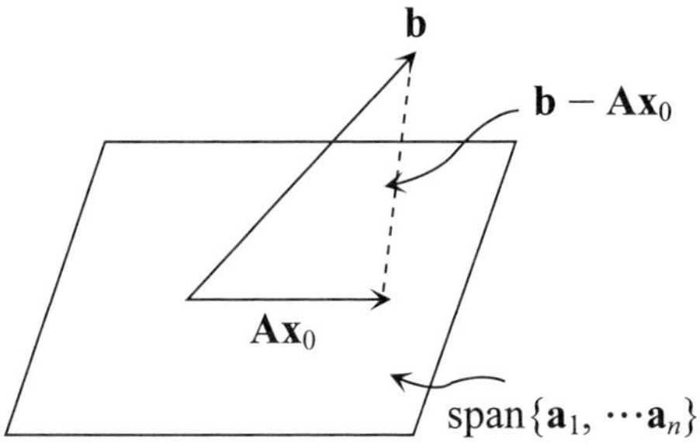

如圖所示，向量 $\mathbf{b}$ 與 $\mathbf{Ax}_0$ 之距離可用 $\sqrt{(\mathbf{Ax}_0-\mathbf{b},\ \mathbf{Ax}_0-\mathbf{b})}$ 來表示。故最佳近似解即在尋找一種以 $\{\mathbf{a}_1, \cdots \mathbf{a}_n\}$ 為基底的線組合方式表示 $\mathbf{Ax}_0$，以使得長度 $(\mathbf{Ax}_0-\mathbf{b},\ \mathbf{Ax}_0-\mathbf{b})$ 最小化。稍加觀察即可發現 $\mathbf{Ax}_0$ 便是 $\mathbf{b}$ 在 $\text{span}\{\mathbf{a}_1, \cdots \mathbf{a}_n\}$ 上的投影向量。

定義：正交投影

若 $\mathbf{x}_0$ 滿足 $(\mathbf{b}-\mathbf{Ax}_0,\ \mathbf{Ax}_0)=0$，則稱 $\mathbf{Ax}_0$ 為 $\mathbf{b}$ 對 $\text{span}\{\mathbf{a}_1, \cdots \mathbf{a}_n\}$ 的正交投影向量，其中 $\mathbf{x}=\sum_{i=1}^{n} c_i\,\mathbf{a}_i$；$\forall\{c_1, c_2\cdots c_n\}$

若函數 $T: V\to W$ 滿足

$\forall \mathbf{v}\in V$，$T\mathbf{v}\in W$

$\forall \mathbf{v}\in V$，$\forall \mathbf{w}\in W$，$(\mathbf{v}-T\mathbf{v},\ \mathbf{w})=0$

則稱 T 為 V 對 W 的正交投影映射（orthogonal projection of V on W），記為 $T=\text{proj}\ w$

觀念提示： *1.* proj $w\,(\mathbf{v})$ 若存在必唯一

2. 對 $\mathbf{w}\in W$，proj $w\,(\mathbf{v})=\mathbf{v}$

倘若已知 W 上之一組正交基底，則將可容易地求出正交投影的公式

定理 6-11：

設 $\{\mathbf{e}_1, \cdots \mathbf{e}_n\}$ 為 W 上的一組正交基底，定義映射 P：V→W 為

$$P(\mathbf{v})=\sum_{j=1}^{n}\frac{(\mathbf{v},\ \mathbf{e}_j)}{(\mathbf{e}_j,\ \mathbf{e}_j)}\mathbf{e}_j \tag{7}$$

稱 P 為 V 對 W 的正交投影映射

定理 6-12：

對於任何佈於 $R^{m\times n}$ 的矩陣 $\mathbf{A}$ 而言，CSP ($\mathbf{A}$) and ker ($\mathbf{A}^T$) are orthogonal complements

觀念提示：任何與 ker ($\mathbf{A}^T$)垂直的向量必定在 CSP ($\mathbf{A}$)中，換言之，任何與 CSP ($\mathbf{A}$)垂直的向量亦必定在 ker ($\mathbf{A}^T$)中

最佳近似解可應用以上的定理求出：因為$(\mathbf{b}-\mathbf{A}\mathbf{x}_0)\perp$ CSP ($\mathbf{A}$)，故$(\mathbf{b}-\mathbf{A}\mathbf{x}_0)\in$ ker ($\mathbf{A}^T$)依照 null space 的定義，可得到下式：

$$\mathbf{A}^T(\mathbf{b}-\mathbf{A}\mathbf{x}_0)=\mathbf{0}\Rightarrow(\mathbf{A}^T\mathbf{A})\mathbf{x}_0=\mathbf{A}^T\mathbf{b} \tag{8}$$

Assume $m>n$ (overdetermined) and $\mathbf{A}$ is full column rank, i.e., rank $\mathbf{A}=n$，則 $\mathbf{x}_0$ 有唯一解，稱之為最小平方解

$$\mathbf{x}_0=(\mathbf{A}^T\mathbf{A})^{-1}\mathbf{A}^T\mathbf{b} \tag{9}$$

綜上所述，在 $\mathbf{A}\mathbf{x}=\mathbf{b}$ 無解的情況下，最佳近似解（最小平方解）即為 $\mathbf{b}$ 在 CSP ($\mathbf{A}$)（或 Im $\mathbf{A}$）之正交投影 $\mathbf{A}\mathbf{x}_0$。在 $m>n$，rank ($\mathbf{A}$) $=n$ 的條件下，可定義正交投影矩陣 $\mathbf{P}_\mathbf{A}$ 為

$$\mathbf{P}_\mathbf{A}=\mathbf{A}(\mathbf{A}^T\mathbf{A})^{-1}\mathbf{A}^T \tag{10}$$

使得 $\mathbf{P}_\mathbf{A}\mathbf{b}=\mathbf{A}\mathbf{x}_0$

例 24： Let W be a subspace of R^3 spanned by the vectors $(1,-1,0)^T$ and $(4,0,1)^T$. Find a matrix $\mathbf{P}\in R^{3\times 3}$ such that $\mathbf{P}^T=\mathbf{P}=\mathbf{P}^2$ and range ($\mathbf{P}$) = W. （95 中原應數）

解　取 $\mathbf{P}$ 為 R^3 在 W 上的 orthogonal projection matrix

令 $\mathbf{A}=\begin{bmatrix}1 & 4\\ -1 & 0\\ 0 & 1\end{bmatrix}$，則 $W=\text{CSP}(\mathbf{A})$

取 $\mathbf{P}=\mathbf{A}\ (\mathbf{A}^{\mathbf{T}}\mathbf{A})^{-1}\mathbf{A}^{\mathbf{T}}=\dfrac{1}{18}\begin{bmatrix}17 & -1 & 4\\ -1 & 17 & 4\\ 4 & 4 & 2\end{bmatrix}$，則 $\mathbf{P}$ 為 R^3 在 W 上的 orthogonal projection matrix，滿足 $\mathbf{P}^{\mathbf{T}}=\mathbf{P}=\mathbf{P}^2$ 且 range $(\mathbf{P})=$ CSP $(\mathbf{P})=W$

例 25：Let $\mathbf{a}_1=[1, 1, 0]^t$, $\mathbf{a}_2=[2, 3, 0]^t$ and $\mathbf{b}=[4, 5, 6]^T$. Find the projection vector of $\mathbf{b}$ onto the plane that is spanned by the vectors $\mathbf{a}_1$ and $\mathbf{a}_2$.　（95 清華資應所）

解　令 $W=\text{span}\{\mathbf{a}_1, \mathbf{a}_2\}$, $\mathbf{A}=\begin{bmatrix}1 & 2\\ 1 & 3\\ 0 & 0\end{bmatrix}$，則 $\mathbf{b}$ 在 W 上的 projection vector 為

$$\mathbf{A}\ (\mathbf{A}^{\mathbf{T}}\mathbf{A})^{-1}\mathbf{A}^{\mathbf{T}}\mathbf{b}=\begin{bmatrix}4\\ 5\\ 0\end{bmatrix}$$

觀念提示：*1.* 由幾何上很容易瞭解下列敘述

(1)當 $\mathbf{b}\in\text{Im}\,\mathbf{A}$，則最小平方解 $\mathbf{x}_0$ 即為真正的解。

(2)當 $\mathbf{b}\perp\text{Im}\,\mathbf{A}$（或 $\mathbf{b}\in\ker\ (\mathbf{A}^{\mathbf{T}})$）則最小平方解必為零向量。

2. 對 $\mathbf{A}\in R^{m\times n}$ 下列敘述等價

(1)$\mathbf{A}$ 的各行向量線性獨立

(2)$m>n$，rank $\mathbf{A}=n$

(3) $\ker\mathbf{A}=\{\mathbf{0}\}$

(4)$\mathbf{A}^{\mathbf{T}}\mathbf{A}$ 為可逆

3. 對 $\mathbf{A} \in R^{m \times n}$ 下列各敘述等價

(1) $\ker(\mathbf{A}^{\mathbf{T}}\mathbf{A}) = \ker \mathbf{A}$

(2) $\text{nullity}(\mathbf{A}^{\mathbf{T}}\mathbf{A}) = \text{nullity}(\mathbf{A})$

(3) $\text{rank}(\mathbf{A}^{\mathbf{T}}\mathbf{A}) = \text{rank}\,\mathbf{A}$

4. $\mathbf{A} \in C^{m \times n}$，$m \geq n$，full rank 的情形下

(1) $\mathbf{P_A} = \mathbf{A}(\mathbf{A}^H\mathbf{A})^{-1}\mathbf{A}^H$ 為投影至 $\text{Im}\,\mathbf{A}$ 的投影矩陣

(2) $\mathbf{P_N} = \mathbf{I} - \mathbf{P_A} = \mathbf{I} - \mathbf{A}(\mathbf{A}^H\mathbf{A})^{-1}\mathbf{A}^H$ 則為投影至 $(\text{Im}\,\mathbf{A})^{\perp} = \ker(\mathbf{A}^H)$ 的投影矩陣。

(3) $\mathbf{P}$ 之 range space 即為 CSP $(\mathbf{A})$，$\mathbf{P}$ 之 null space 即為 $\ker(\mathbf{A}^H)$

定理 6-13：

$\mathbf{A} \in R^{m \times n}$，$r(\mathbf{A}) = n$，$\mathbf{P_A}$ and $\mathbf{P_N}$ share the following properties:

(1) $\mathbf{P_A} = \mathbf{P_A}^T$，$\mathbf{P_N} = \mathbf{P_N}^T$（symmetric）

(2) $\mathbf{P_A}^2 = \mathbf{P_A}$，$\mathbf{P_N}^2 = \mathbf{P_N}$（idempotent）

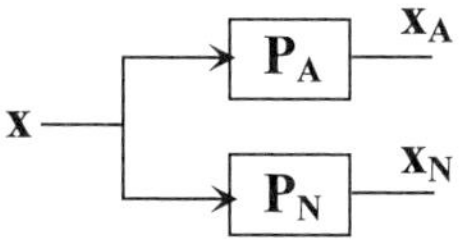

(3) $\mathbf{P_N}\mathbf{P_A} = \mathbf{P_A}\mathbf{P_N} = 0$（orthogonal）

(4) $\mathbf{P_A} + \mathbf{P_N} = \mathbf{I}$（decompose I）

(5) $\mathbf{P_A}\mathbf{A} = \mathbf{A}$

(6) $\mathbf{P_N}\mathbf{A} = \mathbf{0}$

(7) $\forall\, \mathbf{x} \in R^m$, can be uniquely decomposed as $\mathbf{x_A}$ and $\mathbf{x_N}$, such that

$$\mathbf{x} = \mathbf{x_A} + \mathbf{x_N} = \mathbf{P_A}\mathbf{x} + \mathbf{P_N}\mathbf{x}$$

(8) $\mathbf{x_A}^T\mathbf{x_N} = \mathbf{x_N}^T\mathbf{x_A} = 0$

(9) $\ker \mathbf{P_A} = \ker(A^T)$

(10) $\forall\, \mathbf{x}, \mathbf{y} \in R^{m \times 1}$，$(\mathbf{x} - \mathbf{P_A}\mathbf{x}, \mathbf{P_A}\mathbf{y}) = 0$

例 26： What is the projection of (1, 1, 1) onto the plane spanned by (1, 0, 0) and (1, 0, −1)? （清大資工）

解　$\mathbf{A}=\begin{bmatrix}1 & 1\\0 & 0\\0 & -1\end{bmatrix}\Rightarrow\mathbf{A}\,(\mathbf{A}^T\mathbf{A})^{-1}\mathbf{A}^T\begin{bmatrix}1\\1\\1\end{bmatrix}=\begin{bmatrix}1\\0\\1\end{bmatrix}$

例 27：　Show that Im ($\mathbf{A}$) and ker ($\mathbf{A}^T$) are orthogonal complements

（84 交大控工）

解　由 $\mathbf{A}\in R^{m\times n}$ 可知 $\mathbf{A}^T\in R^{n\times m}$

(1)先證明 if $\mathbf{x}\in\ker(\mathbf{A}^T)$，then $\mathbf{x}\in \text{CSP}(\mathbf{A})^{\perp}$

if $\mathbf{x}\in\ker(\mathbf{A}^T)\Rightarrow\mathbf{A}^T\mathbf{x}=\mathbf{0}$

$\Rightarrow\mathbf{x}^T\mathbf{A}=\mathbf{0}^T$

$\Rightarrow\mathbf{x}^T\mathbf{A}\mathbf{y}=\mathbf{0}^T\mathbf{y}=0$ for $\forall\mathbf{y}\in R^{n\times 1}$

$\Rightarrow(\mathbf{x},\mathbf{A}\mathbf{y})=0$

$\Rightarrow(\mathbf{x},\mathbf{z})=0$ for $\forall\mathbf{z}\in\text{Im}(\mathbf{A})$

故得證 $\mathbf{x}\in\text{Im}(\mathbf{A})^{\perp}$

(2)其次證 if $\mathbf{x}\in\text{Im}(\mathbf{A})^{\perp}$ then $\mathbf{x}\in\ker(\mathbf{A}^T)$

設 $\mathbf{x}\in\text{Im}(\mathbf{A})^{\perp}$

$\Rightarrow(\mathbf{x},\mathbf{z})=0$　for $\forall\mathbf{z}=\text{Im}(\mathbf{A})$

$\Rightarrow(\mathbf{x},\mathbf{A}\mathbf{y})=0$　for $\forall\mathbf{y}\in R^{n\times 1}$

$\Rightarrow\mathbf{x}^T\mathbf{A}\mathbf{y}=0$

$\Rightarrow\mathbf{x}^T\mathbf{A}=\mathbf{0}^T$，$\mathbf{0}\in R^{n\times 1}$

$\Rightarrow(\mathbf{x}^T\mathbf{A})^T=\mathbf{A}^T\mathbf{x}=\mathbf{0}$

$\therefore\mathbf{x}\in\ker(\mathbf{A}^T)$　得證

綜合(1) and (2)可知：$\text{Im}(\mathbf{A})^{\perp}=\ker(\mathbf{A}^T)$　得證

例 28：　求下列之最佳近似解：

$\mathbf{A}\mathbf{x}\sim\mathbf{y}$：$\mathbf{A}=\begin{bmatrix}1 & 2\\2 & 1\\1 & -1\end{bmatrix},\ \mathbf{y}=\begin{bmatrix}2\\3\\0\end{bmatrix}$　（清大應數）

解

$$\hat{\mathbf{x}} = \arg\min_{\mathbf{x}} (\mathbf{y}-\mathbf{A}\mathbf{x})^T(\mathbf{y}-\mathbf{A}\mathbf{x}) \text{ Least square solution}$$

$$= \arg\min_{\mathbf{x}} (\mathbf{x}^T\mathbf{A}^T\mathbf{A}\mathbf{x} - 2\mathbf{y}^T\mathbf{A}\mathbf{x})$$

將括號內之方程式對 **x** 微分，並將結果設為 0 可得

$$2\mathbf{A}^T\mathbf{A}\mathbf{y} = 2\mathbf{A}^T\mathbf{A}\mathbf{x}$$

$$\therefore \hat{\mathbf{x}} = (\mathbf{A}^T\mathbf{A})^{-1}\mathbf{A}^T\mathbf{y} = \left(\begin{bmatrix}1 & 2 & 1\\ 2 & 1 & -1\end{bmatrix}\begin{bmatrix}1 & 2\\ 2 & 1\\ 1 & -1\end{bmatrix}\right)^{-1}\begin{bmatrix}1 & 2 & 1\\ 2 & 1 & -1\end{bmatrix}\begin{bmatrix}2\\3\\0\end{bmatrix}$$

$$= \frac{1}{2}\begin{bmatrix}3\\2\end{bmatrix}$$

例 29： Let W be spanned by $\left\{\begin{bmatrix}1\\0\\1\end{bmatrix}, \begin{bmatrix}0\\1\\0\end{bmatrix}\right\}$.

(1) Find the orthogonal projection **P** on W.

(2) Show that the range space of **P** is W and the null space of **P** is orthogonal to W.

解

$$(1)\mathbf{P}\begin{bmatrix}x\\y\\z\end{bmatrix} = \frac{\begin{bmatrix}1 & 0 & 1\end{bmatrix}\begin{bmatrix}x\\y\\z\end{bmatrix}}{\begin{bmatrix}1 & 0 & 1\end{bmatrix}\begin{bmatrix}1\\0\\1\end{bmatrix}}\begin{bmatrix}1\\0\\1\end{bmatrix} + \frac{\begin{bmatrix}0 & 1 & 0\end{bmatrix}\begin{bmatrix}x\\y\\z\end{bmatrix}}{\begin{bmatrix}0 & 1 & 0\end{bmatrix}\begin{bmatrix}0\\1\\0\end{bmatrix}}\begin{bmatrix}0\\1\\0\end{bmatrix} = \begin{bmatrix}\frac{x+z}{2}\\ y\\ \frac{x+z}{2}\end{bmatrix}$$

$$\mathbf{P}^2\begin{bmatrix}x\\y\\z\end{bmatrix} = \mathbf{P}\begin{bmatrix}\frac{x+z}{2}\\ y\\ \frac{x+z}{2}\end{bmatrix} = \begin{bmatrix}\frac{\left(\frac{x+z}{2}+\frac{x+z}{2}\right)}{2}\\ y\\ \frac{\left(\frac{x+z}{2}+\frac{x+z}{2}\right)}{2}\end{bmatrix} = \begin{bmatrix}\frac{x+z}{2}\\ y\\ \frac{x+z}{2}\end{bmatrix} = \mathbf{P}\begin{bmatrix}x\\y\\z\end{bmatrix}$$

$$\Rightarrow \mathbf{P}^2 = \mathbf{P}$$

(2) the range space of **P**:

$$\begin{bmatrix} \frac{x+z}{2} \\ y \\ \frac{x+z}{2} \end{bmatrix} = x\begin{bmatrix} \frac{1}{2} \\ 0 \\ \frac{1}{2} \end{bmatrix} + y\begin{bmatrix} 0 \\ 1 \\ 0 \end{bmatrix} + z\begin{bmatrix} \frac{1}{2} \\ 0 \\ \frac{1}{2} \end{bmatrix}$$

$$= \text{span}\left\{\begin{bmatrix} 1 \\ 0 \\ 1 \end{bmatrix}, \begin{bmatrix} 0 \\ 1 \\ 0 \end{bmatrix}\right\} = W$$

the null space of **P**:

$$\left\{\begin{bmatrix} x \\ y \\ z \end{bmatrix} \middle| \mathbf{P}\begin{bmatrix} x \\ y \\ z \end{bmatrix} = 0\right\} = \left\{\begin{bmatrix} x \\ y \\ z \end{bmatrix} \middle| \begin{bmatrix} \frac{x+z}{2} \\ y \\ \frac{x+z}{2} \end{bmatrix} = 0\right\}$$

$$\left\{\begin{bmatrix} x \\ y \\ z \end{bmatrix} \middle| x+z=0, y=0\right\}$$

$$= \left\{\begin{bmatrix} x \\ 0 \\ -x \end{bmatrix}\right\} = W^{\perp}$$

例 30： Define an inner product on $C[0, 1]$ by

$\langle f, g \rangle = \int_0^1 f(x)g(x)dx$

Let $f_1(x) = x+2$，$f_2(x) = 2x-1$. Find the orthogonal projection of f_1 on f_2. （91 朝陽通訊）

解

$$\text{proj}_{f_2} f_1 = \frac{\langle f_1, f_2 \rangle}{\langle f_2, f_2 \rangle} f_2 = \frac{\int_0^1 (x+2)(2x-1)\,dx}{\int_0^1 (2x-1)^2 dx}(2x-1)$$

$$= x - \frac{1}{2}$$

例 31：Let W be a subspace of R^n with a basis $\{\mathbf{a}_1, \mathbf{a}_2, \cdots, \mathbf{a}_k\}$. $\mathbf{A}$ is the $n \times k$ matrix having column vectors $\{\mathbf{a}_1, \mathbf{a}_2, \cdots, \mathbf{a}_k\}$.

(a)Give the projection matrix **P** in terms of **A**. Is **P** unique?

(b)Show that **P** is idempotent and symmetric.

(c)Show that every $n \times n$ matrix that is idempotent and symmetric can be a projection matrix of certain subspace of R^n.

（95 中興通訊）

解 (a)$W = \text{span}\{\mathbf{a}_1, \mathbf{a}_2, \cdots, \mathbf{a}_k\} = R(\mathbf{A})$

則 $\mathbf{P} = \mathbf{A}(\mathbf{A}^\mathbf{T}\mathbf{A})^{-1}\mathbf{A}^T$，證明如下：

$\forall \mathbf{b} \in R^n, \mathbf{Pb} = \mathbf{A}[(\mathbf{A}^\mathbf{T}\mathbf{A})^{-1}\mathbf{A}^\mathbf{T}\mathbf{b}] \in R(\mathbf{A})$

$\forall \mathbf{w} = \mathbf{Ax} \in W$

$$\begin{aligned}\langle \mathbf{b} - \mathbf{Pb}, \mathbf{w} \rangle &= \mathbf{w}^T(\mathbf{b} - \mathbf{Pb}) = (\mathbf{Ax})^T(\mathbf{b} - \mathbf{Pb}) \\ &= \mathbf{x}^\mathbf{T}\mathbf{A}^\mathbf{T}\mathbf{b} - \mathbf{x}^\mathbf{T}\mathbf{A}^\mathbf{T}\mathbf{Pb} \\ &= \mathbf{x}^\mathbf{T}\mathbf{A}^\mathbf{T}\mathbf{b} - \mathbf{x}^\mathbf{T}\mathbf{A}^\mathbf{T}\mathbf{A}(\mathbf{A}^\mathbf{T}\mathbf{A})^{-1}\mathbf{A}^\mathbf{T}\mathbf{b} \\ &= \mathbf{x}^\mathbf{T}\mathbf{A}^\mathbf{T}\mathbf{b} - \mathbf{x}^\mathbf{T}\mathbf{A}^\mathbf{T}\mathbf{b} = \mathbf{0}\end{aligned}$$

所以 **Pb** 為 **b** 在 W 上的 projection vector

因此 **P** 為在 W 上的 projection matrix

另外，projection matrix 必定唯一

(b)
$$\begin{aligned}\mathbf{P}^2 &= (\mathbf{A}(\mathbf{A}^\mathbf{T}\mathbf{A})^{-1}\mathbf{A}^T)(\mathbf{A}(\mathbf{A}^\mathbf{T}\mathbf{A})^{-1}\mathbf{A}^T) \\ &= \mathbf{A}(\mathbf{A}^\mathbf{T}\mathbf{A})^{-1}\mathbf{A}^\mathbf{T}\mathbf{A}(\mathbf{A}^\mathbf{T}\mathbf{A})^{-1}\mathbf{A}^T \\ &= \mathbf{A}(\mathbf{A}^\mathbf{T}\mathbf{A})^{-1}\mathbf{A}^\mathbf{T} \\ &= \mathbf{P}\end{aligned}$$

$\Rightarrow \mathbf{P}$ 為 idempotent

$$\begin{aligned}\mathbf{P}^\mathbf{T} &= (\mathbf{A}(\mathbf{A}^\mathbf{T}\mathbf{A})^{-1}\mathbf{A}^T)^T \\ &= \mathbf{A}((\mathbf{A}^\mathbf{T}\mathbf{A})^{-1})^\mathbf{T}\mathbf{A}^T \\ &= \mathbf{A}((\mathbf{A}^\mathbf{T}\mathbf{A})^\mathbf{T})^{-1}\mathbf{A}^T \\ &= \mathbf{A}(\mathbf{A}^\mathbf{T}\mathbf{A})^{-1}\mathbf{A}^\mathbf{T}\end{aligned}$$

$=\mathbf{P}$

$\Rightarrow \mathbf{P}$ 為 symmetric

(c)假設 $\mathbf{P}$ 為一個 $n\times n$ 矩陣滿足 $\mathbf{P}^2=\mathbf{P}$ 且 $\mathbf{P}^T=\mathbf{P}$

$\forall \mathbf{y}=\mathbf{Px}\Rightarrow$

$$\begin{aligned}\langle \mathbf{b}-\mathbf{Pb}, \mathbf{y}\rangle &= \langle \mathbf{b}-\mathbf{Pb}, \mathbf{Px}\rangle\\ &= (\mathbf{Px})^T(\mathbf{b}-\mathbf{Pb})\\ &= \mathbf{x}^T\mathbf{P}^T(\mathbf{b}-\mathbf{Pb})\\ &= \mathbf{x}^T\mathbf{P}(\mathbf{b}-\mathbf{Pb})\\ &= \mathbf{x}^T\mathbf{P}(\mathbf{I}-\mathbf{P})\mathbf{b}\\ &= \mathbf{x}^T(\mathbf{P}-\mathbf{P}^2)\mathbf{b}\\ &= \mathbf{0},\ \forall \mathbf{b}\in R^{n\times 1}\end{aligned}$$

所以 $\mathbf{P}$ 為投影在 $R(\mathbf{P})$上的 projection matrix

例 32： Consider the matrix $\mathbf{A}=\begin{bmatrix}1 & 4\\ 1 & 1\\ 1 & 1\end{bmatrix}$.

(a)Give a factorization $\mathbf{A}=\mathbf{QR}$ where $\mathbf{R}$ is an upper-triangular matrix and $\mathbf{Q}$ is a matrix with orthonormal columns.

(b)Find the least square solution to the system

$\mathbf{Ax}=\mathbf{b}$, for $\mathbf{b}=\begin{bmatrix}4\\ 8\\ 6\end{bmatrix}$.

(c)The projection matrix $\mathbf{P}=\mathbf{A}(\mathbf{A}^T\mathbf{A})^{-1}\mathbf{A}^T$ projects all vectors onto the column space of $\mathbf{A}$. Find a vector $\mathbf{q}$, not in the column space of $\mathbf{A}$ such that

$\mathbf{Pq}=\begin{bmatrix}1\\ 4\\ 4\end{bmatrix}$ （95 中山電機所）

解

(a)令 $\mathbf{v}_1=\begin{bmatrix}1\\1\\1\end{bmatrix}$, $\mathbf{v}_2=\begin{bmatrix}4\\1\\1\end{bmatrix}$，利用 Gram-Schmidt process 對 $\mathbf{v}_1, \mathbf{v}_2$，正交化

$$\mathbf{u}_1=\mathbf{v}_1=\begin{bmatrix}1\\1\\1\end{bmatrix}\Rightarrow\|\mathbf{u}_1\|=\sqrt{3}$$

$$\mathbf{u}_2=\mathbf{v}_2-\frac{\langle\mathbf{v}_2,\mathbf{u}_1\rangle}{\langle\mathbf{u}_1,\mathbf{u}_1\rangle}\mathbf{u}_1=\begin{bmatrix}4\\1\\1\end{bmatrix}-\frac{6}{3}\begin{bmatrix}1\\1\\1\end{bmatrix}=\begin{bmatrix}2\\-1\\-1\end{bmatrix}\Rightarrow\|\mathbf{u}_2\|=\sqrt{6}$$

$\Rightarrow$

$$\mathbf{A}=[\mathbf{v}_1\quad\mathbf{v}_2]=[\mathbf{u}_1\quad\mathbf{u}_2]\begin{bmatrix}1&2\\0&1\end{bmatrix}$$

$$=\begin{bmatrix}\dfrac{\mathbf{u}_1}{\|\mathbf{u}_1\|}&\dfrac{\mathbf{u}_2}{\|\mathbf{u}_2\|}\end{bmatrix}\begin{bmatrix}\|\mathbf{u}_1\|&2\|\mathbf{u}_1\|\\0&\|\mathbf{u}_2\|\end{bmatrix}$$

$$=\underbrace{\begin{bmatrix}\frac{1}{\sqrt{3}}&\frac{2}{\sqrt{6}}\\\frac{1}{\sqrt{3}}&\frac{-1}{\sqrt{6}}\\\frac{1}{\sqrt{3}}&\frac{-1}{\sqrt{6}}\end{bmatrix}}_{\mathbf{Q}}\underbrace{\begin{bmatrix}\sqrt{3}&2\sqrt{3}\\0&\sqrt{6}\end{bmatrix}}_{\mathbf{R}}$$ 為 $\mathbf{A}$ 的 $\mathbf{QR}$ 分解

(b)相當於解 $\mathbf{A}^T\mathbf{A}\mathbf{x}=\mathbf{A}^T\mathbf{b}$ 或等價於解 $\mathbf{R}\mathbf{x}=\mathbf{Q}^T\mathbf{b}$

$$\Rightarrow\begin{bmatrix}\sqrt{3}&2\sqrt{3}\\0&\sqrt{6}\end{bmatrix}\mathbf{x}=\begin{bmatrix}6\sqrt{3}\\-\sqrt{6}\end{bmatrix}$$

$$\Rightarrow\mathbf{x}=\begin{bmatrix}\sqrt{3}&2\sqrt{3}\\0&\sqrt{6}\end{bmatrix}^{-1}\begin{bmatrix}6\sqrt{3}\\-\sqrt{6}\end{bmatrix}=\begin{bmatrix}8\\1\end{bmatrix}$$ 為 least square solution

(c)$\mathbf{P}=\mathbf{A}(\mathbf{A}^T\mathbf{A})^{-1}\mathbf{A}^T=\begin{bmatrix}1&0&0\\0&\frac{1}{2}&\frac{1}{2}\\0&\frac{1}{2}&\frac{1}{2}\end{bmatrix}$，令 $\mathbf{q}=\begin{bmatrix}q_1\\q_2\\q_3\end{bmatrix}$

解 $\mathbf{Pq}=\begin{bmatrix}1\\4\\4\end{bmatrix}$ 得 $\begin{cases} q_1=1 \\ \frac{1}{2}(q_2+q_3)=4 \end{cases} \Rightarrow \begin{cases} q_1=1 \\ q_2+q_3=8 \end{cases}$

取 $\mathbf{q}=\begin{bmatrix}1\\8\\0\end{bmatrix}$ 不在 $\mathbf{A}$ 的 column space 中使得 $\mathbf{Pq}=\begin{bmatrix}1\\4\\4\end{bmatrix}$

例 33： Let R^4 have the Euclidean inner product. Express $\mathbf{w}=[-1, 2, 6, 0]^T$ in the form $\mathbf{w}=\mathbf{w}_1+\mathbf{w}_2$ where $\mathbf{w}_1$ is in the space W spanned by $\mathbf{u}_1=[-1, 0, 1, 2]^T$ and $\mathbf{u}_2=[0, 1, 0, 1]^T$, and $\mathbf{w}_2$ is orthogonal to W. （95 清華電機所）

解　取 $\mathbf{w}_1$ 為 $\mathbf{w}$ 在 W 上的 orthogonal projection 且 $\mathbf{w}_2=\mathbf{w}-\mathbf{w}_1$，則 $\mathbf{w}_1\in W$ 且 $\mathbf{w}_2\perp W$

令 $\mathbf{A}=\begin{bmatrix}-1&0\\0&1\\1&0\\2&1\end{bmatrix}$，則 $\mathbf{A}(\mathbf{A}^{\mathbf{T}}\mathbf{A})^{-1}\mathbf{A}^{\mathbf{T}}\mathbf{w}=\begin{bmatrix}\frac{-5}{4}\\\frac{-1}{4}\\\frac{5}{4}\\\frac{9}{4}\end{bmatrix}$

所以取 $\mathbf{w}_1=\left[\frac{-5}{4}, \frac{-1}{4}, \frac{5}{4}, \frac{9}{4}\right]^T$, $\mathbf{w}_2=\left[\frac{1}{4}, \frac{9}{4}, \frac{19}{4}, \frac{-9}{4}\right]^T$

例 34： Find the least squares approximation solution of the system of linear equations:

$\mathbf{Ax}=\mathbf{b}$, where $\mathbf{A}=\begin{bmatrix}1&0&1\\0&2&2\\1&2&3\end{bmatrix}$, $\mathbf{x}=\begin{bmatrix}x\\y\\z\end{bmatrix}$, $\mathbf{b}=\begin{bmatrix}3\\3\\3\end{bmatrix}$.

（95 交大電子所）

解 欲求 $\mathbf{x}$ 使得 $\|\mathbf{Ax}-\mathbf{b}\|$ 為最小，這等價於解 $\mathbf{A^TAx}=\mathbf{A^Tb}$

$$\Rightarrow\begin{bmatrix}2&2&4\\2&8&10\\4&10&14\end{bmatrix}\begin{bmatrix}x\\y\\z\end{bmatrix}=\begin{bmatrix}6\\12\\18\end{bmatrix}$$

$$\left[\begin{array}{ccc|c}2&2&4&6\\2&8&10&12\\4&10&14&18\end{array}\right]\xrightarrow{r_{12}^{(-1)},\,r_{13}^{(-2)}}\left[\begin{array}{ccc|c}2&2&4&6\\0&6&6&6\\0&6&6&6\end{array}\right]\xrightarrow{r_{23}^{(-1)}}\left[\begin{array}{ccc|c}2&2&4&6\\0&6&6&6\\0&0&0&0\end{array}\right]$$

$$\Rightarrow\begin{cases}2x+2y+4z=6\\ \quad 6y+6z=6\end{cases}\Rightarrow\begin{cases}x=2-z\\y=1-z\end{cases}$$

所以 $\mathbf{Ax}=\mathbf{b}$ 的least squares approximation solution 為 $\begin{bmatrix}2-z\\1-z\\z\end{bmatrix}, z\in R$

例 35： (a)There are three vectors in space R^3:

$$\mathbf{u}_1=\begin{bmatrix}5\\-2\\1\end{bmatrix},\ \mathbf{u}_2=\begin{bmatrix}1\\2\\-1\end{bmatrix},\text{ and }\mathbf{y}=\begin{bmatrix}-1\\-5\\10\end{bmatrix}$$

Let W be a subspace spanned by $\mathbf{u}_1$ and $\mathbf{u}_2$. Find a specific point in W, which is closest to $\mathbf{y}$

(b)Find a least-squares solution of the equation $\mathbf{Ax}=\mathbf{b}$ for

$$\mathbf{A}=\begin{bmatrix}1&5\\3&1\\-2&4\end{bmatrix},\text{ and }\mathbf{b}=\begin{bmatrix}4\\-2\\-3\end{bmatrix}$$

解 (a)相當於求 $\mathbf{y}$ 在 W 的正交投影量

$\because \langle \mathbf{u}_1, \mathbf{u}_2\rangle > 0$

$\therefore \{\mathbf{u}_1, \mathbf{u}_2\}$ 為 W 的一組 orthogonal basis

$$\Rightarrow \text{proj}_w\,\mathbf{y}=\frac{\langle \mathbf{y},\mathbf{u}_1\rangle}{\langle \mathbf{u}_1,\mathbf{u}_1\rangle}\mathbf{u}_1+\frac{\langle \mathbf{y},\mathbf{u}_2\rangle}{\langle \mathbf{u}_2,\mathbf{u}_2\rangle}\mathbf{u}_2$$

$$=\frac{15}{30}\begin{bmatrix}5\\-2\\1\end{bmatrix}+\frac{-21}{6}\begin{bmatrix}1\\2\\-1\end{bmatrix}=\begin{bmatrix}-1\\-8\\4\end{bmatrix}$$

(b)相當於解 $\mathbf{A^T A x} = \mathbf{A^T b}$

因為 $\mathbf{A}$ 為行獨立

$\Rightarrow \mathbf{A^T A}$ 為可逆矩陣

$$\Rightarrow \mathbf{x} = (\mathbf{A^T A})^{-1}\mathbf{A^T b} = \begin{bmatrix} \frac{2}{7} \\ \frac{1}{7} \end{bmatrix}$$

例 36：　Given

$$\begin{cases} x+2y-z=1 \\ 2x+3y+z=2 \\ 4x+7y-z=4 \end{cases}$$

Find the solution of this system so that its length is minimal

（台大資訊）

解　利用高斯消去法可得

$$\begin{bmatrix} x \\ y \\ z \end{bmatrix} = \begin{bmatrix} 1 \\ 0 \\ 0 \end{bmatrix} + t\begin{bmatrix} -5 \\ 3 \\ 1 \end{bmatrix}$$

Let $\mathbf{x} = \begin{bmatrix} 1 \\ 0 \\ 0 \end{bmatrix}$, $\mathbf{A} = \begin{bmatrix} -5 \\ 3 \\ 1 \end{bmatrix}$, then we have

$$\mathbf{x} - \mathbf{A}\,(\mathbf{A}^T\mathbf{A})^{-1}\mathbf{A}^T\mathbf{x} = \frac{1}{7}\begin{bmatrix} 2 \\ 3 \\ 1 \end{bmatrix}$$

例 37：　試說明聯立方程組 $\begin{cases} x_1+x_2=9 \\ 3x_1-x_2=1 \\ x_1+2x_2=10 \end{cases}$ 無解, 並求其最小平方近似值（least square approximate solution）。　（95 中華應數）

解

$$[\mathbf{A}|\mathbf{b}]=\left[\begin{array}{cc|c}1&1&9\\3&-1&1\\1&2&10\end{array}\right]\xrightarrow{r_{12}^{(-3)},\,r_{13}^{(-1)}}\left[\begin{array}{cc|c}1&1&9\\0&-4&-26\\0&1&1\end{array}\right]\xrightarrow{r_{32}^{(4)}}\left[\begin{array}{cc|c}1&1&9\\0&0&-22\\0&1&1\end{array}\right]$$

因為 $2=\text{rank}(\mathbf{A})\neq\text{rank}([\mathbf{A}|\mathbf{b}])=3$，所以 $\mathbf{Ax}=\mathbf{b}$ 無解

欲求 least square approximate solution 相當於解 $\mathbf{A}^T\mathbf{A}=\mathbf{A}^T\mathbf{b}$

因為 $\mathbf{A}$ 為行獨立，所以 $\mathbf{A}^T\mathbf{A}$ 為可逆矩陣

$$\mathbf{x}=(\mathbf{A}^T\mathbf{A})^{-1}\mathbf{A}^T\mathbf{b}=\begin{bmatrix}2\\\frac{14}{3}\end{bmatrix}$$ 為 least square approximate solution

例 38： Let $\mathbf{U}=\text{span}\left\{\begin{bmatrix}1\\-1\\-1\end{bmatrix},\begin{bmatrix}1\\0\\-1\end{bmatrix}\right\}$ and $\mathbf{W}=\text{span}\left\{\begin{bmatrix}1\\0\\-1\end{bmatrix}\right\}$, two subspace of R^3. Find a matrix $\mathbf{P}\in R^{3\times 3}$ such that $\mathbf{Pu}=\mathbf{u}$, and $\mathbf{Pw}=\mathbf{0}$ for all $\mathbf{u}\in\mathbf{U}$, $\mathbf{w}\in\mathbf{W}$ （100 台聯大）

解

$\mathbf{P}[\mathbf{u}_1\quad\mathbf{u}_2\quad\mathbf{w}]=[\mathbf{u}_1\quad\mathbf{u}_2\quad\mathbf{0}]$

$\Rightarrow\mathbf{P}=[\mathbf{u}_1\quad\mathbf{u}_2\quad\mathbf{0}][\mathbf{u}_1\quad\mathbf{u}_2\quad\mathbf{w}]^{-1}$

$$=\begin{bmatrix}0&-1&0\\0&1&1\\1&1&1\end{bmatrix}$$

例 39： (a)Find the pseudoinverse of $\mathbf{A}=\begin{bmatrix}1&1\\-1&1\\1&4\end{bmatrix}$

(b)Find the least square solution to the following three line on x-y plane

$$\begin{cases}x+y=4\\-x+y=3\\x+4y=4\end{cases}$$

（100 高雄大電機）

解　$(\mathbf{A}^T\mathbf{A})^{-1}\mathbf{A}^T\mathbf{b}=\frac{1}{38}\begin{bmatrix}-2\\49\end{bmatrix}$

例 40： Given a linear system $\mathbf{Ax}=\mathbf{b}$, $\mathbf{A}=\begin{bmatrix}1&0&0&1\\1&1&1&1\\1&-2&4&-5\\1&-1&1&-1\\1&2&4&-1\end{bmatrix}$, $\mathbf{b}=\begin{bmatrix}0\\0\\1\\0\\0\end{bmatrix}$

Find all possible least square solutions　（99 交大數學）

解　$\mathbf{A}^T\mathbf{A}\mathbf{x}=\mathbf{A}^T\mathbf{b}$

$$\Rightarrow \mathbf{x}=k\begin{bmatrix}-1\\-1\\1\\1\end{bmatrix}+\begin{bmatrix}-\frac{3}{35}\\-\frac{1}{5}\\\frac{1}{7}\\0\end{bmatrix}$$

6-3　鏡射與 Householder 轉換

考慮平面上之一直線 L：$ax+by=0$，求平面上之任一點(x,y)相對於此直線之對稱點(x',y')，此即為鏡射運算。換言之，鏡射運算子需滿足：

$$T\left(\begin{bmatrix}x\\y\end{bmatrix}\right)=\begin{bmatrix}x'\\y'\end{bmatrix} \tag{11}$$

顯然的，若 L 為 x 軸，則鏡射後僅有 y 座標變號：

$$T\left(\begin{bmatrix}x\\y\end{bmatrix}\right)=\begin{bmatrix}x'\\y'\end{bmatrix}=\begin{bmatrix}x\\-y\end{bmatrix}\Rightarrow T=\begin{bmatrix}1&0\\0&-1\end{bmatrix} \tag{12}$$

若L為y軸，則鏡射後僅有x座標變號：

$$T\left(\begin{bmatrix} x \\ y \end{bmatrix}\right) = \begin{bmatrix} x' \\ y' \end{bmatrix} = \begin{bmatrix} -x \\ y \end{bmatrix} \Rightarrow T = \begin{bmatrix} -1 & 0 \\ 0 & 1 \end{bmatrix} \tag{13}$$

若L為$x+y=0$，則鏡射後滿足：

$$T\left(\begin{bmatrix} x \\ y \end{bmatrix}\right) = \begin{bmatrix} x' \\ y' \end{bmatrix} = \begin{bmatrix} -y \\ -y \end{bmatrix} \Rightarrow T = \begin{bmatrix} 0 & -1 \\ -1 & 0 \end{bmatrix} \tag{14}$$

換言之，鏡射矩陣與所考慮之直線L有關，點$\vec{P}=(x, y)$在L：$ax+by=0$（線向量$\vec{l}=(-b, ay)$)上之投影向量$\vec{Q}$為

$$\vec{Q} = \frac{\langle \vec{P}, \vec{l} \rangle}{\langle \vec{l}, \vec{l} \rangle}\vec{l} = \frac{-bx+ay}{a^2+b^2}(-b, a) \tag{15}$$

故對稱點$\vec{P}'=(x', y')$可由中點關係式求得

$$\frac{1}{2}(\vec{P}'+\vec{P}) = \vec{Q} \tag{16}$$

將(15)代入(16)可得鏡射矩陣之一般式為

$$T\left(\begin{bmatrix} x \\ y \end{bmatrix}\right) = \begin{bmatrix} \frac{b^2-a^2}{a^2+b^2} & \frac{-2ab}{a^2+b^2} \\ \frac{-2ab}{a^2+b^2} & \frac{a^2-b^2}{a^2+b^2} \end{bmatrix}\begin{bmatrix} x \\ y \end{bmatrix} \Rightarrow T = \begin{bmatrix} \frac{b^2-a^2}{a^2+b^2} & \frac{-2ab}{a^2+b^2} \\ \frac{-2ab}{a^2+b^2} & \frac{a^2-b^2}{a^2+b^2} \end{bmatrix} \tag{17}$$

觀念提示： *1.* 投影向量$\vec{Q}$亦可由正交投影之觀念求得，參考(10)式之正交投影矩陣$\mathbf{P_A}=\mathbf{A}(\mathbf{A}^T\mathbf{A})^{-1}\mathbf{A}^T$，顯然的，以本例而言，$\mathbf{A}=\begin{bmatrix} -b \\ a \end{bmatrix}$，可求得

$$\mathbf{P_A}=\mathbf{A}\,(\mathbf{A}^T\mathbf{A})^{-1}\mathbf{A}^T=\begin{bmatrix}\dfrac{b^2}{a^2+b^2} & \dfrac{-ab}{a^2+b^2}\\ \dfrac{-ab}{a^2+b^2} & \dfrac{a^2}{a^2+b^2}\end{bmatrix} \tag{18}$$

可得投影向量 $\vec{Q}$ 為

$$\vec{Q}=\mathbf{P_A}\begin{bmatrix}x\\y\end{bmatrix}=\begin{bmatrix}\dfrac{b^2}{a^2+b^2} & \dfrac{-ab}{a^2+b^2}\\ \dfrac{-ab}{a^2+b^2} & \dfrac{a^2}{a^2+b^2}\end{bmatrix}\begin{bmatrix}x\\y\end{bmatrix} \tag{19}$$

此與(15)之結果相同。

2. 顯然的，若對 $\vec{P}=(x, y)$鏡射後得到 $\vec{P}'=(x', y')$，再對 $\vec{P}'=(x', y')$鏡射後可還原得到 $\vec{P}=(x, y)$：

$$T\left(T\left(\begin{bmatrix}x\\y\end{bmatrix}\right)\right)=T\left(\begin{bmatrix}x'\\y'\end{bmatrix}\right)=\begin{bmatrix}x\\y\end{bmatrix}$$

$$\Rightarrow T^2=\mathbf{I} \tag{20}$$

$$\therefore T=T^{-1}$$

以(17)為例

$$T^{-1}=\frac{1}{\dfrac{b^2-a^2}{a^2+b^2}\times\dfrac{a^2-b^2}{a^2+b^2}-\dfrac{-2ab}{a^2+b^2}\times\dfrac{-2ab}{a^2+b^2}}\begin{bmatrix}\dfrac{a^2-b^2}{a^2+b^2} & \dfrac{2ab}{a^2+b^2}\\ \dfrac{2ab}{a^2+b^2} & \dfrac{b^2-a^2}{a^2+b^2}\end{bmatrix}$$

$$=\begin{bmatrix}\dfrac{b^2-a^2}{a^2+b^2} & \dfrac{-2ab}{a^2+b^2}\\ \dfrac{-2ab}{a^2+b^2} & \dfrac{a^2-b^2}{a^2+b^2}\end{bmatrix}=T$$

故可得以下定理：

定理 6-14：

T：$R^2\rightarrow R^2$ 為鏡射運算子，則對 L：$ax+by=0$，及平面上之任一點(x, y)

$$(1)\ T=\begin{bmatrix}\dfrac{b^2-a^2}{a^2+b^2} & \dfrac{-2ab}{a^2+b^2}\\ \dfrac{-2ab}{a^2+b^2} & \dfrac{a^2-b^2}{a^2+b^2}\end{bmatrix}$$

(2) $T = T^{-1}$

(3)若 L：$ax + by = 0$ 與 x 軸之夾角為 θ（逆時針），$\vec{P} = (x, y)$ 與 x 軸之夾角為 φ，則鏡射矩陣（Householder matrix）可表示為

$$T=\begin{bmatrix}\cos(2\theta) & \sin(2\theta)\\ \sin(2\theta) & -\cos(2\theta)\end{bmatrix} \tag{21}$$

(4)鏡射矩陣之行列式之值為 -1

證明：(3) $\begin{cases}x=\rho\cos\varphi\\ y=\rho\sin\varphi\end{cases}$，鏡射後得到 $\vec{P}'=(x', y')$，其中

$$\begin{cases}x'=\rho\cos(\varphi+2(\theta-\varphi))=\rho\cos(2\theta-\varphi)=x\cos(2\theta)+y\sin(2\theta)\\ y'=\rho\sin(\varphi+2(\theta-\varphi))=\rho\sin(2\theta-\varphi)=x\sin(2\theta)-y\cos(2\theta)\end{cases} \tag{22}$$

可得鏡射矩陣之一般式為

$$T\left(\begin{bmatrix}x\\ y\end{bmatrix}\right)=\begin{bmatrix}\cos(2\theta) & \sin(2\theta)\\ \sin(2\theta) & -\cos(2\theta)\end{bmatrix}\begin{bmatrix}x\\ y\end{bmatrix}\Rightarrow T=\begin{bmatrix}\cos(2\theta) & \sin(2\theta)\\ \sin(2\theta) & -\cos(2\theta)\end{bmatrix}$$

(4)由(17)及(21)式可輕易得證

觀念提示：*1.* 宜區分鏡射矩陣與旋轉矩陣之差異性

鏡射矩陣：$\begin{bmatrix}\cos(\theta) & \sin(\theta)\\ \sin(\theta) & -\cos(\theta)\end{bmatrix}$

旋轉矩陣：$\begin{bmatrix}\cos(\theta) & -\sin(\theta)\\ \sin(\theta) & \cos(\theta)\end{bmatrix}$

2. 平面上之任一點(x, y)對不同的線作兩次鏡射運算等同於一旋轉運算

將以上有關鏡射矩陣之討論延申至 T：$R^n \to R^n$，令 $\mathbf{n}$ 為鏡射子空間（$n-1$ 維）之法向量，$\mathbf{x}, \mathbf{y}$ 分別為鏡射前及鏡射後之向量，則有

$$\begin{aligned}\mathbf{y} &= \mathbf{x} - 2\frac{\langle \mathbf{x}, \mathbf{n}\rangle}{\langle \mathbf{n}, \mathbf{n}\rangle}\mathbf{n} = \mathbf{x} - 2\frac{\mathbf{n}^T\mathbf{x}}{\mathbf{n}^T\mathbf{n}}\mathbf{n}\\ &= \left(\mathbf{I} - 2\frac{\mathbf{n}\mathbf{n}^T}{\mathbf{n}^T\mathbf{n}}\right)\mathbf{x}\\ &= \mathbf{H}\mathbf{x}\end{aligned} \tag{23}$$

其中鏡射矩陣（Householder matrix）為：

$$\mathbf{H}=\left(\mathbf{I}-2\frac{\mathbf{n}\mathbf{n}^T}{\mathbf{n}^T\mathbf{n}}\right) \tag{24}$$

有關 Householder matrix 之性質可由以下定理瞭解。

定理 6-15：

$T：R^n \to R^n$ 為 Householder matrix，$\mathbf{H}=\left(\mathbf{I}-2\frac{\mathbf{n}\mathbf{n}^T}{\mathbf{n}^T\mathbf{n}}\right)$，滿足以下性質

(1)$\mathbf{H}^T=\mathbf{H}$

(2)$\mathbf{H}^T\mathbf{H}=\mathbf{I}$

(3) $\det(\mathbf{H})=-1$

(4)$\mathbf{H}^2=\mathbf{I}$

證明：(1), (2), (4) 直接計算即可得到

(3)$\frac{\mathbf{n}\mathbf{n}^T}{\mathbf{n}^T\mathbf{n}}$ 之 eigenvalues are 0, 0, ⋯, 1

$\Rightarrow \mathbf{H}=\left(\mathbf{I}-2\frac{\mathbf{n}\mathbf{n}^T}{\mathbf{n}^T\mathbf{n}}\right)$ 之 eigenvalues are 1, 1, ⋯, −1

$\Rightarrow \det(\mathbf{H})=\prod_{i=1}^{n}\lambda_i=-1$

例 41：　若 $\mathbf{A}$ 代表對 $L：\sqrt{3}x+y=0$ 之 Householder matrix，

$\mathbf{BA}=\begin{bmatrix}-1 & 0\\ 0 & -1\end{bmatrix}$，求

(1)$\mathbf{A}$

(2)$\mathbf{B}$

(3)$\mathbf{B}$ 是否為旋轉矩陣

解　(1) From (17), we have

$$\mathbf{A}=\begin{bmatrix}-\frac{1}{2} & \frac{-\sqrt{3}}{2}\\ \frac{-\sqrt{3}}{2} & \frac{1}{2}\end{bmatrix}$$

另解：$\sqrt{3}x+y=0$ 與 x 軸之夾角為 $\theta=\frac{2}{3}\pi$，from (21), we have

$$\mathbf{A}=\begin{bmatrix}\cos\left(\frac{4\pi}{3}\right) & \sin\left(\frac{4\pi}{3}\right)\\ \sin\left(\frac{4\pi}{3}\right) & -\cos\left(\frac{4\pi}{3}\right)\end{bmatrix}=\begin{bmatrix}-\frac{1}{2} & \frac{-\sqrt{3}}{2}\\ \frac{-\sqrt{3}}{2} & \frac{1}{2}\end{bmatrix}$$

(2) $\mathbf{BA}=-\mathbf{I}\Rightarrow\mathbf{B}=-\mathbf{A}^{-1}=-\mathbf{A}=\begin{bmatrix}\frac{1}{2} & \frac{\sqrt{3}}{2}\\ \frac{\sqrt{3}}{2} & -\frac{1}{2}\end{bmatrix}$

(3)否

例 42： Find the standard matrix for the composition of linear operators in $\mathbf{R}^3$: A dilation with factor 3, followed by a rotation of $\frac{\pi}{6}$ about the y-axis, followed by a reflection about the yz-plane.

（99 中正電機通訊）

解 自行練習

6-4 Curve fitting

1. Line fitting

對於一組觀察數據 $\{(x_i, y_i)\}_{i=1,2,\cdots}$，若以一直線 $y=a+bx$ 近似，則其平方誤差（square error）為：

$$E(a, b)=\sum_{i=1}^{n}(y_i-a-bx_i)^2 \tag{25}$$

Find the value of (a, b) such that $E(a, b)$ is minimized

$$\frac{\partial E(a,b)}{\partial a} = -2\sum_{i=1}^{n}(y_i - a - bx_i) = 0$$

$$\Rightarrow \sum_{i=1}^{n} y_i - an - b\sum_{i=1}^{n} x_i = 0$$

$$\frac{\partial E(a,b)}{\partial b} = -2\sum_{i=1}^{n} x_i (y_i - a - bx_i) = 0$$

$$\Rightarrow \sum_{i=1}^{n} x_i y_i - a\sum_{i=1}^{n} x_i - b\sum_{i=1}^{n} x_i^2 = 0$$

$$\therefore \begin{bmatrix} n & \sum_{i=1}^{n} x_i \\ \sum_{i=1}^{n} x_i & \sum_{i=1}^{n} x_i^2 \end{bmatrix}\begin{bmatrix} a \\ b \end{bmatrix} = \begin{bmatrix} \sum_{i=1}^{n} y_i \\ \sum_{i=1}^{n} x_i y_i \end{bmatrix}, \text{ or } \begin{bmatrix} a \\ b \end{bmatrix} = \begin{bmatrix} n & \sum_{i=1}^{n} x_i \\ \sum_{i=1}^{n} x_i & \sum_{i=1}^{n} x_i^2 \end{bmatrix}^{-1}\begin{bmatrix} \sum_{i=1}^{n} y_i \\ \sum_{i=1}^{n} x_i y_i \end{bmatrix}$$

2. Parabolic curve fitting

對於一組觀察數據$\{(x_i, y_i)\}_{i=1,2,\cdots}$，若以一拋物線$y=a+bx+cx^2$來近似，則其平方誤差（square error）為：

$$E(a,\ b,\ c) = \sum_{i=1}^{n}(y_i - a - bx_i - cx_i^2)^2 \tag{26}$$

Find the value of (a, b, c) such that $E(a, b, c)$ is minimized

$$\frac{\partial E(a,b,c)}{\partial a} = -2\sum_{i=1}^{n}(y_i - a - bx_i - cx_i^2) = 0$$

$$\Rightarrow \sum_{i=1}^{n} y_i - an - b\sum_{i=1}^{n} x_i - c\sum_{i=1}^{n} x_i^2 = 0$$

$$\frac{\partial E(a,b,c)}{\partial b} = -2\sum_{i=1}^{n} x_i (y_i - a - bx_i - cx_i^2) = 0$$

$$\Rightarrow \sum_{i=1}^{n} x_i y_i - a\sum_{i=1}^{n} x_i - b\sum_{i=1}^{n} x_i^2 - c\sum_{i=1}^{n} x_i^3 = 0$$

$$\frac{\partial E(a,b,c)}{\partial c} = -2\sum_{i=1}^{n} x_i^2 (y_i - a - bx_i - cx_i^2) = 0$$

$$\Rightarrow \sum_{i=1}^{n} x_i^2 y_i - a\sum_{i=1}^{n} x_i^2 - b\sum_{i=1}^{n} x_i^3 - c\sum_{i=1}^{n} x_i^4 = 0$$

$$\therefore \begin{bmatrix} n & \sum_{i=1}^{n} x_i & \sum_{i=1}^{n} x_i^2 \\ \sum_{i=1}^{n} x_i & \sum_{i=1}^{n} x_i^2 & \sum_{i=1}^{n} x_i^3 \\ \sum_{i=1}^{n} x_i^2 & \sum_{i=1}^{n} x_i^3 & \sum_{i=1}^{n} x_i^4 \end{bmatrix} \begin{bmatrix} a \\ b \\ c \end{bmatrix} = \begin{bmatrix} \sum_{i=1}^{n} y_i \\ \sum_{i=1}^{n} x_i y_i \\ \sum_{i=1}^{n} x_i^2 y_i \end{bmatrix},$$

$$\text{or} \begin{bmatrix} a \\ b \\ c \end{bmatrix} = \begin{bmatrix} n & \sum_{i=1}^{n} x_i & \sum_{i=1}^{n} x_i^2 \\ \sum_{i=1}^{n} x_i & \sum_{i=1}^{n} x_i^2 & \sum_{i=1}^{n} x_i^3 \\ \sum_{i=1}^{n} x_i^2 & \sum_{i=1}^{n} x_i^3 & \sum_{i=1}^{n} x_i^4 \end{bmatrix}^{-1} \begin{bmatrix} \sum_{i=1}^{n} y_i \\ \sum_{i=1}^{n} x_i y_i \\ \sum_{i=1}^{n} x_i^2 y_i \end{bmatrix}$$

例 43： Consider the inner product space $c[0, 1]$ with inner product defined by

$$\langle f, g \rangle = \int_0^1 f(x)g(x)dx$$

Let S be the space spanned by 1, and $(2x-1)$. Find the best least squares approximation to $\sqrt{x}$ by a function from S.

（90 台科大電機）

解 Mean square error can be obtained as:

$$e(c_1, c_2) = \int_0^1 (\sqrt{x} - c_1 - c_2(2x-1))^2 dx$$

$$\frac{\partial e}{\partial c_1} = -\int_0^1 (\sqrt{x} - c_1 - c_2(2x-1))dx = 0$$

$$\Rightarrow c_1 = \frac{2}{3}$$

$$\frac{\partial e}{\partial c_2} = -2\int_0^1 (2x-1)(\sqrt{x} - c_1 - c_2(2x-1))dx = 0$$

$$\Rightarrow c_2 = \frac{2}{5}$$

$\therefore$ the best least square approximation is

$$\frac{2}{3} + \frac{2}{5}(2x-1)$$

例 44： Find the equation of the circle that gives the best least squares circle fit to the points (1, 0), (2, 2), (3, 0), (2, −2).

（91 中原電子）

解

圓方程式：$(x-x_0)^2+(y-y_0)^2=r^2$

其中 x_0, y_0 為圓心，r 為半徑

$\Rightarrow 2x_0x+2y_0y+(r^2-x_0^2-y_0^2)=x^2+y^2$

令 $z_0=r^2-x_0^2-y_0^2$

$\Rightarrow 2x_0x+2y_0y+z_0=x^2+y^2$

求(x_0, y_0, z_0)使 $\sum_{i=1}^{n}[r^2-(x_i-x_0)^2+(y_i-y_0)^2]$ minimize

$$\text{Let } \mathbf{A}=\begin{bmatrix}2x_1 & 2y_1 & 1\\ 2x_2 & 2y_2 & 1\\ 2x_3 & 2y_3 & 1\\ 2x_4 & 2y_4 & 1\end{bmatrix}=\begin{bmatrix}2 & 0 & 1\\ 4 & 4 & 1\\ 6 & 0 & 1\\ 4 & -4 & 1\end{bmatrix},\ \mathbf{x}=\begin{bmatrix}x_0\\ y_0\\ z_0\end{bmatrix}$$

$$\mathbf{b}=\begin{bmatrix}x_1^2+y_1^2\\ x_2^2+y_2^2\\ x_3^2+y_3^2\\ x_4^2+y_4^2\end{bmatrix}=\begin{bmatrix}1\\ 8\\ 9\\ 8\end{bmatrix}$$

$$\Rightarrow \mathbf{x}=(\mathbf{A}^{\mathrm{T}}\mathbf{A})^{-1}\mathbf{A}^{T}\mathbf{b}=\begin{bmatrix}72 & 0 & 4\\ 0 & 32 & 0\\ 4 & 0 & 4\end{bmatrix}^{-1}\begin{bmatrix}120\\ 0\\ 8\end{bmatrix}=\begin{bmatrix}\frac{28}{17}\\ 0\\ \frac{6}{17}\end{bmatrix}$$

$\therefore r=\sqrt{z_0+x_0^2+y_0^2}=\dfrac{\sqrt{886}}{17}$　故圓為 $\left(x-\dfrac{28}{17}\right)^2=\dfrac{886}{289}$

例 45： Find the least square line $y=ax+b$ for the data points (x, y) of (−1, 0), (1, 1), (2, 3).

（91 中正通訊）

解

Solve $\mathbf{Ax}\sim\mathbf{b}$

Let $\mathbf{x}=\begin{bmatrix} a \\ b \end{bmatrix}$，$\mathbf{A}=\begin{bmatrix} 1 & -1 \\ 1 & 1 \\ 1 & 2 \end{bmatrix}$，$\mathbf{b}=\begin{bmatrix} 0 \\ 1 \\ 3 \end{bmatrix}$

$$\Rightarrow \mathbf{x}=(\mathbf{A}^{\mathrm{T}}\mathbf{A})^{-1}\mathbf{A}^{T}\mathbf{b}=\begin{bmatrix} \frac{5}{7} \\ \frac{13}{14} \end{bmatrix}$$

least square line 為 $y=\frac{13}{14}x+\frac{5}{7}$

例 46： The owner of a rapidly expanding business finds that for the first five months of the year the sales (in thousands) are \$4.0, \$4.4, \$5.2,\$6.4, and \$8.0. The owner plots these figures on a graph and conjectures that for the rest of the year the sales curve can be approximated by a quadratic polynomial. Find the least squares quadratic polynomial fit to the sales curve, and use it to project the sales for the twelfth month of the year. （95 清華電機）

解 在 xy 平面上的五個點：

x	1	2	3	4	5
y	4.0	4.4	5.2	6.4	8.0

假設 least squares quadratic polynomial 為 $y=a+bx+cx^2$

$\mathbf{A}=\begin{bmatrix} 1 & 1 & 1 \\ 1 & 2 & 4 \\ 1 & 3 & 9 \\ 1 & 4 & 6 \\ 1 & 5 & 25 \end{bmatrix}$, $\mathbf{x}=\begin{bmatrix} a \\ b \\ c \end{bmatrix}$, $\mathbf{b}=\begin{bmatrix} 4.0 \\ 4.4 \\ 5.2 \\ 6.4 \\ 8.0 \end{bmatrix}$，則這個問題相當於求 $\mathbf{x}$ 使得

$\|\mathbf{Ax}-\mathbf{b}\|$ 為最小，這等價於解 $\mathbf{A}^{\mathrm{T}}\mathbf{Ax}=\mathbf{A}^{\mathrm{T}}\mathbf{b}$

$$\Rightarrow \mathbf{x} = (\mathbf{A}^T\mathbf{A})^{-1}\mathbf{A}^T\mathbf{b} = \begin{bmatrix} 4.0 \\ -0.2 \\ 0.2 \end{bmatrix}$$

所以 least squares quadratic polynomial 為 $y = 4.0 - 0.2x + 0.2x^2$

因此第 25 個月的值為 $4.0 - 0.2 \times 25 + 0.2 \times (25)^2 = 124$

精選練習

1. 已知 $\mathbf{A} = \begin{bmatrix} 1 & 4 & 7 \\ 2 & 5 & 8 \\ 3 & 6 & 11 \end{bmatrix}, \mathbf{b} = \begin{bmatrix} 1 \\ 1 \\ 1 \end{bmatrix}, \mathbf{B} = \begin{bmatrix} 4 & 3 & 6 \\ 2 & 5 & 1 \\ 1 & 7 & 2 \end{bmatrix}$ 求：

   (a)矩陣$[\mathbf{A}|\mathbf{b}]$之 rank

   (b)解 $\mathbf{Ax} = \mathbf{b}$

   (c)$\mathbf{A}$, $\mathbf{B}$ 是否相似　　（交大電信）

2. 求 $\mathbf{A} = \begin{bmatrix} 3 & 0 & 2 & 2 \\ -6 & 42 & 24 & 54 \\ 21 & -21 & 0 & -15 \end{bmatrix}$ 之 rank = ？　　（交大工工）

3. 求下列矩陣之 rank

   (a)$\begin{bmatrix} 2 & -1 & 1 \\ 1 & 4 & -1 \end{bmatrix}$　(b)$\begin{bmatrix} 2 & 1 & 4 \\ 3 & 0 & 1 \\ 2 & -1 & 1 \end{bmatrix}$　(c)$\begin{bmatrix} 1 & -1 & 2 \\ 3 & 1 & -1 \\ 2 & 2 & -3 \end{bmatrix}$

4. Does the system of equations

   $$\begin{cases} x_1 + x_2 + x_3 = 1 \\ x_1 + x_3 = 1 \\ 2x_1 + x_2 + 2x_3 = 1 \end{cases}$$

   have any solution? What is the necessary and sufficient condition for a system $\mathbf{Ax} = \mathbf{y}$ to have a solution? Justify your answer　　（清大資工）

5. 由$[1 \quad 2 \quad 2]^T$及$[-1 \quad 2 \quad -1]^T$所擴展（span）的空間中找出與$[1 \quad 1 \quad 1]^T$最接近之向量　　（81 交大電子）

6. (a)A system of linear equations with 6 unknowns is know to be consistent and to have a unique solution .What can be said about the rank of the augmented and coefficient matrices? What can be said about the number of equations？Give reasons

   (b)The rank of the coefficient matrix of a certain inconsistent system of linear equation with five unknowns is found to be 4 .What can be said about the rank of the augmented matrix.

What can be said about the number of equations ?

(c)Suppose we are given 5 linear homogeneous equations in 5 unknowns. If **A** is the coefficient matrix , and if $|\mathbf{A}| \neq 0$, what can be said about a solution? （清大資工）

7. 求矩陣 **A** 之 rank＝ ?

$$\mathbf{A}=\begin{bmatrix}1030\\1831\\1031\end{bmatrix}$$ （成大化工）

8. (a)Write a sentence to define the rank of a matrix **A**

(b)To solute $\mathbf{Ax}=\mathbf{b}$, the three cases of solvability (i.e., no solution Exactly one solution , Infinitely many solutions) are determined by the rank of $[\mathbf{A}|\mathbf{b}]$ and **A**. Write a theorem to describe the relations

(c)Given $\begin{bmatrix}1 & -2 & 3\\2 & k & 6\\-1 & 3 & k-3\end{bmatrix}=\begin{bmatrix}x_1\\x_2\\x_3\end{bmatrix}=\begin{bmatrix}1\\6\\0\end{bmatrix}$

find k separately for which the system has no, exactly one , and infinitely many solutions by using **b**

(d) LU-decomposition is more frequently used than Gauss elimination to solve $\mathbf{Ax}=\mathbf{b}$. Please give the major reason. （交大電子）

9. Find the weighted least squares solution **x** to $\mathbf{Ax}=\mathbf{b}$

$$\mathbf{A}=\begin{bmatrix}1 & 2\\1 & 0\\1 & 2\end{bmatrix},\ \mathbf{b}=\begin{bmatrix}1\\0\\1\end{bmatrix},\ \mathbf{W}=\begin{bmatrix}1 & 0 & 0\\0 & 2 & 0\\0 & 0 & 1\end{bmatrix}$$

Check the projection $\mathbf{Ax}$ is still perpendicular to the error $\mathbf{b}-\mathbf{Ax}$ （86 中興電機）

10. let $\mathbf{B}=\{\mathbf{v}_1, \mathbf{v}_2, \mathbf{v}_3, \mathbf{v}_4\}$ be a basis for a vector space **V** and $\mathbf{T}:\mathbf{V}\rightarrow\mathbf{V}$ the linear operator for which

$\mathbf{T}(\mathbf{v}_1)=\mathbf{v}_1+\mathbf{v}_2+\mathbf{v}_3+3\mathbf{v}_4$

$\mathbf{T}(\mathbf{v}_2)=\mathbf{v}_1-\mathbf{v}_2+2\mathbf{v}_3+2\mathbf{v}_4$

$\mathbf{T}(\mathbf{v}_3)=2\mathbf{v}_1-4\mathbf{v}_2+5\mathbf{v}_3+3\mathbf{v}_4$

$\mathbf{T}(\mathbf{v}_4)=-2\mathbf{v}_1+6\mathbf{v}_2-6\mathbf{v}_3-2\mathbf{v}_4$

(a)Find the rank and nullity of **T**

(b)Determine **T** whether is one to one （台科大電機）

11. Consider the following linear transformation **T**

$$\mathbf{T}\left\{\begin{bmatrix}v_1\\v_2\\v_3\\v_4\end{bmatrix}\right\}=\begin{bmatrix}2v_1+v_2\\v_1-v_2\\3v_3+2v_4\end{bmatrix}$$

(a)Find the null space of **T** by finding a basis

(b)Find the range space of **T** by finding a basis

(c)Determine the nullity and the rank of **T** （86 中興電機）

12. **A** is m by n matrix

(a)Define rank of **A**

(b)If rank of **A** is **r**, what is the dimension of the null space (kernel) of **A**?

(c)Prove that the rank of **A** is equal to rank of $\mathbf{A}^T\mathbf{A}$

13. Let **T**: $R^4 \rightarrow R^3$ be the linear transformation defined by

$\mathbf{T}(x, y, z, w) = (x-2y+z-w, 3x-2z+3w, 5x-4y+w)$

(a)Find the bases for the kernel and image of **T**

(b)Find the value of a if $(1, 4, a) \in \text{Im}\ \mathbf{T}$ （清大資工）

14. Let $\mathbf{A} = \begin{bmatrix} 1 & 0 & 0 \\ 1 & 1 & 1 \\ 1 & 1 & 1 \\ 1 & 1 & 1 \end{bmatrix}$

(a)What is the reduced row echelon form of **A**?

(b)What is the rank of the matrix **A**?

(c)Find a basis for the null space of **A**

(d)Find all the solutions of $\mathbf{Ax} = [1 \quad 1 \quad 1 \quad 1]^T$

(e)Without computing $\mathbf{A}^T\mathbf{A}$, determine the smallest eigenvalue of $\mathbf{A}^T\mathbf{A}$ （89 台大機械）

15. Find the equation of the circle that gives the best least squares circle fit to the points (1, 0), (2, 2), (3, 0), (2, −2). （91 中原電子）

16. Consider the linear system $\begin{bmatrix} \mathbf{A}_{11} & \mathbf{A}_{12} \\ \mathbf{A}_{21} & \mathbf{A}_{22} \end{bmatrix}\begin{bmatrix} \mathbf{x} \\ \mathbf{u} \end{bmatrix} = 0$, $\mathbf{x} \in R^{n \times 1}$, $\mathbf{u} \in R^{m \times 1}$. Prove that if there exist nonzero solutions with arbitrary **u**, then rank $\begin{bmatrix} \mathbf{A}_{11} & \mathbf{A}_{12} \\ \mathbf{A}_{21} & \mathbf{A}_{22} \end{bmatrix} < n+1$ （91 北科大電機）

17. Find the least square line $y = ax + b$ for the data points (x, y) of $(-1, 0)$, $(1, 1)$, $(2, 3)$. （91 中正通訊）

18. Let **A** and **B** be $m \times n$ and $n \times k$ matrices,

(a)show that $r(\mathbf{AB}) \leq r(\mathbf{B})$

(b)show that $r(\mathbf{A}^T\mathbf{A}) = r(\mathbf{A})$ （91 北科大統計）

19. Let V be an n-dimensional vector space over R and let $V \xrightarrow{T} V$ be a linear transformation such that the range and null space of T are identical. Prove that n must be even. （91 清大應數）

20. Let U and V be two vector spaces over R. Let $U \xrightarrow{T} V$ be a linear transformation. Prove that

ker(T) = {**0**} iff **T** is one-to-one. （91 交大應數）

21. Let **A** be $m \times n$ matrix. Suppose for every $\mathbf{b} \in R^m$, $\mathbf{Ax} = \mathbf{b}$ has at least one solution. Prove that $\mathbf{A}^T\mathbf{y} = \mathbf{0}$ has only one solution.

22. Let **A**, **B**, **C**, **D** be matrices such that **AB** and **C** + **D** are defined. Prove that

(1) rank (**AB**) ≤ min(rank (**A**), rank (**B**))

(2) rank (**C** + **L**) ≤ min(rank (**C**) + rank (**D**)) （91 中原應數）

23. Let V and W be both vector spaces of dimension n and m, respectively. If T is a linear transformation from V onto W, show that the kernel of T is of dimension $n - m$.（91 彰師數學）

24. Let $T: P_2(R) \to P_3(R)$ be defined as:

$$T(f)(x) = 2f'(x) + \int_0^x 3f(t)dt$$

(1) Find rank(T)

(2) Find nullity(T)

(3) Determine whether T is one-to-one or onto （91 竹師數學）

25. Let V and W be the two vector spaces over R of which the dimensions are n and m, respectively. Let L be a linear mapping from V to W.

Can L have an inverse if

(1)$n < m$

(2)$n > m$

(3)$n = m$ （交大資工）

26. Let T be a linear mapping form V to V

Show that the following statements are equivalent:

(1) T is one to one

(2) T is onto

(3) T has on inverse （交大資工）

27. Let **A** be a 4 by 3 matrix and **B** a 3 by 4 matrix show that det (**AB**) = 0 （清大資訊）

28. $T: R^3 \to R^3$, $T(x, y, z) = (x + y + z, 2x + y - z, x - 2z)$

若$(a, b, c) \in \text{Im}\, T$，求 a, b, c 之關係

29. $\mathbf{A} = \begin{bmatrix} -2 & 1 & -1 \\ 0 & 2 & 1 \\ -4 & 2 & 2 \\ 0 & 4 & 0 \end{bmatrix}$, $\mathbf{b} = \begin{bmatrix} -1 \\ 1 \\ 1 \\ -2 \end{bmatrix}$

Find a vector **p** such that **p** in the column space of **A** and **b** − **p** is orthogonal to every vector in CSP (**A**). （清大電機）

30. Consider the inner product space $c[0, 1]$ with inner product defined by

$\langle f, g \rangle = \int_0^1 f(x)g(x)dx$

Let S be the space spanned by $\{1, x\}$. Find the best least squares approximation to $x^{\frac{1}{3}}$ on [0, 1] by a function from the subspace S. （91 交大資工）

31. Express the image of the matrix $\mathbf{A} = \begin{bmatrix} 1 & 2 & 3 & 2 & 1 \\ 3 & 6 & 9 & 6 & 3 \\ 1 & 2 & 4 & 1 & 2 \\ 2 & 4 & 9 & 1 & 5 \end{bmatrix}$ as the kernel of matrix B.

（94 中央資工）

32. Let $T : R^2 \to R^3$ be the linear transformation defined by $T([x, y]) = [2x + 3y, x - y, 2y]$. Find the area of the image in R^3 under T of the disk $x^2 + y^2 \leq 9$. （96 成大電通）

33. Answer the following problems dedicated to theorthogoanlity and its least-squares application:

(a)There are three vectors in space R^3:

$\mathbf{u}_1 = \begin{bmatrix} 5 \\ -2 \\ 1 \end{bmatrix}$, $\mathbf{u}_2 = \begin{bmatrix} 1 \\ 2 \\ -1 \end{bmatrix}$, and $\mathbf{y} = \begin{bmatrix} -1 \\ -5 \\ 10 \end{bmatrix}$

Let W be a subspace spanned by $\mathbf{u}_1$ and $\mathbf{u}_2$ Find a specific point in W, which is closest to $\mathbf{y}$

(b)Find a lest-squares solution of the equation $\mathbf{Ax} = \mathbf{b}$ for

$\mathbf{A} = \begin{bmatrix} 1 & 5 \\ 3 & 1 \\ -2 & 4 \end{bmatrix}$, and $\mathbf{b} = \begin{bmatrix} 4 \\ -2 \\ -3 \end{bmatrix}$ （95 交大電子甲）

34. In the inner product space R^3 with the inner product function $\langle \boldsymbol{\mu}, \mathbf{v} \rangle = \mathbf{u}^T \mathbf{D} \mathbf{v}$ for all $\boldsymbol{\mu}$ and $\mathbf{v}$ in R^3, where $\mathbf{D} = [\mathbf{e}_1 \quad 4\mathbf{e}_2 \quad \mathbf{e}_3]$ and e_1 is the ith standard vector of R^3, find the lest-squares approxmation $\boldsymbol{\chi}$ the following problem:

$\begin{bmatrix} 1 & 0 \\ 0 & 1 \\ 1 & 0 \end{bmatrix} \boldsymbol{\chi} = \begin{bmatrix} -1 \\ 2 \\ 1 \end{bmatrix}$ （95 台大工數 C）

35. Suppose the matrix $\mathbf{A}$ has rank and $\mathbf{A} = \mathbf{PR}$, where $\mathbf{P}$ is an invertible matrix and $\mathbf{R}$ is the reduced row echelon form of the column spcae of $\mathbf{A}$, (Row $\mathbf{A})^{\perp}$ is the orthogonal complement of the row space of $\mathbf{A}$ with respect to the dot product, and Null $\mathbf{R}$ be the null space of $\mathbf{R}$

(a)Prove that the first r columns of $\mathbf{P}$ form a basis of Col $\mathbf{A}$.

(b)Prove that (Row $\mathbf{A})^{\perp} =$ Null $\mathbf{R}$ （95 台大工數 C）

36. Given the following linear equations:

$x + 2y = 2$

$3x - y = 1$

$x - y = -3$

$x+2y=10$

(a)Show that the system described above has no solution.

(b)Find the least-square approximate solution of above system. （99 中山電機通訊）

37. Which of the following linear operators is not one-to-one?

(a)A reflection about the line $y=-3x$ in $\mathbf{R}^2$.

(b)A rotation about the z-axis in $\mathbf{R}^3$.

(c)A dilation with factor $k>0$ in $\mathbf{R}^3$.

(d)A contraction with factor $r>0$ in $\mathbf{R}^3$.

(e)An orthogonal projection on the xz-plane in $\mathbf{R}^3$. （99 中正電機通訊）

38. Let T : $\mathbf{R}^2 \to \mathbf{R}^2$ be the linear operator given by the formula.

$T(x, y)=(2x-y, -8x+4y)$.

Which of the following statements is true?

(a)The vector (5, 0) is in the range of T.

(b)The vector (1, −3) is in the range of T.

(c)The vector (5, 10) is in the kernal of T.

(d)The vector (3, 2) is in the kernal of T.

(e)The vector (1, 1) is in the kernal of T. （99 中正電機通訊）

39. Let the linear transformation T_A : $\mathbf{R}^3 \to \mathbf{R}^3$ be multiplication by the matrix $\mathbf{A}=\begin{bmatrix} 3 & 0 & 0 \\ -2 & 7 & 0 \\ 4 & 8 & 1 \end{bmatrix}$.

Which of the following statements about T_A is false?

(a)T_A is one-to-one.

(b)The inverse transformation of T_A exists.

(c)The range of T_A is $\mathbf{R}^3$.

(d)The kernel of T_A is the empty set.

(e)The nullity of T_A is 0. （99 中正電機通訊）

40. Find the nullity and the general solution of the system

$$\begin{cases} 2x_1-5x_2+2x_3+4x_4+6x_5=0 \\ 3x_1-7x_2+2x_3+x_5=0 \\ -x_1+2x_2+4x_4+5x_5=0 \end{cases}$$

（99 中正電機通訊）

41. Find the least squares solution of the linear system given by

$x_1-x_3=6$

$2x_1+x_2-2x_3=0$

$x_1+x_2=9$

$x_1+x_2-x_3=3$ （100 中正電機通訊）

42. Let $\mathbf{A}=\begin{bmatrix}1&1&2&0\\2&1&2&1\\1&2&0&1\end{bmatrix}$. Find the nullity and the null space of $\mathbf{A}$. （100 北科大電機）

43. Determine the least squares solution to $\mathbf{Ax}=\mathbf{b}$, where

$$\mathbf{A}=\begin{bmatrix}2&1\\1&0\\0&-1\\-1&1\end{bmatrix}\text{ and }\mathbf{b}=\begin{bmatrix}3\\1\\2\\-1\end{bmatrix}.$$ （100 北科大電通）

44. Let

$$\mathbf{B}=\left\{\begin{bmatrix}1\\0\\1\\0\end{bmatrix},\begin{bmatrix}1\\-1\\1\\0\end{bmatrix}\right\}\text{ and }\mathbf{v}=\begin{bmatrix}3\\-2\\-1\\4\end{bmatrix}.$$

(a)Let $W=\text{Span } B$. Find the vector in W that is closest to $\mathbf{v}$.

(b)Find an orthogonal basis for $W^{\perp}$. （92 台大工數 D）

45. Let V be a finite dimensional abstract inner product space, let $\{\mathbf{v}_1, \cdots, \mathbf{v}_n\}$ be an orthonormal basis for V, and let $T: V\to\mathbb{R}$ be a linear transformation.

(a)Show that the vector $x=T(\mathbf{v}_1)\mathbf{v}_1+\cdots+T(\mathbf{v}_n)\mathbf{v}_n$ satisfies the equation $\langle\mathbf{x}, \mathbf{y}\rangle=T(\mathbf{y})$ for all $\mathbf{y}\in V$.

(b)Show that such a vector $\mathbf{x}$ from part (a) is unique. （95 中山通訊）

46. Find the orthogonal projection of the vector $\mathbf{u}=(5, 6, 7, 2)$ on the solition space of the homogeneous linear system

$x_1+x_3=0$

$x_2-x_4=0$ （92 交大電信）

47. Suppose that $T: V\to V$ is a linear operator and B is a basis for V. For any vector $\mathbf{x}$ in V,

$$[T(\mathbf{x})]_B=\begin{bmatrix}x_1-x_2+x_3\\x_2-2x_3\\x_1-x_3\end{bmatrix}\text{ if }[\mathbf{x}]_B=\begin{bmatrix}x_1\\x_2\\x_3\end{bmatrix}.$$

(a)Find $[T]_B$

(b)Find the kernal of T. （93 交大電信）

48. Let $T: R^2\to R^2$ be a linear operator. For any $\mathbf{z}\in R^2$, $T(\mathbf{z})=\mathbf{p}$, where $\mathbf{p}$ is the projection of $\mathbf{z}$ on the line $x=y$. Find $[T]$. （93 交大電信）

49. Let $\mathbf{M}=\mathbf{ab}^T$ where $\mathbf{a}$ and $\mathbf{b}$ are two nonzero column vectors of $\mathfrak{R}^n$. Pleasr answer the following questions:

(A)What are rank $(\mathbf{M})$, det $(\mathbf{M})$ and trace $(\mathbf{M})$?

(B)How many solutions does the linear equation $\mathbf{Mx}=0$ have? Please write down all of them.

(C)Under what condition on **c**, **c** is a constant vector of $\mathfrak{R}^n$, does the matrix equation $\mathbf{Mx} = \mathbf{c}$ has a solution? Please write down all the solutions if it exists. （94 交大電機）

50. If $\vec{x}$ and $\vec{y}$ are two independent vectors in $\mathbf{R}^3$ and $\vec{z}$ is anpther vector in $\mathbf{R}^3$, derive a matrix **P** such that $\mathbf{P}\vec{z}$ is the projection of $\vec{z}$ on the subspace spanned by $\vec{x}$ and $\vec{y}$.(please write down all the steps in your derivation clesrly) （94 交大電機）

51. Let $\mathbf{A} = \begin{bmatrix} 2 & 1 \\ -1 & 2 \\ 1 & 2 \end{bmatrix}$ and $\mathbf{b} = \begin{bmatrix} 1 \\ 2 \\ 1 \end{bmatrix}$. The least squares solution of $\mathbf{Ax} = \mathbf{b}$ is （95 交大電信）

52. Suppose $\mathbf{A} = \begin{bmatrix} 0 & 0 & 1 & -3 & 2 \\ 2 & -1 & 4 & 2 & 1 \\ 4 & -2 & 9 & 1 & 4 \\ 2 & -1 & 5 & -1 & 5 \end{bmatrix}$. (a)What is the rank of **A**? (b)What is the basis for the row space of **A**? (c)What is a basis for the column space of **A**? (d)True or false: Rows 1, 2, 3 of **A** are linearly independent. (e)What is the dimension of the left nullspace of **A**? (f)What is the general solution to $\mathbf{Ax} = 0$? （94 成大電通）

53. Let $T: R^3 \rightarrow R^3$ be a linear transformation defined by
$T(a_1, a_2, a_3) = (a_1 - 2a_3, a_1 + 4a_2, 2a_2 + a_3)$.
(a)Prove that T is a linear transformation.
(b)Find bases for both the null space (kernel) of T and the range of T.
(c)Determine whether T is one-to-one. （94 中央通訊）

54. If **A** is an $m \times n$ matrix, then which of the following statement is not equivlenet to other.
(a)The column vectors of **A** are linearly independent.
(b)Rank of **A** is m.
(c)Linear equation $\mathbf{Ax} = 0$ has only one solution, where **x** is an $m \times 1$ unknown vector.
(d)$\mathbf{Ax} = \mathbf{b}$ has at most one solution for every $m \times 1$ matrix **b**. （93 中正電機）

55. Find the orthogonal projection of $u = (5, 6, 7, 2)$ on the solution space of homogeneous linear system

$$\begin{pmatrix} 1 & 1 & 1 & 0 \\ 0 & 2 & 1 & 1 \end{pmatrix} \begin{pmatrix} x_1 \\ x_2 \\ x_3 \\ x_4 \end{pmatrix} = \begin{pmatrix} 0 \\ 0 \end{pmatrix}.$$

（93 中正電機）

56. Find a basis for
(a)the row space and
(b)the column space of the matrix M
(c)the rank:

$$\mathbf{M}=\begin{bmatrix}0&0&3&1&4\\1&3&1&2&1\\3&9&4&5&2\\4&12&8&8&7\end{bmatrix}.$$

（94 中正電機）

57. Let $L: R^3 \to R^3$ be defined by

$$L\left(\begin{bmatrix}a_1\\a_2\\a_3\end{bmatrix}\right)=\begin{bmatrix}1&0&1\\1&1&2\\2&1&3\end{bmatrix}\begin{bmatrix}a_1\\a_2\\a_3\end{bmatrix}$$

(a)Is L onto? Why

(b)Find a basis for range L.

(c)Find ker L.　　（93 北科大電通）

7 矩陣之特徵分解

I hear and I forget, I see and I remember, I do and I understand!

7-1 特徵值及特徵向量

定義：對於 n 階方陣 $\mathbf{A}$，若非零向量 $\mathbf{x}$ 滿足

$$\mathbf{A}\mathbf{x}=\lambda\mathbf{x} \tag{1}$$

其中 λ 為純量

則稱 λ 是 $\mathbf{A}$ 的一個特徵值（eigenvalue），$\mathbf{x}$ 是 λ 所對應之特徵向量（eigenvector）。

觀念提示：*1.* 由定義可知，特徵向量就是經過 $\mathbf{A}$ 映射後不改變方向（只允許改變長度或逆向）的非零向量。

2. $\ker(\mathbf{A})$中除了零向量外全都是特徵向量，其所對應之特徵值全都是 0。

3. 特徵值可以是 0，但特徵向量不可為零向量。

4. $\mathbf{A}\mathbf{x}=\lambda\mathbf{x}\Rightarrow(\mathbf{A}-\lambda\mathbf{I}_n)\mathbf{x}=\mathbf{0}$

$\Rightarrow\mathbf{x}\in\ker(\mathbf{A}-\lambda\mathbf{I}_n)$

因特徵向量 $\mathbf{x}$ 不可為零向量，故$(\mathbf{A}-\lambda\mathbf{I}_n)$之行向量線性相關，換言之，$(\mathbf{A}-\lambda\mathbf{I}_n)$必須是奇異方陣，因此必需滿足：

$$|\mathbf{A}-\lambda\mathbf{I}_n|=0 \tag{2}$$

由(2)式展開可得到一個以 λ 為變數的一元 n 次代數方程式，表示為$f(\lambda)$，$f(\lambda)$ 稱之為 $\mathbf{A}$ 的特徵多項式（characteristic polynomial）。經由解此多項式即可求出特徵值的解 $\lambda_1, \lambda_2, \cdots\lambda_n$ 將其分別代入(1)式中，即可求出特徵向量 $\mathbf{x}_1, \cdots\mathbf{x}_n$。

5. 若特徵值 $\lambda=0$，則 $\mathbf{A}\mathbf{x}=\mathbf{0}$，表示 $\mathbf{A}$ 為奇異矩陣

6. 若 $\mathbf{A}$ 為三角矩陣或對角矩陣$\Rightarrow(\mathbf{A}-\lambda\mathbf{I}_n)$亦然

$\Rightarrow$其特徵方程式即為$(\mathbf{A}-\lambda\mathbf{I}_n)$主對角線元素之積

⇒其特徵值即為 **A** 之主對角線元素。

7. 設 **A** 之特徵值為 $\lambda_1, \lambda_2, \cdots\lambda_n$ 則特徵多項式可表示為

$$|\mathbf{A}-\lambda\mathbf{I}_n|=\begin{bmatrix} a_{11}-\lambda & a_{12} & \cdots & a_{1n} \\ a_{21} & a_{22}-\lambda & \cdots & a_{2n} \\ \vdots & \vdots & \ddots & \vdots \\ a_{n1} & a_{n2} & \cdots & a_{nn}-\lambda \end{bmatrix} \quad (3)$$

$$=(-1)^n f(\lambda)$$

$$=(-1)^n(\lambda-\lambda_1)(\lambda-\lambda_2)\cdots(\lambda-\lambda_n)$$

$$=0$$

將$(\lambda-\lambda_1)(\lambda-\lambda_2)\cdots(\lambda-\lambda_n)$展開後可得

$$\lambda^n-c_1\lambda^{n-1}+c_2\lambda^{n-2}+\cdots(-1)^{n-1}c_{n-1}\lambda+(-1)^n c_n=0 \quad (4)$$

其中

$c_1=\lambda_1+\lambda_2+\cdots+\lambda_n$：所有 eigenvalue 之和

$c_2=\sum\limits_{i=1}^{n}\sum\limits_{\substack{j=1\\ i\neq j}}^{n}\lambda_i\lambda_j$：任兩個特徵值乘積之和

$\quad\vdots \qquad\qquad \vdots$

$c_{n-1}=\lambda_1\lambda_2\cdots\lambda_{n-1}+$：任$(n-1)$個特徵值乘積之和

$c_n=\lambda_1\lambda_2\cdots\lambda_n$：所有特徵值之積

觀察$|\mathbf{A}-\lambda\mathbf{I}_n|$之主對角線元素之乘積

$$(a_{11}-\lambda)(a_{22}-\lambda)\cdots(a_{nn}-\lambda)$$

$$=(-1)^n(\lambda^n-(a_{11}+a_{22}+\cdots a_{nn})\lambda^{n-1}+P_{n-2}) \quad (5)$$

比較(5)與(4)式中係數可得：

$$c_1=\lambda_1+\lambda_2+\cdots+\lambda_n=a_{11}+a_{22}+\cdots a_{nn}=tr\,(\mathbf{A}) \quad (6)$$

再令(3)式之 $\lambda=0$ 可得：

$$|\mathbf{A}|=(-1)^n(-1)^n\lambda_1\lambda_2\cdots\lambda_n$$

$$=\lambda_1\lambda_2\cdots\lambda_n \quad (7)$$

$$=c_n$$

8. (6)式的結果可由$|\mathbf{A}-\lambda\mathbf{I}_n|$展開後僅有主對角線相乘項會出現 λ^n 與 λ^{n-1} 項理解。

9.亦可令

$$f(\lambda)=|\lambda\mathbf{I}_n-\mathbf{A}|=\begin{bmatrix}\lambda-a_{11} & a_{12} & \cdots & a_{1n}\\ a_{21} & \lambda-a_{22} & \cdots & a_{2n}\\ \vdots & \vdots & \ddots & \vdots\\ a_{n1} & a_{n2} & \cdots & \lambda-a_{nn}\end{bmatrix}$$

$$=(\lambda-\lambda_1)(\lambda-\lambda_2)\cdots(\lambda-\lambda_n)$$

則可得

$$f(\lambda)=\lambda^n-tr(\mathbf{A})\lambda^{n-1}+\cdots+(-1)^n|\mathbf{A}| \tag{8}$$

例 1： Find the eigenvalues and the corresponding eigenvectors for matrix **A** if

$$\mathbf{A}=\begin{bmatrix}1 & 2 & -1\\ 1 & 0 & 1\\ 4 & 4 & 5\end{bmatrix}$$

解

$$|\mathbf{A}-\lambda\mathbf{I}_n|=-(\lambda+1)(\lambda-2)(\lambda-5)=0$$

$$\Rightarrow\lambda=-1,2,5$$

$$\lambda_1=-1\Rightarrow(\mathbf{A}+\mathbf{I})\mathbf{x}_1=\begin{bmatrix}2 & 2 & -1\\ 1 & 1 & 1\\ 4 & 4 & 6\end{bmatrix}\mathbf{x}_1=\mathbf{0}\Rightarrow\mathbf{x}_1=\begin{bmatrix}1\\ -1\\ 0\end{bmatrix}$$

$$\lambda_2=2\Rightarrow(\mathbf{A}-2\mathbf{I})\mathbf{x}_2=\begin{bmatrix}-1 & 2 & -1\\ 1 & -2 & 1\\ 4 & 4 & 3\end{bmatrix}\mathbf{x}_2=\mathbf{0}\Rightarrow\mathbf{x}_2=\begin{bmatrix}-10\\ 1\\ 12\end{bmatrix}$$

$$\lambda_3=5\Rightarrow(\mathbf{A}-5\mathbf{I})\mathbf{x}_3=\begin{bmatrix}-1 & 2 & -1\\ 1 & -5 & 1\\ 4 & 4 & 0\end{bmatrix}\mathbf{x}_3=\mathbf{0}\Rightarrow\mathbf{x}_3=\begin{bmatrix}-1\\ 1\\ 4\end{bmatrix}$$

例 2： Find the characteristic polynomial and eigenvalues for matrix **A** if

$$\mathbf{A}=\begin{bmatrix}0 & 1 & 1\\ 1 & 0 & 1\\ 1 & 1 & 0\end{bmatrix}$$

（95 暨南通訊所）

解 $\mathbf{A}-\lambda\mathbf{I}=\begin{bmatrix}-\lambda & 1 & 1\\ 1 & -\lambda & 1\\ 1 & 1 & -\lambda\end{bmatrix}\xrightarrow{r_{13}^{(1)},\,r_{23}^{(1)}}\begin{bmatrix}-\lambda & 1 & 1\\ 1 & -\lambda & 1\\ 2-\lambda & 2-\lambda & 2-\lambda\end{bmatrix}$

$\xrightarrow{c_{12}^{(-1)},\,r_{13}^{(-1)}}\begin{bmatrix}-\lambda & \lambda+1 & \lambda+1\\ 1 & -\lambda-1 & 0\\ 2-\lambda & 0 & 0\end{bmatrix}$

$\Rightarrow \text{char}_A(\lambda)=\det(\mathbf{A}-\lambda\mathbf{I})=\det\begin{bmatrix}-\lambda & \lambda+1 & \lambda+1\\ 1 & -\lambda-1 & 0\\ 2-\lambda & 0 & 0\end{bmatrix}$

$=-(\lambda+1)^2(\lambda-2)$

得 $\mathbf{A}$ 的 eigenvalues 為 $-1, 2$

由上述討論可得以下定理

定理 7-1：對於 n 階方陣 $\mathbf{A}$

1. $\sum_{i=1}^{n}\lambda_i=tr(\mathbf{A})$：所有特徵值之和 $=\mathbf{A}$ 之主對角線元素之和
2. $\prod_{i=1}^{n}\lambda_i=|\mathbf{A}|$：所有特徵值之積 $=\mathbf{A}$ 之行列式
3. $\mathbf{A}$ 與 $\mathbf{A}^T$ 具相同之特徵值

證明： 1. 如上所述

2. $f(\lambda)=|\mathbf{A}-\lambda\mathbf{I}|=\lambda^n-(\lambda_1+\cdots\lambda_n)\lambda^{n-1}+\cdots+\lambda_1\lambda_2\cdots\lambda_n$

$f(0)=|\mathbf{A}|=\prod_{i=1}^{n}\lambda_i$

3. $\mathbf{A}$ 與 $\mathbf{A}^T$ 具相同之 $f(\lambda)$

例 3： Find det ($\mathbf{A}$) given that $\mathbf{A}$ has $p(\lambda)$ as its characteristic polynomial.
(a) $p(\lambda)=\lambda^3-2\lambda^2+\lambda+5$ (b) $p(\lambda)=\lambda^4-\lambda^3+7$（95 清華電機所）

解 因為 $p(\lambda)=\det(\lambda\mathbf{I}-\mathbf{A})$

$\Rightarrow p(0)=\det(-\mathbf{A})=(-1)^n\det(\mathbf{A})$

$\Rightarrow \det(\mathbf{A})=(-1)^n p(0)$

(a)det $(\mathbf{A}) = (-1)^3 p(0) = -5$

(b)det $(\mathbf{A}) = (-1)^4 p(0) = 7$

定理 7-2：

若 $\lambda_1, \lambda_2, \cdots \lambda_n$ 為 $\mathbf{A}$ 之相異特徵值，則所對應之特徵向量 $\mathbf{x}_1, \mathbf{x}_2, \cdots \mathbf{x}_n$ 線性獨立

證明：利用矛盾法

設 $\mathbf{x}_1, \mathbf{x}_2, \cdots \mathbf{x}_n$ 為線性相關⇒存在一組不全為 0 的係數 $\{c_1, c_2, \cdots, c_n\}$，使得

$$c_1\mathbf{x}_1 + c_2\mathbf{x}_2 + \cdots c_n\mathbf{x}_n = 0 \tag{9}$$

$$\Rightarrow (\mathbf{A} - \lambda_2\mathbf{I}_n)(\mathbf{A} - \lambda_3\mathbf{I}_n)\cdots(\mathbf{A} - \lambda_n\mathbf{I}_n)(c_1\mathbf{x}_1 + c_2\mathbf{x}_2 + \cdots c_n\mathbf{x}_n) = 0 \tag{10}$$

$\because \mathbf{A}\mathbf{x}_i = \lambda_i\mathbf{x}_i$ or $(\mathbf{A} - \lambda_i\mathbf{I}_n)\mathbf{x}_i = 0$

$\therefore (\mathbf{A} - \lambda_j\mathbf{I}_n)\mathbf{x}_i = \mathbf{A}\mathbf{x}_i - \lambda_j\mathbf{x}_i = (\lambda_i - \lambda_j)\mathbf{x}_i$

故知(10)式為 $c_1(\lambda_1 - \lambda_2)(\lambda_1 - \lambda_3)\cdots(\lambda_1 - \lambda_n)\mathbf{x}_i = 0$

因 $\lambda_1, \cdots \lambda_n$ 均相異，故 $c_1 = 0$

同理可得 $c_2 = c_3 = \cdots = c_n = 0$，因此(9)式唯有在 $\{c_1, c_2, c_n\}$ 全為 0 的條件下才成立，此與原假設矛盾，故知 $\{\mathbf{x}_1, \cdots, \mathbf{x}_n\}$ 為線性獨立。

定理 7-3：特徵向量具封閉性

1. 若 $\mathbf{x}$ 為特徵向量，則對任意 $k \neq 0$, $k\mathbf{x}$ 亦為特徵向量；其中 $\mathbf{x}$ 與 $k\mathbf{x}$ 對應至同一特徵值。
2. 設 $\mathbf{x}_1, \mathbf{x}_2$ 為 $\mathbf{A}$ 之特徵向量，λ_1, λ_2 分別為其特徵值，則
   (a)若 $\lambda_1 = \lambda_2 \Rightarrow \mathbf{x}_1 + \mathbf{x}_2$ 亦為特徵向量
   (b)若 $\lambda_1 \neq \lambda_2 \Rightarrow \mathbf{x}_1 + \mathbf{x}_2$ 不為特徵向量

證明： 1. $\mathbf{A}\mathbf{x} = \lambda\mathbf{x} \Rightarrow \mathbf{A}(k\mathbf{x}) = k\mathbf{A}\mathbf{x} = k\lambda\mathbf{x} = \lambda(k\mathbf{x})$

2. $\mathbf{A}(\mathbf{x}_1 + \mathbf{x}_2) = \lambda_1\mathbf{x}_1 + \lambda_2\mathbf{x}_2$

利用矛盾法：

設 $\mathbf{x}_1+\mathbf{x}_2$ 為特徵向量

則 $\mathbf{A}(\mathbf{x}_1+\mathbf{x}_2)=\lambda(\mathbf{x}_1+\mathbf{x}_2)$ ⑾

$\mathbf{A}(\mathbf{x}_1+\mathbf{x}_2)=\mathbf{A}\mathbf{x}_1+\mathbf{A}\mathbf{x}_2=\lambda_1\mathbf{x}_1+\lambda_2\mathbf{x}_2$ ⑿

⑾ − ⑿得

$(\lambda-\lambda_1)\mathbf{x}_1+(\lambda-\lambda_2)\mathbf{x}_2=\mathbf{0}$ ⒀

⒀式遍 × $\mathbf{A}$ 得：

$(\lambda-\lambda_1)\lambda_1\mathbf{x}_1+(\lambda-\lambda_2)\lambda_2\mathbf{x}_2=0$ ⒁

⒀式乘 λ_1 得：

$(\lambda-\lambda_1)\lambda_1\mathbf{x}_1+(\lambda-\lambda_2)\lambda_1\mathbf{x}_2=0$ ⒂

⒁ − ⒂得：

$(\lambda-\lambda_2)(\lambda_1-\lambda_2)\mathbf{x}_2=0$

$\because\lambda_1\neq\lambda_2\Rightarrow\lambda=\lambda_2$

⒁ − λ_2 × ⒀得：

$(\lambda-\lambda_1)(\lambda_1-\lambda_2)\mathbf{x}_1=0$

$\therefore\lambda_1\neq\lambda_2\Rightarrow\lambda=\lambda_1$

故得 $\lambda_1=\lambda_2=\lambda\Rightarrow$ 矛盾

$\therefore$ 若 $\lambda_1\neq\lambda_2$，$\Rightarrow\mathbf{x}_1+\mathbf{x}_2$ 不為 eigenvector

觀念提示：由⑴可知一個特徵向量只能配一特徵值，但一特徵值可對應至無限多特徵向量。

定義：代數重數與幾何重數

⑴對於特徵方程式 $f(\lambda)=|\mathbf{A}-\lambda\mathbf{I}|$ 之某個根 λ_i, λ_i 的重根次數稱為 λ_i 的代數重數，記為 $m(\lambda_i)$。

⑵對於 λ_i, $\dim(\ker(\mathbf{A}-\lambda_i\mathbf{I}))$ 稱為 λ_i 的幾何重數。

定理 7-4：幾何重數的範圍

對於特徵值 λ_i，$1\leq\dim(\ker(\mathbf{A}-\lambda_i\mathbf{I}))\leq m(\lambda_i)$

本定理在說明當一個特徵值是特徵方程式的多重根時，其對應之特徵子空間之維度應介於 1 及其重根次數之間，換言之，倘若為一次根（$m(\lambda)=1$）則其必對應至一特徵向量（$\dim(\ker(\mathbf{A}-\lambda_i\mathbf{I}))=1$），若$\lambda$為三重根（$m(\lambda)=3$）則其可能出現以下三種不同的情況

$$\mathbf{A}=\begin{bmatrix}1&0&0\\0&1&0\\0&0&1\end{bmatrix}\quad \lambda=1\quad \mathbf{x}=\begin{bmatrix}1\\0\\0\end{bmatrix}\begin{bmatrix}0\\1\\0\end{bmatrix}\begin{bmatrix}0\\0\\1\end{bmatrix}\quad \text{nullity}(\mathbf{A}-\lambda\mathbf{I})=3$$

$$\mathbf{B}=\begin{bmatrix}1&0&0\\0&1&1\\0&0&1\end{bmatrix}\quad \lambda=1\quad \mathbf{x}=\begin{bmatrix}1\\0\\0\end{bmatrix}\begin{bmatrix}0\\1\\0\end{bmatrix}\quad \text{nullity}(\mathbf{A}-\lambda\mathbf{I})=2$$

$$\mathbf{C}=\begin{bmatrix}1&1&0\\0&1&1\\0&0&1\end{bmatrix}\quad \lambda=1\quad \mathbf{x}=\begin{bmatrix}1\\0\\0\end{bmatrix}\quad \text{nullity}(\mathbf{A}-\lambda\mathbf{I})=1$$

故雖同為三重根，但幾何重數各有不同，由定理 7-3 可知同一特徵值λ所對應之不同特徵向量之間的線性組合仍為特徵向量，換言之，λ所對應的一特徵空間之維度即為其所對應之獨立特徵向量個數。特徵空間上的任何向量，經映射後必定仍在此空間中。

觀念提示：由定理 7-2 所闡述相異特徵值之特徵向量線性獨立，應不難理解，此定理可進一步延伸為相異特徵值的特徵子空間獨立。

例 4：Determine the eigenvalues and normalized eigenvectors of $\mathbf{A}=\begin{bmatrix}3&2\\2&0\end{bmatrix}$

（81 淡江物理）

解

$$|\mathbf{A}-\lambda\mathbf{I}|=\begin{vmatrix}3-\lambda&2\\2&-\lambda\end{vmatrix}=\lambda^2-3\lambda-4=(\lambda+1)(\lambda-4)=0$$

$$\Rightarrow\lambda=-1,4$$

$$當\ \lambda_1=-1,\ \mathbf{A}-\lambda_1\mathbf{I}=\begin{bmatrix}4&2\\2&1\end{bmatrix}\Rightarrow\mathbf{v}_1=c_1\begin{bmatrix}1\\-2\end{bmatrix}$$

$$\lambda_2=4,\ \mathbf{A}-\lambda_2\mathbf{I}=\begin{vmatrix}-1&2\\2&-4\end{vmatrix}\Rightarrow\mathbf{v}_2=c_1\begin{bmatrix}2\\1\end{bmatrix}$$

mormalize：$\mathbf{v}_1=\frac{1}{\sqrt{5}}\begin{bmatrix}1\\-2\end{bmatrix}$ $\mathbf{v}_2=\frac{1}{\sqrt{5}}\begin{bmatrix}2\\1\end{bmatrix}$

例 5： 線性轉換 $T:R^3\to R^3$，若以$\{\hat{\mathbf{i}},\hat{\mathbf{j}},\hat{\mathbf{k}}\}$為基底，並且有 $T(\hat{\mathbf{i}})=2\hat{\mathbf{i}}+2\hat{\mathbf{j}}+3\hat{\mathbf{k}}, T(\hat{\mathbf{j}})=\hat{\mathbf{i}}+3\hat{\mathbf{j}}+3\hat{\mathbf{k}}$及$T(\hat{\mathbf{k}})=\hat{\mathbf{i}}+2\hat{\mathbf{j}}+4\hat{\mathbf{k}}$，試問 T 之特徵值與特徵向量

解 此線性映射之矩陣表示為：

$$\mathbf{A}=\begin{bmatrix}2&1&1\\2&3&2\\3&3&4\end{bmatrix}$$

特徵方程式$|\mathbf{A}-\lambda\mathbf{I}|=0$則

$$\begin{vmatrix}2=\lambda&1&1\\2&3-\lambda&2\\3&3&4-\lambda\end{vmatrix}=-\lambda^3+9\lambda^2-15\lambda+7=-(\lambda-1)^2(\lambda-7)$$

故知特徵值為 1, 1, 7

$$\lambda_1=1,(\mathbf{A}-\mathbf{I})\mathbf{x}=\begin{bmatrix}1&1&1\\2&2&2\\3&3&3\end{bmatrix}\begin{bmatrix}x_1\\x_2\\x_3\end{bmatrix}=\mathbf{0}\Rightarrow x_1+x_2+x_3=0$$

令 $x_2=s, x_3=t\Rightarrow x_1=-s-t$

$$\therefore\mathbf{x}=\begin{bmatrix}-s-t\\s\\t\end{bmatrix}=s\begin{bmatrix}-1\\1\\0\end{bmatrix}+t\begin{bmatrix}-1\\0\\1\end{bmatrix}\Rightarrow\ker(\mathbf{A}-\mathbf{I})=\mathrm{span}\left\{\begin{bmatrix}-1\\1\\0\end{bmatrix},\begin{bmatrix}-1\\0\\1\end{bmatrix}\right\}$$

$\Rightarrow\lambda_1=1$ 對應到二特徵向量$\begin{bmatrix}-1\\1\\0\end{bmatrix},\begin{bmatrix}-1\\0\\1\end{bmatrix}$，換言之，$\lambda_1=1$ 對應至一由$\begin{bmatrix}-1\\1\\0\end{bmatrix},\begin{bmatrix}-1\\0\\1\end{bmatrix}$所展開之特徵面

$$\lambda_3=7，(\mathbf{A}-7\mathbf{I})\mathbf{x}_3=\begin{bmatrix}-5&1&1\\2&-4&2\\3&3&-3\end{bmatrix}\begin{bmatrix}x_1\\x_2\\x_3\end{bmatrix}=\mathbf{0}\Rightarrow\mathbf{x}_3=\begin{bmatrix}1\\2\\3\end{bmatrix}$$

例 6： (a)Prove that $\frac{d\mathbf{A}^{-1}(t)}{dt}=-\mathbf{A}^{-1}(t)\frac{d\mathbf{A}(t)}{dt}\mathbf{A}^{-1}(t)$ where $\mathbf{A}(t)$ is an $n\times n$ nonsingular matrix

(b)Let λ_1, λ_2, and λ_3 be the eigen values of the matrix

$\mathbf{A}=\begin{bmatrix}3&0&3\\-2&1&1\\4&2&5\end{bmatrix}$ Find $\lambda_1+\lambda_2+\lambda_3$ and $\lambda_1, \lambda_2, \lambda_3$ （成大化工）

解 (a)由於 $\mathbf{A}$ 為可逆，故 $\mathbf{A}^{-1}$ 存在

$$\mathbf{A}^{-1}(t)\mathbf{A}(t)=\mathbf{A}(t)\mathbf{A}(t)\mathbf{A}^{-1}(t)=\mathbf{I}$$

$$\frac{d\mathbf{A}^{-1}(t)}{dt}\mathbf{A}(t)+\mathbf{A}^{-1}(t)\frac{d\mathbf{A}(t)}{dt}=0$$

$$\text{or } \frac{d\mathbf{A}^{-1}(t)}{dt}\mathbf{A}(t)=-\mathbf{A}^{-1}(t)\frac{d\mathbf{A}(t)}{dt}$$

$$\Rightarrow\frac{d\mathbf{A}^{-1}(t)}{dt}=-\mathbf{A}^{-1}(t)\frac{d\mathbf{A}(t)}{dt}\mathbf{A}^{-1}(t)$$

(b)$$|\mathbf{A}-\lambda\mathbf{I}|=\begin{vmatrix}3-\lambda&0&3\\-2&1-\lambda&1\\4&2&5-\lambda\end{vmatrix}$$

$$=-(\lambda^3-9\lambda^2+9\lambda+15)=(\lambda-\lambda_1)(\lambda-\lambda_2)(\lambda-\lambda_3)$$

故知 $\begin{cases}\lambda_1+\lambda_2+\lambda_3=9\\\lambda_1\lambda_2\lambda_3=-15\end{cases}$

例 7：試求 $\mathbf{A}=\begin{bmatrix}1&0&0\\0&0&1\\0&1&0\end{bmatrix}$ 之特徵值與特徵向量 （83 中山物理）

解 $$|\mathbf{A}-\lambda\mathbf{I}|=\begin{vmatrix}1-\lambda&0&0\\0&-\lambda&1\\0&1&-\lambda\end{vmatrix}=0\Rightarrow\lambda=-1, 1, 1$$

$$\lambda_1=-1\Rightarrow(\mathbf{A}+\mathbf{I})\mathbf{x}_1=\begin{bmatrix}2&0&0\\0&1&1\\0&1&1\end{bmatrix}\begin{bmatrix}x_1\\x_2\\x_3\end{bmatrix}=\mathbf{0}\Rightarrow\mathbf{x}_1=\begin{bmatrix}0\\1\\-1\end{bmatrix}$$

$$\lambda_2=1\Rightarrow(\mathbf{A}-\mathbf{I})\mathbf{x}=\begin{bmatrix}0&0&0\\0&-1&1\\0&1&-1\end{bmatrix}\begin{bmatrix}x_1\\x_2\\x_3\end{bmatrix}=\mathbf{0}$$

$$\Rightarrow x_2=x_3\quad \mathbf{x}=s\begin{bmatrix}1\\0\\0\end{bmatrix}+t\begin{bmatrix}0\\1\\1\end{bmatrix}\quad\therefore\mathbf{x}_2=\begin{bmatrix}1\\0\\0\end{bmatrix};\ \mathbf{x}_3=\begin{bmatrix}0\\1\\1\end{bmatrix}$$

觀念提示：值得注意的是 $\mathbf{x}_1, \mathbf{x}_2, \mathbf{x}_3$ 互相垂直，這是因為 $\mathbf{A}$ 是一對稱矩陣

例 8：　Given the partially known matrix

$$\mathbf{A}=\begin{bmatrix}a_{11}&-2.6&a_{13}\\a_{21}&a_{22}&1.7\\0&0&3\end{bmatrix}$$, $a_{ij}\in R$. We also know that trace $(\mathbf{A})=6$ and $|\mathbf{A}|=-30$. Find the eigenvalues of $\mathbf{A}$　　（交大控制）

解

$tr\,(\mathbf{A})=6=a_{11}+a_{22}+3\Rightarrow a_{11}+a_{22}=3\cdots\cdots$(a)

$$|\mathbf{A}|=3\begin{vmatrix}a_{11}&-2.6\\a_{21}&a_{22}\end{vmatrix}=-30\Rightarrow a_{11}a_{22}+2.6a_{21}=-10\cdots\cdots(b)$$

特徵方程式 $|\mathbf{A}-\lambda\mathbf{I}|=0$ 則

$$\begin{vmatrix}a_{11}-\lambda&-2.6&a_{13}\\a_{21}&a_{22}-\lambda&1.7\\0&0&3-\lambda\end{vmatrix}=(3-\lambda)(\lambda^2-a_{11}\lambda-a_{22}\lambda+a_{11}a_{22}+2.6a_{21})$$

$$=0$$

將(a)(b)之結果代入特徵方程式後可得：

$$-(\lambda-3)(\lambda^2-3\lambda-10)=0$$

$$\therefore\lambda=3, 5, -2$$

觀念提示：*1.* $tr\,(\mathbf{A})$ = 所有特徵值的和

2. $|\mathbf{A}|$ = 所有特徵值的積

例 9：　Find the generalized eigenvalues and corresponding eigenvectors for $(\mathbf{A}-\lambda\mathbf{B})\mathbf{x}=\mathbf{0}$

where $\mathbf{A}=\begin{bmatrix}6&-3&0\\-3&6&-3\\0&-3&4\end{bmatrix}$，$\mathbf{B}=\begin{bmatrix}6&0&0\\0&4&0\\0&0&4\end{bmatrix}$ （中央土木）

解

$$\begin{vmatrix}6-6\lambda&-3&0\\-3&6-4\lambda&-3\\0&-3&4-4\lambda\end{vmatrix}=0$$

$\Rightarrow\lambda=1,\frac{1}{4},\frac{9}{4}$

(1)$\lambda=1$

$$(\mathbf{A}-\mathbf{B})\mathbf{x}_1=0\quad\Rightarrow\mathbf{x}_1=\begin{bmatrix}1\\0\\-1\end{bmatrix}$$

(2)$\lambda=\frac{1}{4}$

$$\left(\mathbf{A}-\frac{\mathbf{1}}{\mathbf{4}}\mathbf{B}\right)\mathbf{x}_2=0\quad\Rightarrow\mathbf{x}_2=\begin{bmatrix}\frac{2}{3}\\1\\1\end{bmatrix}$$

(3)$\lambda=\frac{9}{4}$

$$\left(\mathbf{A}-\frac{\mathbf{9}}{\mathbf{4}}\mathbf{B}\right)\mathbf{x}_3=0\quad\Rightarrow\mathbf{x}_3=\begin{bmatrix}-2\\5\\-3\end{bmatrix}$$

例 10： For $\mathbf{A}=\begin{bmatrix}2&4&1&-1&2\\-1&-2&3&0&-2\\0&0&1&8&-4\\0&0&0&-1&1\\0&0&0&-4&3\end{bmatrix}$ （台大電機）

(a)Find the rank of $\mathbf{A}$

(b)Solve $\mathbf{Ax}=\mathbf{b}$, where $\mathbf{b}=[4\quad 1\quad -11\quad 2\quad 7]^T$

(c)Find the eigenvalues of $\mathbf{A}$

(d)Determine the geometric multiplicities of $\mathbf{A}$'s eigenvalues.

解　(a)由(b)可得 $r(\mathbf{A})=4$

(b)$[\mathbf{A}|\mathbf{b}]\sim\left[\begin{array}{ccccc|c}1&2&0&0&0&0\\0&0&1&0&0&1\\0&0&0&1&0&-1\\0&0&0&0&1&1\\0&0&0&0&0&0\end{array}\right]$

$\therefore\begin{cases}x_5=1\\x_4=-1\\x_3=1\\x_2=t\\x_1=-2t\end{cases}\quad\forall t\in R$

(c)$|\mathbf{A}-\lambda\mathbf{I}|=0=-\lambda^2(\lambda-1)^3$

the eigenvalues of $\mathbf{A}$ are 0, 0, 1, 1, 1

(d)$\lambda=0$

$\because r(\mathbf{A})=4\Rightarrow$ nullity $(\mathbf{A})=5-4=1$

$\therefore$ geometric multiplicity of 0 is 1

$\lambda=1$

$\mathbf{A}-\mathbf{I}=\begin{bmatrix}1&4&1&-1&2\\-1&-3&3&0&-2\\0&0&0&8&-4\\0&0&0&-2&1\\0&0&0&-4&2\end{bmatrix}\sim\begin{bmatrix}1&4&1&-1&2\\0&1&4&-1&0\\0&0&0&0&0\\0&0&0&-2&1\\0&0&0&0&0\end{bmatrix}$

$\Rightarrow r(\mathbf{A}-\mathbf{I})=3$

$\therefore$ nullity $(\mathbf{A}-\mathbf{I})=5-3=2$

$\therefore$ geometric multiplicity of 1 is 2

例 11：(a)If the sum of the entries in each row of $\mathbf{A}\in M_n$ is 1, show that 1 is eigenvalue of $\mathbf{A}$.

(b)If in addition $\mathbf{A}$ is nonsingular, show that the row sum of $\mathbf{A}^{-1}$ are also 1.　（台大電機）

解　(a)
$$|\mathbf{A}-\mathbf{I}|=\begin{vmatrix} a_{11}-1 & a_{12} & \cdots & a_{1n} \\ a_{21} & a_{22}-1 & & a_{2n} \\ \vdots & & \ddots & \vdots \\ \vdots & & & \ddots \\ a_{n1} & & & a_{nn}-1 \end{vmatrix}$$
$$=\begin{vmatrix} \sum_j a_{1j}-1 & a_{12} & \cdots & a_{1n} \\ \sum_j a_{2j}-1 & a_{22}-1 & \cdots & a_{2n} \\ \vdots & & & \\ \sum_j a_{nj}-1 & \cdots & \cdots & a_{nn-1} \end{vmatrix}$$
$$=\begin{vmatrix} 0 & \cdots & a_{1n} \\ \vdots & & \vdots \\ 0 & \cdots & a_{nn-1} \end{vmatrix}=0$$
$\therefore 1$ 是 $\mathbf{A}$ 之 eigenvalue

(b)
$$\mathbf{A}^{-1}=\frac{1}{|\mathbf{A}|}\begin{bmatrix} \mathbf{A}_{11} & \cdots & \mathbf{A}_{n1} \\ \mathbf{A}_{12} & \ddots & \vdots \\ \vdots & \vdots & \vdots \\ \mathbf{A}_{1n} & \cdots & \mathbf{A}_{nn} \end{bmatrix}$$
$\Rightarrow$第 i 列和：$\frac{1}{|\mathbf{A}|}(\mathbf{A}_{1i}+\mathbf{A}_{2i}+\cdots\mathbf{A}_{ni})$
$$|\mathbf{A}|=\begin{vmatrix} a_{11} & \cdots & a_{1n} \\ \vdots & \ddots & \vdots \\ a_{n1} & \cdots & a_{nn} \end{vmatrix}=\begin{vmatrix} a_{11} & \cdots & a_{1,i-1} & 1 & a_{1,i+1} & \cdots & a_{1n} \\ \vdots & & & & & & \\ a_{n1} & \cdots & a_{n,i-1} & 1 & a_{n,i+1} & \cdots & a_{nn} \end{vmatrix}$$
$$=1\cdot\mathbf{A}_{1i}+1\cdot\mathbf{A}_{2i}+\cdots+1\cdot\mathbf{A}_{ni}$$
$\therefore \mathbf{A}^{-1}$ 之第 i 列和 $=\frac{|\mathbf{A}|}{|\mathbf{A}|}=1$；$i=1,\cdots,n$

例 12：　證明定理 7-1

解
$$|\mathbf{A}-\lambda\mathbf{I}_n|=\begin{vmatrix} a_{11}-\lambda & a_{12} & \cdots & a_{1n} \\ a_{21} & a_{22}-\lambda & \cdots & a_{2n} \\ \vdots & \vdots & \ddots & \vdots \\ a_{n1} & a_{n2} & \cdots & a_{nn}-\lambda \end{vmatrix}$$

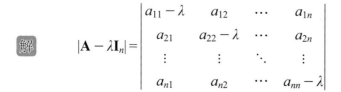

$= (-1)^n (\lambda-\lambda_1)(\lambda-\lambda_2)\cdots(\lambda-\lambda_n)$

$= f(\lambda)$

$\Rightarrow f(0) = |\mathbf{A}| = \prod_{i=1}^{n} \lambda_i$

在$|\mathbf{A}-\lambda\mathbf{I}_n|$展開之 $n!$項中僅有$(a_{11}-\lambda)\cdots(a_{nn}-\lambda)$項會出現 λ^{n-1}項

其係數為$(a_{11}+a_{22}+\cdots+a_{nn})(-1)^{n-1}$

而$f(\lambda) = (-1)^n\lambda^n + (-1)^{n-1}(\lambda_1+\lambda_2+\cdots+\lambda_n)\lambda^{n-1}+\cdots$

$\therefore \sum_{i=1}^{n}\lambda_i = tr(\mathbf{A})$

例 13： An elastic membrane in the x_1x_2-plane is stretched by the deformation matrix $\mathbf{A} = \begin{bmatrix} 3/2 & 1/\sqrt{2} \\ 1/\sqrt{2} & 1 \end{bmatrix}$ to move a point $\mathbf{x} = \begin{bmatrix} x_1 \\ x_2 \end{bmatrix}$ in the membrane to the new point $\mathbf{y} = \begin{bmatrix} x_1 \\ x_2 \end{bmatrix} = \mathbf{Ax}$.

(a)Find the direction of **x** in the original membrane that is the same as or opposite to the direction of the corresponding **y**

(b)Find the corresponding stretch factor. （95 中興通訊）

解 (a)當 $\mathbf{y} = \mathbf{Ax} = \lambda\mathbf{x}$ 時，**y** 與 **x** 的在同方向或反方向，因此 **x** 相當於求 **A** 的 eigenvector

$$\text{char}_A(\lambda) = \det(\mathbf{A}-\lambda\mathbf{I}) = \det\begin{bmatrix} \frac{3}{2}-\lambda & \frac{1}{\sqrt{2}} \\ \frac{1}{\sqrt{2}} & 1-\lambda \end{bmatrix} = \left(\lambda-\frac{1}{2}\right)(\lambda-2)$$

得 **A** 的 eigenvalues 為 $\frac{1}{2}, 2$

$$\ker\left(\mathbf{A}-\frac{1}{2}\mathbf{I}\right) = \ker\begin{bmatrix} 1 & \frac{1}{\sqrt{2}} \\ \frac{1}{\sqrt{2}} & \frac{1}{2} \end{bmatrix} = \text{span}\left\{\begin{bmatrix} -\frac{1}{\sqrt{2}} \\ 1 \end{bmatrix}\right\}$$

$$\ker(\mathbf{A}-2\mathbf{I})=\ker\begin{bmatrix}-\frac{1}{2} & \frac{1}{\sqrt{2}}\\ \frac{1}{\sqrt{2}} & -1\end{bmatrix}=\text{span}\left\{\begin{bmatrix}\sqrt{2}\\ 1\end{bmatrix}\right\}$$

(b)當 $\mathbf{x}=c\begin{bmatrix}-\frac{1}{\sqrt{2}}\\ 1\end{bmatrix}$時，stretch factor = 1/2

當 $\mathbf{x}=c\begin{bmatrix}\sqrt{2}\\ 1\end{bmatrix}$時，stretch factor = 2

例 14： Let $\mathbf{A}$ be an $n\times n$ real symmetric matrix. Assume the eigenvalues of $\mathbf{A}$ are $\lambda_1, \lambda_2, \cdots, \lambda_n$. If $\mathbf{A}$ is invertible, find the eigenvalues of $(\mathbf{A}\mathbf{A}^T)^{-1}$. （95 中央通訊所）

解 $\mathbf{A}\mathbf{A}^T=\mathbf{A}^2$ 具 eigenvalues $\lambda_1^2, \lambda_2^2, \cdots, \lambda_n^2$

$\Rightarrow (\mathbf{A}\mathbf{A}^T)^{-1}$ 具 eigenvalues $\frac{1}{\lambda_1^2}, \frac{1}{\lambda_2^2}, \frac{1}{\lambda_n^2}$

例 15： Find the all eigenvalues and its corresponding eigenvectors of the following matrix

$$V(u)=\ker(\mathbf{A}-u\mathbf{I})=\ker\begin{bmatrix}0 & \rho & 0\\ c^2/\rho & 0 & 0\\ 0 & 0 & 0\end{bmatrix}=\text{span}\left\{\begin{bmatrix}0\\ 0\\ 1\end{bmatrix}\right\}$$

where $u\neq c$ （95 輔大數學）

解 假設 $\mathbf{A}=\begin{bmatrix}u & \rho & 0\\ c^2/\rho & u & 0\\ 0 & 0 & u\end{bmatrix}$

$$\text{char}_A(x)=\det(\mathbf{A}-x\mathbf{I})=\det\begin{bmatrix}u-x & \rho & 0\\ c^2/\rho & u-x & 0\\ 0 & 0 & u-x\end{bmatrix}$$

$$=(u-x)[(u-x)^2-c^2]$$

$$= -(x-u)(x-u-c)(x-u+c)$$

得 **A** 的 eigenvalue 為 $u, u+c, u-c$

$$V(u) = \ker(\mathbf{A} - u\mathbf{I}) = \ker\begin{bmatrix} 0 & \rho & 0 \\ c^2/\rho & 0 & 0 \\ 0 & 0 & 0 \end{bmatrix} = \text{span}\left\{\begin{bmatrix} 0 \\ 0 \\ 1 \end{bmatrix}\right\}$$

所以 **A** 相對於 u 的 eigenvector 為 $t\begin{bmatrix} 0 \\ 0 \\ 1 \end{bmatrix}$，其中 $t \neq 0$

$$V(u+c) = \ker(\mathbf{A} - (u+c)\mathbf{I}) = \begin{bmatrix} -c & \rho & 0 \\ c^2/\rho & -c & 0 \\ 0 & 0 & -c \end{bmatrix} = \text{span}\left\{\begin{bmatrix} \rho \\ c \\ 0 \end{bmatrix}\right\}$$

例 16： Find the eigenvalues of

$$\mathbf{A} = \begin{bmatrix} 4 & 3 & 0 & 0 & 0 \\ -2 & -1 & 0 & 0 & 0 \\ 1 & 7 & 10 & 1 & -7 \\ 2 & -1 & 0 & 5 & 0 \\ -3 & 1 & 6 & -4 & -3 \end{bmatrix}$$

（95 彰師統資）

解

令 $\mathbf{B} = \begin{bmatrix} 4 & 3 \\ -2 & -1 \end{bmatrix}$, $\mathbf{C} = \begin{bmatrix} 1 & 7 \\ 2 & -1 \\ -3 & 1 \end{bmatrix}$，$\mathbf{D} = \begin{bmatrix} 10 & 1 & -7 \\ 0 & 5 & 0 \\ 6 & -4 & -3 \end{bmatrix}$

則 $\mathbf{A} = \begin{bmatrix} \mathbf{B} & \mathbf{O} \\ \mathbf{C} & \mathbf{D} \end{bmatrix}$

$$\Rightarrow \text{char}_A(x) = \begin{bmatrix} \mathbf{B} - x\mathbf{I} & \mathbf{O} \\ \mathbf{C} & \mathbf{D} - x\mathbf{I} \end{bmatrix} = \det(\mathbf{B} - x\mathbf{I})\det(\mathbf{D} - x\mathbf{I})$$

$$= -(x-1)(x-2)(x-3)(x-4)(x-5)$$

得 **A** 的 eigenvalue 為 1, 2, 3, 4, 5

例 17： Let **A** be a $n \times n$ idempotent matrix, that is $\mathbf{A}^2 = \mathbf{A}$. Find all possible eigenvalues of **I-A** where **I** is the $n \times n$ identity matrix

（95 高大統計）

解　假設 λ 為 **I-A** 的 eigenvalue

$\Rightarrow \exists\, \mathbf{x} \neq 0$ 使得 $(\mathbf{I}\text{-}\mathbf{A})\mathbf{x} = \lambda\mathbf{x}$

$\Rightarrow \mathbf{x} - \mathbf{A}\mathbf{x} = \lambda\mathbf{x}$

$\Rightarrow \mathbf{A}\mathbf{x} = \mathbf{x} - \lambda\mathbf{x} = (1-\lambda)\mathbf{x}$

$\Rightarrow \mathbf{A}^2\mathbf{x} = (1-\lambda)\mathbf{A}\mathbf{x} = (1-\lambda)^2\mathbf{x}$

因為 $\mathbf{A}^2 = \mathbf{A}$

$\Rightarrow (1-\lambda)\mathbf{x} = (1-\lambda)^2\mathbf{x}$

$\Rightarrow 1-\lambda = (1-\lambda)^2$

$\Rightarrow 1-\lambda \in \{0, 1\}$

$\Rightarrow \lambda \in \{0, 1\}$，所以 **I-A** 的所有可能的 eigenvalue 為 0 或 1

7-2　特殊矩陣及其性質

定義：單式矩陣與正交矩陣

對於 $\mathbf{A} \in R^{n \times n}$ 若 $\mathbf{A}^T\mathbf{A} = \mathbf{I}$ 則稱 **A** 為正交（orthogonal）矩陣

對於 $\mathbf{A} \in C^{n \times n}$ 若 $\mathbf{A}^H\mathbf{A} = \mathbf{I}$ 則稱 **A** 為單式（unitary）矩陣

觀念提示： *1.* 由定義可得：對方陣 **A** 而言

(1) $\mathbf{A}^T\mathbf{A} = \mathbf{I} \Leftrightarrow \mathbf{A}\mathbf{A}^T = \mathbf{I} \Leftrightarrow \mathbf{A}^T = \mathbf{A}^{-1}$

(2) $\mathbf{A}^H\mathbf{A} = \mathbf{I} \Leftrightarrow \mathbf{A}\mathbf{A}^H = \mathbf{I} \Leftrightarrow \mathbf{A}^H = \mathbf{A}^{-1}$

因此正交及單式矩陣均可逆，且其反矩陣分別為其轉置及共軛轉置。

(3) $\mathbf{A}^T\mathbf{A} = \mathbf{I} \Rightarrow \mathbf{A}$ 的各行向量形成正交且單一化之向量集（orthonormal basis）

(4) $\mathbf{A}\mathbf{A}^T = \mathbf{I} \Rightarrow \mathbf{A}$ 的各列向量形成正交且單一化之向量集（orthonormal basis）

2. 單式矩陣及正交矩陣均對乘法具封閉性。（The product of two orthogonal (unitary) matrices is still orthogonal (unitary)）

定理 7-5：保長與保內積性質

(1)下列敘述彼此等價：

1. $\mathbf{A}$ 為正交矩陣，$\mathbf{A} \in R^{n \times n}$
2. $\forall \mathbf{x} \in R^{n \times 1}, \|\mathbf{Ax}\| = \|\mathbf{x}\|$（保長）
3. 若任何佈於 $R^{n \times 1}$ 的向量在經 $\mathbf{A}$ 之映射後其長度不變，則 $\mathbf{A}$ 為正交矩陣。
4. $\forall \mathbf{x}, \mathbf{y} \in R^{n \times 1}$，$(\mathbf{Ax})^T(\mathbf{Ay}) = \mathbf{x}^T\mathbf{y}$（保內積）

(2)下列各敘述彼此等價：

1. $\mathbf{A}$ 為單式矩陣，$\mathbf{A} \in C^{n \times n}$
2. $\forall \mathbf{x} \in C^{n \times 1}, \|\mathbf{Ax}\| = \|\mathbf{x}\|$（保長）
3. 若任何佈於 $C^{n \times 1}$ 之向量在經 $\mathbf{A}$ 之映射後，其長度不變，則 $\mathbf{A}$ 為單式矩陣。
4. $\forall \mathbf{x}, \mathbf{y} \in C^{n \times 1}$，$(\mathbf{Ax})^H(\mathbf{Ay}) = \mathbf{x}^H\mathbf{y}$（保內積）
5. 若任何佈於 $C^{n \times 1}$ 之向量 $\mathbf{x}, \mathbf{y}$ 在經 $\mathbf{A}$ 映射後其內積不變，則 $\mathbf{A}$ 為單式矩陣。

證明：若 $\mathbf{A}$ 為單式矩陣，則 $\mathbf{A}^H\mathbf{A} = \mathbf{I}$

$\forall \mathbf{x} \in C^{n \times 1}, (\mathbf{Ax})^H(\mathbf{Ax}) = \mathbf{x}^H\mathbf{A}^H\mathbf{Ax} = \mathbf{x}^H\mathbf{x} = \|\mathbf{x}\|^2$（保長）

$\forall \mathbf{x}, \mathbf{y} \in C^{n \times 1}$，$(\mathbf{Ax})^H(\mathbf{Ay}) = \mathbf{x}^H\mathbf{A}^H\mathbf{Ay} = \mathbf{x}^H\mathbf{y}$（保內積）

定理 7-6：保角性質

(1)$\mathbf{A} \in C^{n \times n}$，$\mathbf{A}$ 為單式矩陣，則對任意 $C^{n \times 1}$ 的正交單位基底 $\{\mathbf{e}_1, \mathbf{e}_2, \cdots \mathbf{e}_n\}$，$\{\mathbf{Ae}_1, \cdots, \mathbf{Ae}_n\}$ 必仍為正交單位基底。

(2)$\mathbf{A} \in R^{n \times n}$ 為正交矩陣，則對任意 $R^{n \times 1}$ 的正交單位基底 $\{\mathbf{e}_1, \mathbf{e}_2, \cdots \mathbf{e}_n\}$，$\{\mathbf{Ae}_1, \cdots, \mathbf{Ae}_n\}$ 必仍為正交單位基底。

證明：$(\mathbf{Ae}_i)^H(\mathbf{Ae}_j) = \mathbf{e}_i^H\mathbf{A}^H\mathbf{Ae}_j = \mathbf{e}_i^H\mathbf{e}_j = \delta_{ij}$ 得證

觀念提示：應不難由定理 7-6 延伸為：兩向量間的夾角不因正交或單式矩陣的映射而改變。此即說明了正交及單式矩陣的保角性質。

定理 7-7：行列式性質

⑴正交矩陣之行列式值為 ± 1

⑵單式矩陣之行列式是一個絕對值為 1 的複數

證明： *1.* $|\mathbf{A}^{\mathbf{T}}\mathbf{A}|=1=|\mathbf{A}|^2 \Rightarrow |\mathbf{A}|=\pm 1$

2. $|\mathbf{A}^{H}\mathbf{A}|=1=|\mathbf{A}||\mathbf{A}^{H}|=|\mathbf{A}||\mathbf{A}|^*=\|\mathbf{A}\|^2 \Rightarrow |\mathbf{A}|=\mathbf{e}^{j\theta},\ \theta \in R$

定義：正則（normal）矩陣

⑴對 $\mathbf{A} \in R^{n\times n}$，若且唯若 $\mathbf{A}\mathbf{A}^T=\mathbf{A}^T\mathbf{A}$，則稱 **A** 為正則矩陣。

⑵對 $\mathbf{A} \in C^{n\times n}$，若且唯若 $\mathbf{A}\mathbf{A}^H=\mathbf{A}^H\mathbf{A}$，則稱 **A** 為正則矩陣。

觀念提示：Hermitian matrix，Skew-Hermitian matrix，對稱矩陣，反對稱矩陣，正交矩陣，單式矩陣均為正則矩陣。

定理 7-8：正則三角矩陣必為對角矩陣

證明：Let **T** be a normal matrix

$$\mathbf{T}=\begin{bmatrix} a & b \\ 0 & c \end{bmatrix} \Rightarrow \mathbf{T}\mathbf{T}^H=\begin{bmatrix} a & b \\ 0 & c \end{bmatrix}\begin{bmatrix} \bar{a} & 0 \\ \bar{b} & \bar{c} \end{bmatrix}=\begin{bmatrix} a\bar{a}+b\bar{b} & b\bar{c} \\ \bar{b}c & c\bar{c} \end{bmatrix}$$

$$\mathbf{T}^{\mathbf{H}}\mathbf{T}=\begin{bmatrix} \bar{a} & 0 \\ \bar{b} & \bar{c} \end{bmatrix}\begin{bmatrix} a & b \\ 0 & c \end{bmatrix}=\begin{bmatrix} a\bar{a} & \bar{a}b \\ \bar{b}a & b\bar{b}+c\bar{c} \end{bmatrix}$$

$$\mathbf{T}^{\mathbf{H}}\mathbf{T}=\mathbf{T}\mathbf{T}^{\mathbf{H}} \Rightarrow b\bar{b}=0=|b|^2 \Rightarrow b=0$$

任何三角形矩陣若為 Normal 必為對角矩陣

定義：冪零（nilpotent）矩陣

對任何方陣 **A**，若存在正整數 k 使得 $\mathbf{A}^k=0$ 則稱 **A** 為冪零矩陣而滿足以上條件的最小正整數 k 稱為 **A** 之指標（index）記為 index $(\mathbf{A})=k$

觀念提示： *1.* 由定義可知，若 **A** 為指標為 k 的冪零矩陣則

⑴$\mathbf{A}^k=0$ 且 $\mathbf{A}^{k-1}\neq 0$

⑵ $\det \mathbf{A}=0$

2. 若 **A** 為 n 階嚴格上（下）三角矩陣，則 **A** 為指標為 n 的冪零矩陣。

定義：Idempotent 矩陣

對任何方陣 $\mathbf{A}$，若具有 $\mathbf{A}^2=\mathbf{A}$ 的性質，則 $\mathbf{A}$ 為 Idempotent 矩陣。

定理 7-9：

If $\mathbf{A}$ and $\mathbf{B}$ are two orthogonal matrices, then the following matrices are orthogonal：

(a)$\mathbf{AB}$

(b)$\mathbf{A}^{-1}$

證明：自行練習

例 18：　已知 idempotent 矩陣 $\mathbf{A}$ 如下，求 $r(\mathbf{A})=$？，$a^2+b^2+c^2=$？

$$\mathbf{A}=\begin{bmatrix}\frac{2}{3} & a & b\\ a & \frac{2}{3} & \frac{1}{3}\\ b & \frac{1}{3} & c\end{bmatrix}$$

（82 中山應數）

解

(1)$\mathbf{A}$ 為 idempotent$\Rightarrow\mathbf{A}^2=\mathbf{A}$　or　$\mathbf{A}(\mathbf{A}-\mathbf{I})=0$

$$\Rightarrow\begin{bmatrix}\frac{2}{3} & a & b\\ a & \frac{2}{3} & \frac{1}{3}\\ b & \frac{1}{3} & c\end{bmatrix}\begin{bmatrix}-\frac{1}{3} & a & b\\ a & -\frac{1}{3} & \frac{1}{3}\\ b & \frac{1}{3} & c-1\end{bmatrix}=0$$

$$\Rightarrow\begin{cases}a^2+b^2=\frac{2}{9} & \text{（由第一列}\times\text{第一行）}\\ a=-b & \text{（由第二列}\times\text{第一列）}\\ -\frac{b}{3}+\frac{a}{3}+bc=0 & \text{（由第三列}\times\text{第一行）}\end{cases}$$

故知 $c=\frac{2}{3}$，且 $a^2+b^2+c^2=\frac{2}{3}$

(2)在 $\mathbf{A}(\mathbf{A}-\mathbf{I})=0$ 的情況下，若 $\mathbf{A}$ 與$(\mathbf{A}-\mathbf{I})$之一為非奇異方陣

則另一必為零矩陣。但顯然的**A**與(**A** − **I**)均非零矩陣，故知**A**與(**A** − **I**)均為奇異方陣。由$\mathbf{A}_{11} \neq 0$因而可知$r(\mathbf{A}) = 2$

例 19： 若**A**, **B**均為Hermitian而**C**, **D**均為Unitary，證明：

(a)$\mathbf{C}^{-1}\mathbf{AC}$為Hermitian

(b)$\mathbf{C}^{-1}\mathbf{DC}$為Unitary

(c)$i(\mathbf{AB} - \mathbf{BA})$ Hermitian （清華電機）

解

(a)$(\mathbf{C}^{-1}\mathbf{AC})^H = (\mathbf{C}^H\mathbf{AC})^H = \mathbf{C}^H\mathbf{A}^H\mathbf{C} = \mathbf{C}^H\mathbf{AC} = \mathbf{C}^{-1}\mathbf{AC}$

(b)$(\mathbf{C}^{-1}\mathbf{DC})^H = (\mathbf{C}^H\mathbf{DC})^H = \mathbf{C}^H\mathbf{D}^H\mathbf{C} = \mathbf{C}^{-1}\mathbf{D}^{-1}\mathbf{C} = (\mathbf{C}^{-1}\mathbf{DC})$

(c)$[i(\mathbf{AB} - \mathbf{BA})]^H = [\overline{i(\mathbf{AB} - \mathbf{BA})}]^T = i(\mathbf{AB} - \mathbf{BA})^H$

$$= -i(\mathbf{B}^H\mathbf{A}^H - \mathbf{A}^H\mathbf{B}^H) = -i(\mathbf{BA} - \mathbf{AB})$$

$$= i(\mathbf{AB} - \mathbf{BA})$$

例 20： Given the following matrices：

(1)$\begin{bmatrix} 2 & i \\ -i & 5 \end{bmatrix}$ (2)$\begin{bmatrix} 1+i & 2 \\ 2 & 5i \end{bmatrix}$

(3)$\begin{bmatrix} 1 & 1+i & 5 \\ 1-i & 2 & i \\ 5 & -i & 7 \end{bmatrix}$ (4)$\begin{bmatrix} \cos\theta & -\sin\theta \\ \sin\theta & \cos\theta \end{bmatrix}$

(a)Which of the above matrices are skew-symmetric?

(b)Which are Hermitian?

(c)Which are unitary?

(d)Is it true that if A is skew-symmetric then $\mathbf{A}^2$ is symmetric? Explain why?

(e)What kind of matrix preserves norm? （清大資工）

解

(a)skew-symmetric：$\mathbf{A}^T = -\mathbf{A}$故無任何矩陣滿足

(b)(1)、(3)滿足hermitian條件：$\mathbf{A}^H = \mathbf{A}$

(c)(4)滿足 unitary $\mathbf{A}^H\mathbf{A}=\mathbf{I}$

(d)true：

$\mathbf{A}^T=-\mathbf{A}\Rightarrow(\mathbf{A}^2)^T=\mathbf{A}^T\mathbf{A}^T=(-\mathbf{A})(-\mathbf{A})=\mathbf{A}^2$

(e)unitary matrix $\mathbf{A}$ has the property for any $\mathbf{u}$ $\|\mathbf{Au}\|=\|\mathbf{u}\|$

例 21：　已知非奇異方陣 $\mathbf{A}$ 具有 $\mathbf{A}^{-1}=\alpha\mathbf{A}^T$ 之性質 α 為常數，取矩陣 $\mathbf{B}$ 與 $\mathbf{C}$ 如下：

$$\mathbf{B}=\begin{bmatrix}\mathbf{A} & \mathbf{A}\\ -\mathbf{A} & \mathbf{A}\end{bmatrix};\ \mathbf{C}=\begin{bmatrix}\mathbf{B} & \mathbf{B}\\ -\mathbf{B} & \mathbf{B}\end{bmatrix};\ \mathbf{D}=\begin{bmatrix}4 & 3\\ -3 & 4\end{bmatrix}$$

(a)證明 $\mathbf{B}$ 有 $\mathbf{B}^{-1}=\beta\mathbf{B}^T$，$\beta=$？

(b)$\mathbf{C}^{-1}=$？

(c)取 $\mathbf{A}$ 為矩陣 $\mathbf{D}$，$\mathbf{B}^{-1}=$？

(d)若 $\mathbf{A}=[1]$，$\mathbf{B}^{-1}=$？

解　(a)為正交矩陣的一種變形，因任何向量經 $\mathbf{A}$ 轉換後其長度變為原來的 α 倍（若 $\alpha=1$，則 $\mathbf{A}$ 為正交矩陣）。

且 $\mathbf{AA}^T=\mathbf{A}^T\mathbf{A}=\dfrac{1}{\alpha}\mathbf{I}$

$$\mathbf{BB}^T=\begin{bmatrix}\mathbf{A} & \mathbf{A}\\ -\mathbf{A} & \mathbf{A}\end{bmatrix}\begin{bmatrix}\mathbf{A}^T & -\mathbf{A}^T\\ \mathbf{A}^T & \mathbf{A}^T\end{bmatrix}=\begin{bmatrix}2\mathbf{AA}^T & \mathbf{0}\\ \mathbf{0} & 2\mathbf{AA}^T\end{bmatrix}=\frac{2}{\alpha}\mathbf{I}$$

因此 $\mathbf{B}^{-1}=\dfrac{\alpha}{2}\mathbf{B}^T$，也就是 $\beta=\dfrac{\alpha}{2}$

(b)利用(a)之結果可知

$$\mathbf{CC}^T=\begin{bmatrix}\mathbf{B} & \mathbf{B}\\ -\mathbf{B} & \mathbf{B}\end{bmatrix}\begin{bmatrix}\mathbf{B}^T & \mathbf{B}^T\\ \mathbf{B}^T & \mathbf{B}^T\end{bmatrix}=\begin{bmatrix}2\mathbf{BB}^T & \mathbf{0}\\ \mathbf{0} & 2\mathbf{BB}^T\end{bmatrix}=\frac{4}{\alpha}\mathbf{I}$$

故知 $\mathbf{C}^{-1}=\dfrac{\alpha}{4}\mathbf{C}^T$

(c)$\mathbf{A}=\begin{bmatrix}4 & 3\\ -3 & 4\end{bmatrix}\Rightarrow\mathbf{AA}^T=\begin{bmatrix}4 & 3\\ -3 & 4\end{bmatrix}\begin{bmatrix}4 & -3\\ 3 & 4\end{bmatrix}=25\mathbf{I}$

$\therefore\alpha=\dfrac{1}{25}$ 故由(a)可知

$$\mathbf{B}^{-1}=\frac{\alpha}{2}\mathbf{B}^T=\frac{1}{50}\begin{bmatrix}\mathbf{D}^T & -\mathbf{D}^T\\ \mathbf{D}^T & \mathbf{D}^T\end{bmatrix}$$

(d)$\mathbf{A}=[1]\Rightarrow\alpha=1\Rightarrow\mathbf{B}^{-1}=\frac{1}{2}\mathbf{B}^T=\frac{1}{2}\begin{bmatrix}1 & -1\\ 1 & 1\end{bmatrix}$

例 22： **A** is an n by n matrix. Prove: columns of **A** are orthonormal if and only if rows are orthonormal （台大資訊）

解

令 **A** 之為 $\mathbf{a}_1, \cdots \mathbf{a}_2$ 為 $\mathbf{a}^{(1)}, \cdots \mathbf{a}^{(n)}$，

$\{\mathbf{a}_1, \cdots \mathbf{a}_n\}$ are orthonormal $\Leftrightarrow \mathbf{a}_i^H\mathbf{a}_j=\delta_{ij},\ i, j=1, \cdots, n$

$$\Leftrightarrow\begin{bmatrix}\mathbf{a}_1^H\\ \vdots\\ \mathbf{a}_n^H\end{bmatrix}[\mathbf{a}_1 \quad \cdots \quad \mathbf{a}_n]=\mathbf{I}$$

$\Leftrightarrow \mathbf{A}^H\mathbf{A}=\mathbf{I}$

$\Leftrightarrow \mathbf{A}\mathbf{A}^H=\mathbf{I}$

$$\Leftrightarrow\begin{bmatrix}\mathbf{a}^{(1)}\\ \vdots\\ \mathbf{a}^{(n)}\end{bmatrix}[\mathbf{a}^{(1)^H} \quad \cdots \quad \mathbf{a}^{(n)^H}]=\mathbf{I}$$

$\Leftrightarrow \mathbf{a}^{(i)}\mathbf{a}^{(j)^H}=\delta_{ij};\ i, j=1, 2, \cdots, n$

$\Leftrightarrow \{\mathbf{a}^{(1)}, \cdots, \mathbf{a}^{(n)}\}$ 為 orthonormal set

例 23： Show that a nilpotent matrix must be singular （交大資工）

解

若 **A** 為 nilpotent matrix

則∃正整數 k，使 $\mathbf{A}^k=\mathbf{0}$

$\Rightarrow|\mathbf{A}^k|=\mathbf{0}=|\mathbf{A}|^k$

$\therefore|\mathbf{A}|=\mathbf{0}$

例 24：　V is a finite-dimensional vector space, W_1 and W_2 are subspaces, $V=W_1 \oplus W_2$. Find the eigenvalues and corresponding eigen spaces for the projection operator P on W_1 along W_2

（台大電機）

解　For each vector $\mathbf{x} \in V$, $\mathbf{x}$ can be uniquely decomposed as

$\mathbf{x}=\mathbf{w}_1+\mathbf{w}_2$

where $\mathbf{w}_1 \in W_1$, $\mathbf{w}_2 \in W_2$

$\Rightarrow P(\mathbf{x})=\mathbf{w}_1$

let $\{\mathbf{e}_1, \cdots, \mathbf{e}_k, \mathbf{e}_{k+1}, \cdots, \mathbf{e}_n\}$ is a basis of V

and $\{\mathbf{e}_1, \cdots, \mathbf{e}_k\}$, $\{\mathbf{e}_{k+1}, \cdots, \mathbf{e}_n\}$ be basis of W_1 and W_2, respectively.

$$\Rightarrow P(\mathbf{e}_i)=\begin{cases}\mathbf{e}_i; i=1, \cdots, k \\ 0; i=k+1, \cdots n\end{cases}$$

$\therefore$ The eigenvalues of P are 1 and 0

$\ker(\mathbf{P}-0\mathbf{I})=\ker(\mathbf{P})=\{\mathbf{x} \mid \mathbf{P}\mathbf{x}=\mathbf{0}\}$

$\mathbf{P}\mathbf{x}=\mathbf{P}(\mathbf{w}_1+\mathbf{w}_2)=\mathbf{P}\mathbf{w}_1=\mathbf{w}_1=\mathbf{0}$

$\therefore \ker P=W_2$

$\therefore \ker(\mathbf{P}-\mathbf{I})=\{\mathbf{x} \mid (\mathbf{P}-\mathbf{I})\mathbf{x}=\mathbf{0}\}$

$(\mathbf{P}-\mathbf{I})\mathbf{x}=\mathbf{0} \Rightarrow \mathbf{P}\mathbf{x}=\mathbf{x} \Rightarrow \mathbf{P}(\mathbf{w}_1+\mathbf{w}_2)=\mathbf{w}_1+\mathbf{w}_2$

$\Rightarrow \mathbf{w}_1=\mathbf{w}_1+\mathbf{w}_2$

$\Rightarrow \mathbf{w}_2=0$

$\therefore \ker(\mathbf{P}-\mathbf{I})=W_1$

例 25：　An $n \times n$ matrix $\mathbf{P}$ is orthogonal if it is invertible and $\mathbf{P}^{-1}=\mathbf{P}^T$.

(a)What are the possible real eigenvalues of $\mathbf{P}$ and what is $\det(\mathbf{P})$? Why?

(b)Show that the orthogonal transform $T(\mathbf{x}) \equiv \mathbf{P}\mathbf{x}$ preserves inner product, i.e.,

$\langle \mathbf{v}, \mathbf{w} \rangle = \langle T(\mathbf{v}), T(\mathbf{w}) \rangle$, for all $\mathbf{v}, \mathbf{w} \in R^n$

(c)Show that the columns of **P** form an orthonormal basis of R^n.

(d)Show that $\|\mathbf{Px}\| = \|\mathbf{x}\|$ for all **x** in R^n, where $\|\mathbf{x}\|$ represents the length of the vector **x**. （95 海洋通訊）

解 (a)假設 λ 為 **P** 的 eigenvalue

$\Rightarrow \exists \mathbf{x} \neq \mathbf{0}$ 使得 $\mathbf{Px} = \lambda\mathbf{x}$

$\mathbf{x^T P^T P x} = \mathbf{x^T I x} = \mathbf{x^T x} = \|\mathbf{x}\|^2$

另外，$\mathbf{x^T P^T P x} = (\mathbf{Px})^T(\mathbf{Px}) = \|\mathbf{Px}\|^2 = \|\lambda\mathbf{x}\|^2 = |\lambda|\|\mathbf{x}\|^2$

$\Rightarrow \|\mathbf{x}\|^2 = |\lambda|\|\mathbf{x}\|^2$

$\Rightarrow |\lambda| = 1$

$\Rightarrow \lambda = \pm 1$

因此 **P** 的可能 real eigenvalue 為 1 或 −1

另外，$1 = \det(\mathbf{I}) = \det(\mathbf{P^T P}) = \det(\mathbf{P}^T)\det(\mathbf{P}) = \det(\mathbf{P})^2$

$\Rightarrow \det(\mathbf{P}) = \pm 1$

(b)$\forall \mathbf{v}, \mathbf{w} \in R^n$

$$\begin{aligned}\langle T(\mathbf{v}), T(\mathbf{w}) \rangle &= \langle \mathbf{Pv}, \mathbf{Pw} \rangle = (\mathbf{Pw})^T\mathbf{Pv} \\ &= \mathbf{w^T P^T P v} = \mathbf{w^T v} \\ &= \langle \mathbf{v}, \mathbf{w} \rangle\end{aligned}$$

(c)令 $\mathbf{P} = [\mathbf{v}_1 \quad \mathbf{v}_2 \quad \cdots \quad \mathbf{v}_n]$，其中 $\mathbf{v}_1 \quad \mathbf{v}_2 \quad \cdots \quad \mathbf{v}_n$ 為 **P** 的行向量

$$\Rightarrow \mathbf{P^T P} = \begin{bmatrix} \mathbf{v}_1^T \\ \mathbf{v}_2^T \\ \vdots \\ \mathbf{v}_n^T \end{bmatrix} [\mathbf{v}_1 \quad \mathbf{v}_2 \quad \cdots \quad \mathbf{v}_n] = \begin{bmatrix} \mathbf{v}_1^T\mathbf{v}_1 & \mathbf{v}_1^T\mathbf{v}_2 & \cdots & \mathbf{v}_1^T\mathbf{v}_n \\ \mathbf{v}_2^T\mathbf{v}_1 & \mathbf{v}_2^T\mathbf{v}_2 & \cdots & \mathbf{v}_2^T\mathbf{v}_n \\ \vdots & \vdots & \ddots & \vdots \\ \mathbf{v}_n^T\mathbf{v}_1 & \mathbf{v}_n^T\mathbf{v}_2 & \cdots & \mathbf{v}_n^T\mathbf{v}_n \end{bmatrix}$$

因為 $\mathbf{P^T P} = \mathbf{I}$

$\Rightarrow \mathbf{v}_i^T\mathbf{v}_j = \delta_{ij}, \forall i, j = 1, 2, \cdots, n$

$\Rightarrow \{\mathbf{v}_1, \mathbf{v}_2, \cdots, \mathbf{v}_n\}$ 形成 R^n 的一組 orthonormal basis

(d)$\forall \mathbf{x} \in R^n$

$\|\mathbf{Px}\|^2=\langle \mathbf{Px}, \mathbf{Px}\rangle=(\mathbf{Px})^T(\mathbf{Px})$

$=\mathbf{x}^\mathbf{T}\mathbf{P}^\mathbf{T}\mathbf{Px}=\mathbf{x}^\mathbf{T}\mathbf{x}=\langle \mathbf{x}, \mathbf{x}\rangle=\|\mathbf{x}\|^2$

$\Rightarrow\|\mathbf{Px}\|=\|\mathbf{x}\|$

例 26：　Let $\mathbf{A}$ be an $n\times n$ matrix.　（95 高師大數學）

(a)Prove that if λ is an eigenvalue of $\mathbf{A}$ then $\bar{\lambda}$ is an eigenvalue of $\mathbf{A}^*$.

(b)Prove if $\mathbf{A}^*\mathbf{A}=\mathbf{A}\mathbf{A}^*$ and $\mathbf{x}$ is an eigenvector of $\mathbf{A}$ corresponding to the eigenvalue λ then $\mathbf{x}$ is an eigenvector of $\mathbf{A}^*$ corresponding to the eigenvalue $\bar{\lambda}$.

解　(a)因為 λ 為 $\mathbf{A}$ 的 eigenvalue

$\Rightarrow\det(\mathbf{A}-\lambda\mathbf{I})=0$

$\Rightarrow\det(\mathbf{A}-\lambda\mathbf{I})^*=0$

$\Rightarrow\det(\mathbf{A}^*-\bar{\lambda}\mathbf{I})=0$

$\Rightarrow\bar{\lambda}$ 為 A^* 的 eigenvector

(b)因為 $\mathbf{x}$ 為 $\mathbf{A}$ 相對於 λ 的 eigenvector

$\Rightarrow\mathbf{Ax}=\lambda\mathbf{x},\ \mathbf{x}\neq 0$

$\Rightarrow(\mathbf{A}-\lambda\mathbf{I})\mathbf{x}=0$

因為 $\mathbf{A}^*\mathbf{A}=\mathbf{A}\mathbf{A}^*$

$\Rightarrow(\mathbf{A}-\lambda\mathbf{I})^*(\mathbf{A}-\lambda\mathbf{I})=(\mathbf{A}-\lambda\mathbf{I})(\mathbf{A}-\lambda\mathbf{I})^*$

$\Rightarrow 0=\|(\mathbf{A}-\lambda\mathbf{I})\mathbf{x}\|^2=\langle(\mathbf{A}-\lambda\mathbf{I})\mathbf{x},(\mathbf{A}-\lambda\mathbf{I})\mathbf{x}\rangle$

$=\langle(\mathbf{A}-\lambda\mathbf{I})^*(\mathbf{A}-\lambda\mathbf{I})\mathbf{x},\mathbf{x}\rangle$

$=\langle(\mathbf{A}-\lambda\mathbf{I})(\mathbf{A}-\lambda\mathbf{I})^*\mathbf{x},\mathbf{x}\rangle=\langle(\mathbf{A}-\lambda\mathbf{I})^*\mathbf{x},(\mathbf{A}-\lambda\mathbf{I})^*\mathbf{x}\rangle$

$=\|(\mathbf{A}-\lambda\mathbf{I})^*\mathbf{x}\|^2=\|(\mathbf{A}^*-\bar{\lambda}\mathbf{I})\mathbf{x}\|^2=\|\mathbf{A}^*\mathbf{x}-\bar{\lambda}\mathbf{x}\|^2$

$\Rightarrow\mathbf{A}^*\mathbf{x}-\bar{\lambda}\mathbf{x}=0$

$\Rightarrow\mathbf{A}^*\mathbf{x}=\bar{\lambda}\mathbf{x}$

$\Rightarrow\mathbf{x}$ 為 $\mathbf{A}$ 相對於 $\bar{\lambda}$ 的 eigenvector

例 27： A square matrix $\mathbf{A}$ is normal if $\mathbf{A}^*\mathbf{A}=\mathbf{A}\mathbf{A}^*$,where $\mathbf{A}^*$ is the conjugate transpose of $\mathbf{A}$.
(a)Show that every Hermitian matrix is normal.
(b)Show that if $\mathbf{A}^*=-\mathbf{A}$, then $\mathbf{A}$ is normal. （95 屏教大應數）

解 (a)假設 $\mathbf{A}$ 為一個 Hermitian matrix
$\Rightarrow \mathbf{A}^*=\mathbf{A}$
$\Rightarrow \mathbf{A}^*\mathbf{A}=\mathbf{A}\cdot\mathbf{A}=\mathbf{A}\mathbf{A}^*$
$\Rightarrow \mathbf{A}$ 為 normal
(b)$\mathbf{A}^*\mathbf{A}=(-\mathbf{A})\mathbf{A}=\mathbf{A}(-\mathbf{A})=\mathbf{A}\mathbf{A}^*$
$\Rightarrow \mathbf{A}$ 為 normal

7-3 特徵性質

定理 7-10：Hermitian 矩陣的特徵值及特徵向量

若 $\mathbf{A}$ 為 Hermitian 矩陣，則
(1)$\mathbf{A}$ 的任何特徵值皆為實數
(2)相異特徵值之特徵向量必正交

證明：

(1)$\mathbf{x}\neq 0,\ \mathbf{A}\mathbf{x}=\lambda\mathbf{x}$
$\Rightarrow \mathbf{x}^H\mathbf{A}\mathbf{x}=\lambda\mathbf{x}^H\mathbf{x}=\mathbf{x}^H\mathbf{A}^H\mathbf{x}=(\mathbf{A}\mathbf{x})^H\mathbf{x}=\bar{\lambda}\mathbf{x}^H\mathbf{x}$
$\therefore \lambda=\bar{\lambda}$ (λ is real)
(2)令 $\lambda_1\neq\lambda_2,\ \mathbf{A}\mathbf{x}_1=\lambda_1\mathbf{x}_1,\ \mathbf{A}\mathbf{x}_2=\lambda_2\mathbf{x}_2$
$\mathbf{x}_2^H\mathbf{A}\mathbf{x}_1=\mathbf{x}_2^H\lambda_1\mathbf{x}_1=\lambda_1\mathbf{x}_2^H\mathbf{x}_1$
$\mathbf{x}_2^H\mathbf{A}\mathbf{x}_1=\mathbf{x}_2^H\mathbf{A}^H\mathbf{x}_1=(\mathbf{A}\mathbf{x}_2)^H\mathbf{x}_1=\lambda_2\mathbf{x}_2^H\mathbf{x}_1$
$\therefore \lambda_1\mathbf{x}_2^H\mathbf{x}_1=\lambda_2\mathbf{x}_2^H\mathbf{x}_1$

$\therefore \mathbf{x}_2^H \mathbf{x}_1 = 0$

觀念提示：Symmetric matrix also satisfies theorem 7-10

定理 7-11：

The eigenvalues for any Skew-Hermitian matrix must be zero or pure imaginary.

證明：若矩陣 **A** 為 Skew-Hermitian，λ為其中一個特徵值，**x** 為 λ 所對應之特徵向量；則：

$\mathbf{x}^H \mathbf{A} \mathbf{x} = \lambda \mathbf{x}^H \mathbf{x}$

$\mathbf{x}^H \mathbf{A} \mathbf{x} = -\mathbf{x}^H \mathbf{A}^H \mathbf{x} = -(\mathbf{A}\mathbf{x})^H \mathbf{x} = \bar{\lambda} \mathbf{x}^H \mathbf{x}$

因而有$(\lambda + \bar{\lambda})\mathbf{x}^H \mathbf{x} = 0$

但因 $\mathbf{x} \neq 0$，所以$\lambda + \bar{\lambda} = 0$，可得 λ 若非 0 便是純虛數

定理 7-12：

(1) The absolute value of the eigenvalues for any unitary matrix (including the orthogonal matrix) must be 1.

(2) The eigenvalues for any Nilpotent matrix must be zero.

(3) The eigenvalues for any Idempotent matrix must be 0 or 1.

證明：

(1) if **A** is unitary，則根據保長性質有

$\mathbf{x}^H \mathbf{x} = (\mathbf{A}\mathbf{x})^H \mathbf{A}\mathbf{x} = (\lambda \mathbf{x}, \overline{\lambda \mathbf{x}}) = \lambda \bar{\lambda} \mathbf{x}^H \mathbf{x}$

$\therefore \lambda \bar{\lambda} = |\lambda|^2 = 1$

(2)若 **A** 為 nilpotent 則必存在正整數 k 使得 $\mathbf{A}^k = 0$

$\therefore \mathbf{A}\mathbf{x} = \lambda \mathbf{x} \Rightarrow \mathbf{A}^k \mathbf{x} = \lambda^k \mathbf{x} = 0$

由於 $\mathbf{x} \neq 0 . \therefore \lambda^k = 0$　故 $\lambda = 0$

(3)若 **A** 為 idempotent$\Rightarrow \mathbf{A}^2 = \mathbf{A} \Rightarrow \lambda \mathbf{x} = \lambda^2 \mathbf{x}$

$\Rightarrow \lambda(\lambda - 1) = 0$

因此必有 $\lambda = 0$，或 1

定理 7-13：若 λ 為 $\mathbf{A}$ 之一特徵值其對徵向量為 $\mathbf{x}$ 則

(1)$k\mathbf{A}$ 必有 $k\lambda$ 為特徵值，且仍對應特徵向量 $\mathbf{x}$

(2)$\mathbf{A}^m$ 必有 λ^m 為特徵值，且仍對應特徵向量 $\mathbf{x}$

(3)$\mathbf{A}^{-1}$ 必有 λ^{-1} 為特徵值，且仍對應特徵向量 $\mathbf{x}$

(4)$\mathbf{A}^T$ 必有 λ 為特徵值，且未必仍有特徵向量 $\mathbf{x}$

(5)$\mathbf{A}+k\mathbf{I}$ 必有$(\lambda+k)$為特徵值，且仍對應於特徵向量 $\mathbf{x}$

證明：(1)$\mathbf{A}\mathbf{x}=\lambda\mathbf{x}\Rightarrow (k\mathbf{A})\mathbf{x}=(k\lambda)\mathbf{x}$

(2)$\mathbf{A}\mathbf{x}=\lambda\mathbf{x}\Rightarrow \mathbf{A}^2\mathbf{x}=\lambda\mathbf{A}\mathbf{x}=\lambda^2\mathbf{x}$

$\vdots$

$\mathbf{A}^m\mathbf{x}=\lambda\mathbf{A}\mathbf{x}=\lambda^m\mathbf{x}$

(3)$\mathbf{A}\mathbf{x}=\lambda\mathbf{x}\Rightarrow \mathbf{A}^{-1}\mathbf{A}\mathbf{x}=\lambda\mathbf{A}^{-1}\mathbf{x}\Rightarrow \mathbf{A}^{-1}\mathbf{x}=\dfrac{1}{\lambda}\mathbf{x}$

(4)$|\mathbf{A}-\lambda\mathbf{I}|=0\Rightarrow|\mathbf{A}^T-\lambda\mathbf{I}|=0$

$\Rightarrow$A and A^T has the same eigenvalues

(5)$\mathbf{A}\mathbf{x}=\lambda\mathbf{x}\Rightarrow \mathbf{A}\mathbf{x}+k\mathbf{x}=\lambda\mathbf{x}+k\mathbf{x}\Rightarrow (\mathbf{A}+k\mathbf{I})\mathbf{x}=(\lambda+k)\mathbf{x}$

定理 7-14：

就任何 $\mathbf{A}\in C^{m\times n}$ 及 $\mathbf{B}\in C^{n\times m}$ 而言，矩陣 **AB** 與 **BA** 具有相同之非零特徵值；當 **A** 與 **B** 為同階方陣時，**AB** 與 **BA** 之特徵值完全相同。

證明：Assuming that the nonzero eigenvalues of **AB** are $\lambda_1, \lambda_2, \cdots, \lambda_k$ and the nonzero eigenvalues of **BA** are $\alpha_1, \alpha_2, \cdots, \alpha_l$

$\because tr(\mathbf{BA})=tr(\mathbf{AB})\Rightarrow\lambda_1+\lambda_2+\cdots+\lambda_k=\alpha_1+\alpha_2+\cdots+\alpha_l$

$\therefore tr((\mathbf{AB})^2)=tr(\mathbf{ABAB})=tr(\mathbf{BABA})=tr((\mathbf{BA})^2)$

$\Rightarrow\lambda_1^2+\lambda_2^2+\cdots+\lambda_k^2=\alpha_1^2+\alpha_2^2+\cdots+\alpha_l^2$

Similarly, $tr((\mathbf{AB})^3)=tr((\mathbf{BA})^3)$

$\Rightarrow\lambda_1^3+\lambda_2^3+\cdots+\lambda_k^3=\alpha_1^3+\alpha_2^3+\cdots+\alpha_l^3$

$\vdots$

$\lambda_1^n+\lambda_2^n+\cdots+\lambda_k^n=\alpha_1^n+\alpha_2^n+\cdots+\alpha_l^n$

From the above equations, we can obtain

$k=\ell$, and $\{\lambda_1, \lambda_2, \cdots, \lambda_k\}=\{\alpha_1, \alpha_2, \cdots, \alpha_k\}$

This completes the proof.

定理 7-15：

令 $\mathbf{x} = [x_1 \quad x_2 \quad \cdots \quad x_n]^T$ 為非零向量，$\mathbf{A} = \mathbf{x}\mathbf{x}^T$ 之 eigenvalues 為 0（with algebraic multiplicity $n-1$）及 $\mathbf{x}\mathbf{x}^T$.

定理 7-16：

任何 n 階正則矩陣，其在複數係中必存在 n 個互相獨立且正交的特徵向量。

定理 7-17：

令 $\mathbf{A}$ 為 $m \times n$ 矩陣，則 n 階方陣 $\mathbf{A}^H\mathbf{A}$ 必滿足

(1) Hermitian

(2) Nonnegative-definite

證明：(2)$\mathbf{x}^H(\mathbf{A}^H\mathbf{A})\mathbf{x} = (\mathbf{A}\mathbf{x})^H(\mathbf{A}\mathbf{x}) \geq 0$

例 28：　Let $\mathbf{B} = \begin{bmatrix} 1 & 3 & 7 & 11 \\ 0 & 1/2 & 3 & 8 \\ 0 & 0 & 0 & 4 \\ 0 & 0 & 0 & 2 \end{bmatrix}$. Find the eigenvalue of $\mathbf{B}^9$.

（95 清華電機所）

解　因為 $\mathbf{B}$ 為上三角矩陣，所以 $\mathbf{B}$ 的 eigenvalues 為 $1, \frac{1}{2}, 0, 2$

因此 $\mathbf{B}^9$ 的 eigenvalues 為 $1^9, (\frac{1}{2})^9, 0^9, 2^9$

例 29：$\mathbf{A}=\begin{bmatrix} 1+x_1 & x_2 & \cdots & x_n \\ x_1 & 1+x_2 & & \vdots \\ \vdots & \vdots & \ddots & \vdots \\ x_1 & x_2 & \cdots & 1+x_n \end{bmatrix}$，求$|\mathbf{A}^{-1}|=$？

解

$$|\mathbf{A}^{-1}|=\frac{1}{|\mathbf{A}|}$$

$$\mathbf{A}=\mathbf{I}+\mathbf{B}$$

The e.v.s of $\mathbf{B}$ are: 0, 0, ……0, $\sum\limits_{i=1}^{n} x_i$

$\Rightarrow$e.v.s of $\mathbf{A}$ are: 1, 1, ……1, $1+\sum\limits_{i=1}^{n} x_i$

$$\therefore |\mathbf{A}^{-1}|=\frac{1}{|\mathbf{A}|}=\frac{1}{1+\sum\limits_{i=1}^{n} x_i}$$

例 30：$\mathbf{A}$ and $\mathbf{B}$ are two non-singular square matrices. Prove that matrix $\mathbf{BA}$ has the same eigenvalues as matrix $\mathbf{AB}$　（84 交大光電）

解

$\mathbf{A}$ and $\mathbf{B}$ 均為 nonsingular 方陣，故 $\mathbf{A}^{-1}$ 與 $\mathbf{B}^{-1}$ 皆存在，方陣 $\mathbf{AB}$ 之特徵方程式為

$$|\mathbf{AB}-\lambda\mathbf{I}|=|\mathbf{AB}-\lambda\mathbf{AA}^{-1}|=|\mathbf{A}\,(\mathbf{B}-\lambda\mathbf{A}^{-1})|=|\mathbf{A}||\mathbf{B}-\lambda\mathbf{A}^{-1}|$$

$$=|\mathbf{B}\cdot\lambda\mathbf{A}^{-1}||\mathbf{A}|$$

而 $\mathbf{BA}$ 之特徵方程式為：

$$|\mathbf{BA}-\lambda\mathbf{I}|=|\mathbf{BA}-\lambda\mathbf{A}^{-1}\mathbf{A}|=|\,(\mathbf{B}-\lambda\mathbf{A}^{-1})\mathbf{A}|=|\mathbf{B}-\lambda\mathbf{A}^{-1}||\mathbf{A}|$$

得 $\mathbf{AB}$ 與 $\mathbf{BA}$ 之特徵方程式完全相同，故得證。

例 31：Compute $\mathbf{A}^{100}\mathbf{v}$, where $\mathbf{A}=\begin{bmatrix} 1 & 1 \\ 0 & 2 \end{bmatrix}$ and $\mathbf{v}=\begin{bmatrix} 1 \\ 1 \end{bmatrix}$

解

$$\mathbf{Av}=\begin{bmatrix} 2 \\ 2 \end{bmatrix}=2\mathbf{v}\Rightarrow\mathbf{A}^{100}\mathbf{v}=2^{100}\mathbf{v}=\begin{bmatrix} 2^{100} \\ 2^{100} \end{bmatrix}$$

例 32： Let $\mathbf{A}=\begin{bmatrix} a & c \\ c & b \end{bmatrix}$, a, b, c real and $c \neq 0$.

(a)Show that **A** has different eigenvalues.

(b)If **x** and **y** are the eigenvectors of **A** that corresponding to different eigenvalues, show that **x** and **y** are orthogonal to each other. （台大資訊）

解

(a)$|\mathbf{A}-\lambda\mathbf{I}|=\lambda^2-(a+b)\lambda+ab-c^2$

$\because (a+b)^2-4(ab-c^2)=(a-c)^2+4c^2>0$

$\therefore$ **A** has different eigenvalues.

(b)$\mathbf{A}\mathbf{x}=\lambda_1\mathbf{x}$

$\mathbf{A}\mathbf{y}=\lambda_2\mathbf{y}$

$\mathbf{x}^{\mathbf{T}}\mathbf{A}\mathbf{y}=\lambda_2\mathbf{x}^{\mathbf{T}}\mathbf{y}$

$=\mathbf{x}^{\mathbf{T}}\mathbf{A}^{\mathbf{T}}\mathbf{y}=(\mathbf{A}\mathbf{x})^T\mathbf{y}=\lambda_1\mathbf{x}^{\mathbf{T}}\mathbf{y}$

$\Rightarrow (\lambda_1-\lambda_2)\mathbf{x}^{\mathbf{T}}\mathbf{y}=0$

$\because \lambda_1 \neq \lambda_2 \Rightarrow \mathbf{x}^{\mathbf{T}}\mathbf{y}=0$

例 33： Show that if **A** is a real $n \times n$ matrix with $\mathbf{A}^2=-\mathbf{I}$, then **A** has no real eigenvalues

解

$\mathbf{A}\mathbf{x}=\lambda\mathbf{x} \Rightarrow \mathbf{A}^2\mathbf{x}=\mathbf{A}(\mathbf{A}\mathbf{x})=\lambda\mathbf{A}\mathbf{x}=\lambda^2\mathbf{x}$

但 $\mathbf{A}^2\mathbf{x}=-\mathbf{I}\mathbf{x}=-\mathbf{x}$

$\therefore \lambda^2=-1$

$\therefore \lambda=\pm i$

例 34： Let **A** be an $n \times n$ matrix over R show that **A** is invertible if 0 is not an eigenvalue of **A**. （清大資工）

解 $\mathbf{A}$ is invertible $\Leftrightarrow |\mathbf{A}| \neq 0$

$\Leftrightarrow 0$ 不是特徵多項式 $|\mathbf{A}-\lambda\mathbf{I}|=0$ 之根

$\Leftrightarrow 0$ 不是 $\mathbf{A}$ 之 eigenvalue

例 35： Suppose $\mathbf{Ax}=\lambda\mathbf{x}$, $\mathbf{A}\in R^{n\times n}$ and $\mathbf{x}\neq\mathbf{0}$. Is $\exp(\lambda)$ an eigenvalue of $\exp(\mathbf{A})$? Why? （95 成大電通所）

解 $\exp(\lambda)$為 $\exp(\mathbf{A})$的 eigenvalue，證明如下：

因為 $\mathbf{Ax}=\lambda\mathbf{x}$

$\Rightarrow \mathbf{A}^2\mathbf{x}=\mathbf{A}(\mathbf{Ax})=\mathbf{A}(\lambda\mathbf{x})=\lambda\mathbf{Ax}=\lambda^2\mathbf{x}$

同理可證，$\mathbf{A}^k\mathbf{x}=\lambda^k\mathbf{x}$

令 $f(x)=\sum\limits_{k=0}^{\infty}\dfrac{x^k}{k!}=\exp(\mathbf{A})=f(\mathbf{A})$

$\Rightarrow \exp(\mathbf{A})\mathbf{x}=f(\mathbf{A})\mathbf{x}=\sum\limits_{k=0}^{\infty}\dfrac{\mathbf{A}^k\mathbf{x}}{k!}=\sum\limits_{k=0}^{\infty}\dfrac{\lambda^k\mathbf{x}}{k!}=f(\lambda)\mathbf{x}=\exp(\lambda)\mathbf{x}$

所以 $\exp(\lambda)$為 $\exp(\mathbf{A})$的 eigenvalue

例 36： Let $\mathbf{u}\in R^n$ be a unit vector. Let $\mathbf{A}=\mathbf{I}-2\mathbf{uu}^T$.

(a)Show that A is a symmetric orthogonal matrix.

(b)Show that $\mathbf{u}$ is an eigenvector of $\mathbf{A}$. Find the eigenvalue of $\mathbf{A}$ corresponding to $\mathbf{u}$. （95 中原應數）

解 (a)因為 $\mathbf{A}^T=(\mathbf{I}-2\mathbf{uu}^T)^T=\mathbf{I}-2(\mathbf{uu}^\mathbf{T})^\mathbf{T}=\mathbf{I}-2\mathbf{uu}^\mathbf{T}=\mathbf{A}\Rightarrow\mathbf{A}$ 為 symmetric matrix

$\mathbf{A}^\mathbf{T}\mathbf{A}=\mathbf{A}^2=(\mathbf{I}-2\mathbf{uu}^T)^2=\mathbf{I}-4\mathbf{uu}^\mathbf{T}+4\mathbf{uu}^\mathbf{T}\mathbf{uu}^T$

$=\mathbf{I}-4\mathbf{uu}^\mathbf{T}-4(\mathbf{u}^\mathbf{T}\mathbf{u})\mathbf{uu}^T$

$=\mathbf{I}-4\mathbf{uu}^\mathbf{T}-4\mathbf{uu}^\mathbf{T}=\mathbf{I}$

$\Rightarrow\mathbf{A}$ 為 orthogonal matrix

(b)因為 $\mathbf{Au}=(\mathbf{I}-2\mathbf{uu}^T)\mathbf{u}=\mathbf{u}-2\mathbf{uu}^T\mathbf{u}=\mathbf{u}-2(\mathbf{u}^\mathbf{T}\mathbf{u})\mathbf{u}=\mathbf{u}-2\mathbf{u}$

$= -\mathbf{u}$

$\mathbf{u}$ 為 $\mathbf{A}$ 的一個 eigenvector 且 -1 為對應的 eigenvalue

例 37：　Let $\mathbf{v} = \begin{bmatrix} 2 \\ -1 \\ 0 \\ 2 \\ 1 \end{bmatrix}$, and matrix $\mathbf{A} = \mathbf{I} + \alpha\mathbf{v}\mathbf{v}^T$ is singular, then $(\alpha, \text{rank}(\mathbf{A})) = ?$ （100 台大資工）

解　$(\mathbf{I} + \alpha\mathbf{v}\mathbf{v}^T)\mathbf{v} = (1 + 10\alpha)\mathbf{v}$

the eigenvalues of $\mathbf{A}$ are 1, 1, 1, 1, $(1 + 10\alpha)$

$\mathbf{A} = \mathbf{I} + \alpha\mathbf{v}\mathbf{v}^T$ is singular, then $\alpha = -\dfrac{1}{10}$, rank $(\mathbf{A}) = 4$

例 38：　Let $\mathbf{u} = \begin{bmatrix} 1 \\ 2 \\ 3 \\ 4 \\ 5 \end{bmatrix}$, $\mathbf{v} = \begin{bmatrix} 5 \\ 4 \\ 3 \\ 2 \\ 1 \end{bmatrix}$, and matrix $\mathbf{A} = \mathbf{I} + [\mathbf{u} \quad \mathbf{v}]\begin{bmatrix} \mathbf{v}^T \\ \mathbf{u}^T \end{bmatrix}$. What are all the eigenvalues of $\mathbf{A}$? （100 台大資工）

解　eigenvalues 1, 1, 1, eigenvectors ker $[\mathbf{u} \quad \mathbf{v}]$,

Let $\mathbf{x} = \alpha\mathbf{u} + \beta\mathbf{v}$,

$\Rightarrow \mathbf{A}\mathbf{x} = \lambda\mathbf{x}$

$\therefore \lambda = 91, -19$

例 39： Consider a real 4 × 4 matrix **A** with $N(\mathbf{A})$ spanned by the set

$$\left\{\begin{bmatrix}2\\0\\2\\-1\end{bmatrix},\begin{bmatrix}1\\2\\0\\-1\end{bmatrix},\begin{bmatrix}3\\-1\\4\\-1\end{bmatrix}\right\}$$

(1) What is the rank of **A**?

(2) Find an orthonormal basis for $N(\mathbf{A})^{\perp}$

(3) Judge which one of the following three conditions can uniquely determine the matrix **A**, and find the unique **A**

Condition I: $\mathbf{A}=\mathbf{A}^T$, $|\mathbf{A}|=0$

Condition II: $\mathbf{A}=\mathbf{A}^T$, **A** has an eigenvalue 1.

Condition III: $\mathbf{A}=-\mathbf{A}^T$

(4) What is the least error solution of $\mathbf{Ax}=\begin{bmatrix}1\\1\\1\\1\end{bmatrix}$, for the unique matrix **A** obtained in (3) （98 台大電機）

解 (1) 1 (2) $\begin{bmatrix}\frac{2}{3}\\0\\-\frac{1}{3}\\\frac{2}{3}\end{bmatrix}$

(3) Condition II

$$\text{Let } \mathbf{A}=k\begin{bmatrix}2&0&-1&2\\0&0&0&0\\-1&0&\frac{1}{2}&-1\\2&0&-1&2\end{bmatrix},\ tr(\mathbf{A})=\Sigma\lambda_i\Rightarrow k\left(2+\frac{1}{2}+2\right)$$

$$=1+0+0+0\Rightarrow k=\frac{2}{9}$$

$$(4)x=(\mathbf{A}^T\mathbf{A})^{-1}\mathbf{A}^T\begin{bmatrix}1\\1\\1\\1\end{bmatrix}$$

7-4　Singular Value Decomposition (SVD)

由定理 7-10 可知 $\mathbf{A}^H\mathbf{A}$ 之 eigenvalues 為 real and non-negative，假設 $\mathbf{A}$ 為 full column rank，則 $\mathbf{A}^H\mathbf{A}$ 之 eigenvalues 可依序表示為

$$\sigma_1^2 \geq \sigma_2^2 \geq \cdots \geq \sigma_n^2$$

$\{\sigma_i\}_{i=1,\cdots,n}$ 稱之為 $\mathbf{A}$ 之 singular values 令 $\{\mathbf{q}_i\}_{i=1,\cdots,n}$ 為 $\mathbf{A}^H\mathbf{A}$ 之 eigenvectors，則有

$$\begin{cases}\mathbf{A}^H\mathbf{A}\mathbf{q}_i=\sigma_i^2\mathbf{q}_i \\ \mathbf{q}_i^H\mathbf{q}_j=\delta_{ij}\end{cases} \quad i=1,\ \cdots,\ n \tag{16}$$

Define $\mathbf{Q}\equiv\begin{bmatrix}\mathbf{q}_1^H\\\mathbf{q}_2^H\\\vdots\\\mathbf{q}_n^H\end{bmatrix}$，則 $\mathbf{Q}$ 為 n 階 Unitary 矩陣，$\mathbf{Q}^H\mathbf{Q}=\mathbf{Q}\mathbf{Q}^H=\mathbf{I}_n$。

Define $m\times 1$ vectors $\mathbf{p}_i=\frac{1}{\sigma_i}\mathbf{A}\mathbf{q}_i$，則

$$\mathbf{p}_i^H\mathbf{p}_j=\delta_{ij} \tag{17}$$

Define $m\times m$ 矩陣 $\mathbf{P}\equiv[\mathbf{p}_1 \quad \mathbf{p}_2 \quad \cdots \quad \mathbf{p}_m]$，則 $\mathbf{P}$ 為 m 階 Unitary 矩陣，$\mathbf{P}^H\mathbf{P}=\mathbf{P}\mathbf{P}^H=\mathbf{I}_m$。令 $\mathbf{D}$ 為 $m\times n$ 矩陣，其對角線元素分別為

$\{\sigma_i\}_{i=1,\cdots,n}$，則有

$$\mathbf{P}^H\mathbf{A}\mathbf{Q}^H = \mathbf{D} \tag{18}$$

因此

$$\mathbf{A} = \mathbf{PDQ} \tag{19}$$

觀念提示：$m \times m$ 矩陣 $\mathbf{AA}^H$ 之 eigenvalues 仍然為$\{\sigma_i^2\}_{i=1,\cdots,n}$（定理 7-14），eigenvectors 則為$\{\mathbf{p}_i\}_{i=1,\cdots,m}$

綜合上述，可得以下定理：

定理 7-17：

$\mathbf{A} \in m \times n$, $\mathbf{P} \in m \times m$, $\mathbf{D} \in m \times n$, $\mathbf{Q} \in n \times n$, rank $(\mathbf{A}) = n$, $\mathbf{A} = \mathbf{PDQ}$

$$\mathbf{P} = [\mathbf{p}_1 \quad \mathbf{p}_2 \quad \cdots \quad \mathbf{p}_m],\ \mathbf{D} = \begin{bmatrix} \sigma_1 & \cdots & \sigma_1 \\ \vdots & \ddots & \vdots \\ 0 & \cdots & \sigma_n \\ & \mathbf{0}_{(m-n)\times n} & \end{bmatrix},\ \mathbf{Q} = \begin{bmatrix} \mathbf{q}_1^H \\ \mathbf{q}_2^H \\ \vdots \\ \mathbf{q}_n^H \end{bmatrix}$$

(1) $\{\mathbf{p}_1 \quad \mathbf{p}_2 \quad \cdots \quad \mathbf{p}_m\}$ are eigenvectors of $\mathbf{AA}^H$ with eigenvalues $\{\sigma_i^2\}_{i=1,\cdots,n}$ $\underbrace{0,\cdots,0}_{m-n}$, respectively.

(2) $\{\mathbf{q}_1 \quad \mathbf{q}_2 \quad \cdots \quad \mathbf{q}_n\}$ are eigenvectors of $\mathbf{A}^H\mathbf{A}$ with eigenvalues $\{\sigma_i^2\}_{i=1,\cdots,n}$, respectively.

(3) $\{\mathbf{p}_1 \quad \mathbf{p}_2 \quad \cdots \quad \mathbf{p}_n\}$ are orthonormal basis of CSP $(\mathbf{A})$

(4) $\{\mathbf{p}_{n+1} \quad \mathbf{p}_{n+2} \quad \cdots \quad \mathbf{p}_m\}$ are orthonormal basis of $N(\mathbf{A}^H)$

(5) $\{\mathbf{q}_1 \quad \mathbf{q}_2 \quad \cdots \quad \mathbf{q}_n\}$ are orthonormal basis of CSP $(\mathbf{A}^H)$

證明：

$$N(\mathbf{A}) = N(\mathbf{PDQ}) = N(\mathbf{DQ}) = 0$$

$$N(\mathbf{A}^H)=N(\mathbf{Q}^H\mathbf{D}^H\mathbf{P}^H)=N(\mathbf{D}^H\mathbf{P}^H)=\text{span}\{\mathbf{p}_{n+1}\quad \mathbf{p}_{n+2}\quad \cdots\quad \mathbf{p}_m\}$$

$$C^n=N(\mathbf{A})\oplus \text{CSP}(\mathbf{A}^H)=\text{span}\{\mathbf{q}_1\quad \mathbf{q}_2\quad \cdots\quad \mathbf{q}_n\}$$

$$\Rightarrow \text{CSP}(\mathbf{A}^H)=\text{span}\{\mathbf{q}_1\quad \mathbf{q}_2\quad \cdots\quad \mathbf{q}_n\}$$

$$C^m=N(\mathbf{A}^H)\oplus \text{CSP}(\mathbf{A})$$

$$=\text{span}\{\mathbf{p}_1\quad \mathbf{p}_2\quad \cdots\quad \mathbf{p}_n\}\oplus \text{span}\{\mathbf{p}_{n+1}\quad \mathbf{p}_{n+2}\quad \cdots\quad \mathbf{p}_m\}$$

$$\Rightarrow \text{CSP}(\mathbf{A})=\text{span}\{\mathbf{p}_1\quad \mathbf{p}_2\quad \cdots\quad \mathbf{p}_n\}$$

例 40：　Consider the following matrix

$$\mathbf{A}=\begin{bmatrix}-1 & 0\\ 1 & -1\\ 1 & 1\end{bmatrix}$$

(a)Please find the eigenvalues and eigenvectors of the matrix $\mathbf{AA}^T$, where $\mathbf{A}^T$ is the transport of $\mathbf{A}$.

(b)Please calculate the singular value decomposition (SVD) of $\mathbf{A}$.

（99 中山電機通訊）

解

(a)$\mathbf{AA}^T=\begin{bmatrix}1 & -1 & -1\\ -1 & 2 & 0\\ -1 & 0 & 2\end{bmatrix}\Rightarrow \lambda=3, 2, 0$

$\lambda_1=3\Rightarrow \mathbf{x}_1=\begin{bmatrix}1\\ -1\\ -1\end{bmatrix}$,

$\lambda_2=2\Rightarrow \mathbf{x}_2=\begin{bmatrix}0\\ 1\\ -1\end{bmatrix}$,

$\lambda_3=0\Rightarrow \mathbf{x}_3=\begin{bmatrix}2\\ 1\\ 1\end{bmatrix}$,

(b)$\mathbf{A}^T\mathbf{A}=\begin{bmatrix}3 & 0\\ 0 & 2\end{bmatrix}\Rightarrow \lambda=3, 2$

$\lambda_1=3\Rightarrow \mathbf{x}_1=\begin{bmatrix}1\\ 0\end{bmatrix}$,

$$\lambda_2=2\Rightarrow \mathbf{x}_2=\begin{bmatrix}0\\1\end{bmatrix}$$

$$\mathbf{A}=\mathbf{PDQ}=\begin{bmatrix}-\frac{1}{\sqrt{3}} & 0 & \frac{2}{\sqrt{6}}\\ \frac{1}{\sqrt{3}} & -\frac{1}{\sqrt{2}} & \frac{1}{\sqrt{6}}\\ \frac{1}{\sqrt{3}} & \frac{1}{\sqrt{2}} & \frac{1}{\sqrt{6}}\end{bmatrix}\begin{bmatrix}\sqrt{3} & 0\\ 0 & \sqrt{2}\\ 0 & 0\end{bmatrix}\begin{bmatrix}1 & 0\\ 0 & 1\end{bmatrix}$$

例 41： Consider the following matrix

$$\mathbf{A}=\begin{bmatrix}-1 & 1 & 0\\ 0 & -1 & 1\end{bmatrix}$$

(1) Find the eigenvalues and eigenvectors of matrix $\mathbf{AA}^T$

(2) Compute the SVD of $\mathbf{A}$ （95 中山通訊）

解

(1) $\lambda_1=3,\ \mathbf{x}_1=\begin{bmatrix}1\\-1\end{bmatrix},\ \lambda_2=1,\ \mathbf{x}_2=\begin{bmatrix}1\\1\end{bmatrix}$

(2) $\sigma_1=\sqrt{3},\ \mathbf{u}_1=\frac{1}{\sqrt{2}}\begin{bmatrix}1\\-1\end{bmatrix},\ \sigma_2=1,\ \mathbf{u}_2=\frac{1}{\sqrt{2}}\begin{bmatrix}1\\1\end{bmatrix}\Rightarrow$

$$\mathbf{v}_1=\frac{1}{\sigma_1}\mathbf{A}^T\mathbf{u}_1=\frac{1}{\sqrt{6}}\begin{bmatrix}-1\\2\\-1\end{bmatrix}$$

$$\mathbf{v}_2=\frac{1}{\sigma_2}\mathbf{A}^T\mathbf{u}_2=\frac{1}{\sqrt{2}}\begin{bmatrix}-1\\0\\1\end{bmatrix}$$

$$\mathbf{v}_3=N(\mathbf{A}^T\mathbf{A})\Rightarrow \mathbf{v}_3=\frac{1}{\sqrt{3}}\begin{bmatrix}1\\1\\1\end{bmatrix}$$

Define $\mathbf{U}=[\mathbf{u}_1\quad \mathbf{u}_2],\ \mathbf{V}=[\mathbf{v}_1\quad \mathbf{v}_2\quad \mathbf{v}_3],\ \Sigma=\begin{bmatrix}\sqrt{3} & 0 & 0\\ 0 & 1 & 0\end{bmatrix}$

$\Rightarrow \mathbf{A}=\mathbf{U}\Sigma\mathbf{V}^T$

精選練習

1. 求 $\mathbf{A}=\begin{bmatrix}2 & -2 & 3\\ 1 & 1 & 1\\ 1 & 3 & -1\end{bmatrix}$ 之特徵值與特徵向量？ （83 中央化工）

2. 求解下列矩陣 $\mathbf{A}$ 之特徵值與特徵向量

   $\mathbf{A}=\begin{bmatrix}-2 & 2 & -3\\ 2 & 1 & -6\\ -1 & -2 & 0\end{bmatrix}$ （中山電機）

3. 求 $\mathbf{A}=\begin{bmatrix}5 & -3 & -2\\ 8 & -5 & -4\\ -4 & 3 & 3\end{bmatrix}$ 之特徵值與特徵向量？ （成大土木）

4. 求矩陣 $\mathbf{A}=\begin{bmatrix}11 & -4 & -7\\ 7 & -2 & -5\\ 10 & -4 & -6\end{bmatrix}$ 之特徵值及對應特徵向量？ （淡江機械）

5. Consider the matrix case $\mathbf{Ax}=\lambda\mathbf{x}$ where

   $\mathbf{A}=\begin{bmatrix}2 & 0 & 0\\ 0 & 1 & 1\\ 0 & 1 & 1\end{bmatrix}$

   (a)what are the eigenvalues?

   (b)Can an eigenvalue be zero? Can an eigenvector be null? （成大機械）

6. 證明 Unitary matrix 之行列式是一個絕對值為 1 的複數

7. 證明正交矩陣的行列式是 ± 1

8. 若 $\mathbf{A}=\begin{bmatrix}\cos\theta & \sin\theta\\ -\sin\theta & \cos\theta\end{bmatrix}$，證明 $\mathbf{B}=(\mathbf{I}-\mathbf{A})(\mathbf{I}+\mathbf{A})^{-1}$ 為 Skew-Symmetric matrix

   （交大電子）

9. 已知某二階方陣 $\mathbf{A}$，其特徵值為 1 與 4 並分別對應 eigenvectors $[3\quad 1]^T$ 與 $[2\quad 1]^T$；求 $\mathbf{A}=$？ （清大資工）

10. 已知矩陣 $\mathbf{P}=[\mathbf{x}_1\quad \mathbf{x}_2]$ 為非奇異，且與 $\mathbf{A}$，$\mathbf{B}$ 有如下之關係

    $\mathbf{A}=\mathbf{P}\begin{bmatrix}2 & 0\\ 0 & 1\end{bmatrix}\mathbf{P}^{-1}$；$\mathbf{B}=\mathbf{P}\begin{bmatrix}2 & 3\\ 0 & 1\end{bmatrix}\mathbf{P}^{-1}$

    求(a) $\mathbf{A}$ 與 $\mathbf{B}$ 之特徵值(b) $\mathbf{A}$ 與 $\mathbf{B}$ 之特徵向量之關係 （81 交大電子）

11. Let λ and μ be two distinct eigenvalues of a real square matrix $\mathbf{A}$, and let $\mathbf{x}$ and $\mathbf{y}$ be corresponding eigenvectors of $\mathbf{A}$

    (a)Show that $\mathbf{x}$ and $\mathbf{y}$ are linearly independent

    (b)Show that if in addition, $\mathbf{A}$ is symmetric, then $\mathbf{x}$ and $\mathbf{y}$ are orthogonal

    (c)From part (a), (b), orthogonality seems to imply linear independence. Can you prove this fact directly? （86 中興電機）

12. Please explain the following terms

(a)vector space

(b)real inner product space

(c)eigenspace

(d)range space

(e)null space （86 台大電機）

13. Label the following statements as being "True" or "False"

(a)If **A** is $n \times m$ and **B** is $m \times n$, and $m < n$, then **AB** is singular.

(b)Let **A** be $n \times n$ matrix with rank (**A**) = 1, then there must exist 0 eigenvalue with multiplicity $(n-1)$.

(c)If **A** is $n \times n$ Unitary matrix, then **A** is normal.

(d)If **A** is Hermitian matrix, then its eigenvalues are all pure imaginary.

(e)Let $\{\mathbf{v}_1, \mathbf{v}_2, \cdots, \mathbf{v}_n\}$ be a spanning set for the vector space **V** and let **v** be any vector in **V**, then $\{\mathbf{v}, \mathbf{v}_1, \mathbf{v}_2, \cdots, \mathbf{v}_n\}$ are linearly independent.

(f)If a square $n \times n$ matrix has less than n distinct eigenvalues, then it can not be diagonalized

(g)If **A** is orthogonal matrix, then $\mathbf{A}^T$ is also orthogonal matrix.

(h) The linear system $\mathbf{Ax} = 0$ always has solution.

(i) The linear transformation (mapping) of n linear dependent vectors are linear dependent

(j)If a linear transformation $T: R^n \to R^m$ is one to one, then $n = m$.

(k)If matrix **A** has orthonormal columns, then $\mathbf{A}^T\mathbf{A} = \mathbf{I}$.

(l)Let **A** and **B** be $n \times n$ matrices, then trace (**AB**) = trace (**BA**).

(m)If $T: R^7 \to R^5$ is linear transformation such that if nullity (**T**) = 3, then rank (**T**) = 2.

(n)The linear system $\mathbf{Ax} = \mathbf{b}$ has solution if and only if **b** is in column space of **A**

(o)If **x** and **y** are eigenvectors of a matrix **A** associated with the eigenvalue λ, then $\mathbf{x} + \mathbf{y}$ is also an eigenvector of a matrix **A** associated with λ.

(p)Let λ be eigenvalue for both **A** and **B**, then λ is an eigenvalue for $\mathbf{A} + \mathbf{B}$.

(q)If **A** is an idempotent matrix then **A** is singular but $(\mathbf{A} - \mathbf{I})$ is nonsingular

(r)An eigenvalue can correspond to multiple eigenvectors. Similarly, an eigenvector can correspond to multiple eigenvalues.

(s)If **A** is $n \times n$ real Symmetric matrix, then exp (**A**) is positive definite.

(t)If **A** is Symmetric matrix, then rank (**A**) = rank ($\mathbf{A}^2$)

14. Show that if **A** is diagonizable and **A** is equal to its inverse, then the eigenvalues of **A** are ± 1.

15. Let $\mathbf{R}$ be an $n \times n$ real symmetric matrix expressed as

$\mathbf{R} = \sum_{i=1}^{r} \lambda_i \mathbf{e}_i \mathbf{e}_i^T$ （交大電信）

where λ_i, $\mathbf{e}_i$ are the eigenvalue and eigenvector, respectively, and $r < n$, $\lambda_i > 0$, $i = 1, \cdots r$

(a)Show that range $(\mathbf{R}) = \text{span}\{\mathbf{e}_1, \cdots, \mathbf{e}_r\}$

(b)What is rank $(\mathbf{R})$?

(c)Show that $\mathbf{P} = \sum_{i=1}^{r} \mathbf{e}_i \mathbf{e}_i^T$ is a projection matrix onto range $(\mathbf{R})$

16. If vector $\mathbf{1} \in R^{n \times 1}$ with all elements equal to 1, $\mathbf{I}$ is an identity matrix with dimension n. Find the eigenvalues of the matrix $\mathbf{A} = 2\mathbf{1}\mathbf{1}^T + 4\mathbf{I}$

17. Consider the matrix $\mathbf{A} = \begin{bmatrix} 1 & a & b \\ 0 & 1 & c \\ 0 & 0 & 2 \end{bmatrix}$, where a, b, c are arbitrary constants. How do the geometric multiplicities of the eigenvalues 1 and 2 depend on the constants a, b, c?

18. What can you say about the geometric multiplicity of the eigenvalues of a matrix of the form $\mathbf{A} = \begin{bmatrix} 0 & 1 & 0 \\ 0 & 0 & 1 \\ a & b & c \end{bmatrix}$, where a, b, c are arbitrary constants?

19. True or False?

(a)All diagonalizable matrices are invertible.

(b)If a 4×4 matrix $\mathbf{A}$ is diagonalizable， then the matrix $\mathbf{A} + 4\mathbf{I}_4$ must be diagonalizable as well.

(c)If $\mathbf{v}$ is an eigenvector of $\mathbf{A}$, then $\mathbf{v}$ must be in the kernel of $\mathbf{A}$ or in the image of $\mathbf{A}$.

(d)If $\mathbf{u}$ is a nonzero vector in R^n, then $\mathbf{u}$ must be an eigenvector of matrix $\mathbf{u}\mathbf{u}^T$.

20. Find the determinant of the $n \times n$ matrix $\mathbf{B}$ that has p's on the diagonal and q's elsewhere：

$$\mathbf{B} = \begin{bmatrix} p & q & \cdots & q \\ q & p & \cdots & q \\ \vdots & \vdots & \ddots & \vdots \\ q & q & \cdots & q \end{bmatrix}$$

21. Let T : $M_{n \times n}(R) \to M_{n \times n}(R)$ be the linear operator defined by $T(\mathbf{A}) = \mathbf{A}^t$, the transpose of $\mathbf{A}$. （91 台大電機）

(a)Show that ± 1 are the only eigenvalues of T.

(b) Describe the eigenvectors corresponding to each eigenvalue of T.

22. Let $\mathbf{u} \in R^n$ be a unit vector and $\mathbf{H} = \mathbf{I} - 2\mathbf{u}\mathbf{u}^T$ （91 台大電機）

(a)Is $\mathbf{H}$ a symmetric and orthogonal matrix?

(b)Compute $\mathbf{H}^{-1}$

(c)Find eigenvalues

(d)Determine det (**H**)

23. **A** is $n \times n$ Hermitian matrix. Show that rank (**A**) $\geq \dfrac{\{tr(\mathbf{A})\}^2}{\{tr(\mathbf{A}^2)\}}$ （91 成大電機）

24. Show that an upper triangular and orthogonal matrix is a diagonal matrix.（91 清大應數）

25. **A** is $n \times n$ real symmetric matrix. Show that $\sum_i \sum_j a_{ij}^2 = \sum_{i=1}^{n} \lambda_i^2$ （91 清大統計）

26. Let $\mathbf{A} = \begin{bmatrix} 2 & 2 \\ 2 & 5 \end{bmatrix}$. Find the eigenvalues of **A**. Find two real symmetric matrices $\mathbf{P}_1$, $\mathbf{P}_2$ with $\mathbf{P}_i^2 = \mathbf{P}_i$; $i = 1, 2$ $\mathbf{A} = \lambda_1 \mathbf{P}_1 + \lambda_2 \mathbf{P}_2$ （91 中原應數）

27. For $0 < t < \pi$, matrix $\begin{bmatrix} \cos t & -\sin t \\ \sin t & \cos t \end{bmatrix}$ has distinct complex eigenvalues λ_1, λ_2. Find the value of t such that $\lambda_1 + \lambda_2 = 1$? （91 淡江數學）

28. $\mathbf{A}_4 = \begin{bmatrix} \alpha & 1 & 1 & 1 \\ 1 & \alpha & 1 & 1 \\ 1 & 1 & \alpha & 1 \\ 1 & 1 & 1 & \alpha \end{bmatrix}$

(a)Find the determinant, inverse, and eigenvalues of $\mathbf{A}_4$

(b)Find the inverse of $\mathbf{A}_n$ and determine if $\mathbf{A}_n$ is a strictly positive definite matrix

（91 中山應數）

29. True or false (Give a proof if true or a counterexample if false)

(a)If $\mathbf{A} \in R^{m \times n}$, $\mathbf{B} \in R^{l \times n}$, then the nullspace of $\begin{bmatrix} \mathbf{A} \\ \mathbf{B} \end{bmatrix}$ is the intersection of the nullspace of **A** and **B**.

(b)For a matrix $\mathbf{A} \in R^{10 \times 10}$, if we exchange rows 3 and 7 of **A**, and then exchange columns 3 and 7, its eigenvalues stay the same.

(c)The linear system of equations $\mathbf{Ax} = \mathbf{b}$, $\mathbf{A} \in R^{m \times n}$, $\mathbf{A} \in R^m$, is consistent if and only if **b** is orthogonal to all the solutions **y** of $\mathbf{A}^{\mathbf{T}}\mathbf{x} = \mathbf{0}$.

(d) The linear system of equations $\mathbf{Ax} = \mathbf{b}$, where $\mathbf{A} \in R^{m \times n}$, $m > n$, $\mathbf{b} \in R^m$, has a unique solution if rank (**A**) = rank (**A**|**AB**).

(e)For two square $n \times n$ matrices **A** and **B**, rank (**AB**) = rank (**A**) if and only if **B** is nonsingular.

(f)If $\mathbf{A} \in C^{n \times n}$ is a Hermitian matrix, then $\mathbf{A} + i\mathbf{I}$ is invertible. （83 交大電信）

30. Let T be the orthogonal projection onto a line L in R^2. Describe the eigenvectors of T and the corresponding eigenvalues.

31. Let **u** be an unit vector in R^n and let $\mathbf{A} = \mathbf{I} - 2\mathbf{u}\mathbf{u}^T$. Determine $\mathbf{A}^{-1}$. （95 成大通訊）

32. 考慮線性轉換 $T(f)=f'$。證明所有實數均為 T 之特徵值。

33. 考慮 一 3×3 矩陣 **A** 之特徵值，1, 2, 及 3。令 $\mathbf{x}_1$, $\mathbf{x}_2$ 及 $\mathbf{x}_3$ 分別為對應之特徵向量。

證明 $\mathbf{x}_1$, $\mathbf{x}_2$ 及 $\mathbf{x}_3$ 線性獨立。

34. (1)令 T 為 R^2 至 R^2 之線性轉換，代表在平面上逆時針旋轉 90°。求 T 之所有特徵值與特徵向量。

(2)令 T 代表 R^2 至一線 L 之正交投影。求 T 之所有特徵值。

35. 求矩陣之所有特徵值

$$J_n(\lambda)=\begin{bmatrix}\lambda & 1 & 0 & \cdots & 0\\ 0 & \lambda & 1 & \cdots & 0\\ \vdots & \vdots & \ddots & \ddots & \cdots\\ 0 & 0 & 0 & \ddots & 1\\ 0 & 0 & 0 & \cdots & \lambda\end{bmatrix}$$

並討論其代數與幾何重數

36. 考慮一矩陣 $\mathbf{A}=\begin{bmatrix}a & b\\ b & a\end{bmatrix}$，其中 a 及 b 為任意常數。求 $\mathbf{A}$ 之所有特徵值。

37. Mark each of the following statements True (T) or False (F). (Need NOT to give reasons.)

(a)If all the eigenvalues of a square matrix $\mathbf{A}$ are zero, then $\mathbf{A}$ must be a zero matrix $\mathbf{A}=0$.

(b)Let E_λ be an eigenspace of a square matrix $\mathbf{A}$. Then all vectors in E_λ are eigenvectors of $\mathbf{A}$.

(c)Let $\mathbf{A}$ be an $m\times n$ matrix, $m\neq n$. Then rank $(\mathbf{A}^\mathbf{T}\mathbf{A})=$ rank $(\mathbf{A}\mathbf{A}^\mathbf{T})$.

(d)Let $\mathbf{A}$ be an $m\times n$ matrix, $m\neq n$. Then nullity $(\mathbf{A}^\mathbf{T}\mathbf{A})=$ nullity $(\mathbf{A}\mathbf{A}^\mathbf{T})$.

(e)A linear transformation T is one-to-one if and only if N(T) = {0}, where N(T) is the null space of T and 0 denotes the zero vector in the domain of T. （99 成大電通）

38. Let $\mathbf{T}$ be a linear operator on the inner product space $\mathbf{R}^4$ defined by $\mathbf{T}(\mathbf{v})=\mathbf{A}\mathbf{v}$, for all $\mathbf{v}\in\mathbf{R}^4$, where

$$\mathbf{A}=\begin{bmatrix}4 & 5 & 3 & 0\\ 0 & -2 & -4 & 0\\ 0 & 5 & 7 & 0\\ 2 & 5 & 7 & 2\end{bmatrix}$$

(a)Find the eigenvalues and the corresponding eigenspaces of $\mathbf{T}$.

(b)Determine whether or not there exists an orthonormal basis of $\mathbf{R}^4$ that consists of eigenvectors of $\mathbf{T}$? Explam why.

(c)Find an orthonormal basis for the $\mathbf{T}$-cyclic subspace of $\mathbf{R}^4$ generated $\mathbf{v}=\begin{bmatrix}0\\ 1\\ -1\\ 0\end{bmatrix}$

（99 台聯大）

39. Given singular value decompostition of a matrix $\mathbf{H}\in C^{m\times n}$ ad $\mathbf{H}=\mathbf{U}\Sigma\mathbf{V}^H$, where $\Sigma=$ diag $(\sigma_1, \cdots, \sigma_r, 0, 0\cdots)$, and $r=$ rank $(\mathbf{H})$. In the following, which is false:

(a)The non-zero eigen-values of $\mathbf{HH}^H$ are identical to that of $\mathbf{H}^H\mathbf{H}$

(b)The non-zero eigen-values of $\mathbf{HH}^H$ are $\sigma_1^2, \cdots, \sigma_r^2$.

(c)The eigen-vectors of $\mathbf{HH}^H$ equals to the columns of $\mathbf{V}$

(d)The singular values of $\sigma_1, \cdots, \sigma_r$ are all positive

(e)$\sum_{i=1}^{r}\sigma_i^2 = \sum_{i=1}^{M}\sum_{j=1}^{M}|h|_{i,j}^2$ （99 中山電機通訊）

40. Let $\mathbf{A} = \sum_{q=1}^{Q}\mathbf{p}_q\mathbf{p}_q^H$, where $\{\mathbf{p}_q \in C^{Q\times 1}\}$ is a set of orthonoemal vectors. In the following, which is false:

(a)$\mathbf{A}$ is unitary

(b)$\mathbf{A}$ is symmetric

(c)$\mathbf{p}_q$ is an eigen-vector of $\mathbf{A}$

(d)All eigen-values of $\mathbf{A}$ equal to 1

(e)Given $\{\alpha_i \neq 0\}$, $\alpha_1\mathbf{p}_1 + \alpha_1\mathbf{p}_2 + \cdots + \alpha_Q\mathbf{p}_Q$ is an eigenvector of $\mathbf{A}$ （99 中山電機通訊）

41. Find a 3 × 3 matrix $\mathbf{A}$ that has eigenvalues $\lambda = 0, 1$, and -1 with corresponding eigenvectors $\begin{bmatrix} 0 \\ 1 \\ -1 \end{bmatrix}$, $\begin{bmatrix} 1 \\ -1 \\ 1 \end{bmatrix}$, and $\begin{bmatrix} 0 \\ 1 \\ 1 \end{bmatrix}$, respectively. （99 中正電機通訊）

42. Is every Hermitian matrix normal? If yes, prove it. If no, give a counter example. （96 成大電通）

43. Is every unitary matrix normal? If yes, prove it. If no, give a counter example. （96 成大電通）

44. Let $\mathbf{A} = \begin{bmatrix} 1 & 0 & 2 & 1 \\ 2 & 0 & 1 & 1 \\ 2 & 7 & 7 & 1 \\ 2 & 1 & 7 & 1 \end{bmatrix}$

(a)Find the determinant and all eigenvalues of $\mathbf{A}$;

(b)Find the inverse of $\mathbf{A}$. （100 北科大電機）

45. True and False: There are two $N \times N$ matrices $\mathbf{A}$ and $\mathbf{B}$. Show that if the following statements are ture or false. Note that det(·) represents the determinant, $(^T)$ represents the transpose, and tr(·) represemts the trace.

1. $\det(-\mathbf{A}) = -\det(\mathbf{A})$
2. $(\mathbf{AB})^2 = \mathbf{A}^2\mathbf{B}^2$
3. $(\mathbf{A}+\mathbf{B})^2 = \mathbf{A}^2 + 2\mathbf{AB} + \mathbf{B}^2$
4. $(\mathbf{A}+\mathbf{B})^T = \mathbf{A}^T + \mathbf{B}^T$
5. $\operatorname{tr}(\mathbf{A}+\mathbf{B}) = \operatorname{tr}(\mathbf{A}) + \operatorname{tr}(\mathbf{B})$

6. If both $\mathbf{A}$ and $\mathbf{B}$ are invertible, then $(\mathbf{A}+\mathbf{B})$ is also invertible.

7. If both $\mathbf{A}$ and $\mathbf{B}$ are invertible, then $\mathbf{AB}$ is also invertible.

8. If $\mathbf{AB}$ is invertible, then both $\mathbf{A}$ and $\mathbf{B}$ are invertible.

9. If λ is an eigenvalue if $\mathbf{A}$, then λ^{-1} is an eigenvalue of $\mathbf{A}^{-1}$.

10. If λ is an eigenvalue if $\mathbf{A}$, then λ is also eigenvalue of $\mathbf{A}^T$.（100 北科大電通）

46. Find $\mathbf{A}^{-0.5}$, where $\mathbf{A}$ is a matrix whose eigenvalues are 8 and 18, and the corresponding eigenvectors are $\begin{bmatrix} -\frac{1}{\sqrt{2}} \\ \frac{1}{\sqrt{2}} \end{bmatrix}$ and $\begin{bmatrix} \frac{1}{\sqrt{2}} \\ \frac{1}{\sqrt{2}} \end{bmatrix}$, respectively.（100 北科大電通）

47. Let $U=\text{Span}\left\{\begin{bmatrix} 1 \\ -1 \\ -1 \end{bmatrix}, \begin{bmatrix} -1 \\ 1 \\ -2 \end{bmatrix}\right\}$ and $W=\text{Span}\left\{\begin{bmatrix} 1 \\ 0 \\ -1 \end{bmatrix}\right\}$, two subspaces of $\mathbb{R}^3$.

(a)Find the orthogonal projection of $\mathbf{b}=\begin{bmatrix} 1 \\ 0 \\ -1 \end{bmatrix}$ onto the subspace U.

(b)Find a matrix $\mathbf{P}\in \mathbb{R}^{3\times 3}$ such that $\mathbf{Pu}=\mathbf{u}$ for all $\mathbf{u}\in U$ and $\mathbf{Pw}=0$ $\mathbf{w}\in W$(0 denotes the zero vector in $\mathbb{R}^3$).

(c)Following (b), find the eigenvalues and eigenvectors of $\mathbf{P}$.（100 台聯大）

48. Let $\lambda_1, \lambda_2, \lambda_3$, be all the eigenvalues of the matrix

$$\mathbf{A}=\begin{bmatrix} 3 & -1 & 0 \\ -1 & 5 & 0 \\ 0 & -1 & 2 \end{bmatrix}$$

Find the sum of $\lambda_1^3+\lambda_2^3+\lambda_3^3$.（100 暨南電機）

49. (a)Find a 2×2 matrix $\mathbf{A}$ such that Col $\mathbf{A}$ = Null $\mathbf{A}$.

(b)Let $\sigma_1, \sigma_2, \cdots, \sigma_k$ be the singular values an $m\times n$ matrix $\mathbf{A}$. Find det $(\mathbf{I}_n+\mathbf{A}^T\mathbf{A})$.（95 台大工數 D）

50. Let T be the linear operator on R^3 defined by

$$T\begin{pmatrix} a_1 \\ a_2 \\ a_3 \end{pmatrix}=\begin{pmatrix} a_1-a_2 \\ a_2-a_1 \\ a_3 \end{pmatrix}.$$

(a)What are the nonzero eigenvalues of T?

(b)Find the eigenspace of T corresponding to each nonzero eigenvalue.（94 台大工數 D）

51. Label the following statements as being true of false. (No explanation is needed. Each correct answer gets 2% and each wrong answer gets 0%):

(a)Every vector space has s finite basis.

(b)Let $\mathbf{V}$ be an inner product space and S be a subset of $\mathbf{V}$. Then $S\subseteq (S^{\perp})^{\perp}$.

(c)If $\mathbf{A}$ is invertible, then $\mathbf{A}^T$ is also invertible and $(\mathbf{A}^T)^{-1} = \mathbf{A}^{-1}$.

(d)Let T, U : $V \to W$ be linear transformations. Then $R(T+U) \subseteq R(T) + R(U)$.

(e)Any system of n linear equations in n unknowns has at least one solution.

(f)If both rows of a 2×2 matrix $\mathbf{A}$ are identical, then $\det(\mathbf{A}) = 0$.

(g)Eigenvectors corresponding to the same eigenvalue are always linearly dependent.

(h)An inner product is a scalar-valued function on the set of ordered pairs o. vectors.

(i)If $\langle x, y \rangle = 0$ for all x in an inner product space, then $y = 0$.

(j)Every orthonormal set is linearly independent. （94 台大工數 D）

52. Label the following statements as being true or false. (No explanation is needed. Each correct answer gets 2% and each wrong answer gets 0%):

(a)Let $\mathbf{A} \in R^{n \times n}$. If the rows of $\mathbf{A}$ are orthogonal, then the columns of $\mathbf{A}$ are orthogonal.

(b)Let $\mathbf{A} \in R^{m \times n}$ and R be its reduced row echelon form. Then there is unique invertible $m \times m$ matrix $\mathbf{P}$ such that $\mathbf{PA} = \mathbf{R}$.

(c)There does not exist any system of linear equations with exactly 2 solutions.

(d)Similar matrices always have the same eigenvalues.

(e)Let $\mathbf{u}$ and $\mathbf{v}$ be eigenvectors of a symmetric matrix and $\mathbf{u} \neq c\mathbf{v}$ for any scalar c. Then $\mathbf{u}$ and $\mathbf{v}$ are orthogonal.

(f)Let $W = \{\mathbf{A} \in R^{n \times n}$: $\mathbf{A}$ is not invertible$\}$. Then W is a subspace of $R^{n \times n}$ under the operations of matrix addition and scalar multiplication defined on $R^{n \times n}$.

(g)An $n \times n$ matrix is invertible if and only if its reduced row echelon form is $\mathbf{I}_n$.

(h)Let S be a nonempty finite subset of R^n and $V = \text{Span } S$. If every vector in V can be uniquely expressed as a linear combination of vectors in S, then S is linearly independent.

(i)Let S be a nonempty finite subset of R^n and suppose the S spans R^n. If $\langle \mathbf{x}, \mathbf{v} \rangle = 0$ for every vector $\mathbf{v}$ in S, then $\mathbf{x} = 0$.

(j)Let S be a nonemty finite subset of R^n and suppose that S spans R^n. Let TU: $R^n \to R^m$ be linear. If $T(\mathbf{v}) = U(\mathbf{v})$ for every $\mathbf{v} \in S$, then $T = U$. （92 台大工數 D）

53. Let $\mathbf{A} = \mathbf{I}_n + c\,\mathbf{v}\mathbf{v}^T$ where c is a scalar and $\mathbf{v} \in R^{n \times 1}$. Suppose that $\mathbf{v}^T\mathbf{v} = 1$, find $\det \mathbf{A}$ in terms of c. (Hint: Consider the eigenvectors of $\mathbf{A}$). （92 台大工數 D）

54. Let $\mathbf{A} = \begin{bmatrix} 2 & -1 \\ -2 & 3 \end{bmatrix}$.

(a)Find eigenvalues and corresponding eigenvectors.

(b)Find a nonsingular matix $\mathbf{P}$ such that $\mathbf{D} = \mathbf{P}^{-1}\mathbf{AP}$ is diagonal.

(c)Find a matrix $\mathbf{B}$ such that $\mathbf{B}^2 = \mathbf{A}$ （94 中正電機）

55. Let V be a finite-dimensional inner product space over F, and let T be a linear operator on V. Denote the inner product of $\mathbf{x}$ and $\mathbf{y}$ by $\langle \mathbf{x}, \mathbf{y} \rangle$, $\forall \mathbf{x}, \mathbf{y} \in V$. Denote the adjoint of T by

T^*. Namely, $\langle T(\mathbf{x}), \mathbf{y}\rangle = \langle \mathbf{x}, T^*(\mathbf{y})\rangle$, $\forall \mathbf{x}, \mathbf{y} \in V$. Suppose $TT^* = T^*T$. Denote the norm of $\mathbf{x}$ *by* $\|\mathbf{x}\|$, $\forall \mathbf{x} \in V$.

(1) Prove that $\|T(\mathbf{x})\| = \|T^*(\mathbf{x})\|$, $\forall \mathbf{x} \in V$.

(2) Prove that if λ_1 and λ_2 are distinct eigenvalues of T with corresponding eigenvectors $\mathbf{x}_1$ and $\mathbf{x}_2$, then $\mathbf{x}_1$ and $\mathbf{x}_2$ are orthogonal.

(3) Supposr $T = T^*$. Prove that every eigenvalue of T is real.

(4) Let g: $V \to F$ be a linear transformation. Prove that there exists a unique vevtor $\mathbf{y} \in V$ such that $g(\mathbf{x}) = \langle \mathbf{x}, \mathbf{y}\rangle$ for all $\mathbf{x} \in V$. (93 中山通訊)

56. Let V and W be two finite-dimensional vector space. Let T: $V \to W$ be a linear mapping from V to W.

(1) What is a basis for a vector space?

(2) What are the definitions of eigenvalues of eigenvectors of T?

(3) Prove that the matrix equation $T\mathbf{x} = \mathbf{y}$ has a solution if and only if rank $(T|\mathbf{y})$ = rank (T).

(93 中山通訊)

57. Let $\mathbf{A}$ be an $n \times n$ matrix with distinct real eigenvalues $\lambda_1, \lambda_2, \cdots, \lambda_n$. Let λ be a scalar that is not an eigenvalue of $\mathbf{A}$ and let $\mathbf{B} = (\mathbf{A} - \lambda\mathbf{I})^{-1}$, where $\mathbf{I}$ is the identity matrix.

(a)Find the eigenvalues of $\mathbf{B}$.

(b)Find the eigenvalues of $\mathbf{B}$ corresponding to each eigenvalue found in (a).

(92 清華通訊)

58. Consider a matrix

$$\mathbf{A} = \begin{bmatrix} 1 & 0 & 0 & 0 \\ 0 & 1 & 1 & 1 \\ 0 & 0 & 1 & 1 \\ 1 & 1 & 2 & 2 \end{bmatrix}.$$

(a)Find the determinant of $\mathbf{A}$.

(b)Find the rank of $\mathbf{A}$.

(c)Determine a basis for the column space of $\mathbf{A}^T$.

(d)Determine a basis for the nullspace of $\mathbf{A}$.

(e)Find eigenvalues of $\mathbf{A}$. (93 清華通訊)

59. If an $n \times n$ matrix $\mathbf{A}$ has fewer than n linearly independent eigenvectors, we say that $\mathbf{A}$ is defective. For each of the following matrices, find all possible values of the scale α that make the matrix defective or show that no such values exist.

(a) $\begin{bmatrix} 1 & 1 & 1 \\ 1 & 1 & 1 \\ 0 & 0 & \alpha \end{bmatrix}$

(b)$\begin{bmatrix} 1 & 2 & 0 \\ 2 & 1 & 0 \\ 2 & -1 & \alpha \end{bmatrix}$

(c)$\begin{bmatrix} 4 & 6 & -2 \\ -1 & -1 & 1 \\ 0 & 0 & \alpha \end{bmatrix}$ （93 清華通訊）

60. True or False

(a)If **A** and **B** are invertible matrices in $\mathbf{M}_{n\times n}(F)$ and **B** is similar to **A**, then, for any integer $k>0$, A^k and B^k are similar.

(b)Let $\mathbf{T}: \mathbf{R}^n \to \mathbf{R}^n$ be linear transformation. If $\mathbf{T}(\mathbf{x}_1)=\mathbf{T}(\mathbf{x}_2)$, then $\mathbf{x}_1=\mathbf{x}_2$ when nullity $(\mathbf{T})=0$.

(c)If a vector space **V** is the direct sum of $\mathbf{W}_1$ and $\mathbf{W}_2$, then $\mathbf{W}_1\cap\mathbf{W}_2=\varnothing$.

(d)$\{0\}$ is a linearly independent set.

(e)$\{1, x, x^2\}$ is an orthonormal basis for $\mathbf{P}_3(F)$.

(f)The vectors in an eigenspace of a linear operator **T** are eigenvectors of **T**.

（95 清華電機）

61. Let **A** be an $n\times n$ matrix that is similar to a lower triangular matrix and has the distinct eigenvalues $\lambda_1, \lambda_2, \cdots, \lambda_k$ with corresponding multiplicities $m_1, m_2, \cdots, m_k$. What are tr $(\mathbf{A})$ and det $(\mathbf{A})$? （95 清華電機）

62. Let **A** be an $n\times n$ real matrix and $K_\lambda=\{\mathbf{v}|\ (\mathbf{A}-\lambda\mathbf{I})^p\mathbf{v}=0\}$ for some positive integer $p\}$, where λ is a real eigenvalue of **A**. Which of the following statements are correct?

(A)The range space of **A** is the orthogonal complement of the null space of **A**.

(B)The set K_λ over R is a sub-space of R^n with dimension ≥ 1.

(C)If $\vec{v}_1, \vec{v}_2, \cdots$, and $\vec{v}_n$ are linearly independent, then $\mathbf{A}\vec{v}_1, \mathbf{A}\vec{v}_2, \cdots$, and $\mathbf{A}\vec{v}_n$ are linearly independent.

(D)If $\mathbf{A}\vec{v}_1, \mathbf{A}\vec{v}_2, \cdots$, and $\mathbf{A}\vec{v}_n$ are linearly independent, then $\vec{v}_1, \vec{v}_2, \cdots$, and $\vec{v}_n$ are linearly independent.

(E)If W_1 and W_2 are two different sub-spaces of R^n, then $\dim(W_1+W_2)=\dim(W_1)+\dim(W_2)$, where $\dim(W)$ is the dimension of vector space W.

(F)If $\vec{x}\in S$, then $\mathbf{A}\vec{x}\in S$. （94 交大電機）

63. Let $\boldsymbol{T}$ be a linear transformation form $\boldsymbol{R}^2$ to $\boldsymbol{R}^2$ given by

$\boldsymbol{T}(x, y)=(x\cos\theta-y\sin\theta, x\sin\theta+y\cos\theta)$.

Here the vector space $\boldsymbol{R}^2$ is the set of all ordered pairs of real numbers. Also let **A** be the standard matrix for $\boldsymbol{T}$, that is, $\boldsymbol{T}(\mathbf{v})=\mathbf{A}\mathbf{v}$ for every vector **v** and $\boldsymbol{R}^2$. Answer the following questions:

(a)Give a geometric description of $\boldsymbol{T}$.

(b)Find the inversr of $\boldsymbol{T}(x, y)$ if $\boldsymbol{T}$ is invertible.

(c)Find all values of the angle θ for which the matrix **A** had real eigenvalues.

（94 交大電機）

64. True or False?

(1) Let $\mathbf{A}=[\vec{a}_1 \quad \vec{a}_2 \quad \vec{a}_3 \quad \vec{a}_4]$ be a 5×4 matrix with $\vec{a}_1=2\vec{a}_2+\vec{a}_3$. If $\vec{b}=\vec{a}_1+\vec{a}_2+\vec{a}_3+\vec{a}_4$, then the system $\mathbf{A}\vec{x}=\vec{b}$ has infinitely many solutions.

(2) Let **A** be an $n \times n$ matrix. If $\vec{x}$ is a non-zero vector in R^n and $A\vec{x}=\vec{0}$, then $\det(A)=0$.

(3) It is possible to find two subspace S and T of R^n such that $\mathrm{S} \cap \mathrm{T}=\{\vec{0}\}$ and $\dim(\mathrm{S})+\dim(\mathrm{T})>n$, where dim(U) denotes the dimension of vector space U.

(4) If **A** is an $m \times n$ matrix whose columns are linearly independent, then **A** has a right inverse, i.e., there exists an $n \times m$ matrix **B** such that $\mathbf{AB}=\mathbf{I}_m$.

(5) If **A** and **B** are $n \times n$ matrices with $\det(\mathbf{A})=\det(\mathbf{B})$, then **A** and **B** are similar matrices.

(6) If **A** is a square matrix, then **A** and $\mathbf{A}^2$ have the same eigenvectors.

(7) Let **A** be an $m \times n$ matrix of rank n and let $\mathbf{P}=\mathbf{A}(\mathbf{A}^T\mathbf{A})^{-1}\mathbf{A}^T$. If $\mathbf{P}\vec{x}=\vec{0}$, then $\vec{x} \in$ the orthogonal complement of $R(\mathbf{A})$, where $R(\mathbf{A})$ denotes the range space of **A**.

(8) Let **A** be an $m \times n$ matrix with linearly dependent columns. If $\vec{x} \in R^m$, then $\vec{x}$ does not have a unique projection noto $R(\mathbf{A})$.

(9) Let L: $R^n \to R^n$ be a linear transformation. If $L(\vec{x})=L(\vec{y})$ for two vector $\vec{x}$ and $\vec{y}$, then it must hold that $\vec{x}=\vec{y}$.

(10) Lat λ_1 and λ_2 be two distinct eigenvalues of real matrix **A**. If $\vec{x}$ is an eigenvector of **A** belonging to λ_1 and $\vec{y}$ is an eigenvector of $\mathbf{A}^T$ belonging to λ_2, then $\vec{x}$ and $\vec{y}$ are orthogonal.

（95 交大電信）

65. Let **A** be an $n \times n$ matrix with positive real eigenvalues $\lambda_1>\lambda_2>\cdots>\lambda_n$. Let $\mathbf{x}_i$ be an eigenvector belonging to λ_1 for ecah i and let $\mathbf{x}=\alpha_1\mathbf{x}_1+\alpha_2\mathbf{x}_2+\cdots+\alpha_n\mathbf{x}_n$. (a)Show by induction that $\mathbf{A}^m\mathbf{x}=\sum_{i=1}^{n}\alpha_i\lambda_i^m\mathbf{x}_i$.(b)If $\lambda_1=1$, find $\lim_{m\to\infty}\mathbf{A}^m\mathbf{x}$.

（94 成大電通）

66. Pick up true statement(s)?

I.If an $n \times n$ matrix has n distinct eigenvalues, it can be diagonalized.

II.If the 5×5 matrix **A** has three distinct eigenvalues, then **A** cannot be similar to a diagonal matrix.

III.If **A** is similar to the matrix $\begin{pmatrix} 1 & 2 & 5 \\ 0 & 2 & 4 \\ 0 & 0 & 3 \end{pmatrix}$, then is eigenvalues are 1, 2, and 3.

IV.If the 3×3 matrix **A** has two distinct eigenvalues, then **A** has at most two linearly independent eigenvectors.

（92 中正電機）

67. 1 is the only eigenvalue of $\mathbf{A}=\begin{bmatrix}1 & 2 & 0\\0 & 1 & 0\\0 & 0 & 1\end{bmatrix}$. Its geometric multiplicity is （92 中正電機）

68. For $0<t<\pi$, the matrix $\begin{pmatrix}\cos t & -\sin t\\ \sin t & \cos t\end{pmatrix}$ has distinct complex eigenvalues λ_1 and λ_2. For what value of t, $0<t<\pi$, is $\lambda_1+\lambda_2=1$? （92 中正電機）

69. $\mathbf{A}=\begin{bmatrix}0 & 0 & -2\\1 & 2 & 1\\1 & 0 & 3\end{bmatrix}$, which of the following statement is true.

(a)The characteristic equation of **A** is $(\lambda-1)^2(\lambda-2)$.

(b)**A** has three distinct eigenvalues.

(c)**A** has three independent eigenvalues.

(d)**A** is not invertibel. （93 中正電機）

70. **A**, **B**, **C** are $n\times n$ matrixes. Which statement is not true.

(a)We say **B** is similar to **A** if there is an invertible matrix such that $\mathbf{B}=\mathbf{P}^{-1}\mathbf{AP}$.

(b)If **B** is similar to **A**, then det **AB** = **BA**.

(c)If **B** is similar to **A**, then det (**A**) = det (**B**).

(d)If **B** is similar to **A** and **B** is invertible, then **A** is invertible and $\mathbf{A}^{-1}$ and $\mathbf{B}^{-1}$ are similar.

（93 中正電機）

8 對角化及喬登正則式

艱險，我奮進！困乏，我多情！

——錢穆

8-1 矩陣之對角化

定義：對角化

對於方陣 **A**，若存在可逆方陣 **P**，使得 $\mathbf{P}^{-1}\mathbf{AP}$ 成為對角方陣，則稱 **A** 可對角化（diagonizable）。

對於方陣 **A**，若存在一組最佳基底 **B**，使得$[\mathbf{A}]_B$ 為對角矩陣$[\mathbf{A}]_B = \mathbf{P}^{-1}\mathbf{AP}$，其中 **P** 為座標轉換矩陣，則稱 **A** 為可對角化。

定理 8-1：基底與特徵向量的關係

對於方陣 **A** 與可逆方陣 **P**：

$\mathbf{P}^{-1}\mathbf{AP}$ 為對角方陣$\Leftrightarrow$**P** 之行向量為 **A** 之特徵向量

證明：

$$令\ \mathbf{P}^{-1}\mathbf{AP} = \mathbf{D} = \begin{bmatrix} \lambda_1 & & & \\ & \lambda_2 & & \\ & & \ddots & \\ & & & \lambda_n \end{bmatrix} \Leftrightarrow \mathbf{AP} = \mathbf{PD}$$

P 之各行向量為$\{\mathbf{x}_1, \mathbf{x}_2 \cdots \mathbf{x}_n\}$則

$$\mathbf{AP} = \mathbf{A}\,[\mathbf{x}_1, \mathbf{x}_2 \cdots \mathbf{x}_n] = [\mathbf{x}_1, \mathbf{x}_2 \cdots \mathbf{x}_n] \begin{bmatrix} \lambda_1 & 0 & \cdots & 0 \\ 0 & \lambda_2 & \ddots & \vdots \\ \vdots & \ddots & \ddots & 0 \\ 0 & \cdots & 0 & \lambda_n \end{bmatrix}$$

$$\Rightarrow \begin{cases} \mathbf{Ax}_1 = \lambda_1 \mathbf{x}_1 \\ \mathbf{Ax}_2 = \lambda_2 \mathbf{x}_2 \\ \vdots \\ \mathbf{Ax}_n = \lambda_n \mathbf{x}_n \end{cases}$$

故知 $\lambda_1, \cdots \lambda_n$ 為 **A** 之 eigenvalues

$\mathbf{x}_1, \cdots \mathbf{x}_n$ 為 **A** 之 eigenvectors

例 1： Let $T: R^4 \to R^4$ be given by

$$T\left\{\begin{bmatrix} x_1 \\ x_2 \\ x_3 \\ x_4 \end{bmatrix}\right\} = \begin{bmatrix} x_1 \\ x_2 + 5x_3 - 10x_4 \\ x_1 + 2x_3 \\ x_1 + 3x_4 \end{bmatrix}$$

(1) Find the standard matrix **A** of T such that T (**v**) = **Av** for any vector v in R^4.

(2) Find the eigenvalues and corresponding eigenspaces of **A**.

(3) Find a matrix **P** such that $\mathbf{P}^{-1}\mathbf{AP}$ is diagonal.

解

(1) $$T\left\{\begin{bmatrix} x_1 \\ x_2 \\ x_3 \\ x_4 \end{bmatrix}\right\} = \begin{bmatrix} x_1 \\ x_2 + 5x_3 - 10x_4 \\ x_1 + 2x_3 \\ x_1 + 3x_4 \end{bmatrix} = \begin{bmatrix} 1 & 0 & 0 & 0 \\ 0 & 1 & 5 & -10 \\ 1 & 0 & 2 & 0 \\ 1 & 0 & 0 & 3 \end{bmatrix}\begin{bmatrix} x_1 \\ x_2 \\ x_3 \\ x_4 \end{bmatrix}$$

，所以 $\mathbf{A} = \begin{bmatrix} 1 & 0 & 0 & 0 \\ 0 & 1 & 5 & -10 \\ 1 & 0 & 2 & 0 \\ 1 & 0 & 0 & 3 \end{bmatrix}$

(2) $$\text{char}_A(\lambda) = \det(\mathbf{A} - \lambda\mathbf{I}) = \det\begin{bmatrix} 1-\lambda & 0 & 0 & 0 \\ 0 & 1-\lambda & 5 & -10 \\ 1 & 0 & 2-\lambda & 0 \\ 1 & 0 & 0 & 3-\lambda \end{bmatrix}$$

$$= (1-\lambda)\det\begin{bmatrix} 1-\lambda & 5 & -10 \\ 0 & 2-\lambda & 0 \\ 0 & 0 & 3-\lambda \end{bmatrix}$$

$$= (1-\lambda)^2(2-\lambda)(3-\lambda)$$

得 **A** 的 eigenvalues 為 1, 2, 3

$$\ker(\mathbf{A} - \mathbf{I}) = \begin{bmatrix} 0 & 0 & 0 & 0 \\ 0 & 0 & 5 & -10 \\ 1 & 0 & 1 & 0 \\ 1 & 0 & 0 & 2 \end{bmatrix} = \text{span}\left\{\begin{bmatrix} -2 \\ 0 \\ 2 \\ 1 \end{bmatrix}, \begin{bmatrix} 0 \\ 1 \\ 0 \\ 0 \end{bmatrix}\right\}$$ 為 $\lambda = 1$ 的

eigenspace

$$\ker(\mathbf{A}-2\mathbf{I})=\ker\begin{bmatrix}-1&0&0&0\\0&-1&5&-10\\1&0&0&0\\1&0&0&1\end{bmatrix}=\text{span}\left\{\begin{bmatrix}0\\5\\1\\0\end{bmatrix}\right\}$$

$$\therefore\begin{bmatrix}0\\5\\1\\0\end{bmatrix}\text{ 為 }\lambda=2\text{ 的 eigenspace}$$

$$\ker(\mathbf{A}-3\mathbf{I})=\begin{bmatrix}-2&0&0&0\\0&-2&5&-10\\1&0&-1&0\\1&0&0&0\end{bmatrix}=\text{span}\begin{bmatrix}0\\5\\0\\-1\end{bmatrix}$$

$$\therefore\begin{bmatrix}0\\5\\0\\-1\end{bmatrix}\text{ 為 }\lambda=3\text{ 的 eigenspace}$$

定理 8-2：可對角化的判別條件

n 階方陣 **A** 為可對角化充要條件為

(1)**A** 之特徵方程式可分解為一次因式的乘積

(2)每個特徵值的代數重數 = 幾何重數

換言之，即是要求 **A** 具有 n 個線性獨立的特徵向量，或要求 **A** 具有 n 個相異的特徵值，即便是重根 λ_j 出現亦要求

$$\text{nullity}(\mathbf{A}-\lambda_j\mathbf{I})=m(\lambda_j) \tag{1}$$

定理 8-3：Schur's lemma

對任意方陣 **A** 而言，必存在單式矩陣 **P** 使 $\mathbf{P}^{-1}\mathbf{AP}$ 為上三角矩陣

觀念提示：定理 8-3 對任何方陣 **A** 均成立，若 **A** 為正則，假設存在一單式矩陣 **P**，使得

$$\mathbf{P}^{-1}\mathbf{AP}=\mathbf{P}^H\mathbf{AP}=\mathbf{U}$$

or

$$\mathbf{A}=\mathbf{PUP}^H$$

其中 **U** 為一上三角矩陣。利用正則矩陣及單式矩陣的性質可知

$$\mathbf{UU}^H=(\mathbf{P}^H\mathbf{AP})(\mathbf{P}^H\mathbf{AP})^H=\mathbf{P}^H\mathbf{APP}^H\mathbf{A}^H\mathbf{P}=\mathbf{P}^H\mathbf{AA}^H\mathbf{P} \tag{2}$$

$$\mathbf{U}^H\mathbf{U}=\mathbf{P}^H\mathbf{A}^H\mathbf{PP}^H\mathbf{AP}=\mathbf{P}^H\mathbf{A}^H\mathbf{AP}^H \tag{3}$$

$\because \mathbf{AA}^H=\mathbf{A}^H\mathbf{A}$（正則性質）

$\therefore \mathbf{UU}^H=\mathbf{U}^H\mathbf{U}$

故 **U** 為正則。由定理 7-7 可知正則三角矩陣必為對角矩陣，因此可知若 **A** 為正則矩陣，則矩陣 **U** 不僅為三角矩陣更是一個對角矩陣。

定理 8-4：單式對角化的判別條件：

對 $\mathbf{A}\in C^{n\times n}$，存在一單式矩陣 **P**，使得 $\mathbf{P}^{-1}\mathbf{AP}$ 為一對角矩陣的充分必要條件為：**A** 為正則矩陣

定理 8-4 對 Hermitian，Skew-Hermitian，對稱、反對稱、正交、單式矩陣均成立，但若 **A** 佈於實數則定理 8-4 可修正為：

定理 8-5：正交對角化判別條件

對 $\mathbf{A}\in R^{n\times n}$，存在一正交矩陣 **P**，使 $\mathbf{P}^{-1}\mathbf{AP}$ 為對角線矩陣的充要條件為 $\mathbf{A}=\mathbf{A}^T$，或 **A** 為實對稱矩陣

證明：$\mathbf{PP}^T=\mathbf{I}$ 且 $\mathbf{P}^{-1}\mathbf{AP}=\mathrm{D}\Rightarrow\mathbf{A}=\mathbf{P}\mathrm{D}\mathbf{P}^{-1}$

$$\mathbf{A}^T=(\mathbf{P}\mathrm{D}\mathbf{P}^{-1})^T=(\mathbf{P}^{-1})^T\mathrm{D}^T\mathbf{P}^T=\mathbf{P}\mathrm{D}\mathbf{P}^{-1}=\mathbf{A}$$

若 $\mathbf{A}=\mathbf{A}^T$，且 $\mathbf{A}\in R^{n\times n}$ 則 **A** 為 Hermitian matrix

因複數多項式可分解到一次式

$$\phi(\lambda)=|\mathbf{A}-\lambda\mathbf{I}|=(\lambda-\lambda_1)(\lambda-\lambda_2)\cdots\cdots(\lambda-\lambda_n)$$

由 Hermitian matrix 之性質可知，$\lambda_1, \lambda_2, \lambda_n$ 皆為實數

∴**A** 的特徵多項式可分解為實係數一次式的乘積，由 Schur's lemma 知，存在正交矩陣 **P** 使得：$\mathbf{P}^{-1}\mathbf{A}\mathbf{P}=\mathbf{U}$（上三角矩陣）

而 $\mathbf{U}^T=(\mathbf{P}^{-1}\mathbf{A}\mathbf{P})^T=\mathbf{P}^T\mathbf{A}^T(\mathbf{P}^{-1})T=\mathbf{P}^{-1}\mathbf{A}\mathbf{P}=\mathbf{U}$

U 為上三角矩陣 $\mathbf{U}^T$ 為下三角矩陣且 $\mathbf{U}^T=\mathbf{U}\Rightarrow\mathbf{U}$ 為對角矩陣

觀念提示： *1.* 實對稱方陣必可被正交對角化

2. Hermitian，Skew-Hermitian，單式，正則矩陣可被單式對角化

3. 相似變換不會改變特徵值

定理 8-6：任意 n 階實對稱矩陣 A 必可正交對角化

證明： 使用歸納法，當 $n=1$ 時，顯然本定理成立，設 $n\le k$ 時，本定理成立，證明當 $n=k+1$ 時，本定理亦成立

若 $\mathbf{e}_1$ 為對應於 **A** 之特徵值之單位特徵向量，即 $\mathbf{A}\mathbf{e}_1=\lambda\mathbf{e}_1$，若 $\{\mathbf{e}_1, \mathbf{e}_2, \cdots, \mathbf{e}_{k+1}\}$ 為 R^{k+1} 之一組 orthonormal basis

Let $\mathbf{P}=[\mathbf{e}_1, \mathbf{e}_2, \cdots, \mathbf{e}_{k+1}]\Rightarrow\mathbf{P}\mathbf{P}^T=\mathbf{P}^\mathrm{T}\mathbf{P}=\mathbf{I}$

$$\mathbf{P}^\mathrm{T}\mathbf{A}\mathbf{P}=\begin{bmatrix}\mathbf{e}_1^T\\ \vdots\\ \mathbf{e}_{k+1}^T\end{bmatrix}\mathbf{A}\,[\mathbf{e}_1\cdots\mathbf{e}_{k+1}]$$

$$=\begin{bmatrix}\mathbf{e}_1^T\\ \vdots\\ \mathbf{e}_{k+1}^T\end{bmatrix}[\lambda\mathbf{e}_1, \mathbf{A}\mathbf{e}_2, \cdots\mathbf{A}\mathbf{e}_{k+1}]$$

$$=\begin{bmatrix}\lambda & \mathbf{e}_1^T[\mathbf{A}\mathbf{e}_2, \cdots, \mathbf{A}\mathbf{e}_{k+1}]\\ 0 & \\ \vdots & \begin{bmatrix}\mathbf{e}_2^T\\ \vdots\\ \mathbf{e}_{k+1}^T\end{bmatrix}\mathbf{A}[\mathbf{e}_2\cdots\mathbf{e}_{k+1}]\\ 0 & \end{bmatrix}$$

Let $\mathbf{E}=[\mathbf{e}_2\cdots\mathbf{e}_{k+1}]$則原式

$$\mathbf{P}^\mathrm{T}\mathbf{A}\mathbf{P}=\begin{bmatrix}\lambda & \mathbf{e}_1^\mathrm{T}\mathbf{A}\mathbf{E}\\ \mathbf{0} & \mathbf{E}^\mathrm{T}\mathbf{A}\mathbf{E}\end{bmatrix}$$

$\because \mathbf{P}^T\mathbf{A}\mathbf{P}$ 為對稱

$\therefore \mathbf{e}_1^T\mathbf{A}\mathbf{E}=\mathbf{0}$

$\because \mathbf{E}^T\mathbf{A}\mathbf{E}$ 為 k 階對稱矩陣

$\therefore$ 存在正交矩陣 $\mathbf{Q}$，使 $\mathbf{Q}^T(\mathbf{E}^T\mathbf{A}\mathbf{E})\mathbf{Q}=\mathbf{D}$，其中 $\mathbf{D}$ 對角矩陣

$\mathbf{P}$ 及 $\mathbf{Q}$ 均為正交矩陣

$\therefore \mathbf{P}_0=\mathbf{P}\begin{bmatrix}\mathbf{1} & \mathbf{0}\\ \mathbf{0} & \mathbf{Q}\end{bmatrix}$ 亦為正交矩陣

故 $\mathbf{P}_0^T\mathbf{A}\mathbf{P}_0=\begin{bmatrix}\mathbf{1} & \mathbf{0}\\ \mathbf{0} & \mathbf{Q}^T\end{bmatrix}\mathbf{P}^T\mathbf{A}\mathbf{P}\begin{bmatrix}\mathbf{1} & \mathbf{0}\\ \mathbf{0} & \mathbf{Q}\end{bmatrix}=\begin{bmatrix}\lambda & 0\\ 0 & \mathbf{D}\end{bmatrix}$

得證

例 2：試將 $\mathbf{A}=\begin{bmatrix}3 & 1 & 1\\ 2 & 4 & 2\\ -1 & -1 & 1\end{bmatrix}$ 對角化　（83 台大工工）

解　先找 $\mathbf{A}$ 之特徵值與特徵向理

$$|\mathbf{A}-\lambda\mathbf{I}|=\begin{vmatrix}3-\lambda & 1 & 1\\ 2 & 4-\lambda & 2\\ -1 & -1 & 1-\lambda\end{vmatrix}=0\Rightarrow\lambda=2,2,4$$

$$\lambda_1=2\Rightarrow(\mathbf{A}-2\mathbf{I})\mathbf{x}=\begin{bmatrix}1 & 1 & 1\\ 2 & 2 & 2\\ -1 & -1 & -1\end{bmatrix}\begin{bmatrix}x_1\\ x_2\\ x_3\end{bmatrix}=0\Rightarrow\mathbf{x}=\begin{bmatrix}1\\ -1\\ 0\end{bmatrix},\begin{bmatrix}1\\ 0\\ -1\end{bmatrix}$$

$$\lambda_2=4\Rightarrow(\mathbf{A}-4\mathbf{I})\mathbf{x}=\begin{bmatrix}-1 & 1 & 1\\ 2 & 0 & 2\\ -1 & -1 & -3\end{bmatrix}\begin{bmatrix}x_1\\ x_2\\ x_3\end{bmatrix}=0\Rightarrow\mathbf{x}=\begin{bmatrix}1\\ 2\\ -1\end{bmatrix}$$

$$\Rightarrow\mathbf{P}=\begin{bmatrix}1 & 1 & 1\\ -1 & 0 & 2\\ 0 & -1 & -1\end{bmatrix}=\mathbf{P}^{-1}=\frac{1}{2}\begin{bmatrix}2 & 0 & 2\\ -1 & -1 & -3\\ 1 & 1 & 1\end{bmatrix}$$

$$\therefore\mathbf{P}^{-1}\mathbf{A}\mathbf{P}=\frac{1}{2}\begin{bmatrix}1 & 1 & 1\\ -1 & 0 & -2\\ 0 & -1 & -1\end{bmatrix}\begin{bmatrix}3 & 1 & 1\\ 2 & 4 & 2\\ -1 & -1 & 1\end{bmatrix}\begin{bmatrix}1 & 1 & 1\\ -1 & 0 & 2\\ 0 & -1 & -1\end{bmatrix}$$

$$=\begin{bmatrix}2&0&0\\0&2&0\\0&0&4\end{bmatrix}$$

例 3： Let **A** be the matrix $\mathbf{A}=\begin{bmatrix}1&1&-4\\2&0&-4\\-1&1&-2\end{bmatrix}$

(a)Find the eigenvalu es and the corresponding eigenvect ors of **A**

(b)Find a nonsin gular matrix **P** such that $\mathbf{P}^{-1}\mathbf{A}\mathbf{P}=\mathbf{D}$ where **D** is a diagonal （81 清大統計）

解

由$|\mathbf{A}-\lambda\mathbf{I}|=0$ 求出特徵值

$$|\mathbf{A}-\lambda\mathbf{I}|=\begin{vmatrix}1-\lambda&1&-4\\2&-\lambda&-4\\1&1&-2-\lambda\end{vmatrix}=-\lambda^3-\lambda^2+4\lambda+4$$

$$=-(\lambda+1)(\lambda+2)(\lambda-2)=0$$

$\lambda=-1,2,-2$

$$\lambda_1=-1,\ (\mathbf{A}+\mathbf{I})\mathbf{x}_1=\begin{bmatrix}2&1&-4\\2&1&-4\\-1&1&-1\end{bmatrix}\begin{bmatrix}x_1\\x_2\\x_3\end{bmatrix}=\mathbf{0}\Rightarrow\mathbf{x}_1=\begin{bmatrix}1\\2\\1\end{bmatrix}$$

$$\lambda_2=2,\ (\mathbf{A}-2\mathbf{I})\mathbf{x}_2=\begin{bmatrix}-1&1&-4\\2&-2&-4\\-1&1&-4\end{bmatrix}\begin{bmatrix}x_1\\x_2\\x_3\end{bmatrix}=\mathbf{0}\Rightarrow\mathbf{x}_2=\begin{bmatrix}1\\1\\0\end{bmatrix}$$

$$\lambda_3=-2,\ (\mathbf{A}+2\mathbf{I})\mathbf{x}_3=\begin{bmatrix}3&1&-4\\2&2&-4\\-1&1&0\end{bmatrix}\begin{bmatrix}x_1\\x_2\\x_3\end{bmatrix}=\mathbf{0}\Rightarrow\mathbf{x}_3=\begin{bmatrix}1\\1\\1\end{bmatrix}$$

取 Transition matrix **P** 為

$\mathbf{P}=\begin{bmatrix}1&1&1\\2&1&1\\1&0&1\end{bmatrix}$ 則經由相似變換可將 **A** 化為對角矩陣

$$\mathbf{P}^{-1}\mathbf{A}\mathbf{P}=\mathbf{D}=\begin{bmatrix}\lambda_1 & 0 & 0\\ 0 & \lambda_2 & 0\\ 0 & 0 & \lambda_3\end{bmatrix}=\begin{bmatrix}-1 & 0 & 0\\ 0 & 2 & 0\\ 0 & 0 & -2\end{bmatrix}$$

例 4： If matrixes **A** and **B** are related by a similarity transformation i.e., **A** is similar to **B**, prove that

(a)$\mathbf{A}^n$ is similar to $\mathbf{B}^n$

(b)Determinants of **A** and **B** are equal （81 成大物理）

解 因 **A** 與 **B** 相似，故必存在一 transition matrix **P** 使：$\mathbf{P}^{-1}\mathbf{A}\mathbf{P}=\mathbf{B}$

(a)利用歸納法證明：$\mathbf{P}^{-1}\mathbf{A}^n\mathbf{P}=\mathbf{B}^n$

當 $n=1$ 時，$\mathbf{P}^{-1}\mathbf{A}\mathbf{P}=\mathbf{B}$ 成立

當 $n=2$ 時，$\mathbf{B}^2=(\mathbf{P}^{-1}\mathbf{A}\mathbf{P})(\mathbf{P}^{-1}\mathbf{A}\mathbf{P})=\mathbf{P}^{-1}\mathbf{A}^2\mathbf{P}$

假設 $n=k$ 時 $\mathbf{B}^k=\mathbf{P}^{-1}\mathbf{A}^k\mathbf{P}$ 成立，則

$\mathbf{B}^{k+1}=\mathbf{B}^k\mathbf{B}=(\mathbf{P}^{-1}\mathbf{A}^k\mathbf{P})(\mathbf{P}^{-1}\mathbf{A}\mathbf{P})=\mathbf{P}^{-1}\mathbf{A}^{k+1}\mathbf{P}$

得證

(b)$|\mathbf{B}|=|\mathbf{P}^{-1}||\mathbf{A}||\mathbf{P}|=|\mathbf{P}^{-1}||\mathbf{P}||\mathbf{A}|=|\mathbf{A}|$

例 5： For matrices $\mathbf{A}=\begin{bmatrix}1 & 1 & 1\\ 1 & 1 & 1\\ 1 & 1 & 1\end{bmatrix}$ and $\mathbf{B}=\begin{bmatrix}3 & 0 & 0\\ 0 & 0 & 0\\ 0 & 0 & 0\end{bmatrix}$

show that **A** and **B** are similar （清大物理）

解 特徵方程式：

$$|\mathbf{A}-\lambda\mathbf{I}|=\begin{vmatrix}1-\lambda & 1 & 1\\ 1 & 1-\lambda & 1\\ 1 & 0 & 1-\lambda\end{vmatrix}=-\lambda^2(\lambda-3)=0\Rightarrow\lambda=0,0,3$$

$$\lambda_1=3，(\mathbf{A}-3\mathbf{I})\mathbf{x}_1=\begin{bmatrix}-2 & 1 & 1\\ 1 & -2 & 1\\ 1 & 1 & -2\end{bmatrix}\begin{bmatrix}x_1\\ x_2\\ x_3\end{bmatrix}\Rightarrow\mathbf{x}_1=\begin{bmatrix}1\\ 1\\ 1\end{bmatrix}$$

$\lambda_2=0$，$\mathbf{Ax}=\mathbf{0}\Rightarrow\mathbf{x}=s\begin{bmatrix}1\\0\\-1\end{bmatrix}+t\begin{bmatrix}0\\1\\-1\end{bmatrix}$

$\because \dim(\ker(\mathbf{A}-\lambda_2\mathbf{I}))=m(\lambda_2)=2$

$\therefore \mathbf{A}$ 可被對角化

$\mathbf{P}=\begin{bmatrix}1&1&0\\1&0&1\\1&-1&-1\end{bmatrix}$，$\mathbf{P}^{-1}\mathbf{AP}=\mathbf{D}=\begin{bmatrix}3&0&0\\0&0&0\\0&0&0\end{bmatrix}=\mathbf{B}$

例 6：已知 $P_2(R)=\{a+bx+cx^2|a,b,c\in R\}$，而線性映射 $\mathbf{T}$ 之定義為：

$T: P_2(R)\rightarrow P_2(R);\ \mathbf{T}(ax^2+bx+c)=cx^2+bx+a$

試問：T 之特徵值及特徵空間之基底，並求出一組新基底，使得 T 成為對角矩陣　　（交大電子）

解　在二次多項式中若以 $\{1,x,x^2\}$ 為基底，即 ax^2+bx+c 可以看以 (c,b,a) 為座標或向量 $[c,b,a]^T$，故 $\mathbf{T}$ 可表示為

$\mathbf{T}\begin{bmatrix}c\\b\\a\end{bmatrix}=\begin{bmatrix}a\\b\\c\end{bmatrix}\Rightarrow\mathbf{T}=\begin{bmatrix}0&0&1\\0&1&0\\1&0&0\end{bmatrix}$

$\varphi(\lambda)=|\mathbf{T}-\lambda\mathbf{I}|=\begin{vmatrix}-\lambda&0&1\\0&1-\lambda&0\\1&0&-\lambda\end{vmatrix}=0\Rightarrow\lambda=-1,1,1$

$\lambda_1=-1, (\mathbf{T}+\mathbf{I})\mathbf{x}_1=\mathbf{0}\Rightarrow\mathbf{x}_1=[1\quad 0\quad -1]^T$

$\lambda=1\quad(\mathbf{T}-\mathbf{I})\mathbf{x}=\mathbf{0}\Rightarrow\mathbf{x}=s\begin{bmatrix}0\\1\\0\end{bmatrix}+t\begin{bmatrix}1\\0\\1\end{bmatrix}$

根據對角化理論，若以轉換矩陣之行向量（特徵向量）為基底，則 $\mathbf{T}$ 將變成以特徵值為元素之對角矩陣，新的基底為：

$[0\quad 1\quad 0]^T\rightarrow x$，$[1\quad 0\quad 1]^T\rightarrow 1+x^2$，$[1\quad 0\quad -1]^T\rightarrow 1-x^2$

例 7：　試求矩陣 **A** 之特徵值與特徵向量，並將 **A** 正交對角化

$$\mathbf{A}=\begin{bmatrix}7 & 4 & -4\\ 4 & 1 & 8\\ -4 & 8 & 1\end{bmatrix}$$

（82 台大土木）

解

$$|\mathbf{A}-\lambda\mathbf{I}|=\begin{vmatrix}7-\lambda & 4 & -4\\ 4 & 1-\lambda & 8\\ -4 & 8 & 1-\lambda\end{vmatrix}=0\Rightarrow\lambda=-9,9,9$$

$$\lambda_1=-9,\ \ker(\mathbf{A}+9\mathbf{I})=\begin{bmatrix}1\\ -2\\ 2\end{bmatrix}=\mathbf{x}_1$$

$$\lambda=9,\ \ker(\mathbf{A}-9\mathbf{I})=\mathrm{CSP}\begin{bmatrix}0 & 2\\ 1 & 0\\ 1 & -1\end{bmatrix}$$

顯然的，行向量$[0\quad 1\quad 1]^T$及$[2\quad 0\quad -1]^T$並不垂直，利用 G-S orthogonalization process 將之正交化

$$\begin{bmatrix}2\\ 0\\ -1\end{bmatrix}-\frac{\begin{bmatrix}2\\ 0\\ -1\end{bmatrix}^T\begin{bmatrix}0\\ 0\\ 1\end{bmatrix}}{\begin{bmatrix}0\\ 1\\ 1\end{bmatrix}^T\begin{bmatrix}0\\ 1\\ 1\end{bmatrix}}\begin{bmatrix}0\\ 1\\ 1\end{bmatrix}=\frac{1}{2}\begin{bmatrix}4\\ 1\\ -1\end{bmatrix}$$

故取 $\mathbf{x}_2=\begin{bmatrix}0\\ 1\\ 1\end{bmatrix},\ \mathbf{x}_2=\begin{bmatrix}4\\ 1\\ -1\end{bmatrix}\Rightarrow\mathbf{x}_1,\mathbf{x}_2,\mathbf{x}_3$，間彼此正交

故可經由下式正交對角化：

$$\begin{bmatrix}\frac{1}{3} & -\frac{2}{3} & \frac{2}{3}\\ 0 & \frac{1}{\sqrt{2}} & \frac{1}{\sqrt{2}}\\ \frac{4}{\sqrt{18}} & \frac{1}{\sqrt{18}} & -\frac{1}{\sqrt{18}}\end{bmatrix}\begin{bmatrix}7 & 4 & -4\\ 4 & 1 & 8\\ -4 & 8 & 1\end{bmatrix}\begin{bmatrix}\frac{1}{3} & 0 & \frac{4}{\sqrt{18}}\\ -\frac{2}{3} & \frac{1}{\sqrt{2}} & \frac{1}{\sqrt{18}}\\ \frac{2}{3} & \frac{1}{\sqrt{2}} & -\frac{1}{\sqrt{18}}\end{bmatrix}$$

$$=\begin{bmatrix}-9 & 0 & 0\\ 0 & 9 & 0\\ 0 & 0 & 9\end{bmatrix}$$

例 8： Let **A** be an $n \times n$ matrix with two distinct eigenvalues λ_1, λ_2. If the dimension of the eigenspace for λ_1 is $(n-1)$, show that **A** is diagonalizable. （台大電機）

解

$|\mathbf{A}-\lambda\mathbf{I}| = (\lambda-\lambda_1)^p(\lambda-\lambda_2)^q$

$\because p \geq (n-1)$，且 $q \geq 1$，$p+q=n$

$\therefore p=n-1$，$q=1$

$\because \lambda_1\ (\lambda_2)$之 algebraic multiplicity $=\lambda_1\ (\lambda_2)$之 geometric multiplicity

$\therefore$ **A** is diagonalizable

例 9： If **A** is real symmetric matrix satisfying $\mathbf{A}^k=\mathbf{I}$ for some $k \geq 1$, prove that $\mathbf{A}^2=\mathbf{I}$ （清大資工）

解

$\because$ **A** is real symmetric

$\therefore$ **A**可被正交對角化

$$\mathbf{P}^{-1}\mathbf{A}\mathbf{P}=\mathbf{D}=\begin{bmatrix}\lambda_1 & & & \\ & \lambda_2 & & \\ & & \ddots & \\ & & & \lambda_n\end{bmatrix} \Rightarrow \mathbf{A}=\mathbf{P}\mathbf{D}\mathbf{P}^{-1}$$

$$\Rightarrow \mathbf{I}=\mathbf{A}^k=\mathbf{P}\begin{bmatrix}\lambda_1^k & & & \\ & \lambda_2^k & & \\ & & \ddots & \\ & & & \lambda_n^k\end{bmatrix}\mathbf{P}^{-1}$$

$$\Rightarrow \begin{bmatrix}\lambda_1^k & & \\ & \ddots & \\ & & \lambda_n^k\end{bmatrix}=\mathbf{P}^{-1}\mathbf{I}\mathbf{P}=\mathbf{I} \Rightarrow \lambda_i=\pm 1$$

$$\therefore \mathbf{A}^2 = \mathbf{P}\begin{bmatrix}(\pm 1)^2 & & \\ & \ddots & \\ & & (\pm 1)^2\end{bmatrix}\mathbf{P}^{-1} = \mathbf{P}\mathbf{P}^{-1} = \mathbf{I}$$

例 10　If $\mathbf{A} \in M_n$ is Hermitian, show that

$$r(\mathbf{A}) \geq \frac{[tr(\mathbf{A})]^2}{tr(\mathbf{A}^2)}$$

（台大電機）

解　$\mathbf{A} = \mathbf{A}^H \Rightarrow$ there exists an unitary matrix $\mathbf{U}$ such that

$\mathbf{U}^{-1}\mathbf{A}\mathbf{U} = \mathbf{U}^{\mathbf{H}}\mathbf{A}\mathbf{U} = \mathbf{D}$

Let $r(\mathbf{A}) = k \Rightarrow r(\mathbf{D}) = k$

$\Rightarrow \mathbf{D}$ 中恰有 k 個非零列

$\Rightarrow \lambda_1 \neq 0, \cdots, \lambda_k \neq 0, \lambda_{k+1} = \cdots \lambda_n = 0$

$tr(\mathbf{A}) = tr(\mathbf{U}\mathbf{D}\mathbf{U}^H) = tr(\mathbf{D}) = \sum_{i=1}^{k} \lambda_i$

$tr(\mathbf{A}^2) = tr(\mathbf{U}\mathbf{D}\mathbf{U}^H\mathbf{U}\mathbf{D}\mathbf{U}^H) = tr(\mathbf{U}\mathbf{D}^2\mathbf{U}^H) = tr(\mathbf{D}^2) = \sum_{i=1}^{k} \lambda_i^2$

由歌西不等式

$(\lambda_1 + \cdots \lambda_k)^2 \leq (\lambda_1^2 + \cdots \lambda_k^2)(1^2 + \cdots 1^2) = k\sum_{i=1}^{k} \lambda_i^2$

$\therefore (tr(\mathbf{A}))^2 \leq tr(\mathbf{A}^2) r(\mathbf{A})$

$\therefore r(\mathbf{A}) \geq \dfrac{(tr(\mathbf{A}))^2}{tr(\mathbf{A})^2}$

例 11：　若 3 階實對稱矩陣 $\mathbf{A}$ 之特徵值為 $\lambda_1 = -1, \lambda_2 = \lambda_3 = 1, \lambda_1$ 所對應之特徵向量為 $\mathbf{e}_1 = [0, 1, 1]^T$，求 $\mathbf{A}$

解　由實對稱矩陣相異特徵值所對應之特徵向量正交可得，若 $\lambda_2 = \lambda_3 = 1$ 所對應之特徵向量為 $[a \quad b \quad c]^T$，則

$b + c = 0 \Rightarrow b = -c$

$$\therefore \begin{bmatrix} a \\ b \\ c \end{bmatrix} = \begin{bmatrix} a \\ b \\ -b \end{bmatrix} = a\begin{bmatrix} 1 \\ 0 \\ 0 \end{bmatrix} + b\begin{bmatrix} 0 \\ 1 \\ -1 \end{bmatrix}$$

A 必可正交對角化，則 Let

$$\mathbf{P} = \begin{bmatrix} 0 & 1 & 0 \\ \frac{1}{\sqrt{2}} & 0 & \frac{1}{\sqrt{2}} \\ \frac{1}{\sqrt{2}} & 0 & -\frac{1}{\sqrt{2}} \end{bmatrix}, \mathbf{D} = \begin{bmatrix} -1 & 0 & 0 \\ 0 & 1 & 0 \\ 0 & 0 & 1 \end{bmatrix}$$

$$\mathbf{A} = \mathbf{PDP}^T = \begin{bmatrix} 1 & 0 & 0 \\ 0 & 0 & -1 \\ 0 & -1 & 0 \end{bmatrix}$$

例 12： $\mathbf{A} = \begin{bmatrix} 2 & -1 & 2 \\ 5 & a & 3 \\ -1 & b & -2 \end{bmatrix}$

若 **A** 之一特徵向量為$[1, 1, -1]^T$

(1)求 a, b 及此特徵向量所對應之特徵值？

(2)**A** 是否可對角化

解

(1) $\begin{bmatrix} 2 & -1 & 2 \\ 5 & a & 3 \\ -1 & b & -2 \end{bmatrix}\begin{bmatrix} 1 \\ 1 \\ -1 \end{bmatrix} = \lambda\begin{bmatrix} 1 \\ 1 \\ -1 \end{bmatrix} = \begin{bmatrix} -1 \\ 2+a \\ b+1 \end{bmatrix}$

$\therefore \lambda = -1, b = 0, a = -3$

(2)**A** 之特徵值為 $-1, -1, -1$

但 nullity $(\mathbf{A}+\mathbf{I}) = 1$

不可對角化

例 13： If **A** is real symmetric $n \times n$ matrix and $\mathbf{A}^2 = m\mathbf{A}$, show that $tr\,(\mathbf{A}) = m \times rank\,(\mathbf{A})$. （95 彰師統資）

解　因為 $\mathbf{A}$ 為 real symmetric

$\Rightarrow \mathbf{A}$ 可正交對角化，即存在一 orthogonal matrix $\mathbf{P}$ 使得

$$\mathbf{P}^{\mathrm{T}}\mathbf{A}\mathbf{P}=\mathbf{D}=\begin{bmatrix}\lambda_1 & & & 0\\ & \lambda_2 & & \\ & & \ddots & \\ 0 & & & \lambda_n\end{bmatrix}$$

$\Rightarrow \mathbf{A}=\mathbf{P}\mathbf{D}\mathbf{P}^T$

因為 $\mathbf{A}^2=m\mathbf{A}$

$\Rightarrow \mathbf{P}\mathbf{D}^2\mathbf{P}^T=m\mathbf{P}\mathbf{D}\mathbf{P}^T$

$\Rightarrow \mathbf{D}^2=m\mathbf{D}$

$$\Rightarrow \begin{bmatrix}\lambda_1^2 & & & 0\\ & \lambda_2^2 & & \\ & & \ddots & \\ 0 & & & \lambda_n^2\end{bmatrix}=\begin{bmatrix}m\lambda_1 & & & 0\\ & m\lambda_2 & & \\ & & \ddots & \\ 0 & & & m\lambda_n\end{bmatrix}$$

$\Rightarrow \lambda_i^2=m\lambda_i,\ \forall i=1, 2, \cdots, n$

$\Rightarrow \lambda_i \in \{0, m\},\ \forall i=1, 2, \cdots, n$

不失一般性，假設 $\lambda_1=\cdots=\lambda_k=m$ 且 $\lambda_{k+1}=\cdots\lambda_n=0$

$\Rightarrow \mathrm{rank}\ (\mathbf{A})=\mathrm{rank}\ (\mathbf{D})=k$

$\Rightarrow \mathrm{tr}\ (\mathbf{A})=\mathrm{tr}\ (\mathbf{D})=\lambda_1+\cdots+\lambda_k+\lambda_{k+1}+\cdots+\lambda_n=m\cdot k=m\cdot \mathrm{rank}\ (\mathbf{A})$

8-2　喬登正則式

當上節所述可對角化的條件不被滿足時，方陣 $\mathbf{A}$ 便沒有足夠的獨立特徵向量能夠形成最佳基底。最常見的情形是在特徵方程式有重根出現，但是代數重數 > 幾何重數時，例如 $\mathbf{A}$ 為 3 階方陣，$\lambda_1 \neq \lambda_2=\lambda_3$ 且 λ_2 只對應了一個特徵向量

$(\mathbf{A}-\lambda_1\mathbf{I})\mathbf{x}_1=0$；$\mathbf{x}_1$ 為 λ_1 的特徵向量

$(\mathbf{A}-\lambda_2\mathbf{I})\mathbf{x}_2=0$；$\mathbf{x}_2$ 為 λ_2 之唯一特徵向量

定義廣義特徵向量 $\mathbf{x}_3$ 使得

$$(\mathbf{A}-\lambda_2\mathbf{I})\mathbf{x}_3=\mathbf{x}_2 \tag{4}$$

則取 $\mathbf{P}=[\mathbf{x}_1, \mathbf{x}_2, \mathbf{x}_3]$，對 $\mathbf{A}$ 進行相似變換，可得

$$\begin{aligned}\mathbf{P}^{-1}\mathbf{A}\mathbf{P}&=\mathbf{P}^{-1}[\lambda_1\mathbf{x}_1\quad \lambda_2\mathbf{x}_2\quad \mathbf{A}\mathbf{x}_3]=\mathbf{P}^{-1}[\lambda_1\mathbf{x}_1\quad \lambda_2\mathbf{x}_2\quad \mathbf{x}_2+\lambda_2\mathbf{x}_3]\\&=\begin{bmatrix}\lambda_1 & 0 & 0\\ 0 & \lambda_2 & 1\\ 0 & 0 & \lambda_2\end{bmatrix}\end{aligned} \tag{5}$$

以下將針對不同情況分別討論：

Case 1.$\lambda_1=\lambda_2=\lambda_3$，且 λ_1 只對應了一個特徵向量（dim[ker $(\mathbf{A}-\lambda_1\mathbf{I})$] $=1$），則廣義特徵向量 $\mathbf{x}_2, \mathbf{x}_3$ 定義為：

$(\mathbf{A}-\lambda_1\mathbf{I})\mathbf{x}_1=\mathbf{0}$　$\mathbf{x}_1$ 為 λ_1 的特徵向量

$(\mathbf{A}-\lambda_1\mathbf{I})\mathbf{x}_2=\mathbf{x}_1 \Rightarrow (\mathbf{A}-\lambda_1\mathbf{I})^2\mathbf{x}_2=0$

$(\mathbf{A}-\lambda_1\mathbf{I})\mathbf{x}_3=\mathbf{x}_2 \Rightarrow (\mathbf{A}-\lambda_1\mathbf{I})^3\mathbf{x}_3=0$ (6)

(6)式即為 kernel chain

觀念提示： *1.* $\mathbf{x}_1$ 經$(\mathbf{A}-\lambda_1\mathbf{I})$映射一次後變成 $\mathbf{0}$，換言之，

$\mathbf{x}_1\in \ker(\mathbf{A}-\lambda_1\mathbf{I})$

2. $\mathbf{x}_2$ 經$(\mathbf{A}-\lambda_1\mathbf{I})$映射二次後變成 $\mathbf{0}$，換言之，

$\mathbf{x}_2\in \ker[(\mathbf{A}-\lambda_1\mathbf{I})^2]\backslash\ker[(\mathbf{A}-\lambda_1\mathbf{I})]$

3. $\mathbf{x}_3$ 經$(\mathbf{A}-\lambda_1\mathbf{I})$映射三次後變成 $\mathbf{0}$，換言之，

$\mathbf{x}_3\in \ker[(\mathbf{A}-\lambda_1\mathbf{I})^3]\backslash\ker[(\mathbf{A}-\lambda_1\mathbf{I})^2]$

取 $\mathbf{P}=[\mathbf{x}_1\quad \mathbf{x}_2\quad \mathbf{x}_3]$，對 $\mathbf{A}$ 進行相似變換

$$\begin{aligned}\mathbf{P}^{-1}\mathbf{A}\mathbf{P}&=\mathbf{P}^{-1}[\lambda_1\mathbf{x}_1，\lambda_1\mathbf{x}_2+\mathbf{x}_1，\lambda_1\mathbf{x}_3+\mathbf{x}_2]=\begin{bmatrix}\lambda_1 & 1 & 0\\ 0 & \lambda_1 & 1\\ 0 & 0 & \lambda_1\end{bmatrix}\\&\equiv J_3(\lambda_1)\end{aligned} \tag{7}$$

⑸或⑺的形式均稱之為喬登正則式（Jordan canonical form）。

Case 2. $\lambda_1=\lambda_2=\lambda_3$，$\dim(\ker(\mathbf{A}-\lambda_1\mathbf{I}))=2$

$\Rightarrow (\mathbf{A}-\lambda_1\mathbf{I})\mathbf{x}_1=0$

$(\mathbf{A}-\lambda_1\mathbf{I})\mathbf{x}_2=0$

$(\mathbf{A}-\lambda_1\mathbf{I})\mathbf{x}_3=\mathbf{x}_2$

$$\mathbf{P}^{-1}\mathbf{AP}=\begin{bmatrix}\lambda_1 & 0 & 0\\ 0 & \lambda_1 & 1\\ 0 & 0 & \lambda_1\end{bmatrix}=\begin{bmatrix}J_1(\lambda_1) & 0\\ 0 & J_2(\lambda_1)\end{bmatrix}$$

由以上之討論可知，雖然並非任何方陣均可被對角化，或雖非任何方陣均能符合對角化之條件，但是卻一定可以經由相似變換及廣義特徵向量，化成喬登正則式。喬登正則式為一上三角矩陣，其主對角線元素表示方陣之特徵值。喬登正則式由若干個喬登方塊（Jordan block）所組成，Jordan block 由⑸及⑺可知形如：

$$J_2(\lambda)=\begin{bmatrix}\lambda & 1\\ 0 & \lambda\end{bmatrix};\ J_3(\lambda)=\begin{bmatrix}\lambda & 1 & 0\\ 0 & \lambda & 1\\ 0 & 0 & \lambda\end{bmatrix}$$

觀念提示： *1.* 所謂特徵向量就是經$(\mathbf{A}-\lambda\mathbf{I})$映射一次便為零向量者，而如⑹式所示，廣義特徵向量則需經矩陣$(\mathbf{A}-\lambda\mathbf{I})$映射一次以上才得到零向量；故特徵向量就是一階廣義特徵向量。換言之，對角化可看作是喬登正則化的一種特例。

2. 若存在 K 使得$(\mathbf{A}-\lambda\mathbf{I})^K\mathbf{x}=\mathbf{0}$，其中 $\mathbf{x}$ 為任意向量，則$\ker(\mathbf{A}-\lambda\mathbf{I})^K$稱之為的廣義特徵子空間，而$\text{nullity}(\mathbf{A}-\lambda\mathbf{I})^K$稱之為擴張幾何重數。

3. 代數重數＝擴張幾何重數

4. number of Jordan block for $\lambda=\text{nullity}(\mathbf{A}-\lambda\mathbf{I})$

說例 1：$\mathbf{A}\in C^{7\times 7}$，$|\mathbf{A}-\lambda\mathbf{I}|=(\lambda-\lambda_1)(\lambda-\lambda_2)^3(\lambda-\lambda_3)^3=0$

已知：$\dim[\ker(\mathbf{A}-\lambda_1\mathbf{I})]=1$

$\dim[\ker(\mathbf{A}-\lambda_2\mathbf{I})]=2$

$\dim[\ker(\mathbf{A}-\lambda_3\mathbf{I})]=1$

$$\Rightarrow \mathbf{P}^{-1}\mathbf{AP} = \begin{bmatrix} \lambda_1 & 0 & 0 & 0 & 0 & 0 & 0 \\ 0 & \lambda_2 & 0 & 0 & 0 & 0 & 0 \\ 0 & 0 & \lambda_2 & 1 & 0 & 0 & 0 \\ 0 & 0 & 0 & \lambda_2 & 0 & 0 & 0 \\ 0 & 0 & 0 & 0 & \lambda_3 & 1 & 0 \\ 0 & 0 & 0 & 0 & 0 & \lambda_3 & 1 \\ 0 & 0 & 0 & 0 & 0 & 0 & \lambda_3 \end{bmatrix}$$

$$= \begin{bmatrix} J_1(\lambda_1) & & & \\ & J_1(\lambda_2) & & \\ & & J_2(\lambda_2) & \\ & & & J_3(\lambda_3) \end{bmatrix}$$

其中　$\mathbf{P} = [\mathbf{x}_1 \quad \mathbf{x}_2 \quad \mathbf{x}_3 \quad \mathbf{x}_4 \quad \mathbf{x}_5 \quad \mathbf{x}_6 \quad \mathbf{x}_7]$

$(\mathbf{A} - \lambda_1\mathbf{I})\mathbf{x}_1 = \mathbf{0}$

$(\mathbf{A} - \lambda_2\mathbf{I})\mathbf{x}_2 = \mathbf{0}$

$(\mathbf{A} - \lambda_2\mathbf{I})\mathbf{x}_3 = \mathbf{0}$

$(\mathbf{A} - \lambda_2\mathbf{I})\mathbf{x}_4 = \mathbf{x}_3$

$(\mathbf{A} - \lambda_3\mathbf{I})\mathbf{x}_5 = \mathbf{0}$

$(\mathbf{A} - \lambda_3\mathbf{I})\mathbf{x}_6 = \mathbf{x}_5$

$(\mathbf{A} - \lambda_3\mathbf{I})\mathbf{x}_7 = \mathbf{x}_6$

觀念提示：*1.* $\dim[\ker(\mathbf{A} - \lambda_2\mathbf{I})] = 2 \Rightarrow 2$ Jordan block

2. $\dim[\ker(\mathbf{A} - \lambda_3\mathbf{I})] = 1 \Rightarrow 1$ Jordan block

說例 2：$|\mathbf{A} - \lambda\mathbf{I}| = (\lambda - \lambda_1)^4$

Case 1.　$\dim[\ker(\mathbf{A} - \lambda_1\mathbf{I})] = 4$

$$\Rightarrow \mathbf{P}^{-1}\mathbf{AP} = \begin{bmatrix} \lambda_1 & & & \\ & \lambda_1 & & \\ & & \lambda_1 & \\ & & & \lambda_1 \end{bmatrix} \text{（可對角化）}$$

Case 2.　$\dim[\ker(\mathbf{A} - \lambda_1\mathbf{I})] = 1$

$$\Rightarrow \mathbf{P}^{-1}\mathbf{A}\mathbf{P}=\begin{bmatrix}\lambda_1 & 1 & 0 & 0\\ & \lambda_1 & 1 & 0\\ & & \lambda_1 & 1\\ & & & \lambda_1\end{bmatrix}$$

Case 3. $\begin{cases} dim[ker(\mathbf{A}-\lambda_1\mathbf{I})]=2 \\ dim[ker(\mathbf{A}-\lambda_1\mathbf{I})^2]=4 \end{cases}$

$$\Rightarrow \mathbf{P}^{-1}\mathbf{A}\mathbf{P}=\begin{bmatrix}\lambda_1 & 1 & 0 & 0\\ & \lambda_1 & 0 & 0\\ & & \lambda_1 & 1\\ & & & \lambda_1\end{bmatrix}=J_2\ (\lambda_1)\oplus J_2\ (\lambda_1)$$

Case 4. $\begin{cases} dim[ker(\mathbf{A}-\lambda_1\mathbf{I})]=2 \\ dim[ker(\mathbf{A}-\lambda_1\mathbf{I})^2]=3 \end{cases}$

$$\Rightarrow \mathbf{P}^{-1}\mathbf{A}\mathbf{P}=\begin{bmatrix}\lambda_1 & 0 & 0 & 0\\ & \lambda_1 & 1 & 0\\ & & \lambda_1 & 1\\ & & & \lambda_1\end{bmatrix}=J_1\ (\lambda_1)\oplus J_3\ (\lambda_1)$$

Case 5. $\dim[\ker(\mathbf{A}-\lambda_1\mathbf{I})]=3$

$$\Rightarrow \mathbf{P}^{-1}\mathbf{A}\mathbf{P}=\begin{bmatrix}\lambda_1 & 0 & 0 & 0\\ & \lambda_1 & 0 & 0\\ & & \lambda_1 & 1\\ & & & \lambda_1\end{bmatrix}=J_1\ (\lambda_1)\oplus J_1\ (\lambda_1)\oplus J_2\ (\lambda_1)$$

例 14： Let $\mathbf{A}=\begin{bmatrix}3 & 1 & -3\\ -7 & -2 & 9\\ -2 & -1 & 4\end{bmatrix}$

(a)Find eigenvalues of **A**.

(b)Find the Jordan canonical form of **A**.　（95 海洋通訊）

解

(a)$\mathbf{A}-\lambda\mathbf{I}=\begin{bmatrix}3-\lambda & 1 & -3\\ -7 & -2-\lambda & 9\\ -2 & -1 & 4-\lambda\end{bmatrix}$

$$\xrightarrow{c_{23}^{(3)}}\begin{bmatrix}3-\lambda & 1 & -3\\ -7 & -2-\lambda & -3\lambda+3\\ -2 & -1 & -\lambda+1\end{bmatrix}$$

$$\xrightarrow{r_{32}^{(-3)}}\begin{bmatrix}3-\lambda & 1 & 0\\ -1 & -\lambda+1 & 0\\ -2 & -1 & -\lambda+1\end{bmatrix}$$

$$\therefore \text{char}_A(\lambda)=\det(A-\lambda I)=\det\begin{bmatrix}3-\lambda & 1 & 0\\ -1 & -\lambda+1 & 0\\ -2 & -1 & -\lambda+1\end{bmatrix}$$

$$=(1-\lambda)=\det\begin{bmatrix}3-\lambda & 1\\ -1 & -\lambda+1\end{bmatrix}$$

$$=-(\lambda-1)(\lambda-2)^2$$

得 **A** 的 eigenvalue 為 1, 2

(b)因為

$$\dim(\ker(\mathbf{A}-2\mathbf{I}))=3-\text{rank}(\mathbf{A}-2\mathbf{I})$$

$$=3-\text{rank}\begin{bmatrix}1 & 1 & -3\\ -7 & -4 & 9\\ -2 & -1 & 2\end{bmatrix}$$

$$=3-2=1$$

因此 Jordan form 為 $J=\begin{bmatrix}1 & 0 & 0\\ 0 & 2 & 1\\ 0 & 0 & 2\end{bmatrix}$

定理 8-7：相似的等價條件

對 n 階方陣 **A, B**；**A** 相似於 **B**⇔ **A, B** 可化為相同的 Jordan form，此時 **A, B** 的特徵方程式相同

例 15： 試將 $\mathbf{A}=\begin{bmatrix}0 & -1 & -3\\ -3 & -1 & -2\\ 7 & 5 & 6\end{bmatrix}$ 化為 Jordan form （83 台大工工）

解

$$\varphi(\lambda)=|\mathbf{A}-\lambda\mathbf{I}|=\begin{vmatrix}-\lambda & -1 & -1\\ -3 & -1-\lambda & -2\\ 7 & 5 & 6-\lambda\end{vmatrix}=(\lambda-1)(\lambda-2)^2$$

$$\lambda=1\text{；}(\mathbf{A}-\mathbf{I})\mathbf{x}_1=\begin{bmatrix}-1 & -1 & -1\\ -3 & -2 & -2\\ 7 & 5 & 5\end{bmatrix}\begin{bmatrix}x_1\\ x_2\\ x_3\end{bmatrix}=\mathbf{0}\Rightarrow\mathbf{x}_1=\begin{bmatrix}0\\ 1\\ -1\end{bmatrix}$$

$$\lambda=2\text{；}(\mathbf{A}-2\mathbf{I})\mathbf{x}_2=\begin{bmatrix}-2 & -1 & -1\\ -3 & -3 & -2\\ 7 & 5 & 4\end{bmatrix}\begin{bmatrix}x_1\\ x_2\\ x_3\end{bmatrix}=\mathbf{0}\Rightarrow\mathbf{x}_2=\begin{bmatrix}0\\ 1\\ -3\end{bmatrix}$$

由於 $\dim(\ker(\mathbf{A}-2\mathbf{I}))=1$，幾何重數＜代數重數，故必須計算廣義特徵向量：

$$(\mathbf{A}-2\mathbf{I})\mathbf{x}_3=\mathbf{x}_2\Rightarrow\begin{bmatrix}-2 & -1 & -1\\ -3 & -3 & -2\\ 7 & 5 & 4\end{bmatrix}\begin{bmatrix}x_1\\ x_2\\ x_3\end{bmatrix}=\begin{bmatrix}1\\ 1\\ -3\end{bmatrix}\Rightarrow\mathbf{x}_3=\begin{bmatrix}-1\\ 0\\ 1\end{bmatrix}$$

$$\therefore\begin{bmatrix}0 & 1 & -1\\ 1 & 1 & 0\\ -1 & -3 & 1\end{bmatrix}^{-1}\begin{bmatrix}0 & -1 & -1\\ -3 & -1 & 2\\ 7 & 5 & 6\end{bmatrix}\begin{bmatrix}0 & 1 & -1\\ 1 & 1 & 0\\ -1 & -3 & 1\end{bmatrix}=\begin{bmatrix}1 & 0 & 0\\ 0 & 2 & 1\\ 0 & 0 & 2\end{bmatrix}$$

例 16： $\mathbf{A}=\begin{bmatrix}2 & -1 & 0 & 1\\ 0 & 3 & -1 & 0\\ 0 & 1 & 1 & 0\\ 0 & -1 & 0 & 3\end{bmatrix}$；求 $\mathbf{P}$ 使 $\mathbf{P}^{-1}\mathbf{A}\mathbf{P}$ 化為 Jordan form

解

$$\varphi(\lambda)=|\mathbf{A}-\lambda\mathbf{I}|=(\lambda-2)^3(\lambda-3)=0\Rightarrow\lambda=2,2,2,3$$

$$\lambda=3\text{；}(\mathbf{A}-3\mathbf{I})\mathbf{x}_1=\begin{bmatrix}-1 & -1 & 0 & 1\\ 0 & 0 & -1 & 0\\ 0 & 1 & -2 & 0\\ 0 & -1 & 0 & 0\end{bmatrix}\begin{bmatrix}x_1\\ x_2\\ x_3\\ x_4\end{bmatrix}=\mathbf{0}\Rightarrow\mathbf{x}_1=\begin{bmatrix}1\\ 0\\ 0\\ 1\end{bmatrix}$$

$$\lambda=2\text{；}(\mathbf{A}-2\mathbf{I})\mathbf{x}_1=\begin{bmatrix}0 & -1 & 0 & 1\\ 0 & 1 & -1 & 0\\ 0 & 1 & -1 & 0\\ 0 & -1 & 0 & 1\end{bmatrix}\begin{bmatrix}x_1\\ x_2\\ x_3\\ x_4\end{bmatrix}=\mathbf{0}$$

$$\therefore \ker(\mathbf{A}-2\mathbf{I}) = \text{CSP}\begin{bmatrix}1 & 0\\ 0 & 1\\ 0 & 1\\ 0 & 1\end{bmatrix}$$

$m(2)=3$ but $\dim\{\ker(\mathbf{A}-2\mathbf{I})\}=2<3$

∴不可對角化

Jordan block = 2

$$(\mathbf{A}-2\mathbf{I})^2 = \begin{bmatrix}0 & -2 & 1 & 1\\ 0 & 0 & 0 & 0\\ 0 & 0 & 0 & 0\\ 0 & -2 & 1 & 1\end{bmatrix} \sim \begin{bmatrix}0 & -2 & 1 & 1\\ 0 & 0 & 0 & 0\\ 0 & 0 & 0 & 0\\ 0 & 0 & 0 & 0\end{bmatrix}$$

$$\Rightarrow \ker\{(\mathbf{A}-2\mathbf{I})^2\} = \text{CSP}\begin{bmatrix}1 & 0 & 0\\ 0 & 1 & 0\\ 0 & 0 & 0\\ 0 & 2 & -1\end{bmatrix}$$

$\dim\{\ker(\mathbf{A}-2\mathbf{I})^2\}=3=m(2)$

$\mathbf{A}$之Jordan form在$\lambda=2$之廣義特徵子空間部分是$J_2(2)\oplus J_1(2)$

在$\ker(\mathbf{A}-2\mathbf{I})^2 \backslash \ker(\mathbf{A}-2\mathbf{I})$中取特徵向量

$$令\ \mathbf{x}_4 = \begin{bmatrix}0\\ 0\\ 1\\ -1\end{bmatrix} \Rightarrow \mathbf{x}_3 = (\mathbf{A}-2\mathbf{I})\mathbf{x}_4 = \begin{bmatrix}-1\\ -1\\ -1\\ -1\end{bmatrix}$$

$$\ker(\mathbf{A}-2\mathbf{I}) = \text{CSP}\begin{bmatrix}1 & 0\\ 0 & 1\\ 0 & 1\\ 0 & 1\end{bmatrix} = \text{CSP}\begin{bmatrix}-1 & 1 & 0\\ -1 & 0 & 1\\ -1 & 0 & 1\\ -1 & 0 & 1\end{bmatrix} = \text{CSP}\begin{bmatrix}-1 & 1\\ -1 & 0\\ -1 & 0\\ -1 & 0\end{bmatrix}$$

$$\mathbf{x}_2 = \begin{bmatrix}1\\ 0\\ 0\\ 0\end{bmatrix} \Rightarrow \mathbf{x}_2 \in \ker(\mathbf{A}-2\mathbf{I}) \Rightarrow \mathbf{x}_2, \mathbf{x}_3, \mathbf{x}_4 \text{ L.I.D.}$$

由以上可知

$(\mathbf{A}-2\mathbf{I})\mathbf{x}_4=\mathbf{x}_3 \quad \Rightarrow \quad \mathbf{A}\mathbf{x}_4=2\mathbf{x}_4+\mathbf{x}_3$

$(\mathbf{A}-2\mathbf{I})\mathbf{x}_3=0 \quad \Rightarrow \quad \mathbf{A}\mathbf{x}_3=2\mathbf{x}_3$

$(\mathbf{A}-2\mathbf{I})\mathbf{x}_2=0 \quad \Rightarrow \quad \mathbf{A}\mathbf{x}_2=2\mathbf{x}_2$

$(\mathbf{A}-3\mathbf{I})\mathbf{x}_1=0 \quad \Rightarrow \quad \mathbf{A}\mathbf{x}_1=3\mathbf{x}_1$

取 $\mathbf{P}=[\mathbf{x}_1 \quad \mathbf{x}_2 \quad \mathbf{x}_3 \quad \mathbf{x}_4]$　$\mathbf{AP}=\mathbf{PJ}$

$$\Rightarrow \mathbf{P}^{-1}\mathbf{AP}=\begin{bmatrix}3&0&0&0\\0&2&0&0\\0&0&2&1\\0&0&0&2\end{bmatrix}$$

例 17： $\mathbf{A}=\begin{bmatrix}2&-4&2&2\\-2&0&1&3\\-2&-2&3&3\\-2&-6&3&7\end{bmatrix}$，求 $\mathbf{Q}$ 使 $\mathbf{Q}^{-1}\mathbf{AQ}$ 為 Jordan form

解

$\varphi(\lambda)=|\mathbf{A}-\lambda\mathbf{I}|=(\lambda-2)^2(\lambda-4)^2$

對 $\lambda=2$，$\mathbf{A}-2\mathbf{I}=\begin{bmatrix}0&-4&2&2\\-2&-2&1&3\\-2&-2&1&3\\-2&-6&3&5\end{bmatrix}\sim\begin{bmatrix}1&0&0&-1\\0&1&-\frac{1}{2}&-\frac{1}{2}\\0&0&0&0\\0&0&0&0\end{bmatrix}$

$\therefore \ker(\mathbf{A}-2\mathbf{I})=\mathrm{CSP}\begin{bmatrix}0&2\\1&1\\2&0\\0&2\end{bmatrix}$

$m(2)=\dim\{\ker(\mathbf{A}-2\mathbf{I})\}=2=$ Jordan block 個數

$\Rightarrow$ Jordan form for $\lambda=2$ 為 $J_1(2)\oplus J_1(2)$

令 $\mathbf{x}_1=\begin{bmatrix}0\\1\\2\\0\end{bmatrix}$，$\mathbf{A}\mathbf{x}_1=2\mathbf{x}_1$，$\mathbf{x}_2=\begin{bmatrix}2\\1\\0\\2\end{bmatrix}$，$\mathbf{A}\mathbf{x}_2=2\mathbf{x}_2$

對 $\lambda=4$

$$\mathbf{A}-4\mathbf{I}=\begin{bmatrix}-2&-4&2&2\\-2&-4&1&3\\-2&-2&-1&3\\-2&-6&3&3\end{bmatrix}\sim\begin{bmatrix}1&0&0&0\\0&1&0&-1\\0&0&1&-1\\0&0&0&0\end{bmatrix}$$

$$\therefore \ker(\mathbf{A}-4\mathbf{I})=\mathrm{CSP}\begin{bmatrix}0\\1\\1\\1\end{bmatrix}，\text{let } \mathbf{x}_3=\begin{bmatrix}0\\1\\1\\1\end{bmatrix};\ \mathbf{A}\mathbf{x}_3=4\mathbf{x}_3$$

$m(4)>\dim\{\ker(\mathbf{A}-4\mathbf{I})\}=1\Rightarrow$ only one Jordan block

$\Rightarrow$Jordan form for $\lambda=4$ 為 $J_2(4)$

$$(\mathbf{A}-4\mathbf{I})\mathbf{x}_4=\mathbf{x}_3\Rightarrow\mathbf{x}_4=\begin{bmatrix}1\\0\\0\\1\end{bmatrix}；\mathbf{A}\mathbf{x}_4=4\mathbf{x}_4+\mathbf{x}_3$$

$$\mathbf{Q}=\begin{bmatrix}0&2&0&1\\1&1&1&0\\2&0&1&0\\0&2&1&1\end{bmatrix}\Rightarrow\mathbf{Q}^{-1}\mathbf{A}\mathbf{Q}=\begin{bmatrix}2&0&0&0\\0&2&0&0\\0&0&4&1\\0&0&0&4\end{bmatrix}$$

例 18： 已知 $\mathbf{A}=\begin{bmatrix}0&1&1&2\\1&1&0&-2\\-2&1&3&2\\-1&1&0&4\end{bmatrix}$；找出一矩陣 $\mathbf{Q}$ 使 $\mathbf{Q}^{-1}\mathbf{A}\mathbf{Q}$ 為 Jordan form （交大應數）

解

$$\varphi(\lambda)=|\mathbf{A}-\lambda\mathbf{I}|=(\lambda-2)^4=0$$

$$\mathbf{A}-2\mathbf{I}=\begin{bmatrix}-2&1&1&2\\1&-1&0&-2\\-2&1&1&2\\-1&1&0&2\end{bmatrix}\sim\begin{bmatrix}1&0&-1&0\\0&1&-1&2\\0&0&0&0\\0&0&0&0\end{bmatrix}$$

$$\therefore \ker(\mathbf{A}-2\mathbf{I})=\text{CSP}\begin{bmatrix}1&0\\1&2\\1&0\\0&-1\end{bmatrix}\text{；}\mathbf{x}_1=\begin{bmatrix}0\\2\\0\\-1\end{bmatrix},\mathbf{x}_2=\begin{bmatrix}1\\1\\1\\0\end{bmatrix}$$

$m(2)=4>\dim\{\ker(\mathbf{A}-2\mathbf{I})\}=2\Rightarrow$ Jordan block 數 $=2$

令廣義特徵向量 $\mathbf{x}_3$ 經由 $(\mathbf{A}-2\mathbf{I})$ 所映射二次變為 0，則 $\mathbf{x}_3$ 經 $(\mathbf{A}-2\mathbf{I})$ 映射一次必落至 $\mathbf{x}_1$, $\mathbf{x}_2$ 所 span 的特徵面上

$(\mathbf{A}-2\mathbf{I})\mathbf{x}_3=\alpha_1\mathbf{x}_1+\alpha_2\mathbf{x}_2$

$$\Rightarrow\begin{bmatrix}-2&1&1&2\\1&-1&0&-2\\-2&1&1&2\\-1&1&0&2\end{bmatrix}\begin{bmatrix}x_1\\x_2\\x_3\\x_4\end{bmatrix}=\alpha_1\begin{bmatrix}0\\2\\0\\-1\end{bmatrix}+\alpha_2\begin{bmatrix}1\\1\\1\\0\end{bmatrix}$$

$$\Rightarrow\left[\begin{array}{cccc|c}-2&1&1&2&\alpha_2\\1&-1&0&-2&2\alpha_1+\alpha_2\\-2&1&1&2&\alpha_2\\-1&1&0&2&-\alpha_1\end{array}\right]\sim\left[\begin{array}{cccc|c}0&-1&1&-2&4\alpha_1+3\alpha_2\\1&-1&0&-2&2\alpha_1+\alpha_2\\0&0&0&0&0\\0&0&0&0&\alpha_1+\alpha_2\end{array}\right]$$

$\Rightarrow\alpha_1=-\alpha_2$　令 $\alpha_1=-1$，$\Rightarrow\alpha_2=1$ 此時有

$x_1-x_2-2x_4=-1\Rightarrow$ 令 $\mathbf{x}_3=[0\quad 1\quad 0\quad 0]^T$ 同時修正

$$\mathbf{x}_2=\begin{bmatrix}0\\-2\\0\\1\end{bmatrix}+\begin{bmatrix}1\\1\\1\\0\end{bmatrix}=\begin{bmatrix}1\\-1\\1\\1\end{bmatrix}$$

而有 $(\mathbf{A}-2\mathbf{I})\mathbf{x}_3=\mathbf{x}_2$ 或 $\mathbf{A}\mathbf{x}_3=2\mathbf{x}_3+\mathbf{x}_2$

同理，令 3 階廣義特徵向量 $\mathbf{x}_4$ 經 $(\mathbf{A}-2\mathbf{I})$ 映射後之解為

$(\mathbf{A}-2\mathbf{I})\mathbf{x}_4=\mathbf{x}_3+\beta_1\mathbf{x}_1+\beta_2\mathbf{x}_2$

$$\Rightarrow\left[\begin{array}{cccc|c}-2&1&1&2&\beta_2\\1&-1&0&-2&1+2\beta_1-\beta_2\\-2&1&1&2&\beta_2\\-1&1&0&2&\beta_2-\beta_1\end{array}\right]$$

$$\sim\begin{bmatrix}2 & -1 & 1 & 2 & \beta_2\\ 1 & -1 & 0 & -2 & 1+2\beta_1-\beta_2\\ 0 & 0 & 0 & 0 & 0\\ 0 & 0 & 0 & 0 & 1+\beta_1\end{bmatrix}$$

$\Rightarrow \beta_1 = -1$

取 $\beta_2 = -2$，$\mathbf{x}_4 = [1 \quad 0 \quad 0 \quad 0]^T$ 並將 $\mathbf{x}_3$ 修正為 $\mathbf{x}_3 - \mathbf{x}_1 - 2\mathbf{x}_2 = [-2 \quad 1 \quad -2 \quad -1]^T$

則有 $(\mathbf{A} - 2\mathbf{I})\mathbf{x}_4 = \mathbf{x}_3$ or $\mathbf{A}\mathbf{x}_4 = 2\mathbf{x}_4 + \mathbf{x}_3$

取 $\mathbf{P} = [\mathbf{x}_1 \quad \mathbf{x}_2 \quad \mathbf{x}_3 \quad \mathbf{x}_4]$ 其中

$$\mathbf{x}_1 = \begin{bmatrix}0\\2\\0\\-1\end{bmatrix};\ \mathbf{x}_2 = \begin{bmatrix}1\\-1\\1\\1\end{bmatrix};\ \mathbf{x}_3 = \begin{bmatrix}-2\\1\\-2\\-1\end{bmatrix};\ \mathbf{x}_4 = \begin{bmatrix}1\\0\\0\\0\end{bmatrix}$$

$$\mathbf{AP} = \mathbf{PJ} = \begin{cases}\mathbf{A}\mathbf{x}_4 = 2\mathbf{x}_4 + \mathbf{x}_3\\ \mathbf{A}\mathbf{x}_3 = 2\mathbf{x}_3 + \mathbf{x}_3\\ \mathbf{A}\mathbf{x}_2 = 2\mathbf{x}_2\\ \mathbf{A}\mathbf{x}_1 = 2\mathbf{x}_1\end{cases} \quad \therefore \mathbf{P}^{-1}\mathbf{AP} = \mathbf{J} = \begin{bmatrix}2 & 0 & 0 & 0\\ 0 & 2 & 1 & 0\\ 0 & 0 & 2 & 1\\ 0 & 0 & 0 & 2\end{bmatrix}$$

〈另解〉

$$(\mathbf{A} - 2\mathbf{I})^2 \sim \begin{bmatrix}1 & 0 & -1 & 0\\ -1 & 0 & 1 & 0\\ 1 & 0 & -1 & 0\\ 1 & 0 & 1 & 0\end{bmatrix} \sim \begin{bmatrix}1 & 0 & -1 & 0\\ 0 & 0 & 0 & 0\\ 0 & 0 & 0 & 0\\ 0 & 0 & 0 & 0\end{bmatrix}$$

$$\Rightarrow \ker[(\mathbf{A} - 2\mathbf{I})^2] = \mathrm{CSP}\begin{bmatrix}1 & 0 & 0\\ 0 & 1 & 0\\ 1 & 0 & 0\\ 0 & 0 & 1\end{bmatrix}$$

$\dim[\ker(\mathbf{A} - 2\mathbf{I})^2] = 3 \Rightarrow \mathbf{P}^{-1}\mathbf{AP} = J_3(2) \oplus J_1(2)$

選擇 $V^{4\times 1} \backslash \ker(\mathbf{A} - 2\mathbf{I})^2$ 中之一向量：

$$\mathbf{x}_4=\begin{bmatrix}1\\0\\0\\0\end{bmatrix}\Rightarrow(\mathbf{A}-2\mathbf{I})\mathbf{x}_4=\mathbf{x}_3=\begin{bmatrix}-2\\1\\-2\\-1\end{bmatrix}$$

$$(\mathbf{A}-2\mathbf{I})\mathbf{x}_3=\mathbf{x}_2=\begin{bmatrix}1\\-1\\1\\1\end{bmatrix}$$

$$\text{CSP}\begin{bmatrix}1&0\\1&2\\1&0\\0&-1\end{bmatrix}\sim\text{CSP}\begin{bmatrix}1&0\\-1&2\\1&0\\1&-1\end{bmatrix}\Rightarrow\mathbf{x}_1=\begin{bmatrix}0\\2\\0\\-1\end{bmatrix}$$

例 19：　Let $\mathbf{A}=\begin{bmatrix}2&1\\-1&4\end{bmatrix}$, Find an invertible matrix $\mathbf{P}$ such that $\mathbf{P}^{-1}\mathbf{AP}$ is a triangular matrix

解

$$|\mathbf{A}-\lambda\mathbf{I}|=(\lambda-3)^2=0\quad\lambda=3,3$$

$$\ker(\mathbf{A}-3\mathbf{I})=\text{CSP}\begin{bmatrix}1\\1\end{bmatrix}$$

$$(\mathbf{A}-3\mathbf{I})\mathbf{x}_2=\begin{bmatrix}1\\1\end{bmatrix}\Rightarrow\mathbf{x}_2=\begin{bmatrix}1\\2\end{bmatrix}$$

$$\text{Let }\mathbf{P}=\begin{bmatrix}1&1\\1&2\end{bmatrix}\Rightarrow\mathbf{P}^{-1}\mathbf{AP}=\begin{bmatrix}3&1\\0&3\end{bmatrix}$$

觀念提示：實對稱方陣當有重根之特徵值時，其特徵向量未必正交

例 20：　令 $\mathbf{A}=\begin{bmatrix}2&-2&2\\1&1&1\\1&3&-1\end{bmatrix}$，求正交矩陣 $\mathbf{P}$，使 $\mathbf{P}^{-1}\mathbf{AP}$ 為上三角矩陣

解

$$\varphi(\lambda)=|\mathbf{A}-\lambda\mathbf{I}|=-(\lambda+2)(\lambda-2)^2$$

$$\ker(\mathbf{A}-2\mathbf{I})=\cdots=\text{CSP}\begin{bmatrix}0\\1\\1\end{bmatrix}=\mathbf{x}_1\Rightarrow\mathbf{x}_1'=\mathbf{x}_1=\begin{bmatrix}0\\1\\1\end{bmatrix}$$

$$\ker(\mathbf{A}+2\mathbf{I})=\cdots=\text{CSP}\begin{bmatrix}4\\1\\-7\end{bmatrix}=\mathbf{x}_2$$

$$\Rightarrow\mathbf{x}_2'=\mathbf{x}_2-\frac{\langle\mathbf{x}_2,\mathbf{x}_1'\rangle}{\langle\mathbf{x}_1',\mathbf{x}_1'\rangle}\mathbf{x}_1'=\mathbf{x}_2+3\mathbf{x}_1=\begin{bmatrix}4\\4\\-4\end{bmatrix}$$

取一向量 $\mathbf{x}_3$ 使 $\mathbf{x}_1, \mathbf{x}_2, \mathbf{x}_3$ L.I.D.令 $\mathbf{x}_3=\begin{bmatrix}1\\0\\0\end{bmatrix}$

對 $\{\mathbf{x}_1, \mathbf{x}_2, \mathbf{x}_3\}$ 做 G-S process：

$$\mathbf{x}_3'=\mathbf{x}_3-\frac{\langle\mathbf{x}_3,\mathbf{x}_1'\rangle}{\langle\mathbf{x}_1',\mathbf{x}_1'\rangle}\mathbf{x}_1'-\frac{\langle\mathbf{x}_3,\mathbf{x}_2'\rangle}{\langle\mathbf{x}_2',\mathbf{x}_2'\rangle}\mathbf{x}_2'=\mathbf{x}_3-\frac{1}{12}\mathbf{x}_2'=\begin{bmatrix}\frac{2}{3}\\-\frac{1}{3}\\\frac{1}{3}\end{bmatrix}$$

$$\Rightarrow\mathbf{A}\mathbf{x}_1'=\mathbf{A}\mathbf{x}_1=2\mathbf{x}_1$$

$$\mathbf{A}\mathbf{x}_2'=\mathbf{A}(\mathbf{x}_2+3\mathbf{x}_1)=-2\mathbf{x}_2+6\mathbf{x}_1=-2\mathbf{x}_2'+12\mathbf{x}_1'$$

$$\mathbf{A}\mathbf{x}_3'=\begin{bmatrix}2&-2&2\\1&1&1\\1&3&-1\end{bmatrix}\begin{bmatrix}\frac{2}{3}\\\frac{-1}{3}\\\frac{1}{3}\end{bmatrix}=\begin{bmatrix}\frac{8}{3}\\\frac{2}{3}\\-\frac{2}{3}\end{bmatrix}=a\begin{bmatrix}0\\1\\1\end{bmatrix}+b\begin{bmatrix}4\\4\\-4\end{bmatrix}+c\begin{bmatrix}\frac{2}{3}\\-\frac{1}{3}\\\frac{1}{3}\end{bmatrix}$$

得 $a=0, b=\frac{1}{3}, c=2$

$$\|\mathbf{x}_1'\|=\sqrt{2},\ \|\mathbf{x}_2'\|=4\sqrt{3},\ \|\mathbf{x}_3'\|=\frac{\sqrt{6}}{3}$$

$$\mathbf{A}\left(\frac{\mathbf{x}_1'}{\|\mathbf{x}_1'\|}\right)=2\frac{\mathbf{x}_1'}{\|\mathbf{x}_1'\|},$$

$$\mathbf{A}\left(\frac{\mathbf{x}_2'}{\|\mathbf{x}_2'\|}\right)=-2\frac{\mathbf{x}_2'}{\|\mathbf{x}_2'\|}+12\frac{\|\mathbf{x}_1'\|}{\|\mathbf{x}_2'\|}\frac{\mathbf{x}_1'}{\|\mathbf{x}_1'\|}=-2\frac{\mathbf{x}_2'}{\|\mathbf{x}_2'\|}+\sqrt{6}\frac{\mathbf{x}_1'}{\|\mathbf{x}_1'\|}$$

$$\mathbf{A}\left(\frac{\mathbf{x}_3'}{\|\mathbf{x}_3'\|}\right)=\frac{\left(\frac{1}{3}\mathbf{x}_2'+2\mathbf{x}_3'\right)}{\|\mathbf{x}_3'\|}=\frac{1}{3}\frac{\|\mathbf{x}_2'\|}{\|\mathbf{x}_3'\|}\frac{\mathbf{x}_2'}{\|\mathbf{x}_2'\|}+2\frac{\mathbf{x}_3'}{\|\mathbf{x}_3'\|}=2\sqrt{2}\frac{\mathbf{x}_2'}{\|\mathbf{x}_2'\|}+2\frac{\mathbf{x}_3'}{\|\mathbf{x}_3'\|}$$

令 $\mathbf{P}=\left[\frac{\mathbf{x}_1'}{\|\mathbf{x}_1'\|}\ \frac{\mathbf{x}_2'}{\|\mathbf{x}_2'\|}\ \frac{\mathbf{x}_3'}{\|\mathbf{x}_3'\|}\right]=\begin{bmatrix}0 & \frac{1}{\sqrt{3}} & \frac{2}{\sqrt{6}}\\ \frac{1}{\sqrt{2}} & \frac{1}{\sqrt{3}} & -\frac{1}{\sqrt{6}}\\ \frac{1}{\sqrt{2}} & -\frac{1}{\sqrt{3}} & \frac{1}{\sqrt{6}}\end{bmatrix}\Rightarrow$

$$\mathbf{P}^{-1}\mathbf{A}\mathbf{P}=\begin{bmatrix}2 & \sqrt{6} & 0\\ 0 & -2 & 2\sqrt{2}\\ 0 & 0 & 2\end{bmatrix}$$

例 21： Find a basis for the eigenspace and generalized eigenspace for $\mathbf{A}=\begin{bmatrix}1 & 1\\ -1 & 3\end{bmatrix}$ （91 朝陽通訊）

解

$|\mathbf{A}-\lambda\mathbf{I}|=(\lambda-2)^2=0,\ \Rightarrow\lambda=2,\ 2$

$\ker(\mathbf{A}-2\mathbf{I})=\text{span}\left\{\begin{bmatrix}1\\1\end{bmatrix}\right\}$

取 $\begin{bmatrix}1\\1\end{bmatrix}$ 為 2 之 eigenspace 之一組基底

$\ker(\mathbf{A}-2\mathbf{I})^2=\ker\begin{bmatrix}0 & 0\\ 0 & 0\end{bmatrix}=R^2$

∴取 $\left\{\begin{bmatrix}1\\1\end{bmatrix},\begin{bmatrix}0\\1\end{bmatrix}\right\}$ 為 2 之 generalized eigenspace 之一組 basis

8-3 可對角化矩陣之函數

題型 1：利用方陣對角化以簡化問題

若 $\mathbf{A}$ 可對角化 $\Rightarrow \mathbf{D}=\mathbf{P}^{-1}\mathbf{AP}$

$\Rightarrow \mathbf{A}=\mathbf{PDP}^{-1}$

故 $\mathbf{A}^2=(\mathbf{PDP}^{-1})\mathbf{PDP}^{-1}=\mathbf{PD}^2\mathbf{P}^{-1}$

同理可得

$$\mathbf{A}^n=\mathbf{PD}^n\mathbf{P}^{-1} \tag{8}$$

題型 2：求矩陣函數

將(8)式之結果，應用於一矩陣函數中可得

$$\begin{aligned}
f(\mathbf{A}) &= a_n\mathbf{A}^n+a_{n-1}\mathbf{A}^{n-1}+\cdots+a_1\mathbf{A}+a_0\mathbf{I}\\
&= a_n\mathbf{PD}^n\mathbf{P}^{-1}+a_{n-1}\mathbf{PD}^{n-1}\mathbf{P}^{-1}+\cdots+a_1\mathbf{PDP}^{-1}+a_0\mathbf{PIP}^{-1}\\
&= \mathbf{P}(a_n\mathbf{D}^n+a_{n-1}\mathbf{D}^{n-1}+\cdots+a_0\mathbf{I})\mathbf{P}^{-1}\\
&= \mathbf{P}(\text{diag}(a_n\lambda_i^n)+\text{diag}(a_{n-1}\lambda_i^{n-1})+\cdots+\text{diag}(a_1\lambda_i)+a_0)\mathbf{P}^{-1}\\
&= \mathbf{P}\,\text{diag}(a_n\lambda_i^n+a_{n-1}\lambda_i^{n-1}+\cdots+a_1\lambda_i+a_0)\mathbf{P}^{-1}\\
&= \mathbf{P}\,\text{diag}(f(\lambda_i))\mathbf{P}^{-1}
\end{aligned} \tag{9}$$

例 22： Let the $\mathbf{A}=\begin{bmatrix}3 & 2\\ -1 & 0\end{bmatrix}$

(a)Find the eigenvalues and corresponding eigenvectors of $\mathbf{A}$.

(b)Form the matrix $\mathbf{A}$ into a product $\mathbf{SDS}^{-1}$, where $\mathbf{D}$ is diagonal

(c)Using (b) to calculate the $\mathbf{A}^5$. （95 中央通訊所）

解

(a) $\text{char}_A(\lambda)=\det(\mathbf{A}-\lambda\mathbf{I})=\det\begin{bmatrix}3-\lambda & 2\\ -1 & -\lambda\end{bmatrix}$

$=(\lambda-1)(\lambda-2)$

得 $\mathbf{A}$ 的 eigenvalues 為 1, 2

$\ker(\mathbf{A}-\mathbf{I})=\ker\begin{bmatrix}2 & 2\\ -1 & -1\end{bmatrix}=\text{span}\left\{\begin{bmatrix}-1\\ 1\end{bmatrix}\right\}$

所以 $\mathbf{A}$ 相對於 1 的 eigenvector 為 $t\begin{bmatrix}-1\\ 1\end{bmatrix}$，其中 $t\neq 0$

$\ker(\mathbf{A}-2\mathbf{I})=\ker\begin{bmatrix}1 & 2\\ -1 & -2\end{bmatrix}=\text{span}\left\{\begin{bmatrix}-2\\ 1\end{bmatrix}\right\}$

所以 $\mathbf{A}$ 相對於 2 的 eigenvector 為 $t\begin{bmatrix}-2\\ 1\end{bmatrix}$，其中 $t\neq 0$

(b)取 $\mathbf{S}=\begin{bmatrix}-1 & -2\\ 1 & 1\end{bmatrix}$，則 $\mathbf{S}^{-1}\mathbf{AS}=\mathbf{D}=\begin{bmatrix}1 & 0\\ 0 & 2\end{bmatrix}$或 $\mathbf{A}=\mathbf{SDS}^{-1}$

(c)$\mathbf{A}^5=\mathbf{SD}^5\mathbf{S}^{-1}=\begin{bmatrix}-1 & -2\\ 1 & 1\end{bmatrix}\begin{bmatrix}1^5 & 0\\ 0 & 2^5\end{bmatrix}\begin{bmatrix}1 & 2\\ -1 & -1\end{bmatrix}$

$=\begin{bmatrix}63 & 62\\ -31 & -30\end{bmatrix}$

定理 8-8：對方陣 A 及可逆方陣 P

(1)$(\mathbf{P}^{-1}\mathbf{AP})^n=\mathbf{P}^{-1}\mathbf{A}^n\mathbf{P}$

(2)$\mathbf{P}^{-1}\mathbf{AP}+a\mathbf{I}=\mathbf{P}^{-1}(\mathbf{A}+a\mathbf{P})\mathbf{P}$

(3)對多項式 $f(x)$，$f(\mathbf{A})=\mathbf{P}\,\text{diag}\,(f(\lambda_1), f(\lambda_2), \cdots, f(\lambda_n))\mathbf{P}^{-1}$

定理 8-9：

(1) $\exp(\mathbf{A}t)=\mathbf{P}\,\text{diag}\{\exp(\lambda_1 t), \exp(\lambda_2 t), \cdots, \exp(\lambda_n t)\}\mathbf{P}^{-1}$

(2) $\cos(\mathbf{A}t)=\mathbf{P}\,\text{diag}\{\cos(\lambda_1 t), \cos(\lambda_2 t), \cdots, \cos(\lambda_n t)\}\mathbf{P}^{-1}$

(3) $\sin(\mathbf{A}t)=\mathbf{P}\,\text{diag}\{\sin(\lambda_1 t), \sin(\lambda_2 t), \cdots, \sin(\lambda_n t)\}\mathbf{P}^{-1}$

例 23：　Suppose that $\mathbf{P}^{-1}\mathbf{AP}$ is a diagonal matrix $\mathbf{D}$. Prove that $e^{\mathbf{A}}=\mathbf{P}e^{\mathbf{D}}\mathbf{P}^{-1}$ （95 彰師統資）

解　假設 $f(x)=e^x=\sum_{i=0}^{\infty}\frac{x^i}{i!}$，因為 $\mathbf{P}^{-1}\mathbf{AP}=\mathbf{D}$

$\Rightarrow \mathbf{A}=\mathbf{PDP}^{-1}$

$$\Rightarrow e^{\mathbf{A}}=f(\mathbf{A})=\sum_{i=0}^{\infty}\frac{\mathbf{A}^i}{i!}=\sum_{i=0}^{\infty}\frac{(\mathbf{PDP}^{-1})^i}{i!}$$

$$=\sum_{i=0}^{\infty}\frac{(\mathbf{PD}^i\mathbf{P}^{-1})^i}{i!}=\mathbf{P}\left(\sum_{i=0}^{\infty}\frac{\mathbf{D}^i}{i!}\right)\mathbf{P}^{-1}=\mathbf{P}e^{\mathbf{D}}\mathbf{P}^{-1}$$

例 24：已知 $\mathbf{A}=\begin{bmatrix}0 & -2\\ 1 & 0\end{bmatrix}$，試問 $\mathbf{A}^{43}=$？　（83 中央機械）

解　$\varphi(\lambda)=|\mathbf{A}-\lambda\mathbf{I}|=\begin{vmatrix}-\lambda & -2\\ 1 & -\lambda\end{vmatrix}=\lambda^2+2=0\Rightarrow\lambda=\sqrt{2}i,\ -\sqrt{2}i$

$$\lambda=\sqrt{2}i;\ (\mathbf{A}-\sqrt{2}i\mathbf{I})\mathbf{x}_1=\begin{bmatrix}-\sqrt{2}i & -2\\ 1 & -\sqrt{2}i\end{bmatrix}\begin{bmatrix}x_1\\ x_2\end{bmatrix}=0\Rightarrow\mathbf{x}_1=\begin{bmatrix}\sqrt{2}\\ -i\end{bmatrix}$$

$$\lambda=-\sqrt{2}i;\ (\mathbf{A}+\sqrt{2}i)\mathbf{x}_2=\begin{bmatrix}\sqrt{2}i & -2\\ 1 & \sqrt{2}i\end{bmatrix}\begin{bmatrix}x_1\\ x_2\end{bmatrix}=0\Rightarrow\mathbf{x}_2=\begin{bmatrix}\sqrt{2}\\ i\end{bmatrix}$$

$$\mathbf{A}^{43}=\begin{bmatrix}\sqrt{2} & \sqrt{2}\\ -i & i\end{bmatrix}\begin{bmatrix}(\sqrt{2}i)^{43} & 0\\ 0 & (-\sqrt{2}i)^{43}\end{bmatrix}\begin{bmatrix}\sqrt{2} & \sqrt{2}\\ -i & i\end{bmatrix}^{-1}$$

例 25：已知 $\mathbf{A}^3=\begin{bmatrix}8 & -7 & -7\\ -9 & 10 & 11\\ 9 & -9 & -10\end{bmatrix}$，試問 $\mathbf{A}=$？$e^{-\mathbf{A}}=$？　（成大電機）

解　取 $\mathbf{B}=\mathbf{A}^3$ 則 $\mathbf{B}$ 的特徵值及特徵向量為：

$|\mathbf{B}-\lambda\mathbf{I}|=\lambda^3-8\lambda^2-\lambda+8=0\Rightarrow\lambda=1,\ -1,\ 8$

$$\lambda=1，(\mathbf{B}-\mathbf{I})\mathbf{x}_1=0\Rightarrow\mathbf{x}_1=\begin{bmatrix}1\\ 1\\ 0\end{bmatrix}$$

$$\lambda=-1，(\mathbf{B}+\mathbf{I})\mathbf{x}_2=0\Rightarrow\mathbf{x}_2=\begin{bmatrix}0\\ 1\\ -1\end{bmatrix}$$

$$\lambda=8，(\mathbf{B}-8\mathbf{I})\mathbf{x}_3=0\Rightarrow\mathbf{x}_3=\begin{bmatrix}1\\-1\\1\end{bmatrix}$$

$$取\ \mathbf{P}=\begin{bmatrix}1&0&1\\1&1&-1\\0&-1&1\end{bmatrix}\Rightarrow\mathbf{B}=\mathbf{A}^3=\mathbf{PDP}^{-1}$$

$$\therefore\mathbf{A}=\mathbf{B}^{\frac{1}{3}}=\mathbf{PD}^{\frac{1}{3}}\mathbf{P}^{-1}=\begin{bmatrix}1&0&1\\1&1&-1\\0&-1&1\end{bmatrix}\begin{bmatrix}1&0&0\\0&-1&0\\0&0&2\end{bmatrix}\begin{bmatrix}1&0&1\\1&1&-1\\0&-1&1\end{bmatrix}^{-1}$$

$$f(\mathbf{A})=e^{-\mathbf{A}}=\begin{bmatrix}1&0&1\\1&1&-1\\0&-1&1\end{bmatrix}\begin{bmatrix}e^{-1}&0&0\\0&e^{+1}&0\\0&0&e^{-2}\end{bmatrix}\begin{bmatrix}1&0&1\\1&1&-1\\0&-1&1\end{bmatrix}^{-1}$$

例 26：Given a square matrix $\mathbf{A}=\begin{bmatrix}0&-2\\1&3\end{bmatrix}$, Find sin ($\mathbf{A}$)　　（台大船研）

解

$$\varphi(\lambda)=\begin{vmatrix}-\lambda&-2\\1&3-\lambda\end{vmatrix}=(\lambda-1)(\lambda-2)=0\Rightarrow\lambda=1,2,$$

$$\lambda=1,(\mathbf{A}-\mathbf{I})\mathbf{x}_1=0\Rightarrow\mathbf{x}_1=\begin{bmatrix}2\\-1\end{bmatrix}$$

$$\lambda=2,(\mathbf{A}-2\mathbf{I})\mathbf{x}_2=0\Rightarrow\mathbf{x}_2=\begin{bmatrix}1\\-1\end{bmatrix}$$

$$取\ \mathbf{P}=\begin{bmatrix}2&-1\\-1&1\end{bmatrix}取\ \mathbf{P}^{-1}\mathbf{AP}=\begin{bmatrix}1&0\\0&2\end{bmatrix}或\ \mathbf{A}=\begin{bmatrix}1&0\\0&2\end{bmatrix}\mathbf{P}^{-1}$$

$$\sin\mathbf{A}=\mathbf{P}\begin{bmatrix}\sin 1&0\\0&\sin 2\end{bmatrix}\mathbf{P}^{-1}=\begin{bmatrix}2\sin 1-\sin 2&2\sin 1-2\sin 2\\-\sin 1+\sin 2&-\sin 1+2\sin 2\end{bmatrix}$$

例 27：　$\mathbf{A}=\begin{bmatrix}1&0\\0&2\end{bmatrix}, f(x)=\dfrac{x}{1+x}$, find exp ($\mathbf{A}$), f($\mathbf{A}$)　　（清大電機）

解

$$\varphi(\lambda)=|\mathbf{A}-\lambda\mathbf{I}|=0\Rightarrow\lambda=1,2,$$

$$\lambda=1，(\mathbf{A}-\mathbf{I})\mathbf{x}_1=0\Rightarrow\mathbf{x}_1=\begin{bmatrix}1\\-1\end{bmatrix}$$

$\lambda=2$，$(\mathbf{A}-2\mathbf{I})\mathbf{x}_2=0\Rightarrow\mathbf{x}_2=\begin{bmatrix}0\\1\end{bmatrix}$

$\mathbf{P}=\begin{bmatrix}1&0\\-1&1\end{bmatrix}\Rightarrow\exp(\mathbf{A})=\mathbf{P}\begin{bmatrix}e&0\\0&e^2\end{bmatrix}\mathbf{P}^{-1}=\begin{bmatrix}e&0\\e_2-e&e^2\end{bmatrix}$

$f(\lambda_1)=\frac{1}{2},f(\lambda_2)=\frac{2}{3}$

$f(\mathbf{A})=\mathbf{P}\begin{bmatrix}f(1)&0\\0&f(2)\end{bmatrix}\mathbf{P}^{-1}=\begin{bmatrix}\frac{1}{2}&0\\\frac{1}{6}&\frac{2}{3}\end{bmatrix}$

$f(\mathbf{A})$為三角矩陣，特徵值即對角線元素$\frac{1}{2},\frac{2}{3}$

例 28： Let F_k, $k=0, 1, 2, \cdots$ be a sequence of numbers
$F_0=1, F_1=3, F_{k+2}=F_{k+1}+F_k$, find F_{100} （台大資工）

解

$\begin{bmatrix}F_{k+1}\\F_{k+2}\end{bmatrix}=\begin{bmatrix}0&1\\1&1\end{bmatrix}\begin{bmatrix}F_k\\F_{k+1}\end{bmatrix}$

令 $\mathbf{A}=\begin{bmatrix}0&1\\1&1\end{bmatrix}$

$|\mathbf{A}-\lambda\mathbf{I}|=0\Rightarrow\lambda_1=\frac{1+\sqrt{5}}{2},\lambda_2=\frac{1-\sqrt{5}}{2}$

$\ker(\mathbf{A}-\lambda_1\mathbf{I})=t\begin{bmatrix}-\lambda_2\\1\end{bmatrix}$

$\ker(\mathbf{A}-\lambda_2\mathbf{I})=t\begin{bmatrix}-\lambda_1\\1\end{bmatrix}$

令 $\mathbf{P}=\begin{bmatrix}-\lambda_2&-\lambda_1\\1&1\end{bmatrix}$則

$\mathbf{A}=\mathbf{P}\begin{bmatrix}\lambda_1&0\\0&\lambda_2\end{bmatrix}\mathbf{P}^{-1}$

$\therefore\mathbf{A}^{100}=\mathbf{P}\begin{bmatrix}\lambda_1^{100}&0\\0&\lambda_2^{100}\end{bmatrix}\mathbf{P}^{-1}$

$\begin{bmatrix}F_1\\F_2\end{bmatrix}=\mathbf{A}\begin{bmatrix}F_0\\F_1\end{bmatrix}$

$$\begin{bmatrix} F_2 \\ F_3 \end{bmatrix} = \mathbf{A}\begin{bmatrix} F_1 \\ F_2 \end{bmatrix} = \mathbf{A}^2\begin{bmatrix} F_0 \\ F_1 \end{bmatrix}$$

$$\begin{bmatrix} F_{100} \\ F_{101} \end{bmatrix} = \mathbf{A}^{100}\begin{bmatrix} F_0 \\ F_1 \end{bmatrix} = \mathbf{P}\begin{bmatrix} \lambda_1^{100} & 0 \\ 0 & \lambda_2^{100} \end{bmatrix}\mathbf{P}^{-1}\begin{bmatrix} 1 \\ 3 \end{bmatrix}$$

$$\therefore F^{100} = \begin{bmatrix} -\lambda_2 & -\lambda_1 \end{bmatrix}\begin{bmatrix} \lambda_1^{100} & 0 \\ 0 & \lambda_2^{100} \end{bmatrix}\frac{1}{\lambda_1 - \lambda_2}\begin{bmatrix} 1 & \lambda_1 \\ -1 & -\lambda_2 \end{bmatrix}\begin{bmatrix} 1 \\ 3 \end{bmatrix}$$

$$= \frac{\lambda_1^{99} - \lambda_2^{99}}{\lambda_1 - \lambda_2} + 3\frac{\lambda_1^{100} - \lambda_2^{100}}{\lambda_1 - \lambda_2}$$

例 29：　$\mathbf{A} = \begin{bmatrix} 0 & 1 & 0 & 0 \\ 1 & 0 & 0 & 0 \\ 0 & 0 & y & 1 \\ 0 & 0 & 1 & 2 \end{bmatrix}$

(a)If this matrix **A** has one eigenvalue 3, find y.

(b)Diagonalize $\mathbf{A}^T\mathbf{A}$　（95 台科大電子所）

解　(a)令 $\mathbf{B} = \begin{bmatrix} 0 & 1 \\ 1 & 0 \end{bmatrix}$, $\mathbf{C} = \begin{bmatrix} y & 1 \\ 1 & 2 \end{bmatrix}$，則 $\mathbf{A} = \begin{bmatrix} \mathbf{B} & \mathbf{0} \\ \mathbf{0} & \mathbf{C} \end{bmatrix}$

欲使 **A** 具 eigenvalue 3，必需 **B** 或 **C** 具 eigenvalue 3

因為 $\text{char}_B(\lambda) = \det(\mathbf{B} - \lambda\mathbf{I}) = \det\begin{bmatrix} -\lambda & 1 \\ 1 & -\lambda \end{bmatrix} = (\lambda+1)(\lambda-1)$

得 **B** 的 eigenvalue 為 $-1, 1$，所以 **C** 需具 eigenvalue 3

$\Rightarrow \det(\mathbf{C} - 3\mathbf{I}) = \det\begin{bmatrix} y-3 & 1 \\ 1 & -1 \end{bmatrix} = -y + 2 = 0$

$\Rightarrow y = 2$

(b)當 $y = 2$ 時，$\mathbf{A}^T\mathbf{A} = \begin{bmatrix} 1 & 0 & 0 & 0 \\ 0 & 1 & 0 & 0 \\ 0 & 0 & 5 & 4 \\ 0 & 0 & 4 & 5 \end{bmatrix}$

$\text{char}_{\mathbf{A}^T\mathbf{A}} = \det(\mathbf{A}^T\mathbf{A} - \lambda\mathbf{I}) = (\lambda-1)^3(\lambda-9)$

得 $\mathbf{A}^T\mathbf{A}$ 的 eigenvalue 為 1, 9

$$\ker(\mathbf{A}^T\mathbf{A}-\mathbf{I})=\ker\begin{bmatrix}0&0&0&0\\0&0&0&0\\0&0&4&4\\0&0&4&4\end{bmatrix}=\text{span}\left\{\begin{bmatrix}1\\0\\0\\0\end{bmatrix},\begin{bmatrix}0\\1\\0\\0\end{bmatrix},\begin{bmatrix}0\\0\\-1\\1\end{bmatrix}\right\}$$

$$\ker(\mathbf{A}^T\mathbf{A}-9\mathbf{I})=\ker\begin{bmatrix}-8&0&0&0\\1&-8&0&0\\0&0&-4&4\\0&0&4&-4\end{bmatrix}=\text{span}\left\{\begin{bmatrix}0\\0\\1\\1\end{bmatrix}\right\}$$

所以取 $\mathbf{P}=\begin{bmatrix}1&0&0&0\\0&1&0&0\\0&0&-1&1\\0&0&1&1\end{bmatrix}$，則 $\mathbf{P}^{-1}\mathbf{A}^T\mathbf{A}\mathbf{P}=\mathbf{D}=\begin{bmatrix}1&0&0&0\\0&1&0&0\\0&0&1&0\\0&0&0&9\end{bmatrix}$

例 30： (a)Suppose that $\mathbf{A}=\begin{bmatrix}6&-4\\\alpha&\beta\end{bmatrix}$, then determine α and β such that $\mathbf{A}$ has eigenvectors $\mathbf{x}_1=\begin{bmatrix}4\\3\end{bmatrix}$ and $\mathbf{x}_2=\begin{bmatrix}1\\1\end{bmatrix}$.

(b)(a)continued. Determine Trace ($\mathbf{A}^3$), where Trace ($\mathbf{C}$) denotes the summation of all of the diagonal elements of $\mathbf{C}$, i.e., Trace $(\mathbf{C})=\sum_{i=1}^{n}[\mathbf{C}]_{i,j}$.

(c)Consider another 2×2 matrix $\mathbf{B}$ with same eigenvectors $\mathbf{x}_1$ and $\mathbf{x}_2$ as (a) and with respect eigenvalues $\lambda_1=1$ and $\lambda_1=0$. Determine $\mathbf{B}^{10}$. （95 台科大電子所）

解 (a)假設 λ_1, λ_2 分別為 $\mathbf{A}$ 相對於 $\mathbf{x}_1$ and $\mathbf{x}_2$ 的 eigenvalues

$$\Rightarrow\begin{bmatrix}6&-4\\\alpha&\beta\end{bmatrix}\begin{bmatrix}4\\3\end{bmatrix}=\begin{bmatrix}12\\4\alpha+3\beta\end{bmatrix}=\lambda_1\begin{bmatrix}4\\3\end{bmatrix}$$

且 $\begin{bmatrix}6&-4\\\alpha&\beta\end{bmatrix}\begin{bmatrix}1\\1\end{bmatrix}=\begin{bmatrix}2\\\alpha+\beta\end{bmatrix}=\lambda_2\begin{bmatrix}1\\1\end{bmatrix}$

$\Rightarrow\lambda_1=3, \lambda_2=2$

$$\Rightarrow\begin{cases}4\alpha+3\beta=9\\ \alpha+\beta=2\end{cases}\Rightarrow\begin{cases}\alpha=3\\ \beta=-1\end{cases}$$

(b)$\mathbf{A}^3$ 具 eigenvalue 3^3, 2^3

$\Rightarrow \text{Trace}\,(\mathbf{A}^3)=3^3+2^3=35$

(c)因為 $\mathbf{B}$ 具二個相異 eigenvalues

$\Rightarrow\mathbf{B}$ 可對角化

取 $\mathbf{P}=\begin{bmatrix}4&1\\3&1\end{bmatrix}$，則 $\mathbf{P}^{-1}\mathbf{B}\mathbf{P}=\mathbf{D}=\begin{bmatrix}1&0\\0&0\end{bmatrix}$

$\Rightarrow\mathbf{B}=\mathbf{P}\mathbf{D}\mathbf{P}^{-1}$

$$\Rightarrow\mathbf{B}^{10}=\mathbf{P}\mathbf{D}^{10}\mathbf{P}^{-1}=\begin{bmatrix}4&1\\3&1\end{bmatrix}\begin{bmatrix}1&0\\0&0\end{bmatrix}\begin{bmatrix}1&-1\\-3&4\end{bmatrix}=\begin{bmatrix}4&-4\\3&-3\end{bmatrix}$$

例 31： (1) If $a\neq c$, find the eigenvalue matrix $\mathbf{\Lambda}$ and eigenvector matrix $\mathbf{S}$ in

$$\mathbf{A}=\begin{bmatrix}a&b\\0&c\end{bmatrix}=\mathbf{S}\mathbf{\Lambda}\mathbf{S}^{-1}$$

(2) Find the four entries in the matrix $\mathbf{A}^{100}$. （95 中山電機所）

解

(a)$\text{char}_A(\lambda)=\det(\mathbf{A}-\lambda\mathbf{I})=(\lambda-a)(\lambda-c)$

得 $\mathbf{A}$ 的 eigenvalues 為 a, c

$$\ker(\mathbf{A}-a\mathbf{I})=\ker\begin{bmatrix}0&b\\0&c-a\end{bmatrix}=\text{span}\left\{\begin{bmatrix}1\\0\end{bmatrix}\right\}$$

$$\ker(\mathbf{A}-c\mathbf{I})=\ker\begin{bmatrix}a-c&b\\0&0\end{bmatrix}=\text{span}\left\{\begin{bmatrix}\dfrac{b}{c-a}\\1\end{bmatrix}\right\}$$

取 $\mathbf{S}=\begin{bmatrix}1&\dfrac{b}{c-a}\\0&1\end{bmatrix}$, $\mathbf{\Lambda}=\begin{bmatrix}a&0\\0&c\end{bmatrix}$，則 $\mathbf{S}^{-1}\mathbf{A}\mathbf{S}=\mathbf{\Lambda}$ 或 $\mathbf{A}=\mathbf{S}\mathbf{\Lambda}\mathbf{S}^{-1}$

$$(b)\mathbf{A}^{100}=\mathbf{S}\mathbf{\Lambda}^{100}\mathbf{S}^{-1}=\begin{bmatrix}1&\dfrac{b}{c-a}\\0&1\end{bmatrix}=\begin{bmatrix}a^{100}&0\\0&c^{100}\end{bmatrix}\begin{bmatrix}1&\dfrac{b}{c-a}\\0&1\end{bmatrix}$$

$$=\begin{bmatrix} a^{100} & \dfrac{b(c^{100}-a^{100})}{c-a} \\ 0 & c^{100} \end{bmatrix}$$

例 32： Find an upper triangular matrix **A** that satisfies $\mathbf{A}^3=\begin{bmatrix} 1 & 30 \\ 0 & -8 \end{bmatrix}$

（95 清華電機所）

解

令 $\mathbf{B}=\begin{bmatrix} 1 & 30 \\ 0 & -8 \end{bmatrix} \Rightarrow \text{char}_B\,(\mathbf{B}-\lambda\mathbf{I}) = (\lambda-1)(\lambda+8)$

得 **B** 的 eigenvalues 為 1, −8

$\ker(\mathbf{B}-\mathbf{I})=\ker\begin{bmatrix} 0 & 30 \\ 0 & -9 \end{bmatrix}=\text{span}\left\{\begin{bmatrix} 1 \\ 0 \end{bmatrix}\right\}$

$\ker(\mathbf{B}+8\mathbf{I})=\ker\begin{bmatrix} 9 & 30 \\ 0 & 0 \end{bmatrix}=\text{span}\left\{\begin{bmatrix} -10 \\ 3 \end{bmatrix}\right\}$

取 $\mathbf{P}=\begin{bmatrix} 1 & -10 \\ 0 & 3 \end{bmatrix}$，則 $\mathbf{P}^{-1}\mathbf{B}\mathbf{P}=\mathbf{D}=\begin{bmatrix} 1 & 0 \\ 0 & -8 \end{bmatrix}$ 或 $\mathbf{B}=\mathbf{P}\mathbf{D}\mathbf{P}^{-1}$

$$\mathbf{A}=\mathbf{P}\begin{bmatrix} 1 & 0 \\ 0 & -2 \end{bmatrix}\mathbf{P}^{-1}=\begin{bmatrix} 1 & -10 \\ 0 & 3 \end{bmatrix}\begin{bmatrix} 1 & 0 \\ 0 & -2 \end{bmatrix}\begin{bmatrix} 1 & 10/3 \\ 0 & 1/3 \end{bmatrix}$$

$$=\begin{bmatrix} 1 & 10 \\ 0 & -2 \end{bmatrix}$$

以上三角矩陣滿足

$$\mathbf{A}^3=\mathbf{P}\begin{bmatrix} 1 & 0 \\ 0 & -2 \end{bmatrix}^3\mathbf{P}^{-1}=\mathbf{P}\mathbf{D}\mathbf{P}^{-1}=\mathbf{B}$$

例 33： 設矩陣 $\mathbf{A}=\begin{bmatrix} 2 & 2 \\ 1 & 3 \end{bmatrix}$

(a)試求出可逆（invertible）方陣 **P** 及對角（diagonal）矩陣 **D**，使得 $\mathbf{A}=\mathbf{P}\mathbf{D}\mathbf{P}^{-1}$，其中 $\mathbf{P}^{-1}$ 為 **P** 之逆方陣（inverse matrix）

(b)設 $f(x)=3x^2-5x+4$，試利用(a)之結果求出 $f(\mathbf{A})$。

（95 中華應數）

解　(a)$\text{char}_A(x) = \det(\mathbf{A} - x\mathbf{I}) = (x-1)(x-4)$

得 **A** 的 eigenvalue 為 1, 4

$$\ker(\mathbf{A} - \mathbf{I}) = \ker\begin{bmatrix} 1 & 2 \\ 1 & 2 \end{bmatrix} = \text{span}\left\{\begin{bmatrix} -2 \\ 1 \end{bmatrix}\right\}$$

$$\ker(\mathbf{A} - 4\mathbf{I}) = \ker\begin{bmatrix} -2 & 2 \\ 1 & -1 \end{bmatrix} = \text{span}\left\{\begin{bmatrix} 1 \\ 1 \end{bmatrix}\right\}$$

取 $\mathbf{P} = \begin{bmatrix} -2 & 1 \\ 1 & 1 \end{bmatrix}$，則 $\mathbf{P}^{-1}\mathbf{A}\mathbf{P} = \mathbf{D} = \begin{bmatrix} 1 & 0 \\ 0 & 4 \end{bmatrix}$ 或 $\mathbf{A} = \mathbf{P}\mathbf{D}\mathbf{P}^{-1}$

(b)$f(\mathbf{A}) = \mathbf{P}f(\mathbf{D})\mathbf{P}^{-1} = \mathbf{P}\begin{bmatrix} f(1) & 0 \\ 0 & f(4) \end{bmatrix}\mathbf{P}^{-1}$

$$= \begin{bmatrix} -2 & 1 \\ 1 & 1 \end{bmatrix}\begin{bmatrix} 2 & 0 \\ 0 & 32 \end{bmatrix}\begin{bmatrix} -2 & 1 \\ 1 & 1 \end{bmatrix} = \begin{bmatrix} 12 & 20 \\ 10 & 20 \end{bmatrix}$$

例 34：　Let $\mathbf{A} = \begin{bmatrix} 1 & -1 \\ 1 & -\frac{3}{2} \end{bmatrix}$

(1) Compute eigenvalues and corresponding eigenvectors of **A**

(2) Compute $\lim_{n\to\infty} \mathbf{A}^{2n}$　（99 台大資工）

解　(1)$\lambda = -1, \frac{1}{2}$

$$\lambda_1 = -1 \Rightarrow \mathbf{x}_1 = \begin{bmatrix} 1 \\ 2 \end{bmatrix}$$

$$\lambda_2 = \frac{1}{2} \Rightarrow \mathbf{x}_2 = \begin{bmatrix} 2 \\ 1 \end{bmatrix}$$

(2)$$\lim_{n\to\infty} \mathbf{A}^{2n} = -\frac{1}{3}\lim_{n\to\infty}\begin{bmatrix} 1 & 2 \\ 2 & 1 \end{bmatrix}\begin{bmatrix} (-1)^{2n} & 0 \\ 0 & \left(\frac{1}{2}\right)^{2n} \end{bmatrix}\begin{bmatrix} 1 & -2 \\ -2 & 1 \end{bmatrix}$$

$$= -\frac{1}{3}\begin{bmatrix} 1 & -2 \\ 2 & -4 \end{bmatrix}$$

8-4 不可對角化矩陣之函數

對於不可對角化之矩陣函數可利用前面所提的方法先將之化為喬登正則式：$\mathbf{P}^{-1}\mathbf{AP}=\mathbf{J}$ 或 $\mathbf{A}=\mathbf{PJP}^{-1}$，再按上一節方法進行。

定理 8-9：

若方陣 $\mathbf{A}$ 可化為如(10)之喬登正則式，則就任何可以展開為冪級數的函數 $f(x)$ 而言，只要 $\mathbf{A}$ 的特徵值 λ_i 均在此冪級數的收斂半徑內，則如(11)式之矩陣函數計算式恆成立

$$\mathbf{P}^{-1}\mathbf{AP}=\mathbf{J}=\begin{bmatrix} J_{m_1}(\lambda_1) & & & \\ & J_{m_2}(\lambda_2) & & \\ & & \ddots & \\ & & & J_{m_k}(\lambda_k) \end{bmatrix} \tag{10}$$

其中 $J_{mi}(\lambda_i)$ is the Jordan block of λ_i

$$f(\mathbf{A})=\mathbf{P}\begin{bmatrix} S_{m_1}(\lambda_1) & & & \\ & S_{m_2}(\lambda_2) & & \\ & & \ddots & \\ & & & S_{m_k}(\lambda_k) \end{bmatrix}\mathbf{P}^{-1} \tag{11}$$

觀念提示：以 3 階為例 $S_3(\lambda)=\begin{bmatrix} \dfrac{f(\lambda)}{0!} & \dfrac{f'(\lambda)}{1!} & \dfrac{f''(\lambda)}{2!} \\ 0 & \dfrac{f(\lambda)}{0!} & \dfrac{f'(\lambda)}{1!} \\ 0 & 0 & \dfrac{f(\lambda)}{0!} \end{bmatrix}$

說例 3：$\mathbf{A}=\mathbf{P}\begin{bmatrix} \lambda_1 & 0 & 0 & 0 & 0 & 0 & 0 \\ 0 & \lambda_2 & 0 & 0 & 0 & 0 & 0 \\ 0 & 0 & \lambda_2 & 1 & 0 & 0 & 0 \\ 0 & 0 & 0 & \lambda_2 & 0 & 0 & 0 \\ 0 & 0 & 0 & 0 & \lambda_3 & 1 & 0 \\ 0 & 0 & 0 & 0 & 0 & \lambda_3 & 1 \\ 0 & 0 & 0 & 0 & 0 & 0 & \lambda_3 \end{bmatrix}\mathbf{P}^{-1}$

$$\Rightarrow f(\mathbf{A})=\mathbf{P}\begin{bmatrix} f(\lambda_1) & 0 & 0 & 0 & 0 & 0 & 0 \\ 0 & f(\lambda_2) & 0 & 0 & 0 & 0 & 0 \\ 0 & 0 & f(\lambda_2) & f'(\lambda_2) & 0 & 0 & 0 \\ 0 & 0 & 0 & f(\lambda_2) & 0 & 0 & 0 \\ 0 & 0 & 0 & 0 & f(\lambda_3) & f'(\lambda_3) & \frac{1}{2!}f''(\lambda_3) \\ 0 & 0 & 0 & 0 & 0 & f(\lambda_3) & f'(\lambda_3) \\ 0 & 0 & 0 & 0 & 0 & 0 & f(\lambda_3) \end{bmatrix}\mathbf{P}^{-1}$$

例 34： Given the matrix $\mathbf{A}=\begin{bmatrix} 0 & 0 & 0 \\ 1 & 0 & 0 \\ 0 & 1 & 0 \end{bmatrix}$，evaluate exp $(\mathbf{A}t)$, where t is a parameter（清大）

解　$\mathbf{A}$ 為 nilpotent 矩陣，$\mathbf{A}$ 無法被對角化

$$\mathbf{A}^2=\begin{bmatrix} 0 & 0 & 0 \\ 0 & 0 & 0 \\ 1 & 0 & 0 \end{bmatrix}，\mathbf{A}^3=\begin{bmatrix} 0 & 0 & 0 \\ 0 & 0 & 0 \\ 0 & 0 & 0 \end{bmatrix}$$

$$\therefore \exp(\mathbf{A}t)=\mathbf{I}+\mathbf{A}t+\frac{(\mathbf{A}t)^2}{2!}+\frac{(\mathbf{A}t)^3}{3!}+\cdots$$

$$=\begin{bmatrix} 1 & 0 & 0 \\ 0 & 1 & 0 \\ 0 & 0 & 1 \end{bmatrix}+\begin{bmatrix} 0 & 0 & 0 \\ t & 0 & 0 \\ 0 & t & 0 \end{bmatrix}+\begin{bmatrix} 0 & 0 & 0 \\ 0 & 0 & 0 \\ \frac{t^2}{2} & 0 & 0 \end{bmatrix}=\begin{bmatrix} 1 & 0 & 0 \\ t & 1 & 0 \\ \frac{t^2}{2} & t & 1 \end{bmatrix}$$

例 35：Given $\mathbf{A}=\begin{bmatrix} 3 & -1 \\ 1 & 1 \end{bmatrix}$, find $\mathbf{A}^{\frac{1}{2}}$, $\sin\mathbf{A}$, $\exp(\mathbf{A}^2)$

解　$\varphi(\lambda)=|\mathbf{A}-\lambda\mathbf{I}|=(\lambda-2)^2 \Rightarrow \lambda=2, 2$

$$\lambda=2, (\mathbf{A}-2\mathbf{I})\mathbf{x}=\begin{bmatrix} 1 & -1 \\ 1 & -1 \end{bmatrix}\begin{bmatrix} \mathbf{x}_1 \\ \mathbf{x}_2 \end{bmatrix}=\mathbf{0}\Rightarrow \mathbf{x}_1=\begin{bmatrix} 1 \\ 1 \end{bmatrix}$$

顯然 $\mathbf{A}$ 不可能被對角化，先將 $\mathbf{A}$ 化成 Jordan form，$\mathbf{A}$ 之廣義特徵向量為：

$$(\mathbf{A}-2\mathbf{I})\mathbf{x}_2=\mathbf{x}_1=\begin{bmatrix}1\\1\end{bmatrix}\Rightarrow\mathbf{x}_2=\begin{bmatrix}1\\0\end{bmatrix}$$

$$\Rightarrow\mathbf{P}=\begin{bmatrix}1&0\\1&0\end{bmatrix};\ \mathbf{A}=\begin{bmatrix}1&1\\1&0\end{bmatrix}\begin{bmatrix}2&1\\0&2\end{bmatrix}\begin{bmatrix}1&1\\1&0\end{bmatrix}^{-1}$$

取 $f(x)=x^{\frac{1}{2}}\Rightarrow f'(x)=\dfrac{1}{2\sqrt{x}}\Rightarrow f(\mathbf{A})=\begin{bmatrix}1&1\\0&1\end{bmatrix}\begin{bmatrix}\sqrt{2}&\dfrac{1}{2\sqrt{2}}\\0&\sqrt{2}\end{bmatrix}\begin{bmatrix}1&1\\1&0\end{bmatrix}^{-1}$

取 $f(x)=\sin x\Rightarrow f'(x)=\cos x\Rightarrow f(\mathbf{A})=\begin{bmatrix}1&1\\1&0\end{bmatrix}\begin{bmatrix}\sin 2&\cos 2\\0&\sin 2\end{bmatrix}\begin{bmatrix}1&1\\1&0\end{bmatrix}^{-1}$

取 $f(x)=\exp(x^2)$, $\Rightarrow f'(x)=2x\exp(x^2)$

$$f(\mathbf{A})=\begin{bmatrix}1&1\\1&0\end{bmatrix}\begin{bmatrix}\exp(4)&4\exp(4)\\0&\exp(4)\end{bmatrix}\begin{bmatrix}1&1\\1&0\end{bmatrix}^{-1}$$

例 36： Evaluate the functions given in the following

(a) $\mathbf{A}=\begin{bmatrix}1&0\\2&2\end{bmatrix}$ find $\exp(\mathbf{A}t)$;

(b) $\mathbf{B}=\begin{bmatrix}1&0\\2&1\end{bmatrix}$ find $\sin(\mathbf{B}t)$. （95 成大電信所）

解 (a) $\text{char}_A(\lambda)=\det(\mathbf{A}-\lambda\mathbf{I})=(\lambda-1)(\lambda-2)$

得 **A** 的 eigenvalues 為 1, 2

$$\ker(\mathbf{A}-\mathbf{I})=\ker\begin{bmatrix}0&0\\2&1\end{bmatrix}=\text{span}\left\{\begin{bmatrix}-1\\2\end{bmatrix}\right\}$$

$$\ker(\mathbf{A}-2\mathbf{I})=\ker\begin{bmatrix}-1&0\\2&0\end{bmatrix}=\text{span}\left\{\begin{bmatrix}0\\1\end{bmatrix}\right\}$$

取 $\mathbf{P}=\begin{bmatrix}-1&0\\2&0\end{bmatrix}$，則 $\mathbf{P}^{-1}\mathbf{A}\mathbf{P}=\mathbf{D}=\begin{bmatrix}1&0\\0&2\end{bmatrix}$

$$\Rightarrow\mathbf{A}=\mathbf{P}\mathbf{D}\mathbf{P}^{-1}$$

$$\Rightarrow\exp(\mathbf{A}t)=\mathbf{P}\exp(\mathbf{D}t)\mathbf{P}^{-1}=\begin{bmatrix}-1&0\\2&0\end{bmatrix}\begin{bmatrix}e^t&0\\0&e^{2t}\end{bmatrix}\begin{bmatrix}-1&0\\2&1\end{bmatrix}$$

$$=\begin{bmatrix}e^t&0\\2e^{2t}-2^{et}&e^{2t}\end{bmatrix}$$

(b)$\text{char}_B(\lambda)=\det(\mathbf{B}-\lambda\mathbf{I})=(\lambda-1)^2$

得 $\mathbf{B}$ 的 eigenvalue 為 1

$$\ker(\mathbf{B}-\mathbf{I})=\ker\begin{bmatrix}0&0\\2&0\end{bmatrix}=\text{span}\left\{\begin{bmatrix}0\\1\end{bmatrix}\right\}$$

$$\ker((\mathbf{B}-\mathbf{I})^2)=\ker\begin{bmatrix}0&0\\0&0\end{bmatrix}=\text{span}\left\{\begin{bmatrix}1\\0\end{bmatrix},\begin{bmatrix}0\\1\end{bmatrix}\right\}$$

取 $\mathbf{v}_1=\begin{bmatrix}1\\0\end{bmatrix}$, $\mathbf{v}_2=(\mathbf{B}-\mathbf{I})\mathbf{v}_1=\begin{bmatrix}0\\2\end{bmatrix}$

取 $\mathbf{P}=\begin{bmatrix}1&0\\0&2\end{bmatrix}$，則 $\mathbf{P}^{-1}\mathbf{B}\mathbf{P}=\mathbf{J}=\begin{bmatrix}1&0\\1&1\end{bmatrix}$ 或 $\mathbf{B}=\mathbf{P}\mathbf{J}\mathbf{P}^{-1}$

令 $f(x)=\sin tx$，則 $f'(x)=t\cos tx$

$$\sin(\mathbf{B}t)=f(\mathbf{B})=\mathbf{P}f(\mathbf{J})\mathbf{P}^{-1}=\mathbf{P}\begin{bmatrix}f(1)&0\\f'(1)&f(1)\end{bmatrix}\mathbf{P}^{-1}$$

$$=\begin{bmatrix}1&0\\0&2\end{bmatrix}\begin{bmatrix}\sin t&0\\t\cos t&\sin t\end{bmatrix}\begin{bmatrix}1&0\\0&\frac{1}{2}\end{bmatrix}=\begin{bmatrix}\sin t&0\\2t\cos t&\sin t\end{bmatrix}$$

例 37：　For the matrix $\mathbf{A}(t)=\begin{bmatrix}1&t^2\\0&t\end{bmatrix}$, calculate the matrix function $e^{\mathbf{A}(t)}$

（99 北科大電機）

解

$$e^{\mathbf{A}(t)}=\mathbf{P}e^{\mathbf{A}(t)}\mathbf{P}^{-1}=\begin{bmatrix}1&t^2\\0&t-1\end{bmatrix}\begin{bmatrix}e&0\\0&e^t\end{bmatrix}\begin{bmatrix}1&t^2\\0&t-1\end{bmatrix}^{-1}=\begin{bmatrix}e&\dfrac{t^2(e^t-e)}{t-1}\\0&e^t\end{bmatrix}$$

例 38：　Let T be a linear operator $T(\mathbf{v})=\mathbf{A}\mathbf{v}$, $\mathbf{v}\in R^4$, $\mathbf{A}=\begin{bmatrix}4&5&3&0\\0&-2&-4&0\\0&5&7&0\\2&5&7&2\end{bmatrix}$

(1) Find the eigenvalues and the corresponding eigenvectors of T?

(2) Determine whether or not there exists an orthonormal basis of R^4 that consists of eigenvectors of T?

(3) Find an orthonormal basis for the T-cyclic subspace of R^4 generated by $\mathbf{v}=\begin{bmatrix}0\\1\\-1\\0\end{bmatrix}$. （99 台聯大）

解 (1)$\lambda_1=3,\ \mathbf{x}_1=\begin{bmatrix}\frac{1}{5}\\-\frac{4}{25}\\\frac{1}{5}\\1\end{bmatrix},\ \lambda_2=4,\ \mathbf{x}_2=\begin{bmatrix}1\\0\\0\\1\end{bmatrix},\ \lambda_3=\lambda_4=2,\ \mathbf{x}_3=\begin{bmatrix}0\\0\\0\\1\end{bmatrix}$,

(2) does not exist

(3)

$$T(\mathbf{v})=\begin{bmatrix}2\\2\\-2\\-2\end{bmatrix}=\mathbf{v}_2$$

$$T^2(\mathbf{v})=T(\mathbf{v}_2)=\begin{bmatrix}12\\4\\-4\\-4\end{bmatrix}=\mathbf{v}_3$$

例 39： (a)Is the matrix $\mathbf{A}=\begin{bmatrix}\alpha&1&0\\0&\alpha&1\\0&0&\beta\end{bmatrix}$ defective? Why?

(b)Find $\exp(\mathbf{A}t)$. （95 成大電通所）

解 (a)$\text{char}_A(\lambda)=\det(\mathbf{A}-\lambda\mathbf{I})=-(\lambda-\alpha)^2(\lambda-\beta)$

得 $\mathbf{A}$ 的 eigenvalues 為 α, β

$\dim(\ker(\mathbf{A}-\alpha\mathbf{I}))=3-\text{rank}(\mathbf{A}-\alpha\mathbf{I})$

$$= 3 - \text{rank}\begin{bmatrix} 0 & 1 & 0 \\ 0 & 0 & 1 \\ 0 & 0 & \alpha - \beta \end{bmatrix} = 3 - 2 = 1$$

得 α 的幾何重數為 1 不等於它的代數重數 2，因此 **A** 為 defective

(b)令 $f(x) = e^{tx}$，則 $f'(x) = te^{tx}, f''(x) = t^2e^{tx}$

(1)若 $\alpha = \beta$，則 $\mathbf{A} = \begin{bmatrix} \alpha & 1 & 0 \\ 0 & \alpha & 1 \\ 0 & 0 & \alpha \end{bmatrix}$

$$\exp(\mathbf{A}) = f(\mathbf{A}) = \begin{bmatrix} f(\alpha) & f'(\alpha) & \frac{1}{2}f''(\alpha) \\ 0 & f(\alpha) & f'(\alpha) \\ 0 & 0 & f(\alpha) \end{bmatrix}$$

$$= \begin{bmatrix} e^{t\alpha} & te^{t\alpha} & \frac{1}{2}t^2e^{t\alpha} \\ 0 & e^{t\alpha} & te^{t\alpha} \\ 0 & 0 & e^{t\alpha} \end{bmatrix}$$

(2)若 $\alpha \neq \beta$,

$$\ker((\mathbf{A} - \alpha\mathbf{I})^2) = \ker\begin{bmatrix} 0 & 0 & 1 \\ 0 & 0 & \beta - \alpha \\ 0 & 0 & (\beta - \alpha)^2 \end{bmatrix} = \text{span}\left\{\begin{bmatrix} 1 \\ 0 \\ 0 \end{bmatrix}, \begin{bmatrix} 0 \\ 1 \\ 0 \end{bmatrix}\right\}$$

$$\ker(\mathbf{A} - \alpha\mathbf{I}) = \ker\begin{bmatrix} 0 & 1 & 0 \\ 0 & 0 & 1 \\ 0 & 0 & \beta - \alpha \end{bmatrix} = \text{span}\left\{\begin{bmatrix} 1 \\ 0 \\ 0 \end{bmatrix}\right\}$$

Let $\mathbf{v}_1 \in \ker((\mathbf{A} - \alpha\mathbf{I})^2) - \ker(\mathbf{A} - \alpha\mathbf{I})$

取 $\mathbf{v}_1 = \begin{bmatrix} 0 \\ 1 \\ 0 \end{bmatrix}$，則 $\mathbf{v}_2 = (\mathbf{A} - \alpha\mathbf{I})\mathbf{v}_1 = \begin{bmatrix} 1 \\ 0 \\ 0 \end{bmatrix}$

另外，$\ker(\mathbf{A} - \beta\mathbf{I}) = \ker\begin{bmatrix} \alpha - \beta & 1 & 0 \\ 0 & \alpha - \beta & 1 \\ 0 & 0 & 0 \end{bmatrix}$

$$= \text{span}\left\{\begin{bmatrix} 1 \\ \beta-\alpha \\ (\beta-\alpha)^2 \end{bmatrix}\right\}$$

取 $\mathbf{P}=\begin{bmatrix} 0 & 1 & 1 \\ 1 & 0 & \beta-\alpha \\ 0 & 0 & (\beta-\alpha)^2 \end{bmatrix}$，則 $\mathbf{P}^{-1}\mathbf{AP}=\mathbf{J}=\begin{bmatrix} \alpha & 0 & 0 \\ 1 & \alpha & 0 \\ 0 & 0 & \beta \end{bmatrix}$

$\Rightarrow \mathbf{A}=\mathbf{PJP}^{-1}$

$$\Rightarrow \exp(\mathbf{A})=f(\mathbf{A})=\mathbf{P}f(\mathbf{J})\mathbf{P}^{-1}=\mathbf{P}\begin{bmatrix} f(\alpha) & 0 & 0 \\ f'(\alpha) & f(\alpha) & 0 \\ 0 & 0 & f(\beta) \end{bmatrix}\mathbf{P}^{-1}$$

$$=\mathbf{P}\begin{bmatrix} e^{t\alpha} & 0 & 0 \\ te^{t\alpha} & e^{t\alpha} & 0 \\ 0 & 0 & e^{t\beta} \end{bmatrix}\mathbf{P}^{-1}$$

精選練習

1. 證明一 $n \times n$ matrix $\mathbf{A}$，若有 n 個獨立的 eigenvectors 則可找到一個 $n \times n$ matrix $\mathbf{P}$，使 $\mathbf{P}^{-1}\mathbf{AP}$ 為 diagonal。此 diagonal matrix 之 matrix element 與 $\mathbf{A}$ 有何關係？

2. Given $\mathbf{A}=\begin{bmatrix} 2 & 0 & -1 \\ 0 & 2 & 0 \\ -1 & 0 & 2 \end{bmatrix}$, Find the eigenvalues and the corresponding eigenvectors of $\mathbf{A}$. How do you check your results? Find the transformation which diagonalizes $\mathbf{A}$ and verify your results. Is $\mathbf{A}$ positive definite?

3. If matrix $\mathbf{A}=\begin{bmatrix} 1 & 0 & 0 \\ -1 & 0 & 0 \\ 1 & 1 & 1 \end{bmatrix}$；

   (a)Find the eigenvalus of $\mathbf{A}$

   (b)Find the normalized eigenvectors of $\mathbf{A}$

   (c)Find a matrix $\mathbf{U}$ such that $\mathbf{U}^{-1}\mathbf{AU}$ is diagonalized （81 清大原科）

4. 將 $\mathbf{A}=\begin{bmatrix} 2 & 1 & 1 \\ 1 & 2 & 1 \\ 1 & 1 & 2 \end{bmatrix}$ 正交對角化

5. $\mathbf{A}=\begin{bmatrix}3 & 0 & -2\\ 0 & 2 & 0\\ -2 & 0 & 0\end{bmatrix}$，求正交矩陣 **P**，使 $\mathbf{P}^T\mathbf{A}\mathbf{P}$ 為對角矩陣

6. Let $\mathbf{T}=R^2 \to R^2$ be the linear transformation defined by $\mathbf{T}(x, y) = (x+2y, 2x+y)$, find an orthonormal basis of eigenvectors of **T**. Write down the matrix of **T** with respect to this basis

7. 求以下矩陣 **A** 之特徵值及特徵向量，並將其正交對角化

$\mathbf{A}=\begin{bmatrix}1 & -1 & 0\\ -1 & 2 & -1\\ 0 & -1 & 1\end{bmatrix}$ （83 清大應數）

$$\mathbf{P}=\begin{bmatrix}\frac{1}{\sqrt{3}} & \frac{1}{\sqrt{2}} & \frac{1}{\sqrt{6}}\\ \frac{1}{\sqrt{3}} & 0 & \frac{-2}{\sqrt{2}}\\ \frac{1}{\sqrt{3}} & \frac{-1}{\sqrt{2}} & \frac{1}{\sqrt{6}}\end{bmatrix} \quad \mathbf{P}^{-1}\mathbf{A}\mathbf{P}=\mathbf{P}^T\mathbf{A}\mathbf{P}=\begin{bmatrix}0 & 0 & 0\\ 0 & 1 & 0\\ 0 & 0 & 3\end{bmatrix}$$

8. Find a unitary triangularization $\mathbf{U^H}\mathbf{A}\mathbf{U}=\mathbf{T}$ for the matrix

$\mathbf{A}=\begin{bmatrix}3 & 2\\ 1 & 4\end{bmatrix}$ （清大資工）

9. If the characteristic polynomial of a matrix is $(\lambda-2)^3(\lambda-5)^2$, which can be its Jordan canonical form

(a) $\begin{bmatrix}2 & 1 & 0 & 0 & 0\\ 0 & 2 & 0 & 0 & 0\\ 0 & 0 & 2 & 0 & 0\\ 0 & 0 & 0 & 5 & 1\\ 0 & 0 & 0 & 0 & 5\end{bmatrix}$ (b) $\begin{bmatrix}2 & 1 & 0 & 0 & 0\\ 0 & 2 & 1 & 0 & 0\\ 0 & 0 & 2 & 1 & 0\\ 0 & 0 & 0 & 5 & 0\\ 0 & 0 & 0 & 0 & 5\end{bmatrix}$ (c) $\begin{bmatrix}2 & 0 & 0 & 0 & 0\\ 0 & 2 & 0 & 0 & 0\\ 0 & 0 & 2 & 0 & 0\\ 0 & 0 & 0 & 5 & 1\\ 0 & 0 & 0 & 0 & 5\end{bmatrix}$ （交大）

10. $\mathbf{A}=\begin{bmatrix}0 & -3 & 1 & 2\\ -2 & 1 & -1 & 2\\ -2 & 1 & -1 & 2\\ -2 & -3 & 1 & 4\end{bmatrix}$，求 **Q** 使 $\mathbf{Q}^{-1}\mathbf{A}\mathbf{Q}$ 為 Jordan form

11. Let $\mathbf{A}=\begin{bmatrix}1 & 2\\ 3 & 0\end{bmatrix}$

(a)Find all the eigenvalue of **A**

(b)Find all the eigenvectors of **A** associated with each eigenvalue of **A**

(c)Find an invertible matrix **P** such that $\mathbf{P}^{-1}\mathbf{A}\mathbf{P}$ is diagonal

(d)compute $\mathbf{A}^{100}$

12. Let $\mathbf{A}=\begin{bmatrix}2 & 3\\ 3 & 2\end{bmatrix}$

(a)Find the eigenvalues and eigenvectors of **A**

(b)Use part (a)to compute $\mathbf{A}^{100}$ （台大資工）

13. Given $\mathbf{A}=\begin{bmatrix}3 & -1\\ 1 & 1\end{bmatrix}$

(a)find exp ($\mathbf{A}$t)

(b)find sin $\mathbf{A}$

(c)find exp ($\mathbf{A}^2 t$)

14. 已知 $\mathbf{A}=\begin{bmatrix}2 & 1\\ 0 & 2\end{bmatrix}$，求 $\mathbf{A}^n=$? （交大工工）

15. Find $\mathbf{A}^n$ if n is a positive integer and

$$\mathbf{A}=\begin{bmatrix}3 & -1 & 0\\ -1 & 2 & -1\\ 0 & -1 & 3\end{bmatrix}$$ （台科大電機）

16. Consider an orthogonal matrix $\mathbf{R}$ whose first column is $\mathbf{v}$. Form the symmetric matrix $\mathbf{A}=\mathbf{v}\mathbf{v}^T$. Find an orthogonal matrix $\mathbf{S}$ and a diagonal matrix $\mathbf{D}$ such that $\mathbf{S}^{-1}\mathbf{A}\mathbf{S}=\mathbf{D}$. Describe S in terms of $\mathbf{R}$.

17. Find the algebraic and geometric multiplicities of the matrix

$$\mathbf{A}=\begin{bmatrix}7 & 0 & 0 & 0 & 0\\ 0 & 4 & 1 & 0 & 0\\ 0 & 0 & 4 & 0 & 0\\ 0 & 0 & 0 & 7 & 0\\ 0 & 0 & 0 & 0 & 4\end{bmatrix}$$ （91 交大資科）

18. The matrix $\mathbf{A}$ is not diagonalizable when $a=$?

$$\mathbf{A}=\begin{bmatrix}a & 3 & 2\\ 0 & -10 & -8\\ 0 & 12 & 10\end{bmatrix}$$ （91 台大電機）

19. Given $\mathbf{A}=\begin{bmatrix}0 & 2 & -2\\ 0 & 1 & 0\\ 1 & -1 & 3\end{bmatrix}$, calculate (1)$\mathbf{A}^{-1}$ (2) exp ($\mathbf{A}t$) （91 輔大電子）

20. $\mathbf{A}$ is $n\times n$ matrix. λ is an eigenvalue of $\mathbf{A}$ and $\mathbf{x}$ is the corresponding eigenvector. Show that exp (λ) is an eigenvalue of exp ($\mathbf{A}$) and $\mathbf{x}$ is the corresponding eigenvector（91 成大電機）

21. Write all possible Jordan canonical form for a matrix with characteristic polynomial $x^3(x-1)^2$ （91 台大數學）

22. Find a Jordan Canonical form of the matrix

$$\mathbf{A}=\begin{bmatrix}2 & 5 & 0 & 0 & 1\\ 0 & 2 & 0 & 0 & 0\\ 0 & 0 & -1 & 0 & 0\\ 0 & 0 & 0 & -1 & 0\\ 0 & 0 & 0 & 0 & -1\end{bmatrix}$$ （91 淡江數學）

23. Let $\mathbf{A}=\begin{bmatrix}2 & -1 & -1\\ -1 & 2 & -1\\ -1 & -1 & 2\end{bmatrix}$. Find W such that $\mathbf{W^TW}=\mathbf{A}$

24. If $\mathbf{A}$ is a 2×2 matrix with trace 101 and determinant 100, then

(a)the characteristic polynomial of $\mathbf{A}$ is $\lambda^2-101\lambda+100$

(b)both $\mathbf{A}$ and $e^{\mathbf{A}}$ can be diagonalized to $\begin{bmatrix}1 & 0\\ 0 & 100\end{bmatrix}$

(c)$\mathbf{A}^{-1}$ has an eigenvalue of 0.01

(d)$\mathbf{A}^n$ has trace $10^{2n}+1$ and determinant $(-1)^n10^{2n}$

(e) none of the above （99 成大資工）

25. 若 3 階方陣 $\mathbf{A}$ 之特徵值為 $\lambda_1=1, \lambda_2=2, \lambda_3=3$，其對應之特徵向量為 $\mathbf{e}_1=[1, 1, 1]^T$，$\mathbf{e}_2=[1, 2, 4]^T$，$\mathbf{e}_3=[1, 3, 9]^T$，若 $\mathbf{y}=[1, 1, 3]^T$，求 $\mathbf{A}^n\mathbf{y}$

26. Consider the linear transformation $T(a+bx+cx^2)=a+b(2x+1)+c(2x+1)^2$ from P_2 to P_2. Is this transformation diagonalizable?

27. Consider the matrix $\mathbf{A}=\begin{bmatrix}\frac{1}{2} & \frac{3}{4}\\ \frac{1}{2} & \frac{1}{4}\end{bmatrix}$

(1) Find a formula for $\mathbf{A}^t$, for any positive integer t.

(2) Find $\lim\limits_{t\to\infty}\mathbf{A}^t$

28. Consider the linear transformation $L(\mathbf{A})=\mathbf{A}^T$ from $R^{2\times 2}$ to $R^{2\times 2}$. Is this transformation diagonalizable? If so, find an eigenbasis for L.

29. Find the Jordan form $\mathbf{B}$ of the following matrix and an invertible matrix $\mathbf{P}$ such that $\mathbf{P}^{-1}\mathbf{AP}$ is in Jordan form. What are the $\mathbf{P}$ and $\mathbf{B}$

$\mathbf{A}=\begin{bmatrix}3 & 0 & 1\\ 0 & 3 & 1\\ 0 & -1 & 1\end{bmatrix}$ （99 中原電子）

30. $\mathbf{A}=\begin{bmatrix}4 & 6 & -2\\ -1 & -1 & 1\\ 0 & 0 & c\end{bmatrix}$ is not diagonalizable if (a)$c=0$ (b)$c=1$ (c)$c=2$ (d)$c=3$ (e)none of the above （99 成大資工）

31. 考慮線性轉換 $T(a+bx+cx^2)=a+b(2x-1)+c(2x-1)^2$

(1)求此線性轉換之矩陣表示

(2)將(1)之線性轉換矩陣對角化

32. 考慮如下之動態系統

$$\mathbf{x}(n+1)=\begin{bmatrix}\frac{1}{2} & \frac{3}{4}\\ \frac{1}{2} & \frac{1}{4}\end{bmatrix}\mathbf{x}(n)\text{，}\mathbf{x}(0)=\begin{bmatrix}100\\0\end{bmatrix}$$

(1)求 $\mathbf{x}(n)$

(2)求 $\lim_{n\to\infty}\mathbf{x}(n)$

33. Let $\mathbf{A}$ be a real symmetric matrix of size n, with the spectral decomposition as $\mathbf{A}=\lambda_1 P^{(1)}+\lambda_2 P^{(2)}+\cdots+\lambda_k P^{(K)}$, where each $P^{(K)}$, $1\le k\le K$, is an orthogonal projection matrix. The range of $P^{(k)}$ is the kth eigenspace of $\mathbf{A}$.

(a) Find $\mathbf{A}^2$. (Express $\mathbf{A}^2$ by $\lambda_1,\cdots,\lambda_K$ and $P^{(1)},\cdots,P^{(2)}$.)

(b)Under what condition will $\mathbf{A}$ be invertible? If $\mathbf{A}$ is invertible, find $\mathbf{A}^{-1}$. (Express $\mathbf{A}^{-1}$ by $\lambda_1,\cdots,\lambda_K$ and $P^{(1)},\cdots,P^{(2)}$.) （99 成大電通）

34. Label the following statements as being true or false. (No explanation is needed. Each correct answer gets 2% and each wrong answer gets 0%):

(a)A set V is a vector space if V satisfies the following properties: (i)V has a zero vector; (ii) whenever $\mathbf{u}$ and $\mathbf{v}$ belong to V, then $\mathbf{u}+\mathbf{v}$ belongs to V; and (iii)whenever $\mathbf{v}$ belongs to V and c is a scalar, then $c\mathbf{v}$ belongs to V.

(b)Let $\mathbf{B}$ be an $m\times m$ invertible matrix and $\mathbf{A}$ be an $m\times n$ matrix. Then $\mathbf{A}$ and $\mathbf{BA}$ have the same reduced row echelon form.

(c)An $n\times n$ matrix $\mathbf{A}$ is diagonalizable if and only if $\mathbf{BAB}^T$ is diagonalizable.

(d)Let $\mathbf{A}$ be $n\times n$. Then rank $\mathbf{A}=$ rank $\mathbf{A}^2$

(e)If $\mathbf{B}$ is obtatined from $\mathbf{A}$ by applying a series of elementary row operations, then $\mathbf{A}$ and $\mathbf{B}$ have the same reduced row echelon form.

(f)Let $S=\{\mathbf{v}_1,\mathbf{v}_2,\cdots,\mathbf{v}_k\}$ be a linearly independent subset of R^n and $\mathbf{u}$ be a vector in $S^\perp$. Then $\{\mathbf{u},\mathbf{v}_1,\mathbf{v}_2,\cdots,\mathbf{v}_k\}$ is linearly independent.

(g)Let $\mathbf{A}$ be an $m\times n$ matrix. If $\mathbf{Au}=A\mathbf{v}$ implies $\mathbf{u}=\mathbf{v}$, then rank $\mathbf{A}=n$.

(h)If $\mathbf{v}$ is an eigenvector of A^2, then $\mathbf{v}$ is an eigenvector of A.

(i)Let $\mathbf{A}$ be $n\times n$. Then $\det(2\mathbf{A})=2\det\mathbf{A}$.

(j)If $\mathbf{v}$ is not a linear combination of $\{\mathbf{u}_1,\mathbf{u}_2,\cdots,\mathbf{u}_k\}$, then rank $[\mathbf{u}_1,\mathbf{u}_2,\cdots,\mathbf{u}_k\,\mathbf{v}]=1+$rank $[\mathbf{u}_1,\mathbf{u}_2,\cdots,\mathbf{u}_k]$. （99 台大工數 D）

35. Let $\mathbf{A}$ be an $m\times m$ matrix, please derive the necessary and sufficient condition of $\mathbf{A}$ being diagonalizable. （99 中山電機通訊）

36. Which of the following statements about the matrix $\mathbf{A}=\begin{bmatrix}3 & 0 & 0\\ -2 & 7 & 0\\ 4 & 8 & 1\end{bmatrix}$ is false?

(a)Matrix **A** is diagonalizable.

(b)Matrix **A** is expressible as a product of elementary matrices.

(c)Matrix $\mathbf{A}^T\mathbf{A}$ is ivertible.

(d)The linear system $\mathbf{Ax}=\mathbf{b}$ has exactly one solution for every vector **b**.

(e)Matrix **A** has nullity 1. （99 中正電機通訊）

37. Let $\mathbf{A}=\begin{bmatrix}0 & 0 & -2\\ 1 & 2 & 1\\ 1 & 0 & 3\end{bmatrix}$.

(a)Find the eigenvalues and eigenvectors of **A**.

(b)Find a matrix **T** and a diagonal matrix **D** such that $\mathbf{A}=\mathbf{TDT}^{-1}$.

(c)Find $\mathbf{A}^3$ and the eigenvalues of $\mathbf{A}^3$. （99 暨南通訊）

38. Let $\mathbf{A}=\begin{bmatrix}1 & 2 & -1\\ 2 & 4 & -2\\ 3 & 6 & -3\end{bmatrix}$

(a)Find the eigenvalues of **A** and the corresponding eigenvectors.

(b)Is matrix **A** diagonalizable? That is, can we find a nonsingular matrix S and a diagonal matrix **D** such that $\mathbf{S}^{-1}\mathbf{AS}=\mathbf{D}$? If the answer is "Yes", find the resulted diagonal matrix **D** and the nonsingular matrix **S** that diagonalizes **A**. On the other hand, give the reason if your answer is "No". （100 北科大電通）

39. Label the following statements as being true or false.

(a)The span of a nonempty subset S of R^n is the largest subspace that contains S.

(b)If **A** and **B** are two $n \times n$ matrices such that $\mathbf{AB}=\mathbf{BA}=0$, then either $\mathbf{A}=0$ or $\mathbf{B}=0$.

(c)The matrix representation of a linear operator on $M_{n\times n}$ is an $n \times n$ matrix.

(d)The reduced row echelon form of any orthogonal matrix is an identity matrix.

(e)Let R be the reduced row echelon form of the $m \times n$ matrix **A** with rank m. Then there is a unique invertible matrix **P** such that $\mathbf{PA}=\mathbf{R}$.

(f)Let **A** be an $m \times n$ matrix. Then there exist an $m \times m$ orthogonal matrix **U**, and $n \times n$ orthogonal matrix **V** and an $m \times n$ diagonal matrix **D** such that $A=\mathbf{UDV}$.

(g)All matrices **A** that satisfy $\mathbf{A}^2-\mathbf{A}-2\mathbf{I}=0$ are invertible.

(h)Let S be a finite non empty subset that spans R^n. Let T and U be linear operators on R^n such that $T(\mathbf{v})=U(\mathbf{v})$ for every **v** is S. Then $T=U$.

(i)The unique least norm solution to $\mathbf{Ax}=\mathbf{b}$ is the orthogonal projection of **b** onto Col **A**.

(j)A set of eigenvectors corresponding to distinct eigenvalues of a matrix is orthogonal.

（95 台大工數 D）

40. Lable the following statements as being true or false. (No explanation is needed. Each correct answer gets 2% and each wrong answer gets 0%):

(a)If an $n \times n$ matrix is not invertible, then it has an eigenvector in R^n.

(b)We can always define infinitely many inner products for an inner product space.

(c)Let $\mathbf{A} \in R^{m \times n}$ and $\mathbf{R}$ be its reduced row echelon form. Then the span of column of $\mathbf{R}$ is equal to the span of columns of $\mathbf{A}$.

(d)If two $n \times n$ matrices have the same characteristic polynomial, then they are similar.

(e)If S is a linearly independent subset such that every vector in V can be written as a linear combination of the vectors in S. Then S is a basis for V.

(f)Let $\mathbf{A}$ be an $n \times n$ matrix and $\|\mathbf{Av}\| = \|\mathbf{v}\|$ for every $\mathbf{v}$ in R^n. Then $\mathbf{A}$ is orthogonal.

(g)Every matrix in $M_{5 \times 5}(R)$ has an eigenvector in R^5.

(h)Given any $\mathbf{A}$ in $M_{5 \times 5}(R)$, $\mathbf{AA}^T$ is always diagonalizable.

(i)Let $\mathbf{A}$ and $\mathbf{B}$ be $n \times n$ matrices. Suppose that $\mathbf{B}$ is not invertibel. Then rank $\mathbf{AB} <$ rank $\mathbf{A}$.

(j)Let $\{\mathbf{v}_1, \mathbf{v}_2, \mathbf{v}_3, \mathbf{v}_4\}$ be a linearly independent subset of R^5 and let T: $R^5 \to R^4$ be linear. Then $\{T(\mathbf{v}_1), T(\mathbf{v}_2), T(\mathbf{v}_3), T(\mathbf{v}_4)\}$ cannot be a linearly independent subset of R^4.

（93 台大工數 D）

41. Let $\mathbf{A}$ be a real-valued $n \times n$ matrix. If "$\mathbf{A}$ is nonsingular," which of the following statements are true? (Proof is not needed. Simply choose the statements.)

(a)$\mathbf{A}^T$ is invertible.

(b)The dimension of the nullspace of $\mathbf{A}$ is 1.

(c)The rank of $\mathbf{A}$ is n.

(d)$\mathbf{A}$ is diagonalizable.

(e)The column vectors of $\mathbf{A}$ form a basis for R^n, where R is the set of real numbers.

(f)The homogeneous system of n linear equations in n unknowns represented by $\mathbf{A}$ has nontrivial solutions.

(g)The determinant of $\mathbf{A}^{100} > 0$.

(h)The dimension of the row space of $\mathbf{A}^2 + 9\mathbf{A}$ is n.

(i)The column vectors of $\mathbf{A}$ are linearly independent.

(j)The determinant of $\mathbf{A}^2 + 4\mathbf{A} = 0$.

(k)$\lim_{n \to \infty} \mathbf{A}^n = 0$.

(l)The eigenvectors of $\mathbf{A}$ span R^n.

(m)There exists a matrix $\mathbf{B}$ that is similar to $\mathbf{A}$.

(n)$\mathbf{A}$ can be a transition matrix with respect to some ordered basis to the standard basis.

(o)0 is an eigenvalue of $\mathbf{A}$. （92 清華通訊）

42. For the following three questions, please find the true statements. (Proofs are not needed and no partial credits will be given for each question.)

(I)If $v_1, v_2, \cdots, v_n$ are elements of a vector space V and W is a subset of V.

(A)W forms a subspace of V.

(B)If $v_1, v_2, \cdots, v_n$ are linearly dependent, then each v_1, where $1 \le i \le n$, can be expressed as a linear combination of the rest $(n-1)$ vectors.

(C)If $v_1, v_2, \cdots, v_n$ span V, then $\{v_1, v_2, \cdots, v_n\}$ is a minimal spanning set it and only if $v_1, v_2, \cdots, v_n$ are linearly independent.

(D)If $av_1 = bv_1$, then $a = b$, where a and b are both scalars.

(E)If $v_1, v_2, \cdots, v_n$ form a basis of V, and W is a subspace of V, we may find a set of basis vectors of W form $v_1, v_2, \cdots, v_n$.

(II)Let $\mathbf{A}$ and $\mathbf{B}$ be two $n \times n$ matrices and x be an $n \times 1$ column vector.

(A)If $\mathbf{A}$ and $\mathbf{B}$ are both diagonalizable, then $\mathbf{A}$ and $\mathbf{B}$ eommute.

(B)If $\mathbf{A}$ is diagonalizable, then $\mathbf{A}$ has at least one eigenvalue.

(C)If λ is an eigenvalue of $\mathbf{A}$, $(\mathbf{A} - \lambda\mathbf{I})\mathbf{x} = 0$ has only trivial solutions.

(D)If $\mathbf{A}$ is symmetric, it has real eigenvalues and is diagonalizable.

(E)If $\mathbf{A}$ and $\mathbf{B}$ are both nonsingular, there exists a unique inverse matrix of $\mathbf{AB}$.

(III)Let L_1 and L_2 be linear transformations from R^2 into R^2, where R is the set of real numbers.

(A)If $L_1(x_1) = L_1(x_2)$, then vectors x_1 and x_2 must be equal.

(B)If $x \in \ker(L_1)$, where $\ker(L_1)$ is the kernel of L_1, then $L_1(x+v) = L_1(v)$ for all $v \in R^2$.

(C)If $L_1 + L_2$ is the mapping deseribed by $(L_1+L_2)(v) = L_1(v) + L_2(v)$ for all $v \in R^2$, then $L_1 + L_2$ is also a linear transformation.

(D)If L_1 rotates each vector by 60° and then reflects the resulting vector about the x-axis and L_2 also does the same two operations but in the reverse order, then $L_1 = L_2$.

(E)Let A be the standard matrix representation of L_1. If L_1^2 is defined by $L_1^2(x) = L_1(L_1(x))$ for all $x \in R^2$, then L_1^2 is a linear transformation and its standard matrix representation is A^2. （93 清華通訊）

43. For the following matrices

$$\mathbf{A} = \begin{bmatrix} -2 & 0 & -36 \\ 0 & -3 & 0 \\ -36 & 0 & -23 \end{bmatrix}, \mathbf{B} = \begin{bmatrix} 2 & 1 & 1 \\ -1 & 2 & 1 \\ -1 & -1 & 2 \end{bmatrix}, \mathbf{C} = \begin{bmatrix} 4 & 2 & 3 \\ 4 & 5 & 6 \\ 7 & 8 & 9 \end{bmatrix}$$

(i)determine whether they are orthogonally diagonalizable;

(ii)find the orthogonal matrices that diagonalize them if they are orthogonally diagonalizable. （92 交大電信）

44. If $\mathbf{A}$ and $\mathbf{B}$ are square matrices and there is an invertible matrix $\mathbf{P}$ such that $\mathbf{B}=\mathbf{P}^{-1}\mathbf{A}\mathbf{P}$ (i.e., $\mathbf{A}$ and $\mathbf{B}$ are similar),

(i)prove that $\mathbf{A}$ and $\mathbf{B}$ have the same determinant;

(i)prove that $\mathbf{A}$ and $\mathbf{B}$ have the same eigenvalues;

(iii)if $\mathbf{x}$ is an eigenvector of $\mathbf{A}$ corresponding to an eigenvalue λ of $\mathbf{A}$, find an eigenvector of $\mathbf{B}$ corresponding to the eigenvalue λ. （92 交大電信）

45. Find a matrix $\mathbf{Q}$ such that $\mathbf{Q}^{-1}\mathbf{A}\mathbf{Q}$ is a diagonal matrix for $\mathbf{A}=\begin{bmatrix} 3 & 1 & 1 \\ 2 & 4 & 2 \\ -1 & -1 & 1 \end{bmatrix}$

（92 中央通訊）

46. Show that if $\mathbf{A}$ is diagonalizable, then

(a)$\mathbf{A}^T$ is diagonalizable.

(b)$\mathbf{A}^T$ is diagonalizable, where k is a positive integer. （93 北科大電通）

9 矩陣之綜合應用

Every man is the master of his own fortune.

——R. Steele

9-1 雙線式及二次式

定義：雙線式（Bilinear Form）

二組變數$\{x_1, x_2, \cdots, x_n\}$，$\{y_1, y_2, \cdots, y_n\}$經由如下的關係組合而成：

$$\begin{aligned} B = \sum_{i=1}^{n}\sum_{j=1}^{n} a_{ij} x_i y_i &= a_{11} x_1 y_1 + a_{12} x_1 y_2 + \cdots + a_{1n} x_1 y_n \\ &+ a_{21} x_2 y_1 + a_{22} x_2 y_2 + \cdots + a_{2n} x_2 y_n \\ &+ \cdots \\ &+ a_{n1} x_1 y_1 + a_{n2} x_1 y_2 + \cdots + a_{nn} x_n y_n \end{aligned} \tag{1}$$

(1)可表為矩陣型式，令 $\mathbf{x} = [x_1, x_2, \cdots, x_n]^T$，$\mathbf{y} = [y_1, y_2, \cdots, y_n]^T$ 係數排列成矩陣 $\mathbf{A}$，則(1)變為

$$B = [x_1 \quad \cdots \quad x_n]\begin{bmatrix} a_{11} & \cdots & a_{1n} \\ \vdots & \ddots & \vdots \\ a_{n1} & \cdots & a_{nn} \end{bmatrix}\begin{bmatrix} y_1 \\ \vdots \\ y_n \end{bmatrix} = \mathbf{x}^T \mathbf{A} \mathbf{y} \tag{2}$$

則 B 稱為二組變數 $\mathbf{x}, \mathbf{y}$ 的雙線式。若將變數 $\mathbf{x}, \mathbf{y}$ 用新變數 $\mathbf{x}', \mathbf{y}'$ 代換

$$\mathbf{x} = \mathbf{P}\mathbf{x}'，\mathbf{y} = \mathbf{P}\mathbf{y}'$$

代入(2)式可得

$$\mathbf{B} = \mathbf{x}^T \mathbf{A} \mathbf{y} = \mathbf{x}'^T (\mathbf{P}^T \mathbf{A} \mathbf{P}) \mathbf{y}' \tag{3}$$

以上之變數轉換可看成以非奇異方陣 $\mathbf{P}$ 之行向量為新基底的基底變換，（$\mathbf{x}'$ 可看成在新基底下的座標，而 $\mathbf{x}$ 為在標準基底下的座標）。矩陣 $\mathbf{A}$ 之變換$(\mathbf{P}^T\mathbf{A}\mathbf{P})$稱為相合變換（Congruent transform）。而在上一

章對角化時所進行的是相似變換（Similar transform）$(\mathbf{P}^{-1}\mathbf{AP})$二者之間的差異在 $\mathbf{A}$ 是實對稱方陣時是可以消除的，因為當 $\mathbf{A}=\mathbf{A}^T$，$\mathbf{A}$ 的特徵向量彼此間正交，$\mathbf{A}$ 必定可以被正交對角化，故 $\mathbf{P}$ 為正交矩陣，$\mathbf{P}^T=\mathbf{P}^{-1}$

定義：二次式（Quadratic Form）

若令(2)式中的雙線式中的 $\mathbf{x}=\mathbf{y}$，亦即考慮的是同一組變數之組合關係：

$$
\begin{aligned}
Q(\mathbf{x}) = \sum_{i=1}^{n}\sum_{j=1}^{n} a_{ij}x_iy_i &= a_{11}x_1{}^2 + a_{12}x_1x_2 + \cdots + a_{1n}x_nx_1 \\
&\quad + a_{21}x_2x_1 + a_{22}x_2{}^2 + \cdots + a_{2n}x_nx_2 \\
&\quad \vdots \\
&\quad + a_{1n}x_nx_1 + a_{1n}x_nx_2 + \cdots + a_{nn}x_n{}^2 \\
&= a_{11}x_1{}^2 + (a_{12}+a_{21})x_1x_2 + \cdots + (a_{1n}+a_{n1})x_1x_n \\
&\quad + a_{22}{}^2x_2{}^2 + \cdots + (a_{2n}+a_{n2})x_2x_n \\
&\quad + \cdots\cdots\cdots\cdots\cdots \\
&\quad + a_{nn}x_n{}^2 \\
&= \mathbf{x}^T\mathbf{A}\mathbf{x}
\end{aligned} \tag{4}
$$

關於方陣 $\mathbf{A}$ 的形式可以有無限多種，但是其中恰有一種是實對稱矩陣如：

$$
Q(\mathbf{x}) = 6x_1^2 - 3x_1x_2 + 2x_2^2 = [x_1 \quad x_2]\begin{bmatrix} 6 & -3 \\ 0 & 2 \end{bmatrix}\begin{bmatrix} x_1 \\ x_n \end{bmatrix} = \mathbf{x}^T\begin{bmatrix} 6 & -4 \\ 1 & 2 \end{bmatrix}\mathbf{x}
$$

若表成對稱矩陣，則只有一種表示法

$$
\mathbf{C} = \frac{1}{2}(\mathbf{A}+\mathbf{A}^T) = \begin{bmatrix} 6 & -\frac{3}{2} \\ -\frac{3}{2} & 2 \end{bmatrix}
$$

觀念提示：討論二次式之主要目的是研究多變數函數 $Q(\mathbf{x})$ 之極值，因其在工程上表示最佳化之值以及發生的位置。

定義：二次式 $Q(\mathbf{x})$ 其中 $\mathbf{x}=[x_1, x_2, \cdots, x_n]^T \in \mathbf{R}^{n\times 1}$

(1)若對於 $\forall \mathbf{x}=0$，恆有 $Q(\mathbf{x})>0$ 則稱 $Q(\mathbf{x})$ 為恆正二次式

如：$x_1^2+x_2^2$

(2)若對於 $\forall \mathbf{x}\neq 0$，恆有 $Q(\mathbf{x})<0$ 則稱 $Q(\mathbf{x})$ 為恆負二次式

如：$-(x_1^2+x_2^2)$

(3)若對於 $\forall \mathbf{x}\neq 0$，恆有 $Q(\mathbf{x})\geq 0$ 則稱 $Q(\mathbf{x})$ 為半恆正二次式

如：$(x_1-x_2)^2$

(4)若對於 $\forall \mathbf{x}\neq 0$，恆有 $Q(\mathbf{x})\leq 0$ 則稱 $Q(\mathbf{x})$ 為半恆負二次式

如：$-(x_1-x_2)^2$

觀念提示：研究二次式之恆性可藉以判斷多變數函數的極值。

對於單變數可微分函數 $f(x)$ 若 $f'(x)|_{x=0}=0$，則觀察其泰勒級數展開式

$$f(x)=f(0)+xf'(0)+\frac{x^2}{2}f''(0)+\frac{x^2}{3!}f'''(0)+\cdots\approx f(0)+\frac{x^2}{2}f''(0)$$

可知

$f'(0)=0$，$f''(0)>0$，則 $f(x)$ 在 $x=0$ 有一相對極小值

$f'(0)=0$，$f''(0)<0$，則 $f(x)$ 在 $x=0$ 有一相對極大值

推廣至多變函數 $f(x_1, x_2)$ 在原點展開的 Taylor 級數為：

$$f(x_1, x_2)\approx f(0,0)+x_1f_{x_1}(0,0)+x_2f_{x_2}(0,0)$$
$$+\frac{1}{2!}[x_1^2f_{x_1x_1}(0,0)+2x_1x_2f_{x_1x_2}(0,0)+x_2^2f_{x_2x_2}(0,0)] \tag{5}$$

假設(5)式滿足 $f_{x_1}(0,0)=f_{x_2}(0,0)=0$，則顯然的[ ]內二次式的正負性，便決定了函數的極值。二次式的正負性與係數矩陣 $\mathbf{A}$ 息息相關。

$$f(x_1, x_2)-f(0,0)\approx\frac{1}{2!}\mathbf{x}^T\begin{bmatrix} f_{x_1x_1}(0,0) & f_{x_1x_2}(0,0) \\ f_{x_1x_2}(0,0) & f_{x_2x_2}(0,0)\end{bmatrix}\mathbf{x} \tag{6}$$

定義：矩陣之正定與半正定

對於 $\mathbf{A} \in C^{n\times n}$，$\mathbf{A} = \mathbf{A}^H$，$\forall \mathbf{x} \in C^{n\times 1} \backslash \{0\}$

(1)正定矩陣：$\mathbf{x}^H\mathbf{A}\mathbf{x} > 0$

(2)半正定矩陣：$\mathbf{x}^H\mathbf{A}\mathbf{x} \geq 0$

定理 9-1：

(1)若 $\mathbf{A}$，$\mathbf{B}$ 均正定，則 $\mathbf{A}+\mathbf{B}$ 亦為正定

(2)若 $\mathbf{A}$ 正定，$\alpha \in R, \alpha > 0$，則 $\alpha\mathbf{A}$ 亦正定

(3)若 $\mathbf{A}$ 正定，$\mathbf{P}$ 可逆，則 $\mathbf{P}^H\mathbf{A}\mathbf{P}$ 亦正定

(4)若 $\mathbf{A}$ 正定，則 $\mathbf{A}$ 可逆，且 $\mathbf{A}^{-1}$ 亦正定

定義： $\mathbf{A}_1 = a_{11}, \mathbf{A}_2 = \begin{bmatrix} a_{11} & a_{12} \\ a_{21} & a_{22} \end{bmatrix}, \mathbf{A}_3 = \begin{bmatrix} a_{11} & a_{12} & a_{13} \\ a_{21} & a_{22} & a_{23} \\ a_{31} & a_{32} & a_{33} \end{bmatrix}, \cdots$

定義： principle minors

$$\Delta_k = |\mathbf{A}_k| = \begin{vmatrix} a_{11} & \cdots & a_{1k} \\ \vdots & \ddots & \vdots \\ a_{k1} & \cdots & a_{kk} \end{vmatrix}$$

定理 9-2：

(1)$\mathbf{A} \in C^{n\times n}$ 下列各敘述等價

1. $\mathbf{A}$ 為正定

2. $\mathbf{A} = \mathbf{A}^H$，且所有 $\mathbf{A}$ 的 principle minors > 0

$$a_{11} > 0, \begin{vmatrix} a_{11} & a_{12} \\ a_{21} & a_{22} \end{vmatrix} > 0, \begin{vmatrix} a_{11} & a_{12} & a_{13} \\ a_{21} & a_{22} & a_{23} \\ a_{31} & a_{32} & a_{33} \end{vmatrix} > 0, \cdots$$

3. $\mathbf{A} = \mathbf{A}^H$，且所有 $\mathbf{A}$ 的特徵值都是正實數

4. 存在可逆方陣 $\mathbf{B}$ 使 $\mathbf{A} = \mathbf{B}^H\mathbf{B}$

5. 存在可逆 Hermitian matrix $\mathbf{B}$，使 $\mathbf{A} = \mathbf{B}^2$

(2) $\mathbf{A} \in R^{n \times n}$ 下列各敘述等價

1. $\mathbf{A}$ 為正定
2. $\mathbf{A} = \mathbf{A}^T$，且所有 $\mathbf{A}$ 的 principle minors > 0
3. $\mathbf{A} = \mathbf{A}^T$，且所有 $\mathbf{A}$ 的特徵值都是正實數 > 0
4. 存在可逆方陣 $\mathbf{P}$ 使 $\mathbf{A} = \mathbf{P}^T\mathbf{P}$
5. 存在可逆實對稱矩陣 $\mathbf{B}$，使 $\mathbf{A} = \mathbf{B}^2$

證明：僅就 $\mathbf{A} \in R^{n \times n}$ 部分證明，$\mathbf{A} \in C^{n \times n}$ 部分可類推

若 $\mathbf{A}$ 為正定則有

$[x_1 \quad 0 \quad \cdots \quad 0]\mathbf{A}[x_1 \quad 0 \quad \cdots \quad 0]^T = x_1^2 a_{11} > 0,\ \forall x_1 \in R$

$\therefore a_{11} > 0$

同理

$[x_1 \quad x_2 \quad \cdots \quad 0]\mathbf{A}[x_1 \quad x_2 \quad \cdots \quad 0]^T = [x_1 \quad x_2]\begin{bmatrix} a_{11} & a_{12} \\ a_{21} & a_{22} \end{bmatrix}[x_1 \quad x_2]^T > 0,$

$\forall x_1, x_2 \in R$

$\therefore \mathbf{A}_2 = \begin{bmatrix} a_{11} & a_{12} \\ a_{21} & a_{22} \end{bmatrix}$ is positive definite $\Rightarrow \Delta_2 = \begin{vmatrix} a_{11} & a_{12} \\ a_{21} & a_{22} \end{vmatrix} = \lambda_1\lambda_2 > 0$

同理可得

$\mathbf{A}_3 = \begin{bmatrix} a_{11} & a_{12} & a_{13} \\ a_{21} & a_{22} & a_{23} \\ a_{31} & a_{32} & a_{33} \end{bmatrix}$ is positive definite $\Rightarrow \Delta_3 = \begin{vmatrix} a_{11} & a_{12} & a_{13} \\ a_{21} & a_{22} & a_{23} \\ a_{31} & a_{32} & a_{33} \end{vmatrix} = \lambda_1\lambda_2\lambda_3$

> 0

依此類推，可得所有 $\mathbf{A}$ 的 principle minors > 0

5. $\mathbf{A} = \mathbf{PDP}^{-1}$ where $\mathbf{D} = \text{diag}(\lambda_1, \cdots \lambda_n)$; $\lambda_i > 0$

Let $\lambda_i = u_i^2$

$\Rightarrow \mathbf{A} = \mathbf{PD}^{\frac{1}{2}}\mathbf{P}^{-1}\mathbf{PD}^{\frac{1}{2}}\mathbf{P}^{-1} = \mathbf{B}^2$

4. $\mathbf{A} = \mathbf{B}^2$, $\mathbf{B} = \mathbf{B}^H$, $\mathbf{B}^{-1}$ exist $\Rightarrow \mathbf{A} = \mathbf{B}^H\mathbf{B}$

定義：（負定矩陣）

對於 $\mathbf{A} \in C^{n \times n}$，$\forall \mathbf{x} \in C^{n \times 1} \backslash \{\mathbf{0}\}$，

(1)**A** 為負定矩陣 ⇔ $\mathbf{x}^H\mathbf{A}\mathbf{x} < 0$

(2)**A** 為半負定矩陣 ⇔ $\mathbf{x}^H\mathbf{A}\mathbf{x} \le 0$

定理 9-3：

(1) $\mathbf{A} \in R^{n\times n}$，若 **A** 為負定，則 $\mathbf{A} = \mathbf{A}^T$，且所有 **A** 的特徵值都是負實數

(2) $\mathbf{A} \in C^{n\times n}$，若 **A** 為負定，則 $\mathbf{A} = \mathbf{A}^H$，且所有 **A** 的特徵值都是負實數

(3) $\mathbf{A} \in R^{n\times n}$，若 **A** 為負定，則 $\Delta_1 < 0,\ \Delta_2 > 0,\ \Delta_3 < 0, \cdots$

若 **A** 為負定則有

$[x_1 \quad 0 \quad \cdots \quad 0]\mathbf{A}\,[x_1 \quad 0 \quad \cdots \quad 0]^T = x_1^2 a_{11} < 0,\ \forall x_1 \in R$

$\therefore \Delta_1 = a_{11} < 0$

同理

$[x_1 \quad x_2 \quad \cdots \quad 0]\mathbf{A}\,[x_1 \quad x_2 \quad \cdots \quad 0]^T = [x_1 \quad x_2]\begin{bmatrix} a_{11} & a_{12} \\ a_{21} & a_{22} \end{bmatrix}[x_1 \quad x_2]^T < 0, \forall x_1,$

$x_2 \in R$

$\therefore \mathbf{A}_2 = \begin{bmatrix} a_{11} & a_{12} \\ a_{21} & a_{22} \end{bmatrix}$ is negative definite $\Rightarrow \Delta_2 = \begin{vmatrix} a_{11} & a_{12} \\ a_{21} & a_{22} \end{vmatrix} = \lambda_1\lambda_2 > 0$

同理可得

$\mathbf{A}_3 = \begin{bmatrix} a_{11} & a_{12} & a_{13} \\ a_{21} & a_{22} & a_{23} \\ a_{31} & a_{32} & a_{33} \end{bmatrix}$ is negative definite $\Rightarrow \Delta_2 = \begin{vmatrix} a_{11} & a_{12} & a_{13} \\ a_{21} & a_{22} & a_{23} \\ a_{31} & a_{32} & a_{33} \end{vmatrix} = \lambda_1\lambda_2\lambda_3 > 0$

$\therefore \Delta_{2k} > 0,\ \Delta_{2k+1} < 0$

例 1： 判斷下列矩陣是否為正定（Positive definite）。

（95 銘傳，統資）

(a) $\begin{bmatrix} 2 & 1 \\ 1 & -3 \end{bmatrix}$ (b) $\begin{bmatrix} 4 & 1 & 0 \\ 1 & 1 & 2 \\ 0 & 2 & 1 \end{bmatrix}$ (c) $\begin{bmatrix} 2 & 1 & 0 & 0 \\ 1 & 3 & 0 & 0 \\ 0 & 0 & 2 & -1 \\ 0 & 0 & -1 & 1 \end{bmatrix}$

解 (a)假設 $\mathbf{A}=\begin{bmatrix}2 & 1\\ 1 & -3\end{bmatrix}$，$\Delta_1(\mathbf{A})=\det(2)=2>0$ 且 $\Delta_2(\mathbf{A})=\det(\mathbf{A})$
$=-7<0$
所以 **A** 不為正定

(b)假設 $\mathbf{A}=\begin{bmatrix}4 & 1 & 0\\ 1 & 1 & 2\\ 0 & 2 & 1\end{bmatrix}$，$\Delta_1(\mathbf{A})=\det(4)=4>0$，$\Delta_2(\mathbf{A})=\det$
$\begin{bmatrix}4 & 1\\ 1 & 1\end{bmatrix}=3>0$，$\Delta_3(\mathbf{A})=\det(\mathbf{A})=-13<0$，所以 A 不為正定

(c)假設 $\mathbf{A}=\begin{bmatrix}2 & 1 & 0 & 0\\ 1 & 3 & 0 & 0\\ 0 & 0 & 2 & -1\\ 0 & 0 & -1 & 1\end{bmatrix}$，$\Delta_1(\mathbf{A})=\det[2]=2>0$，$\Delta_2(\mathbf{A})=$
$\det\begin{bmatrix}2 & 1\\ 1 & 3\end{bmatrix}=5>0$，$\Delta_3(\mathbf{A})=\det\begin{bmatrix}2 & 1 & 0\\ 1 & 3 & 0\\ 0 & 0 & 2\end{bmatrix}=10>0$，$\Delta_4(\mathbf{A})=$
$\det(\mathbf{A})=5>0$，所以 **A** 為正定

＊二次式的簡化

$Q(\mathbf{x})=\mathbf{x}^T\mathbf{A}\mathbf{x}$，取 **A** 為實對稱方陣，因 **A** 必可被正交對角化，取 **A** 的一組正交且單一化的特徵向量 $\{\mathbf{e}_1, \cdots, \mathbf{e}_n\}$ 作基底，進行變數轉換，令 $\mathbf{P}=[\mathbf{e}_1, \cdots, \mathbf{e}_n]$，$\mathbf{x}=\mathbf{P}\mathbf{x}'$

$$\begin{aligned}Q(\mathbf{x})&=\mathbf{x}^T\mathbf{A}\mathbf{x}=(\mathbf{P}\mathbf{x}')^T\mathbf{A}(\mathbf{P}\mathbf{x}')\\ &=\mathbf{x}'^T(\mathbf{P}^T\mathbf{A}\mathbf{P})\mathbf{x}'=\mathbf{x}'^T(\mathbf{P}^{-1}\mathbf{A}\mathbf{P})\mathbf{x}'\\ &=\mathbf{x}'^T\mathbf{D}\mathbf{x}' \qquad (7)\end{aligned}$$

(7)式稱為 $Q(\mathbf{x})$ 之正則式

定理 9-4：主軸定理

任何 n 變數二次式 $Q(\mathbf{x})=\mathbf{x}^T\mathbf{A}\mathbf{x}$，必然存在正交單位基底，且必可經由基底變換使得二次式變為正則式

$Q(\mathbf{x}')=\lambda_1 x_2'^2+\lambda_2 x_2'^2+\cdots+\lambda_n x_n'^2$

其中$\{\lambda_i\}$為$\mathbf{A}$之特徵值

二次式在轉化為正則式後，恆性判定變得相當容易；由(6)及(7)式可明顯的看出，若$\mathbf{A}$之所有特徵值為正，則$Q(\mathbf{x}')$為恆正，反之，若$\mathbf{A}$之所有特徵值為負，則$Q(\mathbf{x}')$為恆負，此亦印證了定理 9-2 與 9-3。另外，由定理 9-2 與 9-3 可衍生出以下定理

定理 9-5：

對於二階偏導數存在且連續之函數$f(x, y, z)$而言，若在位置(x_0, y_0, z_0)有$f_x = f_y = f_z = 0$並且

(1)$f_{xx} > 0$，$\begin{vmatrix} f_{xx} & f_{xy} \\ f_{yx} & f_{yy} \end{vmatrix} > 0$, $\begin{vmatrix} f_{xx} & f_{xy} & f_{zx} \\ f_{xy} & f_{yy} & f_{yz} \\ f_{xz} & f_{yz} & f_{zz} \end{vmatrix} > 0$ 則

$f(x, y, z)$在(x_0, y_0, z_0)具相對極小值

(2)$f_{xx} < 0$，$\begin{vmatrix} f_{xx} & f_{xy} \\ f_{yx} & f_{yy} \end{vmatrix} > 0$, $\begin{vmatrix} f_{xx} & f_{xy} & f_{zx} \\ f_{xy} & f_{yy} & f_{yz} \\ f_{xz} & f_{yz} & f_{zz} \end{vmatrix} < 0$ 則

$f(x, y, z)$在(x_0, y_0, z_0)具相對極大值

(3)否則為一 Saddle point

例 2：　Test for all real vectors (x, y, z), $f(x, y, z) = 5xy + 2xz - 5y^2 + 4yz - 3z^2$ is positive definite, or not?　（95 彰師，統資）

解

令$\mathbf{x} = \begin{bmatrix} x \\ y \\ z \end{bmatrix}$, $\mathbf{A} = \begin{bmatrix} 0 & \frac{5}{2} & 1 \\ \frac{5}{2} & -5 & 2 \\ 1 & 2 & -3 \end{bmatrix}$，則$f(x, y, z) = \mathbf{x}^{\mathbf{T}}\mathbf{A}\mathbf{x}$

因為$\Delta_1(\mathbf{A}) = \det[0] = 0$不為正，所以$\mathbf{A}$不為正定矩陣，因此$f$不為 positive definite

例 3： 矩陣 $\mathbf{B}$ 為任意非奇異實方陣，試證明：$\mathbf{B}^T\mathbf{B}$ 必為實對稱且恆正 （交大運輸）

解 $(\mathbf{B}^T\mathbf{B})^T=\mathbf{B}^T(\mathbf{B}^T)^T=\mathbf{B}^T\mathbf{B}\Rightarrow\mathbf{B}^T\mathbf{B}$ 為對稱

$\because\mathbf{B}$ 為非奇異 $\Rightarrow$ 若 $\mathbf{y}=\mathbf{B}\mathbf{x}$，且 $\mathbf{x}$ 不為零向量，$\mathbf{y}$ 必為非零向量

$\because\mathbf{y}^T\mathbf{y}>0\Rightarrow(\mathbf{B}\mathbf{x})^T(\mathbf{B}\mathbf{x})>0$

$\Rightarrow\mathbf{x}^T\mathbf{B}^T\mathbf{B}\mathbf{x}>0$

$\therefore\mathbf{B}^T\mathbf{B}$ 恆正

例 4： Let $\mathbf{A}$ be a $n\times n$ symmetric matrix. Show that $\mathbf{A}$ and its quadratic form $\mathbf{x}^{\mathbf{T}}\mathbf{A}\mathbf{x}$ are positive definite if each of the eigenvalue of $\mathbf{A}$ is positive

解 $\mathbf{A}$ is symmetric 且 n 個特徵值 $\lambda_1, \lambda_2, \cdots\lambda_n$ 均大於 0

$\Rightarrow\mathbf{A}$ 必存在 n 個線性獨立特徵向量 $\mathbf{x}_1, \mathbf{x}_2, \cdots\mathbf{x}_n$ 且彼此正交

$\Rightarrow\mathbf{A}$ 之特徵向量必可形成一正交矩陣 $\mathbf{P}=[\mathbf{x}_1, \mathbf{x}_2, \cdots\mathbf{x}_n]$ 使得 $\mathbf{P}^{-1}=\mathbf{P}^T$，且 $\mathbf{P}^{-1}\mathbf{A}\mathbf{P}=\mathbf{D}$

利用座標變換 $\mathbf{x}=\mathbf{P}\mathbf{y}$ 代入二次式 $\mathbf{Q}=\mathbf{x}^T\mathbf{A}\mathbf{x}$ 中

$$Q=\mathbf{x}^T\mathbf{A}\mathbf{x}=(\mathbf{P}\mathbf{y})^T\mathbf{A}(\mathbf{P}\mathbf{y})=\mathbf{y}^T(\mathbf{P}^T\mathbf{A}\mathbf{P})\mathbf{y}=\mathbf{y}^T\mathbf{D}\mathbf{y}$$
$$=\lambda_1 y_1^2+\lambda_2 y_2^2+\cdots+\lambda_n y_n^2$$

因 $\lambda_1, \lambda_2, \cdots\lambda_n>0$，故 $Q\geq 0$，其中等號僅發生在 $y_1=y_2=\cdots=y_n=0$，故二次式 Q 正定

例 5： 證明若 $\mathbf{A}$ 為 Hermitian matrix，則任何 $\mathbf{x}\in C^n$ 恆使 $\mathbf{x}^H\mathbf{A}\mathbf{x}$ 為實數 （83 交大應數，82 中央電機）

解 $\overline{\mathbf{x}^H\mathbf{A}\mathbf{x}}=\mathbf{x}^T\overline{\mathbf{A}\mathbf{x}}=(\overline{\mathbf{A}\mathbf{x}})^T\mathbf{x}=(\mathbf{A}\mathbf{x})^H\mathbf{x}=\mathbf{x}^H\mathbf{A}^H\mathbf{x}=\mathbf{x}^H\mathbf{A}\mathbf{x}$

$\mathbf{x}^H\mathbf{A}\mathbf{x}$ 與共軛後結果相同，故 $\mathbf{x}^H\mathbf{A}\mathbf{x}$ 為實數

例 6： Suppose that **A**, **B**, and **C** are $P \times P$ Hermitian and positive definite matrices. Show that if det $(\mathbf{A}+\lambda\mathbf{B}+\lambda^2\mathbf{C})=0$ then the real part of λ is negative （交大機械）

解

$|\mathbf{A}+\lambda\mathbf{B}+\lambda^2\mathbf{C}|=0 \quad \Rightarrow (\mathbf{A}+\lambda\mathbf{B}+\lambda^2\mathbf{C})\mathbf{x}=\mathbf{0}$ 必存在非零解

$\mathbf{x}^T(\mathbf{A}+\lambda\mathbf{B}+\lambda^2\mathbf{C})\mathbf{x}=\mathbf{x}^T0=0$

$\Rightarrow \mathbf{x}^T\mathbf{A}\mathbf{x}+\lambda\mathbf{x}^T\mathbf{B}\mathbf{x}+\lambda^2\mathbf{x}^T\mathbf{C}\mathbf{x}=0$

Let $a=\mathbf{x}^T\mathbf{A}\mathbf{x}$, $b=\mathbf{x}^T\mathbf{B}\mathbf{x}$, $c=\mathbf{x}^T\mathbf{C}\mathbf{x}$

$\because$ **A**, **B**, **C**, p.d. $\quad \therefore a, b, c,$ 均 >0

$\therefore a+\lambda b+\lambda^2 c=0$

$$\lambda=\frac{-b\pm\sqrt{b^2-4ac}}{2c}$$

case 1. $b^2-4ac>0$

顯然的兩個根均為負值

case 2. $b^2=4ac$

$$\Rightarrow \lambda=\frac{-b}{2c}<0$$

case 3. $b^2<4ac$

$$\Rightarrow \lambda=\frac{-b\pm i\sqrt{4ac-b^2}}{2c} \Rightarrow \text{Re}(\lambda)=\frac{-b}{2c}<0$$

故得證

例 7： 應用線性映射，將 $y=4x_1^2+6x_1x_2-4x_2^2-20x_1+10x_2-8$ 轉化成 $y=a_0+a_1t_1^2+a_2t_2^2$ 並求 a_0, a_1, a_2 之值及所須轉換（大同化工）

解

先消去一次項，再利用對角化消去二次項中變數耦合之部分

利用座標平移原理消去一次項

令 $\left.\begin{matrix} z_1=x_1+c_1 \\ z_2=x_2+c_2 \end{matrix}\right\}$ 代入原式得

$y=4(z_1-c_1)^2+6(z_1-c_1)(z_2-c_2)-4(z_2-c_2)^2-20(z_1-c_1)$

$$+10(z_2-c_2)-8$$

$$=4z_1^2+6z_1z_2-4z_2^2-(8c_1+6c_2+20)z_1-(6c_1-8c_2-10)z_2$$

$$+(4c_1^2+6c_1c_2-4c_2^2+20c_1-10c_2-8)$$

找出 c_1, c_2 之值，以消去一次項

$$\begin{cases}8c_1+6c_2+20=0\\6c_1-8c_2-10=0\end{cases}\Rightarrow c_1=-1,\ c_2=-2，$$

可求出 $4c_1^2+6c_1c_2-4c_2^2+20c_1-10c_2-8=-8$

再對 $4z_1^2+6z_1z_2-4z_2^2-8$ 進行變數轉換以消去 z_1z_2 項

$$y=4z_1^2+6z_1z_2-4z_2^2$$

$$=[z_1\quad z_2]\begin{bmatrix}4&3\\3&-4\end{bmatrix}\begin{bmatrix}z_1\\z_2\end{bmatrix}$$

$$=\mathbf{z}^T\mathbf{A}\mathbf{z}$$

$$|\mathbf{A}-\lambda\mathbf{I}|=0\Rightarrow\lambda=5,\ -5$$

$$\mathbf{x}=\begin{bmatrix}3\\1\end{bmatrix},\begin{bmatrix}-1\\3\end{bmatrix}$$

取正交矩陣 $\mathbf{P}=\dfrac{1}{\sqrt{10}}\begin{bmatrix}3&-1\\1&3\end{bmatrix}$

$$\Rightarrow\mathbf{P}^{-1}\mathbf{A}\mathbf{P}=\mathbf{P}^T\mathbf{A}\mathbf{P}=\begin{bmatrix}5&0\\0&-5\end{bmatrix}$$

取 $\mathbf{z}=\mathbf{P}\mathbf{t}$ 代入原式中可得：

$$y=\mathbf{z}^T\mathbf{A}\mathbf{z}-8=\mathbf{t}^T(\mathbf{P}^T\mathbf{A}\mathbf{P})t-8$$

$$=\mathbf{t}^T\mathrm{D}\mathbf{t}-8=5t_1^2-5t_2^2-8$$

其中：$\mathbf{x}=\mathbf{z}+\begin{bmatrix}1\\2\end{bmatrix}=\dfrac{1}{\sqrt{10}}\begin{bmatrix}3&-1\\1&3\end{bmatrix}\begin{bmatrix}t_1\\t_2\end{bmatrix}+\begin{bmatrix}1\\2\end{bmatrix}$

例 8： 已知 $\mathbf{A}$ 與 $\mathbf{B}$ 均佈於 $R^{n\times n}$，且 $\mathbf{A}$ 為實對稱恆正，及 $|\mathbf{B}|\neq 0$，證明

(1)$\mathbf{A}^{-1}$ 存在且亦為實對稱恆正

(2)$\mathbf{C}=\mathbf{B}^T\mathbf{A}\mathbf{B}$ 亦為恆正 （83 清華應數）

解　(1)$\mathbf{A}$ 為 real symmetric, and p.d.$\Rightarrow\mathbf{A}$ 之所有 eigenvalues 均>0

$\Rightarrow|\mathbf{A}|=\lambda_1\cdots\cdots\lambda_n>0$

$\Rightarrow\mathbf{A}^{-1}$ 存在

$\Rightarrow\mathbf{A}^{-1}$ 之 eigenvalues$=\lambda_1{}^{-1},\cdots\lambda_n{}^{-1}>0$

且$(\mathbf{A}^{-1})^T=(\mathbf{A}^T)^{-1}=\mathbf{A}^{-1}$

$\Rightarrow\mathbf{A}^{-1}$ 亦為 symmetric p.d.

(2)$\mathbf{x}^T\mathbf{C}\mathbf{x}=\mathbf{x}^T\mathbf{B}^T\mathbf{A}\mathbf{B}\mathbf{x}=(\mathbf{B}\mathbf{x})^T\mathbf{A}(\mathbf{B}\mathbf{x})=\mathbf{y}^T\mathbf{A}\mathbf{y}>0$

$\because|\mathbf{B}|\neq 0$，因此任何 $\mathbf{x}$ 必存在 $\mathbf{y}=\mathbf{B}\mathbf{x}$，$\mathbf{y}$ 為非零向量；且因 $\mathbf{A}$ 為 p.d.，故只要 $\mathbf{y}\neq 0$，$\mathbf{y}^T\mathbf{A}\mathbf{y}>0$ 均成立

故知 $\mathbf{y}^T\mathbf{A}\mathbf{y}>0$ 可以保證 $\mathbf{x}^T\mathbf{C}\mathbf{x}>0$　$\therefore\mathbf{C}$ 亦為 p.d.

例 9：　試問 $f(x,y,z)=35-6x+2z+x^2-2xy+2y^2+2yz+3z^2$ 之極值

（清華電機）

解

$$\begin{cases}f_x=0\\ f_y=0\Rightarrow(x_0,y_0,z_0)=(8,5,-2)\\ f_z=0\end{cases}$$

$$f_{xx}=2, f_{yy}=4, f_{zz}=6, f_{xy}=-2, f_{yz}=2, f_{zx}=0$$

$$\begin{vmatrix}f_{xx} & f_{xy}\\ f_{yx} & f_{yy}\end{vmatrix}=\begin{vmatrix}2 & -2\\ -2 & 4\end{vmatrix}=4>0$$

$$\begin{vmatrix}f_{xx} & f_{xy} & f_{xz}\\ f_{xy} & f_{yy} & f_{yz}\\ f_{xz} & f_{yz} & f_{zz}\end{vmatrix}=\begin{vmatrix}2 & -2 & 0\\ -2 & 4 & 2\\ 0 & 3 & 6\end{vmatrix}=16>0$$

$\therefore$在$(8,5,-2)$點具相對極小值

$f(8,5,-2)=35-48-4+64-80+50-20+12=9$

例 10：　試問 $f(x,y)=\dfrac{x^3}{3}+xy^2-4xy+1$ 之靜止點並分析其性質

（82 交大土木）

解

$$\begin{cases} f_x = 0 = x^2 + y^2 - 4y \\ f_y = 0 = 2xy - 4x \end{cases} \Rightarrow (x, y) = (0, 0), (0, 4), (2, 2), (-2, 2)$$

$$\begin{cases} f_{xx} = 2x \\ f_{yy} = 2x \\ f_{xy} = 2y - 4 \end{cases} \Rightarrow \Delta_2 = \begin{vmatrix} f_{xx} & f_{xy} \\ f_{yx} & f_{yy} \end{vmatrix} = \begin{vmatrix} 2x & 2y-4 \\ 2y-4 & 2x \end{vmatrix}$$

$$= 4x^2 - 4y^2 + 16y - 16 = 4x^2 - 4(y-2)^2$$

$(x, y) = (0, 0) \quad \Rightarrow f_{xx} = 0, \Delta_2 < 0$ saddle

$(0, 4) \Rightarrow f_{xx} = 0, \Delta_2 < 0$ saddle

$(2, 2) \Rightarrow f_{xx} > 0, \Delta_2 > 0$ 相對極小

$(-2, 2) \quad \Rightarrow f_{xx} < 0, \Delta_2 > 0$ 相對極大

例 11： Let $\mathbf{A} = \begin{bmatrix} 4 & 0 & 0 \\ 0 & 1 & i \\ 0 & -i & 1 \end{bmatrix}$. Find a matrix **B** such that $\mathbf{B}^H\mathbf{B} = \mathbf{A}$

解

$|\mathbf{A} - \lambda\mathbf{I}| = 0 = (4-\lambda)\lambda(\lambda - 2)$

$\Rightarrow \lambda = 4, 2, 0$

$$\ker(\mathbf{A} - 4\mathbf{I}) = \begin{bmatrix} 1 \\ 0 \\ 0 \end{bmatrix}$$

$$\ker(\mathbf{A} - 2\mathbf{I}) = \begin{bmatrix} 0 \\ i \\ 1 \end{bmatrix}$$

$$\ker(\mathbf{A} - 0\mathbf{I}) = \begin{bmatrix} 0 \\ -i \\ 1 \end{bmatrix}$$

$$\text{Let } \mathbf{P} = \begin{bmatrix} 1 & 0 & 0 \\ 0 & \frac{i}{\sqrt{2}} & -\frac{i}{\sqrt{2}} \\ 0 & \frac{1}{\sqrt{2}} & \frac{1}{\sqrt{2}} \end{bmatrix}$$

$$\Rightarrow \mathbf{P}^{-1}\mathbf{AP}=\begin{bmatrix}4&0&0\\0&2&0\\0&0&0\end{bmatrix}=\mathbf{P}^H\mathbf{AP}$$

$$\therefore \mathbf{A}=\mathbf{PD}^{\frac{1}{2}}\mathbf{D}^{\frac{1}{2}}\mathbf{P}^H$$

$$=(\mathbf{D}^{\frac{1}{2}}\mathbf{P}^H)^H\mathbf{D}^{\frac{1}{2}}\mathbf{P}^H$$

$$=\mathbf{B}^H\mathbf{B}$$

例 12： Assume that $\mathbf{A}=\begin{bmatrix}1/2&1/4&1/4\\1/4&1/2&1/4\\1/4&1/4&1/2\end{bmatrix}$

(a)Find the eigenvalues and all the real eigenvectors of **A**. It is a symmetric Markov matrix with a repeated eigenvalue.

(b)Find the limit of $\mathbf{A}^k$ as $k\to\infty$. (You may work with $\mathbf{A}=\mathbf{S\Lambda S}^{-1}$ without computing every entry.)

(c)Choose any positive number r, s, t so that $\mathbf{A}-r\mathbf{I}$ is positive definite, $\mathbf{A}-s\mathbf{I}$ is indefinite, and $\mathbf{A}-t\mathbf{I}$ is negative definite.

(d)Suppose this **A** equals $\mathbf{B}^T\mathbf{B}$.What are the singular values of **B**?

（95 中山電機所）

解

(a)取 $\lambda_1=\frac{1}{2}-\frac{1}{4}=\frac{1}{4}$，則 $\det(\mathbf{A}-\lambda_1\mathbf{I})=\det\begin{bmatrix}\frac{1}{4}&\frac{1}{4}&\frac{1}{4}\\\frac{1}{4}&\frac{1}{4}&\frac{1}{4}\\\frac{1}{4}&\frac{1}{4}&\frac{1}{4}\end{bmatrix}=0$

$\Rightarrow\lambda_1$ 為 **A** 的一個 eigenvalue

因為 nullity $(\mathbf{A}-\lambda_1\mathbf{I})=3-\text{rank}(\mathbf{A}-\lambda_1\mathbf{I})=3-1=2$

$\Rightarrow\lambda_1$ 的幾何重數為 2

$\Rightarrow\lambda_1$ 的代數重數至少為 2

假設 λ_2 為 **A** 的另一個 eigenvalue

$\Rightarrow \text{tr}(\mathbf{A}) = \lambda_1 + \lambda_1 + \lambda_2$

$\Rightarrow \frac{3}{2} = \frac{1}{4} + \frac{1}{4} + \lambda_2$

所以 $\mathbf{A}$ 的 eigenvalues 為 $\frac{1}{4}$ 及 1

$$\ker(\mathbf{A} - \frac{1}{4}\mathbf{I}) = \ker\begin{bmatrix} \frac{1}{4} & \frac{1}{4} & \frac{1}{4} \\ \frac{1}{4} & \frac{1}{4} & \frac{1}{4} \\ \frac{1}{4} & \frac{1}{4} & \frac{1}{4} \end{bmatrix} = \text{span}\left\{\begin{bmatrix} -1 \\ 1 \\ 0 \end{bmatrix}, \begin{bmatrix} -1 \\ 0 \\ 1 \end{bmatrix}\right\}$$

所以相對於 $\frac{1}{4}$ 的 eigenvector 為 $t\begin{bmatrix} -1 \\ 1 \\ 0 \end{bmatrix} + s\begin{bmatrix} -1 \\ 0 \\ 1 \end{bmatrix}$，其中 t, s 不全為 0

$$\ker(\mathbf{A} - \mathbf{I}) = \ker\begin{bmatrix} \frac{-1}{2} & \frac{1}{4} & \frac{1}{4} \\ \frac{1}{4} & \frac{-1}{2} & \frac{1}{4} \\ \frac{1}{4} & \frac{1}{4} & \frac{-1}{2} \end{bmatrix} = \text{span}\left\{\begin{bmatrix} 1 \\ 1 \\ 1 \end{bmatrix}\right\}$$

所以相對於 1 的 eigenvector 為 $t\begin{bmatrix} 1 \\ 1 \\ 1 \end{bmatrix}$，其中 $t \neq 0$

(b)取 $\mathbf{P} = \begin{bmatrix} -1 & -1 & 1 \\ 1 & 0 & 1 \\ 0 & 1 & 1 \end{bmatrix}$，則 $\mathbf{P}^{-1}\mathbf{A}\mathbf{P} = \mathbf{\Lambda} = \begin{bmatrix} \frac{1}{4} & 0 & 0 \\ 0 & \frac{1}{4} & 0 \\ 0 & 0 & 1 \end{bmatrix}$

$\Rightarrow \mathbf{A} = \mathbf{P}\mathbf{\Lambda}\mathbf{P}^{-1}$

$$\Rightarrow \mathbf{A}^k = \mathbf{P}\mathbf{\Lambda}^k\mathbf{P}^{-1} = \mathbf{P}\begin{bmatrix} \left(\frac{1}{4}\right)^k & 0 & 0 \\ 0 & \left(\frac{1}{4}\right)^k & \\ 0 & 0 & 1 \end{bmatrix}\mathbf{P}^{-1}$$

$$\Rightarrow \lim_{k\to\infty}\mathbf{A}^k=\mathbf{P}\begin{bmatrix}\lim\limits_{k\to\infty}\left(\frac{1}{4}\right)^k & 0 & 0\\ 0 & \lim\limits_{k\to\infty}\left(\frac{1}{4}\right)^k & 0\\ 0 & 0 & 1\end{bmatrix}\mathbf{P}^{-1}$$

$$=\mathbf{P}\begin{bmatrix}0&0&0\\0&0&0\\0&0&1\end{bmatrix}\mathbf{P}^{-1}=\begin{bmatrix}\frac{1}{3}&\frac{1}{3}&\frac{1}{3}\\ \frac{1}{3}&\frac{1}{3}&\frac{1}{3}\\ \frac{1}{3}&\frac{1}{3}&\frac{1}{3}\end{bmatrix}$$

(c)因為 $\mathbf{A}-r\mathbf{I}$ 具 eigenvalue $\frac{1}{4}-r$, $1-r$

所以當 $\begin{cases}\frac{1}{4}-r>0\\ 1-r>0\end{cases}$ 時，$\mathbf{A}-r\mathbf{I}$ 為 positive definite

因此當 $r<\frac{1}{4}$ 時，$\mathbf{A}-r\mathbf{I}$ 為 positive definite

同理，當 $\mathbf{A}-t\mathbf{I}$ 具 eigenvalue 小於 0 時，$\mathbf{A}-t\mathbf{I}$ 為 negative definite

因此當 $t>1$ 時，$\mathbf{A}-t\mathbf{I}$ 為 negative definite

另外，當 $\frac{1}{4}\le s\le 1$ 時，$\mathbf{A}-s\mathbf{I}$ 為 indefinite

(d)因為 $\mathbf{A}=\mathbf{B}^{\mathbf{T}}\mathbf{B}$ 具 eigenvalues 1 及 $\frac{1}{4}$

所以 $\mathbf{B}$ 的 singular values 為 1, $\frac{1}{2}$

例 13： If $\mathbf{A}$ and $\mathbf{B}$ are positive definite $n\times n$ matrices and $\mathbf{A}-\mathbf{B}$ is non-negative $n\times n$ matrix, show that $\det(\mathbf{A})\ge\det(\mathbf{B})$.

（95 高大，統計）

解　因為 $\mathbf{B}$ 為 positive definite，所以存在 $\mathbf{M}$ 為可逆矩陣使得 $\mathbf{B}=\mathbf{M}\mathbf{M}^T$

令 $\mathbf{B}' = \mathbf{M}^{-1}\mathbf{B}\,(\mathbf{M}^{-1})^T$, $\mathbf{X} = \mathbf{M}^{-1}\,(\mathbf{A}-\mathbf{B})(\mathbf{M}^{-1})^T$

$\Rightarrow \mathbf{B}' = \mathbf{M}^{-1}\mathbf{M}\mathbf{M}^T\,(\mathbf{M}^{-1}) = \mathbf{I}$

因為 $\mathbf{A}-\mathbf{B}$ 為 non-negative

$\Rightarrow \mathbf{X}'$ 為 non-negative

假設 $\lambda_1, \cdots, \lambda_n \geq 0$ 為 $\mathbf{X}'$ 的 eigenvalues

$\Rightarrow 1+\lambda_1, \cdots, 1+\lambda_n$ 為 $\mathbf{I}+\mathbf{X}'$ 的 eigenvalues

$\Rightarrow \det(\mathbf{B}'+\mathbf{X}') = \det(\mathbf{I}+\mathbf{B}') = (1+\lambda_1)\cdots(1+\lambda_n) \geq 1 = \det(\mathbf{I}) = \det(\mathbf{B}')$

$\Rightarrow \det(\mathbf{M}^{-1}\mathbf{B}\,(\mathbf{M}^{-1})^T + \mathbf{M}^{-1}\,(\mathbf{A}-\mathbf{B})(\mathbf{M}^{-1})^T) \geq \det(\mathbf{M}^{-1}\mathbf{B}\,(\mathbf{M}^{-1})^T)$

$\Rightarrow \det(\mathbf{M}^{-1}\mathbf{A}\,(\mathbf{M}^{-1})^T) \geq \det(\mathbf{M}^{-1}\mathbf{B}\,(\mathbf{M}^{-1})^T)$

$\Rightarrow \det(\mathbf{M}^{-1})\det(\mathbf{A})\det(\mathbf{M}^{-1}) \geq \det(\mathbf{M}^{-1})\det(\mathbf{B})\det(\mathbf{M}^{-1})$

$\Rightarrow \det(\mathbf{A}) \geq \det(\mathbf{B})$

例 14： Let $\mathbf{M} = \begin{bmatrix} a & b \\ b & c \end{bmatrix}$ be a 2×2 real matrix. Show that all the eigenvalues of $\mathbf{M}$ are positive if and only if $a > 0$ and $ac - b^2 > 0$.

（95 靜宜大學應數所）

證明：(1) eigenvalues are positive $\Rightarrow a > 0$ and $ac - b^2 > 0$

因為 $\mathbf{M}$ 為 real symmetric$\Rightarrow \mathbf{M}$ 可正交對角化,即存在 orthogonal matrix $\mathbf{P}$ 使得 $\mathbf{P}^\mathbf{T}\mathbf{M}\mathbf{P} = \mathbf{D} = \begin{bmatrix} \lambda_1 & 0 \\ 0 & \lambda_2 \end{bmatrix}$，其中 λ_1, λ_2 為 $\mathbf{M}$ 的 eigenvalues

$\forall \mathbf{x} \neq 0$, $\mathbf{x}^\mathbf{T}\mathbf{M}\mathbf{x} = \mathbf{x}^\mathbf{T}\mathbf{P}\mathbf{D}\mathbf{P}^T\mathbf{x} = (\mathbf{P}^\mathbf{T}\mathbf{x})^T\mathbf{D}\,(\mathbf{P}^\mathbf{T}\mathbf{x}) = \mathbf{y}^\mathbf{T}\mathbf{D}\mathbf{y} = \lambda_1 y_1^2 + \lambda_2 y_2^2 > 0$

其中 $\mathbf{y} = \begin{bmatrix} y_1 \\ y_2 \end{bmatrix} = \mathbf{P}^\mathbf{T}\mathbf{x} \neq 0$

取 $\mathbf{x} = \begin{bmatrix} 1 \\ 0 \end{bmatrix} \neq 0$，則 $\mathbf{x}^\mathbf{T}\mathbf{M}\mathbf{x} = [1 \quad 0]\begin{bmatrix} a & b \\ b & c \end{bmatrix}\begin{bmatrix} 1 \\ 0 \end{bmatrix} = a > 0$

另外，$ac - b^2 = \det(\mathbf{M}) = \det(\mathbf{D}) = \lambda_1\lambda_2 > 0$

$a > 0$ and $ac - b^2 > 0 \Rightarrow$ eigenvalues are positive

因為 $\det(\mathbf{M}) = ac - b^2 > 0$ 且 $\mathbf{M}$ 為 real symmetric

$\Rightarrow \mathbf{M}$ 的 $\mathbf{LDL}^T$ 分解存在，即 $\mathbf{M} = \mathbf{LDL}^T$，其中 $\mathbf{L} = \begin{bmatrix} 1 & 0 \\ l & 1 \end{bmatrix}$ 為下三角矩陣且對角項皆為 1，$\mathbf{D} = \begin{bmatrix} d_1 & 0 \\ 0 & d_2 \end{bmatrix}$ 為對角矩陣

$$\Rightarrow \begin{bmatrix} a & b \\ b & c \end{bmatrix} = \begin{bmatrix} 1 & 0 \\ l & 1 \end{bmatrix} \begin{bmatrix} d_1 & 0 \\ 0 & d_2 \end{bmatrix} \begin{bmatrix} 1 & l \\ 0 & 1 \end{bmatrix} = \begin{bmatrix} d_1 & d_1 l \\ d_1 l & d_2 \end{bmatrix}$$

因為 $a > 0$

$\Rightarrow d_1 > 0$

因為 $\det(\mathbf{M}) = ac - b^2 > 0$

$\Rightarrow \det(\mathbf{M}) = \det(\mathbf{L}) \det(\mathbf{D}) \det(\mathbf{L}^T) = \det(\mathbf{D}) > 0$

$\Rightarrow d_1 d_2 > 0$

$\Rightarrow d_2 > 0$

假設 λ 為 $\mathbf{M}$ 的 eigenvalue 且 $\mathbf{x}$ 為對應的 eigenvector

$\Rightarrow \mathbf{x}^T \mathbf{M} \mathbf{x} = \lambda \mathbf{x}^T \mathbf{x} = \lambda \|\mathbf{x}\|^2$

另　外，$\mathbf{x}^\mathbf{T} \mathbf{M} \mathbf{x} = \mathbf{x}^\mathbf{T} \mathbf{LDL}^\mathbf{T} \mathbf{x} = (\mathbf{L}^\mathbf{T}\mathbf{x})^\mathbf{T} \mathbf{D} (\mathbf{L}^\mathbf{T}\mathbf{x}) = \mathbf{y}^\mathbf{T} \mathbf{D} \mathbf{y} = d_1 y_1^2 + d_2 y_2^2 > 0$，其中

$\mathbf{y} = \begin{bmatrix} y_1 \\ y_2 \end{bmatrix} \mathbf{L}^\mathbf{T} \mathbf{x} \neq 0$

因此 $\lambda \|\mathbf{x}\|^2 > 0$

$\rightarrow \lambda > 0$

9-2　聯立微分方程式上的應用

一聯立常係數常微分方程組可表示為

$$x_1' = a_{11} x_1 + a_{12} x_2 + \cdots + a_{1n} x_n + f_1(t)$$
$$x_2' = a_{21} x_1 + a_{22} x_2 + \cdots + a_{2n} x_n + f_2(t)$$

$$\cdots$$

$$x_n' = a_{n1}x_1 + a_{n2}x_2 + \cdots + a_{nn}x_n + f_n(t)$$

重寫成矩陣形式

$$\mathbf{x}' = \mathbf{A}\mathbf{x} + f(t) \tag{8}$$

其中 $\mathbf{x} = [x_1\, x_2 \cdots x_n]^T, \boldsymbol{f}(t) = [f_1\ (t), f_2\ (t), \cdots f_n\ (t)]^T$

當 $\boldsymbol{f}(t) = 0$ 時稱(8)式為齊性聯立常微分方程組

當 $\boldsymbol{f}(t) \neq 0$ 時稱(8)式為非齊性聯立常微分方程組

題型 1：A 可被對角化

若 **A** 可被對角化，則其特徵向量可組成矩陣 **P** 使得

$$\mathrm{D} = \mathbf{P}^{-1}\mathbf{A}\mathbf{P} = \begin{bmatrix} \lambda_1 & & & \\ & \lambda_2 & & \\ & & \ddots & \\ & & & \lambda_n \end{bmatrix} \Rightarrow \mathbf{D} = \mathbf{P}\mathbf{D}\mathbf{P}^{-1}$$

將 $\mathbf{A} = \mathbf{P}\mathbf{D}\mathbf{P}^{-1}$ 代入(8)並令 $\mathbf{y} = \mathbf{P}^{-1}\mathbf{x}$ 可得 $\mathbf{y}' = \mathbf{D}\mathbf{y}$

$$\Rightarrow \begin{bmatrix} y_1' \\ y_2' \\ \vdots \\ y_n' \end{bmatrix} = \begin{bmatrix} \lambda_1 & & & \\ & \lambda_2 & & \\ & & \ddots & \\ & & & \lambda_n \end{bmatrix} \begin{bmatrix} y_1 \\ y_2 \\ \vdots \\ y_n \end{bmatrix} \Rightarrow \begin{cases} y_1 = c_1 e^{\lambda_1 t} \\ y_2 = c_2 e^{\lambda_2 t} \\ \quad \vdots \\ y_n = c_n e^{\lambda_n t} \end{cases} \tag{9}$$

將解代入 $\mathbf{x} = \mathbf{P}\mathbf{y}$ 中求出 $\mathbf{x}$

題型 2：考慮非齊性聯立常微分方程組，求解過程同上，將 $\mathbf{A}=\mathbf{PD}\mathbf{P}^{-1}$ 代入(8)式時可得

$$\mathbf{y}'=\mathbf{D}\mathbf{y}+\mathbf{g}\,(t) \tag{10}$$

其中 $\mathbf{g}\,(t)=\mathbf{P}^{-1}\,\mathbf{f}\,(t)$

$$\begin{bmatrix} y_1' \\ y_2' \\ \vdots \\ y_n' \end{bmatrix}=\begin{bmatrix} \lambda_1 & & & \\ & \lambda_2 & & \\ & & \ddots & \\ & & & \lambda_n \end{bmatrix}\begin{bmatrix} y_1 \\ y_2 \\ \vdots \\ y_n \end{bmatrix}+\begin{bmatrix} g_1(t) \\ \vdots \\ \vdots \\ g_n(t) \end{bmatrix}$$

$$\Rightarrow y_i\,(t)=\exp\,(\lambda_i\,t)(\int^t \exp\,(-\lambda_i\,s)g_i\,(s)ds+c_i)$$

題型 3：A 不可對角化

若 $\mathbf{A}$ 無法對角化，則可利用上一章的方法化成喬登正則式

$$\mathbf{P}^{-1}\mathbf{A}\mathbf{P}=\mathbf{J} \quad \text{or} \quad \mathbf{A}=\mathbf{P}\mathbf{J}\mathbf{P}^{-1}$$

將 $\mathbf{A}=\mathbf{PJP}^{-1}$ 代入(8)式中並令 $\mathbf{y}=\mathbf{P}^{-1}\mathbf{x}$ 可得

$$\mathbf{y}'=\mathbf{J}\mathbf{y} \tag{11}$$

考慮 $\mathbf{J}$ 為如下的形式

$$\mathbf{J}=\begin{bmatrix} \lambda_1 & 1 & 0 & \cdots & 0 \\ & \lambda_2 & 1 & \ddots & \vdots \\ & & \ddots & \ddots & 0 \\ & & & & 1 \\ & & & & \lambda_n \end{bmatrix}$$

則(11)式可表示為

$$\begin{bmatrix} y_1' \\ \vdots \\ y_n' \end{bmatrix} = \begin{bmatrix} \lambda_1 & 1 & 0 & \cdots & 0 \\ & \lambda_2 & 1 & \ddots & \vdots \\ & & \ddots & \ddots & 0 \\ & & & & 1 \\ & & & & \lambda_n \end{bmatrix} \begin{bmatrix} y_1 \\ \vdots \\ y_n \end{bmatrix} = \begin{cases} y_1' = \lambda_1 y_1 + y_2 \\ y_2' = \lambda_2 y_2 + y_3 \\ \vdots \\ y_{n-1}' = \lambda_{n-1} y_{n-1} + y_n \\ y_n' = \lambda_n y_n \end{cases}$$

可先求出y_n之通解，再代入求出y_{n-1}通解⋯，依序解出$y_{n-2}, \cdots$ y_1，再由 $\mathbf{x} = \mathbf{P}\mathbf{y}$ 求出 $\mathbf{x}$

例 15： Derive the general solution for the system of differential equations:

$x_1' = x_1 + x_2 + x_3$

$x_2' = 2x_2 + x_3$

$x_3' = 3x_3$ （台大資訊）

解

$$\begin{bmatrix} x_1' \\ x_2' \\ x_3' \end{bmatrix} = \begin{bmatrix} 1 & 1 & 1 \\ 0 & 2 & 1 \\ 0 & 0 & 3 \end{bmatrix} \begin{bmatrix} x_1 \\ x_2 \\ x_n \end{bmatrix} \Rightarrow \mathrm{x}' = \mathrm{A}\mathrm{x}$$

$|\mathbf{A} - \lambda\mathbf{I}| = (\lambda - 1)(\lambda - 2)(\lambda - 3) = 0 \Rightarrow \lambda = 1, 2, 3$

對$\mathbf{A}$進行對角化，可得

$$\mathbf{P} = \begin{bmatrix} 1 & 1 & 1 \\ 0 & 1 & 1 \\ 0 & 0 & 1 \end{bmatrix}, \mathbf{D} = \begin{bmatrix} 1 & 0 & 0 \\ 0 & 2 & 0 \\ 0 & 0 & 3 \end{bmatrix} = \mathbf{P}^{-1}\mathbf{A}\mathbf{P}$$

令$\mathbf{x} = \mathbf{P}\mathbf{y}$則微分方程組變成

$$\begin{matrix} y_1' = y_1 \\ y_2' = 2y_2 \\ y_3' = 3y_3 \end{matrix} \Rightarrow \begin{bmatrix} y_1 \\ y_2 \\ y_n \end{bmatrix} = \begin{bmatrix} c_1 e^t \\ c_2 e^{2t} \\ c_3 e^{3t} \end{bmatrix}$$

代入$\mathbf{x} = \mathbf{P}\mathbf{y}$後可得

$$;\begin{cases} x_1 = c_1 e^t + c_2 e^{2t} + c_3 e^{3t} \\ x_2 = \qquad c_2 e^{2t} + c_3 e^{3t} \\ x_3 = \qquad\qquad c_3 e^{3t} \end{cases};\ c_1, c_2, c_3 \in R$$

例 16：Solve $\dfrac{d\mathbf{x}}{dt} = \begin{bmatrix} 2 & 1 \\ 1 & 2 \end{bmatrix}\mathbf{x} + \begin{bmatrix} 2e^{5t} \\ 3e^{2t} \end{bmatrix}$；$\mathbf{x} = \begin{bmatrix} x_1 \\ x_2 \end{bmatrix}$，$x_1(0)=0$，$x_2(0)=0$

（大同機械）

解　先對 $\mathbf{A} = \begin{bmatrix} 2 & 1 \\ 1 & 2 \end{bmatrix}$ 對角化 $\mathbf{A}$ 的特徵值為 $\lambda = 1, 3$，特徵向量為 $\begin{bmatrix} 1 \\ -1 \end{bmatrix}$，$\begin{bmatrix} 1 \\ 1 \end{bmatrix}$

$\mathbf{P} = \begin{bmatrix} 1 & 1 \\ -1 & 1 \end{bmatrix} \Rightarrow \mathbf{D} = \mathbf{P}^{-1}\mathbf{A}\mathbf{P} = \begin{bmatrix} 1 & 0 \\ 0 & 3 \end{bmatrix}$ 故原式可表示為：

$$\mathbf{x}' = \mathbf{P}\mathbf{D}\mathbf{P}^{-1}\mathbf{x} + \begin{bmatrix} 2e^{5t} \\ 3e^{2t} \end{bmatrix}$$

$$\mathbf{y} = \mathbf{P}^{-1}\mathbf{x} \Rightarrow \mathbf{y}' = \mathbf{D}\mathbf{y} + \mathbf{P}^{-1}\begin{bmatrix} 2e^{5t} \\ 3e^{2t} \end{bmatrix}$$

$$\Rightarrow \begin{bmatrix} y_1' \\ y_2' \end{bmatrix} = \begin{bmatrix} y_1 \\ 3y_2 \end{bmatrix} + \begin{bmatrix} e^{5t} - \frac{3}{2}e^{2t} \\ e^{5t} + \frac{3}{2}e^{2t} \end{bmatrix} \Rightarrow \begin{cases} y_1 = c_1 e^t + \frac{1}{4}e^{5t} - \frac{3}{2}e^{2t} \\ y_2 = c_2 e^{3t} + \frac{1}{2}e^{5t} - \frac{3}{2}e^{2t} \end{cases}$$

代入 I.C.　$\mathbf{y}(0) = \mathbf{P}^{-1}\mathbf{x}(0) = \mathbf{0} \Rightarrow c_1 = \dfrac{5}{4}$，$c_2 = 1$

$$\therefore \mathbf{x} = \mathbf{P}\mathbf{y} = \begin{bmatrix} 1 & 1 \\ -1 & 1 \end{bmatrix}\begin{bmatrix} \frac{5}{4}e^t + \frac{1}{4}e^{5t} - \frac{3}{2}e^{2t} \\ e^{3t} + \frac{1}{2}e^{5t} - \frac{3}{2}e^{2t} \end{bmatrix} = \begin{bmatrix} \frac{5}{4}e^t - 3e^{2t} + e^{3t} + \frac{3}{4}e^{5t} \\ -\frac{5}{4}e^t + e^{3t} + \frac{1}{4}e^{5t} \end{bmatrix}$$

例 17：　試解下列微分方程組：

$$\begin{cases} x_1' = 2x_1 + 2x_2 + 3x_3 \\ x_2' = -x_2 \\ x_3' = 2x_1 + 2x_2 + x_3 \end{cases}$$

解　原式可表示為：$\mathbf{x}'=\mathbf{A}\mathbf{x}$ 其中 $\mathbf{A}=\begin{bmatrix}2 & 2 & 3\\ 0 & -1 & 0\\ 2 & 2 & 1\end{bmatrix}$

$\phi(\lambda)=|\mathbf{A}-\lambda\mathbf{I}|=0 \quad \Rightarrow \lambda=-1, -1, 4$

$\lambda_3=4$，$(\mathbf{A}-4\mathbf{I})\mathbf{x}=0 \quad \Rightarrow \mathbf{x}_3=\begin{bmatrix}\frac{3}{2}\\ 0\\ 1\end{bmatrix}$

$\lambda_1=-1$，$(\mathbf{A}+\mathbf{I})\mathbf{x}_1=0 \quad \Rightarrow \mathbf{x}_1=\begin{bmatrix}\frac{1}{2}\\ 0\\ \frac{-1}{2}\end{bmatrix}$

$\lambda_1=-1$，$(\mathbf{A}+\mathbf{I})\mathbf{x}_2=\mathbf{x}_1 \quad \Rightarrow \mathbf{x}_2=\begin{bmatrix}1\\ \frac{-5}{4}\\ 0\end{bmatrix}$

例 18：　求解下列微分方程組

$x_1'=x_1+x_2-x_3+1$

$x_2'=-3x_1-3x_2+3x_3+t$

$x_3'=-2x_1-2x_2+2x_3+t^2$

解　原式可表示為：$\mathbf{x}'=\mathbf{A}\mathbf{x}+\mathbf{f}(\mathbf{t})$

其中：$\mathbf{A}=\begin{bmatrix}1 & 1 & -1\\ -3 & -3 & 3\\ -2 & -2 & 2\end{bmatrix} \quad \mathbf{f}(\mathbf{t})=\begin{bmatrix}1\\ t\\ t^2\end{bmatrix}$

$\varphi(\lambda)=|\mathbf{A}-\lambda\mathbf{I}|=-\lambda^3=0$，$\lambda=0, 0, 0$

$\lambda=0$，$\mathbf{A}\mathbf{x}=0\Rightarrow \mathbf{x}=\mathrm{CSP}\begin{bmatrix}1 & 0\\ 0 & 1\\ 1 & 1\end{bmatrix}$

$$\ker \mathbf{A}^2/\ker \mathbf{A} = \mathbf{x}_3 = \begin{bmatrix}1\\0\\0\end{bmatrix}，\mathbf{A}\mathbf{x}_3 = \begin{bmatrix}1\\-3\\-2\end{bmatrix} = \mathbf{x}_2$$

$$\text{CSP}\begin{bmatrix}1 & 0 & 1\\0 & 0 & -3\\1 & 1 & -2\end{bmatrix} = \text{CSP}\begin{bmatrix}1 & 0\\-3 & 1\\-2 & 1\end{bmatrix} \Rightarrow \mathbf{x}_3 = \begin{bmatrix}0\\1\\1\end{bmatrix}$$

$$\therefore \mathbf{P} = \begin{bmatrix}0 & 1 & 1\\1 & -3 & 0\\1 & -2 & 0\end{bmatrix} \Rightarrow \mathbf{P}^{-1} = \begin{bmatrix}0 & -2 & 3\\1 & -1 & 1\\1 & 1 & -1\end{bmatrix}；\mathbf{J} = \begin{bmatrix}0 & 0 & 0\\0 & 0 & 1\\0 & 0 & 0\end{bmatrix}$$

令 $\mathbf{y} = \mathbf{P}^{-1}\mathbf{x}$ 則原方程組可改寫為

$$\mathbf{y}' = \mathbf{J}\mathbf{y} + \mathbf{P}^{-1}\mathbf{f} = \begin{bmatrix}0\\y_3\\0\end{bmatrix} + \begin{bmatrix}-2t + 3t^2\\t^2 - t\\1 + t - t^2\end{bmatrix}$$

$$\Rightarrow \begin{cases} y_1 = k_1 - t^2 + t^3 \\ y_2 = k_2 + k_3 t + \dfrac{1}{3}t^2 + \dfrac{1}{2}t^3 - \dfrac{1}{12}t^4 \\ y_3 = k_3 + t + \dfrac{1}{2}t^2 - \dfrac{1}{3}t^3 \end{cases}；k_1, k_2, k_3 \in R$$

$\mathbf{x} = \mathbf{P}\mathbf{y}$

例 19：　試解：

$$\frac{d^2x_1}{dt^2} = x_1 + 3x_2 + t;\ \frac{d^2x_2}{dt^2} = 4x_1 + 2x_2 + 1$$

（大同化工）

解　原式可改寫成

$$\mathbf{x}'' = \mathbf{A}\mathbf{x} + \mathbf{f}，其中\ \mathbf{A} = \begin{bmatrix}1 & 3\\4 & 2\end{bmatrix}，\mathbf{f} = \begin{bmatrix}t\\1\end{bmatrix}$$

$$\varphi(\lambda) = |\mathbf{A} - \lambda\mathbf{I}| = (\lambda + 2)(\lambda - 5)$$

$$\lambda_1 = -2，(\mathbf{A} + 2\mathbf{I})\mathbf{x}_1 = \mathbf{0}，\mathbf{x}_1 = \begin{bmatrix}1\\-1\end{bmatrix}$$

$$\lambda_2 = 5，(\mathbf{A} - 5\mathbf{I})\mathbf{x}_2 = \mathbf{0}，\mathbf{x}_2 = \begin{bmatrix}3\\4\end{bmatrix}$$

$\mathbf{P}=\begin{bmatrix}1 & 3\\ -1 & 4\end{bmatrix}\Rightarrow\mathbf{P}^{-1}\mathbf{A}\mathbf{P}=\begin{bmatrix}-2 & 0\\ 0 & 5\end{bmatrix}$ 令 $\mathbf{y}=\mathbf{P}^{-1}\mathbf{x}$ 代入原式可得

$$\mathbf{y}''=\begin{bmatrix}-2 & 0\\ 0 & 5\end{bmatrix}\mathbf{y}+\mathbf{P}^{-1}\mathbf{f}$$

$$\Rightarrow\begin{cases}y_1''+2y_1=\dfrac{(4t-3)}{7}\Rightarrow y_1=c_1\sin\sqrt{2}t+c_2\cos\sqrt{2}t+\dfrac{(4t-3)}{14}\\ y_2''-5y_2=\dfrac{t+1}{7}\Rightarrow y_2=c_3\sinh\sqrt{5}t+c_4\cosh\sqrt{5}t+\dfrac{-t-1}{35}\end{cases}$$

$$\therefore\mathbf{x}=\mathbf{P}\mathbf{y}=\begin{bmatrix}1 & 3\\ -1 & 4\end{bmatrix}\begin{bmatrix}y_1\\ y_2\end{bmatrix}$$

例 20： Assume that $y_1(0)=y_2(0)=y_1'(0)=4$, $y_2'(0)=-4$. Solve the initial value problem.

$y_1''=2y_1+y_2+y_1'+y_2'$

$y_2''=-5y_1+2y_2+5y_1'-y_2'$ （95 中山電機所）

解

令 $y_3=y_1'$, $y_4=y_2'$

$\Rightarrow y_3'=y_1''=2y_1+y_2+y_1'+y_2'=2y_1+y_2+y_3+y_4$

且 $y_4'=y_2''=-5y_1+2y_2+5y_1'-y_2'=-5y_1+2y_2+5y_3-y_4$

$$\Rightarrow\begin{cases}y_1'=y_3\\ y_2'=y_4\\ y_3'=2y_1+y_2+y_3+y_4\\ y_4'=-5y_1+2y_2+5y_3-y_4\end{cases}$$

$$\Rightarrow 令\ \mathbf{y}=\begin{bmatrix}y_1\\ y_2\\ y_3\\ y_4\end{bmatrix},\ \mathbf{A}=\begin{bmatrix}0 & 0 & 1 & 0\\ 0 & 0 & 0 & 1\\ 2 & 1 & 1 & 1\\ -5 & 2 & 5 & -1\end{bmatrix}$$

則原方程式相當於解 $\mathbf{y}'=\mathbf{A}\mathbf{y}$，其中 $\mathbf{y}(0)=\begin{bmatrix}4\\ 4\\ 4\\ -4\end{bmatrix}$

$\text{char}_A(\lambda)=\det(\mathbf{A}-\lambda\mathbf{I})=(\lambda-1)(\lambda+1)(\lambda-3)(\lambda+3)$

得 **A** 的 eigenvalue 為 1, −1, 3, −3

$$\ker(\mathbf{A}-\mathbf{I})=\ker\begin{bmatrix}-1&0&1&0\\0&-1&0&1\\2&1&0&1\\-5&2&5&-2\end{bmatrix}=\text{span}\left\{\begin{bmatrix}1\\-1\\1\\-1\end{bmatrix}\right\}$$

$$\ker(\mathbf{A}+\mathbf{I})=\ker\begin{bmatrix}1&0&1&0\\0&1&0&1\\2&1&2&1\\-5&2&5&0\end{bmatrix}=\text{span}\left\{\begin{bmatrix}1\\5\\-1\\-5\end{bmatrix}\right\}$$

$$\ker(\mathbf{A}-3\mathbf{I})=\ker\begin{bmatrix}-3&0&1&0\\0&-3&0&1\\2&1&-2&1\\-5&2&5&-4\end{bmatrix}=\text{span}\left\{\begin{bmatrix}1\\1\\3\\3\end{bmatrix}\right\}$$

$$\ker(\mathbf{A}+3\mathbf{I})=\ker\begin{bmatrix}3&0&1&0\\0&3&0&1\\2&1&4&1\\-5&2&5&2\end{bmatrix}=\text{span}\left\{\begin{bmatrix}1\\-5\\-3\\-15\end{bmatrix}\right\}$$

取 $\mathbf{P}=\begin{bmatrix}1&1&1&0\\-1&5&1&-5\\1&-1&3&-3\\-1&-5&3&15\end{bmatrix}$，則 $\mathbf{P}^{-1}\mathbf{A}\mathbf{P}=\mathbf{D}=\begin{bmatrix}1&0&0&0\\0&-1&0&0\\0&0&3&0\\0&0&0&-3\end{bmatrix}$

$\Rightarrow\mathbf{A}=\mathbf{P}\mathbf{D}\mathbf{P}^{-1}$

$\Rightarrow\mathbf{y}'=\mathbf{A}\mathbf{y}=\mathbf{P}\mathbf{D}\mathbf{P}^{-1}\mathbf{y}$

令 $\mathbf{x}=\begin{bmatrix}x_1\\x_2\\x_3\\x_4\end{bmatrix}=\mathbf{P}^{-1}\mathbf{y}$ 或 $\mathbf{y}=\mathbf{P}\mathbf{x}$

$\Rightarrow(\mathbf{P}\mathbf{x})'=\mathbf{P}\mathbf{D}\mathbf{x}$

$\Rightarrow\mathbf{P}\mathbf{x}'=\mathbf{P}\mathbf{D}\mathbf{x}$

$\Rightarrow\mathbf{x}'=\mathbf{D}\mathbf{x}$

$$\Rightarrow \begin{cases} x_1' = x_1 \\ x_2' = -x_2 \\ x_3' = 3x_3 \\ x_3' = -3x_4 \end{cases} \quad \therefore \begin{cases} x_1 = c_1 \exp(t) \\ x_2 = c_2 \exp(-t) \\ x_3 = c_3 \exp(3t) \\ x_4 = c_4 \exp(-3t) \end{cases}$$

$$\Rightarrow \begin{bmatrix} 4 \\ 4 \\ 4 \\ -4 \end{bmatrix} = \mathbf{y}(0) = \mathbf{Px}(0) = \mathbf{P} \begin{bmatrix} c_1 \\ c_2 \\ c_3 \\ c_4 \end{bmatrix}$$

$$\Rightarrow \begin{bmatrix} c_1 \\ c_2 \\ c_3 \\ c_4 \end{bmatrix} = \begin{bmatrix} 2 \\ 1 \\ 1 \\ 0 \end{bmatrix}$$

$$\Rightarrow \mathbf{y} = \mathbf{Px} = \mathbf{P} \begin{bmatrix} 2e^t \\ e^{-t} \\ e^{3t} \\ 0 \end{bmatrix} = \begin{bmatrix} 2e^t + e^{-t} + e^{3t} \\ -2e^t + 5e^{-t} + e^{3t} \\ 2e^t - e^{-t} + e^{3t} \\ -2e^t - 5e^{-t} + 3e^{3t} \end{bmatrix}$$

9-3 積分上的應用

在多維隨機變數的應用中，有時需處理如以下之多重積分運算

$$I = \int_{-\infty}^{\infty} \int_{-\infty}^{\infty} \cdots \int_{-\infty}^{\infty} \exp\,(-\mathbf{x}^{\mathrm{T}}\mathbf{A}\mathbf{x})\,dx_1 dx_2 \cdots dx_n \tag{12}$$

利用第一節的方法，將二次式化為最簡化的正則式，否則上式將極困難處理。

先將實對稱方陣 $\mathbf{A}$ 正交對角化 $\mathbf{D} = \mathbf{P}^T\mathbf{AP}$，並令 $\mathbf{x} = \mathbf{Py}$ 進行基底變換（座標變換）

$$\mathbf{x}=\mathbf{P}\mathbf{y}\Leftrightarrow\begin{cases}x_1=\mathbf{P}_{11}y_1+\mathbf{P}_{12}y_2+\cdots+\mathbf{P}_{1n}y_n\\x_2=\mathbf{P}_{21}y_1+\mathbf{P}_{22}y_2+\cdots+\mathbf{P}_{2n}y_n\\\cdots\cdots\cdots\cdots\cdots\cdots\cdots\cdots\\x_n=\mathbf{P}_{n1}y_1+P_{n2}y_2+\cdots\mathbf{P}_{nn}y_n\end{cases} \tag{13}$$

經過變數代換後，⑿式變為

$$I=\int_{-\infty}^{\infty}\int_{-\infty}^{\infty}\cdots\int_{-\infty}^{\infty}\exp\left(-\mathbf{y}^{\mathrm{T}}\mathbf{D}\mathbf{y}\right)\frac{\partial(x_1,x_2\cdots x_n)}{\partial(y_1,y_2\cdots y_n)}dy_1dy_2\cdots dy_n \tag{14}$$

由⒀式可知 $\dfrac{\partial x_1}{\partial y_1}=\mathbf{P}_{11},\ \dfrac{\partial x_1}{\partial y_2}=\mathbf{P}_{12},\ \cdots$故知

$$\frac{\partial(x_1,x_2\cdots x_n)}{\partial(y_1,y_2\cdots y_n)}=|\mathbf{P}| \tag{15}$$

$\because$ $\mathbf{P}$ 為正交矩陣，故$|\mathbf{P}|=1$。⒁式可表示為

$$\begin{aligned}I&=\int_{-\infty}^{\infty}\int_{-\infty}^{\infty}\cdots\int_{-\infty}^{\infty}\exp\left(-\left(\lambda_1y_1^2+\lambda_2y_2^2+\cdots+\lambda_ny_n^2\right)\right)dy_1dy_2\cdots dy_n\\&=\int_{-\infty}^{\infty}\exp\left(-\lambda_1y_1^2\right)dy_1\int_{-\infty}^{\infty}\exp\left(-\lambda_2y_2^2\right)dy_2\cdots\int_{-\infty}^{\infty}\exp\left(-\lambda_ny_n^2\right)dy_n\end{aligned} \tag{16}$$

若 $\mathbf{A}$ 為正定，則其所有特徵值均>0，則有

$$\int_{-\infty}^{\infty}\exp\left(-\lambda_iy_i^2\right)dy_i=\frac{\sqrt{\pi}}{\sqrt{\lambda_i}} \tag{17}$$

$$\therefore I=\prod_{i=1}^{n}\frac{\sqrt{\pi}}{\sqrt{\lambda_i}}=\frac{(\pi)^{\frac{n}{2}}}{\sqrt{\lambda_1\cdots\lambda_n}}=\frac{(\pi)^{\frac{n}{2}}}{|\mathbf{A}|^{\frac{1}{2}}} \tag{18}$$

例 21：　設 $\mathbf{A}$ 表 3×3 實係數對稱恆正矩陣，$\mathbf{x}$ 表 3×1 向量，證明：

$$\int_{-\infty}^{\infty}\int_{-\infty}^{\infty}\cdots\int_{-\infty}^{\infty}\exp\left(-\frac{\mathbf{x}^T\mathbf{A}\mathbf{x}}{2}\right)dx_1dx_2dx_3=\frac{(2\pi)^{\frac{3}{2}}}{(det\,\mathbf{A})^{\frac{1}{2}}}$$（台大資訊）

解　$\mathbf{A}$ 為 real symmetric positive definite $\Rightarrow$ eigenvalues>0 且 eigenvectors 互相正交

令 $\mathbf{P}=[\mathbf{v}_1 \quad \mathbf{v}_2 \quad \mathbf{v}_3]\Rightarrow \mathbf{P}^T\mathbf{A}\mathbf{P}=\mathbf{P}^{-1}\mathbf{A}\mathbf{P}=\mathbf{D}=\begin{bmatrix}\lambda_1 & 0 & 0\\ 0 & \lambda_2 & 0\\ 0 & 0 & \lambda_3\end{bmatrix}$

令 $\mathbf{y}=\begin{bmatrix}y_1\\ y_2\\ y_3\end{bmatrix}=\mathbf{P}^{-1}\mathbf{x}\Rightarrow \mathbf{x}^T\mathbf{A}\mathbf{x}=(\mathbf{P}\mathbf{y})^T\mathbf{A}\,(\mathbf{P}\mathbf{y})=\mathbf{y}^T\,(\mathbf{P}^T\mathbf{A}\mathbf{P})\mathbf{y}=\mathbf{y}^T\,\mathbf{D}\mathbf{y}$

$=\lambda_1 y_1^2+\lambda_2 y_2^2+\lambda_3 y_3^2$

$\Rightarrow$Jacobian 行列式為

$J=\dfrac{\partial(x_1,x_2\cdots x_n)}{\partial(y_1,y_2\cdots y_n)}=|\mathbf{P}|=\pm 1$

$\therefore$原式：$I=\int_{-\infty}^{\infty}\int_{-\infty}^{\infty}\int_{-\infty}^{\infty}\exp\left(-\dfrac{\mathbf{x}^T\mathbf{A}\mathbf{x}}{2}\right)dx_1dx_2dx_3$

$=\int_{-\infty}^{\infty}\int_{-\infty}^{\infty}\int_{-\infty}^{\infty}\exp\left(-\dfrac{\lambda_1 y_1^2+\lambda_2 y_2^2+\lambda_3 y_3^2}{2}\right)|J|dy_1dy_2dy_3$

$=\int_{-\infty}^{\infty}\exp\left(-\dfrac{\lambda_1}{2}y_1^2\right)dy_1\int_{-\infty}^{\infty}\exp\left(-\dfrac{\lambda_2}{2}y_2^2\right)dy_2\int_{-\infty}^{\infty}$

$\exp\left(-\dfrac{\lambda_1}{3}y_3^2\right)dy_3$

$=I_1\cdot I_2\cdot I_3$

設 $t=\sqrt{\dfrac{\lambda_1}{2}}y_1\Rightarrow dy_1=\sqrt{\dfrac{2}{\lambda_1}}dt$

$\Rightarrow I_1=\sqrt{\dfrac{2}{\lambda_1}}\int_{-\infty}^{\infty}e^{-t^2}dt=\sqrt{\dfrac{2}{\lambda_1}}\cdot\sqrt{\pi}$

同理 $I_2=\sqrt{\dfrac{2}{\lambda_2}}\sqrt{\pi}$，$I_3=\sqrt{\dfrac{2}{\lambda_3}}\sqrt{\pi}$

$\therefore I=I_1\cdot I_2\cdot I_3=\dfrac{(2\pi)^{\frac{3}{2}}}{|\mathbf{A}|^{\frac{1}{2}}}$

例 22：　設方陣 $\mathbf{A}=\begin{bmatrix}1 & \frac{1}{2}\\ \frac{1}{2} & 1\end{bmatrix}$

(a)求 $\mathbf{A}$ 之特徵值及特徵向量

(b)求一 unitary matrix 使 $\mathbf{U}^H\mathbf{A}\mathbf{U}$ 對角化

(c)利用(1)之結果求出 $\int_{-\infty}^{\infty}\int_{-\infty}^{\infty}\exp\left(-\left(x^2+xy+y^2\right)\right)dxdy$

（清大核工）

解

(a) $|\mathbf{A}-\lambda\mathbf{I}|=0$，$\Rightarrow\lambda=\frac{1}{2},\frac{3}{2}$

$$\lambda_1=\frac{1}{2}\Rightarrow\left(\mathbf{A}-\frac{1}{2}\mathbf{I}\right)\mathbf{x}_1=\mathbf{0}\text{，}\mathbf{x}_1=\begin{bmatrix}1\\-1\end{bmatrix}$$

$$\lambda_2=\frac{3}{2}\Rightarrow\left(\mathbf{A}-\frac{3}{2}\mathbf{I}\right)\mathbf{x}_2=\mathbf{0}\text{，}\mathbf{x}_2=\begin{bmatrix}1\\1\end{bmatrix}$$

(b) Let $\mathbf{P}=\begin{bmatrix}\frac{1}{\sqrt{2}}&\frac{1}{\sqrt{2}}\\\frac{-1}{\sqrt{2}}&\frac{1}{\sqrt{2}}\end{bmatrix}\Rightarrow\mathbf{P}^T\mathbf{A}\mathbf{P}=\mathbf{D}=\begin{bmatrix}\frac{1}{2}&0\\0&\frac{3}{2}\end{bmatrix}$

(c) $Q=x^2+xy+y^2=\begin{bmatrix}x\\y\end{bmatrix}^T\begin{bmatrix}1&\frac{1}{2}\\\frac{1}{2}&1\end{bmatrix}\begin{bmatrix}x\\y\end{bmatrix}=\mathbf{u}^T\mathbf{A}\mathbf{u}$

let $\mathbf{u}=\mathbf{P}\mathbf{v},\ \mathbf{v}=[\xi,\eta]^T$

$$\Rightarrow Q=(\mathbf{U}\mathbf{v})^T\mathbf{A}(\mathbf{U}\mathbf{v})=\mathbf{v}^T(\mathbf{U}^T\mathbf{A}\mathbf{U})\mathbf{v}=\mathbf{v}^T\mathbf{D}\mathbf{v}=\frac{1}{2}\xi^2+\frac{3}{2}\eta^2$$

$$dxdy=\left|\frac{\partial(x,y)}{\partial(\xi,\eta)}\right|d\xi d\eta=|\mathbf{P}|d\xi d\eta=d\xi d\eta$$

$$I=\int_{-\infty}^{\infty}\int_{-\infty}^{\infty}\exp\left(-\left(x^2+xy+y^2\right)\right)dxdy$$

$$=\int_{-\infty}^{\infty}\int_{-\infty}^{\infty}\exp\left(-\frac{1}{2}\xi^2-\frac{3}{2}\eta^2\right)d\xi d\eta$$

$$=\int_{-\infty}^{\infty}\exp\left(-\frac{1}{2}\xi^2\right)\cdot\int_{-\infty}^{\infty}\exp\left(-\frac{3}{2}\eta^2\right)d\eta$$

$$=\sqrt{2}\sqrt{\pi}\sqrt{\frac{2}{3}}\sqrt{\pi}=\frac{2}{\sqrt{3}}\pi$$

9-4 Cayley-Hamilton 定理

定理 9-6：Cayley-Hamilton 定理

每一方陣 **A** 必能滿足其本身之特徵方程式。

說明：若特徵方程式 $\varphi(\lambda)=\lambda^n+a_{n-1}\lambda^{n-1}+\cdots+a_1\lambda+a_0=0$，則

$$\phi(\mathbf{A})=\mathbf{A}^n+a_{n-1}\mathbf{A}^{n-1}+\cdots+a_1\mathbf{A}+a_0\mathbf{I}=0 \tag{19}$$

證明：n 階方陣 **A** 之特徵方程式 $\varphi(\lambda)$ 可表示為

$$\varphi(\lambda)=|\mathbf{A}-\lambda\mathbf{I}|=(\lambda-\lambda_1)^{n_1}(\lambda-\lambda_2)^{n_2}\cdots(\lambda-\lambda_k)^{n_k}$$

其中 $n_1\geq 1, n_2\geq 1, \cdots n_k\geq 1$，且 $n_1+n_2+\cdots+n_k=n$

已知對任意方陣 **A** 必可找到非奇異方陣 **P**，可將 **A** 經由相似變換而化成 Jordan form：

$$\mathbf{P}^{-1}\mathbf{A}\mathbf{P}=\mathbf{J}=\begin{bmatrix} J_{n_1}(\lambda_1) & & \\ & \ddots & \\ & & J_{n_k}(\lambda_k)\end{bmatrix}$$

$$J_{n_k}(\lambda_k)=\begin{bmatrix} \lambda_k & 1 & 0\cdots & 0 \\ 0 & \lambda_k & 1 & \\ \vdots & & \ddots & 1 \\ 0 & 0 & 0 & \lambda_k \end{bmatrix}_{n_k\times m_k}$$

而對於任何多項式函數 $\phi(\lambda)$ 而言，其矩陣函數 $\phi(\mathbf{A})$ 為：

$$\varphi(\mathbf{A})=\mathbf{P}\begin{bmatrix} S_{n_1}(\lambda_1) & & \\ & \ddots & \\ & & S_{n_k}(\lambda_k)\end{bmatrix}\mathbf{P}^{-1}$$

$$\text{其中 } S_{n_k}(\lambda_k)=\begin{bmatrix}\varphi(\lambda_k) & \varphi'(\lambda_k) & \dfrac{\varphi''(\lambda_k)}{2!}\\ 0 & \varphi(\lambda_k) & \varphi'(\lambda_k)\\ 0 & 0 & \varphi(\lambda_k)\end{bmatrix}\text{（以三階為例）}$$

若 $\varphi(x)$ 為 $\mathbf{A}$ 之特徵多項式，即

$$\varphi(\lambda_k)=\varphi'(\lambda_k)=\cdots\varphi^{n_k-1}(\lambda_k)=0$$

故 $S_{n_k}(\lambda_k)=0$ 同理 $S_{n_1}(\lambda_1)=S_{n_2}(\lambda_2)=\cdots=0$

故恆有 $\varphi(\mathbf{A})=0$

觀念提示：本定理中的 $\mathbf{A}$ 不限於可對角化的方陣

應用㈠：求 $\mathbf{A}^{-1}$

$\mathbf{A}$ 為非奇異，已知 $\mathbf{A}$ 符合 Cayley-Hamilton 定理

$\mathbf{A}^n+a_{n-1}\mathbf{A}^{n-1}+\cdots+a_1\mathbf{A}+a_0\mathbf{I}=\mathbf{0}$

$\Rightarrow\mathbf{A}^{n-1}+a_{n-1}\mathbf{A}^{n-2}+\cdots+a_1\mathbf{I}+a_0\mathbf{A}^{-1}=\mathbf{0}$

$$\therefore\mathbf{A}^{-1}=\frac{-1}{a_0}[\mathbf{A}^{n-1}+a_{n-1}\mathbf{A}^{n-2}+\cdots a_1\mathbf{I}] \tag{20}$$

應用㈡：求高階矩陣函數

由(20)式可知

$\mathbf{A}^n=-a_{n-1}\mathbf{A}^{n-1}-a_{n-2}\mathbf{A}^{n-2}+\cdots-a_1\mathbf{A}-a_0\mathbf{I}$

$$\begin{aligned}\Rightarrow\mathbf{A}^{n-1}&=\mathbf{A}[-a_{n-1}\mathbf{A}^{n-1}-a_{n-2}\mathbf{A}^{n-2}-\cdots-a_1\mathbf{A}-a_0\mathbf{I}]\\&=-a_{n-1}\mathbf{A}^n-a_{n-2}\mathbf{A}^{n-1}-\cdots-a_1\mathbf{A}^2-a_0\mathbf{A}\\&=-a_{n-1}[-a_{n-1}\mathbf{A}^{n-1}-\cdots-a_1\mathbf{A}-a_0\mathbf{I}]\\&\quad-a_{n-2}\mathbf{A}^{n-1}\cdots-a_0\mathbf{A}\\&=c_{n-1}\mathbf{A}^{n-1}+c_{n-2}\mathbf{A}^{n-2}+\cdots+c_n\mathbf{I}\end{aligned}$$

依此類推

例 23： $\mathbf{A}=\begin{bmatrix}1 & 2 & 1\\ 0 & -1 & 1\\ 0 & 1 & 0\end{bmatrix}$, compute $\mathbf{A}^8-2\mathbf{A}^6+3\mathbf{A}^4+\mathbf{A}^2-6\mathbf{I}$

（95 台科大電子所）

解

令 $f(x)=x^8-2x^6+3x^4+x^2-6$，則 $\mathbf{A}^8-2\mathbf{A}^6+3\mathbf{A}^4+\mathbf{A}^2-6\mathbf{I}=f(\mathbf{A})$

$$\det(\mathbf{A}-x\mathbf{I})=\det\begin{bmatrix}1-x & 2 & 1\\ 0 & -1-x & 1\\ 0 & 1 & -x\end{bmatrix}=-x^3+2x-1$$

根據 Cayley-Hamilton 定理，$\Rightarrow -\mathbf{A}^3+2\mathbf{A}-\mathbf{I}=\mathbf{0}$

因為 $f(x)=(-x^3+2x-1)(-x^5+x^2-3x+2)+(8x^2-7x-4)$

$$\Rightarrow f(\mathbf{A})=(-\mathbf{A}^3+2\mathbf{A}-\mathbf{I})(-\mathbf{A}^5+\mathbf{A}^2-3\mathbf{A}+2\mathbf{I})+(8\mathbf{A}^2-7\mathbf{A}-4\mathbf{I})$$

$$=8\mathbf{A}^2-7\mathbf{A}-4\mathbf{I}$$

$$=8\begin{bmatrix}1 & 1 & 3\\ 0 & 2 & -1\\ 0 & -1 & 1\end{bmatrix}-7\begin{bmatrix}1 & 2 & 1\\ 0 & -1 & 1\\ 0 & 1 & 0\end{bmatrix}-4\begin{bmatrix}1 & 0 & 0\\ 0 & 1 & 0\\ 0 & 0 & 1\end{bmatrix}$$

$$=\begin{bmatrix}-3 & -6 & 17\\ 0 & 19 & -15\\ 0 & -15 & 4\end{bmatrix}$$

例 24： Let $\mathbf{A}=\begin{bmatrix}2 & 1\\ 0 & 3\end{bmatrix}$

(a)Find the eigenvalues.

(b)Compute $\mathbf{A}^{100}$ （95 中正電機、通訊所）

解

(a) $\det(\mathbf{A}-x\mathbf{I})=\det\begin{bmatrix}2-x & 1\\ 0 & 3-x\end{bmatrix}=(x-2)(x-3)$

得 $\mathbf{A}$ 的 eigenvalue 為 2, 3

(b)根據 Cayley-Hamilton 定理，

$\text{char}_A(\mathbf{A})=(\mathbf{A}-2\mathbf{I})(\mathbf{A}-3\mathbf{I})=0$

令 $f(x)=x^{100}=q(x)(x-2)(x-3)+a(x-2)+b$

$x=2$ 代入得 $2^{100}=b$

$x=3$ 代入得 $3^{100}=a+b$，因此 $a=3^{100}-2^{100}$

$$\begin{aligned}\Rightarrow \mathbf{A}^{100}&=f(\mathbf{A})=q(\mathbf{A})(\mathbf{A}-2\mathbf{I})(\mathbf{A}-3\mathbf{I})+a(\mathbf{A}-2\mathbf{I})+b\mathbf{I}\\&=a(\mathbf{A}-2\mathbf{I})+b\mathbf{I}\\&=(3^{100}-2^{100})\begin{bmatrix}0&1\\0&1\end{bmatrix}+2^{100}\begin{bmatrix}1&0\\0&1\end{bmatrix}\\&=\begin{bmatrix}2^{100}&3^{100}-2^{100}\\0&3^{100}\end{bmatrix}\end{aligned}$$

例 25： Given a matrix equation $\mathbf{X}=\left(\dfrac{\mathbf{X}^3+6\mathbf{X}}{5}\right)^{\frac{1}{2}}$, where $\mathbf{X}$ is a 3×3 matrix,

(1) Find two matrices (which are not diagonal) can satisfy the matrix equation

(2) For your answer of (1), find $\mathbf{X}^6$

解

(1) $\mathbf{X}=\left(\dfrac{\mathbf{X}^3+6\mathbf{X}}{5}\right)^{\frac{1}{2}}\Rightarrow \mathbf{X}(\mathbf{X}-2\mathbf{I})(\mathbf{X}-3\mathbf{I})=0$

$\Rightarrow \lambda=0, 2, 3$

$$\Rightarrow \mathbf{X}_1=\mathbf{P}_1\begin{bmatrix}0&0&0\\0&2&0\\0&0&3\end{bmatrix}\mathbf{P}_1^{-1},\ \mathbf{X}_2=\mathbf{P}_2\begin{bmatrix}0&0&0\\0&2&0\\0&0&3\end{bmatrix}\mathbf{P}_2^{-1}$$

(2) $$\mathbf{X}_1{}^6=\mathbf{P}_1\begin{bmatrix}0&0&0\\0&2^6&0\\0&0&3^6\end{bmatrix}\mathbf{P}_1^{-1},\ \mathbf{X}_2{}^6=\mathbf{P}_2\begin{bmatrix}0&0&0\\0&2^6&0\\0&0&3^6\end{bmatrix}\mathbf{P}_2^{-1}$$

定義：minimal polynomial

設 $m(x)$為非零多項式，且滿足

(1) $m(\mathbf{A})=0$

(2) $\deg(m(\mathbf{A}))\le\deg(\phi(\mathbf{A}))$；$\phi(\mathbf{A})$為 $\mathbf{A}$ 之特徵方程式

則稱 $m(\mathbf{A})$為 $\mathbf{A}$ 之 minimal polynomial，表示為 $\min_{\mathbf{A}}(x)$

觀念提示：(1) $\min_{\mathbf{A}}(x)$為能消滅 **A** 之最低次多項式

(2)若 $\phi(\mathbf{A}) = (x-\lambda_1)^{m_1}(x-\lambda_2)^{m_2}\cdots(x-\lambda_n)^{m_n}$ 為 **A** 之特徵方程式，則 $\min_{\mathbf{A}}(x) = (x-\lambda_1)^{d_1}(x-\lambda_2)^{d_2}\cdots(x-\lambda_n)^{d_n};\ 1 \le d_i \le m_i$

例 25： Find the minimal polynomial of $\mathbf{A} = \begin{bmatrix} 5 & -6 & -6 \\ -1 & 4 & 2 \\ 3 & -6 & -4 \end{bmatrix}$

解

$\phi(x) = (x-1)(x-2)^2$

$\because (\mathbf{A}-\mathbf{I})(\mathbf{A}-2\mathbf{I}) = \mathbf{0}$

$\therefore m(x) = (x-1)(x-2)$

$$r(\mathbf{A}-2\mathbf{I}) = r\left\{\begin{bmatrix} 3 & -6 & -6 \\ -1 & 2 & 2 \\ 3 & -6 & -6 \end{bmatrix}\right\} = 1 \Rightarrow \text{nullity}(\mathbf{A}-2\mathbf{I}) = 2$$

$\therefore m(x) = (x-1)(x-2)$（可對角化）

例 26： Find the minimal polynomial of $\mathbf{A} = \begin{bmatrix} 3 & 1 & -1 \\ 2 & 2 & -1 \\ 2 & 2 & 0 \end{bmatrix}$

解

$\phi(x) = (x-1)(x-2)^2$

$\because (\mathbf{A}-\mathbf{I})(\mathbf{A}-2\mathbf{I}) = \mathbf{0}$

$\therefore m(x) = (x-1)(x-2)^2$

$$r(\mathbf{A}-2\mathbf{I}) = r\left\{\begin{bmatrix} 1 & 1 & -1 \\ 1 & 0 & -1 \\ 2 & 2 & -2 \end{bmatrix}\right\} = 2 \Rightarrow \text{nullity}(\mathbf{A}-2\mathbf{I}) = 1$$

$\therefore m(x) = (x-1)(x-2)^2$（不可對角化）

定義：Rayleigh's quotient

對 Hermitian matrix **A** 而言，$\forall \mathbf{x} \neq 0$

$$R(\mathbf{x})=\frac{\mathbf{x}^H\mathbf{A}\mathbf{x}}{\mathbf{x}^H\mathbf{x}}=\left(\frac{\mathbf{x}}{\|\mathbf{x}\|}\right)^H\mathbf{A}\left(\frac{\mathbf{x}}{\|\mathbf{x}\|}\right) \tag{21}$$

稱之為 Rayleigh's quotient

觀念提示：$R(\mathbf{x})$：$R^n\to R$.若 $\mathbf{x}$ 恰為 $\mathbf{A}$ 之特徵向量，λ 為 $\mathbf{x}$ 所對應之特徵值，則有

$$R(\mathbf{x})=\frac{\mathbf{x}^H\mathbf{A}\mathbf{x}}{\mathbf{x}^H\mathbf{x}}=\frac{\mathbf{x}^H\lambda\mathbf{x}}{\mathbf{x}^H\mathbf{x}}=\lambda$$

定理 9-7：Rayleigh's Principle

設 Hermitian matrix $\mathbf{A}$ 之 n 個特徵值（均為實數）由大至小依次排列為 $\lambda_1\geq\lambda_2\geq\lambda_3\geq\cdots\geq\lambda_n$

設 $\mathbf{v}_i$ 為對應 λ_i 之特徵向量，則

(1)$\lambda_n\leq R(\mathbf{x})\leq\lambda_1$

(2)$\lambda_1=R(\mathbf{v}_1)=\max\{R(\mathbf{x})\,|\,\mathbf{x}\in C^{n\times 1},\ \|\mathbf{x}\|=1\}$

$\lambda_n=R(\mathbf{v}_n)=\min\{R(\mathbf{x})|\mathbf{x}\in C^{n\times 1},\ \|\mathbf{x}\|=1\}$

證明：設 $\mathbf{P}=[\mathbf{v}_1,\cdots\mathbf{v}_n]\{\mathbf{v}_1,\cdots\mathbf{v}_n\}$ 為正交單位基底，$\mathbf{P}$ 為 unitary matrix

$\mathbf{P}^H\mathbf{A}\mathbf{P}=\mathbf{P}^{-1}\mathbf{A}\mathbf{P}=\text{diag}(\lambda_1,\lambda_2,\cdots\lambda_n)=\mathbf{\Lambda}$

$\Rightarrow\mathbf{A}=\mathbf{P}\mathbf{\Lambda}\mathbf{P}^H$

令 $\mathbf{y}=\mathbf{P}^{-1}\mathbf{x}$ 則

$$R(\mathbf{x})=\frac{\mathbf{x}^H\mathbf{A}\mathbf{x}}{\mathbf{x}^H\mathbf{x}}=\frac{\mathbf{x}^H\mathbf{P}\mathbf{\Lambda}\mathbf{P}^H\mathbf{x}}{\mathbf{x}^H\mathbf{x}}$$

$$=\frac{\mathbf{y}^H\mathbf{\Lambda}\mathbf{y}}{\mathbf{y}^H\mathbf{y}}=\frac{\sum_{i=1}^{n}\lambda_i|y_i|^2}{\sum_{i=1}^{n}|y_i|^2}$$

由 $\lambda_1\geq\lambda_2\geq\lambda_3\geq\cdots\geq\lambda_n$ 可得

$$\lambda_1\sum_{i=1}^{n}|y_i|^2\geq\sum_{i=1}^{n}\lambda_i|y_i|^2\geq\lambda_n\sum_{i=1}^{n}|y_i|^2$$

$\therefore \lambda_n \leq R(\mathbf{x}) \leq \lambda_1$

例 27：$\mathbf{A}=\begin{bmatrix}1 & 2\\ -3 & -4\end{bmatrix}$，求 $\mathbf{A}^4-2\mathbf{A}^3-12\mathbf{A}^2-2\mathbf{A}+6\mathbf{I}=$？

解

令 $f(x)=x^4-2x^3-12x^2-2x+6$

$g(x)=\det(\mathbf{A}-x\mathbf{I})=x^2+3x+2$

代入 $f(x)$ 中可得

$f(x)=(x^2-5x+1)g(x)+5x+4$

$f(\mathbf{A})=(\mathbf{A}^2-5\mathbf{A}+\mathbf{I})g(\mathbf{A})+5\mathbf{A}+4\mathbf{I}=5\mathbf{A}+4\mathbf{I}=\begin{bmatrix}9 & 10\\ -15 & -16\end{bmatrix}$

例 28：Let **A** be a 3 × 3 matrix and $\mathbf{P_A}(\mathbf{x})$ the characteristic polynomial of**A**, show that $\mathbf{P_A}(\mathbf{A})=\mathbf{0}$ （台大資工）

解

Let $\mathbf{A}=\mathbf{PJP}^{-1}$，**P** 為可逆，**J** 為 Jordan form 或對角矩陣

$$\mathbf{J}=\begin{bmatrix}\lambda_1 & 1 & 0\\ 0 & \lambda_2 & 1\\ 0 & 0 & \lambda_3\end{bmatrix}$$

$$\begin{aligned}\mathbf{P_A}(\mathbf{x}) &= |\mathbf{A}-x\mathbf{I}|=|\mathbf{PJP}^{-1}-x\mathbf{I}|\\ &=|\mathbf{P}(\mathbf{J}-x\mathbf{I})\mathbf{P}^{-1}|\\ &=|\mathbf{P}||\mathbf{J}-x\mathbf{I}||\mathbf{P}^{-1}|\\ &=|\mathbf{J}-x\mathbf{I}|\\ &=\begin{vmatrix}\lambda_1-x & 1 & 0\\ 0 & \lambda_2-x & 1\\ 0 & 0 & \lambda_3-x\end{vmatrix}\\ &=-(x-\lambda_1)(x-\lambda_2)(x-\lambda_3)\end{aligned}$$

$\mathbf{P_A}(\mathbf{A})=\mathbf{PP_A}(\mathbf{J})\mathbf{P}^{-1}$ 且

$\mathbf{P_A}(\mathbf{J})=-(\mathbf{J}-\lambda_1\mathbf{I})(\mathbf{J}-\lambda_2\mathbf{I})(\mathbf{J}-\lambda_3\mathbf{I})$

$$=-\begin{bmatrix}0&\neq0&0\\0&\neq0&\neq0\\0&0&\neq0\end{bmatrix}\begin{bmatrix}\neq0&\neq0&0\\0&0&\neq0\\0&0&\neq0\end{bmatrix}\begin{bmatrix}\neq0&\neq0&0\\0&\neq0&\neq0\\0&0&0\end{bmatrix}$$

$$=\begin{bmatrix}0&0&\neq0\\0&0&\neq0\\0&0&\neq0\end{bmatrix}\begin{bmatrix}\neq0&\neq0&0\\0&\neq0&\neq0\\0&0&0\end{bmatrix}=\begin{bmatrix}0&0&0\\0&0&0\\0&0&0\end{bmatrix}$$

$$\mathbf{P_A}(\mathbf{A})=\mathbf{PP_A}(\mathbf{J})\mathbf{P}^{-1}=\mathbf{POP}^{-1}=\mathbf{0}$$

例 29： 試證明任一 n 階非奇異方陣 $\mathbf{A}$ 的反矩陣 $\mathbf{A}^{-1}$ 必可表示為如下左式之形式，並請就以下右邊之 $\mathbf{A}$ 計算 $\mathbf{A}^{-1}=$？

$$\mathbf{A}^{-1}=\sum_{m=0}^{n-1}C_m\mathbf{A}^m\text{；}\mathbf{A}=\begin{bmatrix}0&1&0\\2&-1&3\\0&2&1\end{bmatrix}$$ （83 台大化工）

解 (a) $\phi(\lambda)=|\mathbf{A}-\lambda\mathbf{I}|=\lambda^n+a_{n-1}\lambda^{n-1}+\cdots+a_1\lambda+a_0$

根據 Cayely-Hamilton 定理，可知

$\phi(\mathbf{A})=\mathbf{A}^n+a_{n-1}\mathbf{A}^{n-1}+\cdots+a_1\mathbf{A}+a_0\mathbf{I}=0$

因此 $\mathbf{I}=-\dfrac{1}{a_0}(\mathbf{A}^n+a_{n-1}\mathbf{A}^{n-1}+\cdots+a_1\mathbf{A})$

等號兩邊同時乘上 $\mathbf{A}^{-1}$ 可得：

$\mathbf{A}^{-1}=-\dfrac{1}{a_0}(\mathbf{A}^{n-1}+a_{n-1}\mathbf{A}^{n-2}+\cdots+a_1\mathbf{I})=\sum\limits_{m=0}^{n-1}c_m\mathbf{A}^m$ 故得證

(b) $\phi(\lambda)=|\mathbf{A}-\lambda\mathbf{I}|=\begin{vmatrix}-\lambda&1&0\\2&-1-\lambda&3\\0&2&1-\lambda\end{vmatrix}=-\lambda^3+9\lambda-2$

由 Cayely-Hamilton 定理可知

$\mathbf{A}^3-9\mathbf{A}+2\mathbf{I}=0$ 或 $\mathbf{A}^{-1}=\dfrac{1}{2}(9\mathbf{I}-\mathbf{A}^2)$ 因此 $\mathbf{A}^{-1}$ 為：

$$\mathbf{A}^{-1}=\frac{1}{2}\left(9\mathbf{I}-\begin{bmatrix}2&-1&3\\-2&9&0\\4&0&7\end{bmatrix}\right)=\frac{1}{2}\begin{bmatrix}7&1&-3\\2&0&0\\-4&0&2\end{bmatrix}$$

例 30：$\mathbf{A}=\begin{bmatrix}2 & 3\\ 3 & 2\end{bmatrix}$ 求 $\mathbf{A}^{100}$

解 (1)將 $\mathbf{A}$ 對角化，得 $\mathbf{A}=\mathbf{PDP}^{-1}$

則 $\mathbf{A}^{100}=\mathbf{PD}^{100}\mathbf{P}^{-1}$

(2)利用 Cayley-Hamilton 定理

$\varphi(\lambda)=\lambda^2-4\lambda-5=(\lambda-5)(\lambda+1)=0\Rightarrow \mathbf{A}^2-4\mathbf{A}-5\mathbf{I}=\mathbf{0}$

$\because \mathbf{A}$ 為 2 階 $\quad\therefore \mathbf{A}^{100}=\alpha\mathbf{A}+\beta\mathbf{I}$

$$\Rightarrow \lambda^{100}=\alpha\lambda+\beta 1$$

$$\Rightarrow \begin{cases}5^{100}=5\alpha+\beta\\ (-1)^{100}=-\alpha+\beta\end{cases}$$

$$\Rightarrow \begin{cases}\alpha=\dfrac{1}{6}(5^{100}-1)\\ \beta=\dfrac{1}{6}(5^{100}+5)\end{cases}$$

$$\mathbf{A}^{100}=\frac{1}{6}(5^{100}-1)\begin{bmatrix}2 & 3\\ 3 & 2\end{bmatrix}+\frac{1}{6}(5^{100}+5)\begin{bmatrix}1 & 0\\ 0 & 1\end{bmatrix}$$

$$=\frac{1}{2}\begin{bmatrix}5^{100}+1 & 5^{100}-1\\ 5^{100}-1 & 5^{100}+1\end{bmatrix}$$

觀念提示：若 $\varphi(\lambda)=(a-\lambda)^2=0$ 則需修正為：

$$\begin{cases}\lambda^{100}=\alpha\lambda+\beta=g(\lambda)(\lambda-a)^2+\alpha\lambda+\beta\\ 100\lambda^{99}=\alpha=g(\lambda)(\lambda-a)^2+2g(\lambda)(\lambda-a)+\alpha\end{cases}$$ 聯立求解

例 31： 已知 $\mathbf{A}=\begin{bmatrix}2 & -2 & 3\\ 1 & 1 & 1\\ 1 & 3 & -1\end{bmatrix}$，試以 Cayley-Hamilton 定理計算 $\mathbf{A}^4$ = ?（83 中央化工）

解

$$\varphi(\lambda)=\begin{vmatrix}2-\lambda & -2 & 3\\ 1 & 1-\lambda & 1\\ 1 & 3 & -1-\lambda\end{vmatrix}=-\lambda^3+2\lambda^2+5\lambda-6$$

$\mathbf{A}^3-2\mathbf{A}^2-5\mathbf{A}+6\mathbf{I}=0$ 等號兩邊同時乘上 $\mathbf{A}$，移項後可得：

$$\mathbf{A}^4 = 2\mathbf{A}^3 + 5\mathbf{A}^2 + 6\mathbf{A}$$
$$= 2(2\mathbf{A}^3 - 2\mathbf{A}^2 - 5\mathbf{A} + 6\mathbf{I}) + 9\mathbf{A}^2 + 4\mathbf{A} - 12\mathbf{I} = 0$$
$$= 9\mathbf{A}^2 + 4\mathbf{A} - 12\mathbf{I}$$
$$= \begin{bmatrix} 41 & 19 & 21 \\ 40 & 10 & 31 \\ 40 & -24 & 47 \end{bmatrix}$$

例 32：Given $\mathbf{A} = \begin{bmatrix} 1 & 1 & 0 \\ 0 & 0 & 1 \\ 0 & 0 & 1 \end{bmatrix} e^{\mathbf{A}t} = ?$

解　$|\mathbf{A} - \lambda\mathbf{I}| = -\lambda(\lambda - 1)^2 = 0, \lambda = 0, 1, 1$

求 eigenvector 知其不可對角化⇒利用 Cayley-Hamilton 定理

$$e^{\mathbf{A}t} = \mathbf{I} + \mathbf{A}t + \frac{1}{2}\mathbf{A}^2t^2 + \cdots$$

令 $e^{\mathbf{A}t} = \alpha\mathbf{A}^2 + \beta\mathbf{A} + \gamma\mathbf{I} \Rightarrow e^{\lambda t} = \alpha\lambda^2 + \beta\lambda + r$; for $\lambda = 0, 1$

$\Rightarrow te^{\lambda t} = 2\alpha\lambda + \beta$; for $\lambda = 1$

$$\Rightarrow \begin{cases} \alpha = te^t - e^t - 1 \\ \beta = -te^t + 2e^t - 2 \\ \gamma = 1 \end{cases}，\therefore e^{\mathbf{A}t} = (te^t - e^t - 1)\mathbf{A}^2 + (-te^t + 2e^t - 2)\mathbf{A} + \mathbf{I}$$

〈另解〉

$$\lambda = 0 \quad \mathbf{Ax} = \mathbf{0} \Rightarrow \mathbf{x}_1 = \begin{bmatrix} 1 \\ -1 \\ 0 \end{bmatrix}$$

$$\lambda = 1 \quad (\mathbf{A} - \mathbf{I})\mathbf{x}_2 = \mathbf{0} \Rightarrow \mathbf{x}_2 = \begin{bmatrix} 1 \\ 0 \\ 0 \end{bmatrix}$$

$$(\mathbf{A} - \mathbf{I})^2 = \begin{bmatrix} 0 & -1 & 1 \\ 0 & 1 & -1 \\ 0 & 0 & 0 \end{bmatrix} \Rightarrow \text{Ker}(\mathbf{A} - \mathbf{I})^2 = \text{CSP}\begin{bmatrix} 0 & 1 \\ 1 & 0 \\ 1 & 0 \end{bmatrix}$$

$$\therefore \mathbf{x}_3 = \text{Ker}(\mathbf{A} - \mathbf{I})^2 \backslash \text{Ker}(\mathbf{A} - \mathbf{I}) = \begin{bmatrix} 1 \\ 0 \\ 0 \end{bmatrix}$$

$$\mathbf{P}=\begin{bmatrix}1&1&0\\-1&0&1\\0&0&1\end{bmatrix}，\mathbf{P}^{-1}=\begin{bmatrix}0&-1&1\\1&1&-1\\0&0&1\end{bmatrix}，$$

$$\mathbf{A}=\mathbf{P}\begin{bmatrix}0&0&0\\0&1&1\\0&0&1\end{bmatrix}\mathbf{P}^{-1}$$

$$e^{\mathbf{A}t}=\mathbf{P}\begin{bmatrix}e^{0t}&0&0\\0&e^t&te^t\\0&0&e^t\end{bmatrix}\mathbf{P}^{-1}=\begin{bmatrix}e^t&e^t-1&1-e^t+te^t\\0&1&te^t-1\\0&0&e^t\end{bmatrix}$$

例 33： Given $\mathbf{A}=\begin{bmatrix}2&2&1\\1&3&1\\1&2&2\end{bmatrix}$，Compute $\mathbf{A}^5-8\mathbf{A}^4+19\mathbf{A}^3-23\mathbf{A}^2+16\mathbf{A}-5\mathbf{I}=$？（清大資工）

解

$|\mathbf{A}-\lambda\mathbf{I}|=-\lambda^3+7\lambda^2-11\lambda+5=0$

$\Rightarrow\mathbf{A}^3-7\mathbf{A}^2+11\mathbf{A}-5\mathbf{I}=0$

代入原式利用 Cayley-Hamilton 定理求解

例 34： $y=x_1^2+3x_2^2+3x_3^2+4x_1x_2+4x_1x_3$

(a)若 y 有極大值或極小值，試求其值？

(b)在 $x_1{}^2+x_2{}^2+x_3{}^2=1$ 的條件下，若 y 有極大值或極小值，試求其值？

(c)在 $x_1{}^2+x_2{}^2+x_3{}^2=4$ 的條件下，若 y 有極大值或極小值，試求其值？

解

(a)$\begin{cases}y_{x_1}=2x_1+4x_2+4x_3\\ y_{x_2}=4x_1+6x_2\\ y_{x_3}=4x_1+6x_3\end{cases}\Rightarrow(x_1, x_2, x_3)=(0, 0, 0)$

$$\begin{cases} y_{x_1x_1}=2 \\ y_{x_2x_2}=6 \Rightarrow \begin{vmatrix} 2 & 4 \\ 4 & 6 \end{vmatrix} < 0 \\ y_{x_1x_2}=4 \end{cases}$$

極值不存在

(b) $-1 \le \dfrac{(\mathbf{x},\ \mathbf{Ax})}{(\mathbf{x},\ \mathbf{x})} \le 5$

$x_1^2+x_2^2+x_3^2=(\mathbf{x},\mathbf{x})=1$

$\Rightarrow -1 \le (\mathbf{x},\mathbf{Ax}) \le 5$

$\Rightarrow -1 \le y \le 5$

(c) $x_1^2+x_2^2+x_3^2=(\mathbf{x},\mathbf{x})=4$

$\Rightarrow -1 \le \dfrac{(\mathbf{x},\ \mathbf{Ax})}{(\mathbf{x},\ \mathbf{x})} \le 5$

$\Rightarrow -1\,(\mathbf{x},\mathbf{x}) \le (\mathbf{x},\mathbf{Ax}) \le 5\,(\mathbf{x},\mathbf{x})$

$\Rightarrow -4 \le y \le 20$

例 35： Suppose f is a polynomial. Prove that if **A** is similar to a diagonal matrix and f is the characteristic polynomial of **A**, then $f(\mathbf{A})=0$

（清大工工）

解

$\mathbf{A}=\mathbf{P}^{-1}\mathbf{DP}$（similar 的定義）

where $\mathbf{D}=\begin{bmatrix} \lambda_1 & & & \\ & \lambda_2 & & \\ & & \ddots & \\ & & & \lambda_n \end{bmatrix}$

$\therefore \mathbf{A}^n=\mathbf{P}^{-1}\mathbf{D}^n\mathbf{P}$

$f(x)=|\mathbf{A}-x\mathbf{I}|=|\mathbf{P}^{-1}\mathbf{DP}-x\mathbf{P}^{-1}\mathbf{IP}|$

$=|\mathbf{P}^{-1}(\mathbf{D}-x\mathbf{I})\mathbf{P}|$

$=|\mathbf{P}^{-1}||\mathbf{D}-x\mathbf{I}||\mathbf{P}|=|\mathbf{D}-x\mathbf{I}|=\begin{vmatrix} \lambda_1-x & & & \\ & \lambda_2-x & & \\ & & \ddots & \\ & & & \lambda_n-x \end{vmatrix}$

$$= (\lambda_1 - x)(\lambda_2 - x)\cdots(\lambda_n - x)$$

$\therefore f(\lambda_i) = 0;\ i = 1, 2, \cdots, n$

令 $f(x) = a_n x^n + a_{n-1} x^{n-1} + \cdots + a_1 x + a_0$

$$\Rightarrow f(\mathbf{A}) = f(\mathbf{P}^{-1}\mathbf{D}\mathbf{P}) = \sum_{i=0}^{n} \alpha_i (\mathbf{P}^{-1}\mathbf{D}^i\mathbf{P}) = \mathbf{P}^{-1}\left(\sum_{i=0}^{n} a_i \mathbf{D}^i\right)\mathbf{P}$$

$$= \mathbf{P}^{-1}\left(\sum_{i=0}^{n} a_i \begin{bmatrix} \lambda_1^i & & & \\ & \lambda_2^i & & \\ & & \ddots & \\ & & & \lambda_n^i \end{bmatrix}\right)\mathbf{P}$$

$$= \mathbf{P}^{-1}\begin{bmatrix} \sum_{i=0}^{n} a_i\lambda_1^i & & & \\ & \sum_{i=0}^{n} a_i\lambda_2^i & & \\ & & \ddots & \\ & & & \sum_{i=0}^{n} a_i\lambda_n^i \end{bmatrix}\mathbf{P}$$

$$= \mathbf{P}^{-1}\begin{bmatrix} f(\lambda_1) & & & \\ & f(\lambda_2) & & \\ & & \ddots & \\ & & & f(\lambda_n) \end{bmatrix}\mathbf{P}$$

$$= \mathbf{0}$$

例 36：Let $\mathbf{A} = \begin{bmatrix} 1 & 3 \\ -3 & 7 \end{bmatrix}$. Find $\mathbf{A}^{1000}$. （95 花教大數學）

解

$p(x) = \text{char}_A(x) = \det(\mathbf{A} - x\mathbf{I}) = (x-4)^2$

根據 Cayley-Hamilton 定理，$p(\mathbf{A}) = (\mathbf{A} - 4\mathbf{I})^2 = 0$

令 $f(x) = x^{1000}$，據 Taylor 展開式

$$f(x) = f(4) + f'(4)(x-4) + \sum_{i=2}^{\infty} \frac{f^{(i)}(4)}{i!}(x-4)^i$$

$$= f(4) + f'(4)(x-4) + \left[\sum_{i=2}^{\infty} \frac{f^{(i)}(4)}{i!}(x-4)^{i-2}\right](x-4)^2$$

$$\Rightarrow \mathbf{A}^{1000} = f(4)\mathbf{I} + f'(4)(\mathbf{A} - 4\mathbf{I})$$

$$=4^{1000}\begin{bmatrix}1&0\\0&1\end{bmatrix}=1000\cdot4^{999}\begin{bmatrix}-3&3\\-3&3\end{bmatrix}$$

$$=\begin{bmatrix}4^{1000}-3000\cdot4^{999}&3000\cdot4^{999}\\-3000\cdot4^{999}&4^{1000}+3000\cdot4^{999}\end{bmatrix}$$

例 37： Find $\mathbf{A}^{100}$, if

(1)$\mathbf{A}=\begin{bmatrix}3&1&1\\2&4&2\\-1&-1&1\end{bmatrix}$ (2)$\mathbf{A}^{50}=\begin{bmatrix}3&1&1\\2&4&2\\-1&-1&1\end{bmatrix}$（94 中央通訊）

解

(1)$|\mathbf{A}-\lambda\mathbf{I}|=0\Rightarrow\lambda=2, 2, 4$, rank $(\mathbf{A}-2\mathbf{I})=1\Rightarrow$minimal polynomial

$f(x)=(x-4)(x-2)$

$\Rightarrow f(\mathbf{A})=\mathbf{A}^2-6\mathbf{A}+8\mathbf{I}=0$

$g(x)=x^{100}=f(x)q(x)+ax+b$

$$\begin{cases}4^{100}=4a+b\\2^{100}=2a+b\end{cases}$$

$$\Rightarrow\begin{cases}a=\dfrac{1}{2}(4^{100}-2^{100})\\b=2^{101}-4^{100}\end{cases}$$

$$\therefore g(\mathbf{A})=\mathbf{A}^{100}=\frac{1}{2}(4^{100}-2^{100})\mathbf{A}+2^{101}-4^{100}\mathbf{I}$$

(2) Let $\mathbf{B}=\mathbf{A}^{50}\Rightarrow\mathbf{B}^2-6\mathbf{B}+8\mathbf{I}=0$

$$\therefore\mathbf{A}^{100}=\mathbf{B}^2=6\mathbf{B}-8\mathbf{I}=\begin{bmatrix}10&6&6\\12&16&12\\-6&-6&-2\end{bmatrix}$$

精選練習

1. 利用 Cayely-Hamilton 定理求 $\mathbf{A}^{-1}=$ ？

$$\mathbf{A}=\begin{bmatrix}2&2&1\\1&3&1\\1&2&2\end{bmatrix}$$

2. $f(x)=x^3-2x^2+x-2$ evaluate $f(\mathbf{A})$ where the matrix $\mathbf{A}=\begin{bmatrix}1&2\\-3&-4\end{bmatrix}$

3. 矩陣 $\mathbf{A}$ 為一任意 n 階方陣，證明對於任何正整數 m, $m>(n-1)$，則 $\mathbf{A}^m$ 必可表為 $(a_{n-1}\mathbf{A}^{n-1}+a_{n-2}\mathbf{A}^{n-2}+\cdots+a_1\mathbf{A}+a_0\mathbf{I})$之形式，求係數 $a_{n-1}, a_{n-2}, \cdots, a_0$？

（台大電機）

4. 求解下列微分方程組

$$\begin{cases}\dfrac{dx}{dt}=5x+8y+1\\[2mm] \dfrac{dy}{dt}=-6x-9y+t\end{cases};\ x(0)=4,\ y(0)=-3$$

5. 求解：

$$\begin{cases}x_1'=2x_1-2x_2+3x_3\\ x_2'=x_1+x_2+x_3\\ x_3'=x_1+3x_2-x_3\end{cases};\ x_1(0)=1,\ x_2(0)=0,\ x_3(0)=\frac{1}{2}$$

（83 清華化工）

6. $\mathbf{A}=\begin{bmatrix}2&2\\2&3\end{bmatrix}$，$\mathbf{B}=\begin{bmatrix}1&1\\1&2\end{bmatrix}$，求解

$\mathbf{B}x''(t)+\mathbf{A}x(t)=0$，I.C. $\mathbf{x}(0)=\begin{bmatrix}1\\0\end{bmatrix}$, $\mathbf{x}'(0)=\begin{bmatrix}0\\1\end{bmatrix}$

（交大）

7. 解下列微分方程組

$$\begin{cases}x_1'=-3x_1+x_3\\ x_2'=2x_1-2x_2+x_3\\ x_3'=-x_1-x_3\end{cases}$$

8. 解下列微分方程組

$$\begin{cases}x_1'=13x_1+16x_2+16x_3+e^t\\ x_2'=-5x_1-7x_2-6x_3+e^{2t}\\ x_3'=-6x_1-8x_2-7x_3+e^{3t}\end{cases}$$

9. 以特徵值法解

$$\begin{cases}x'=6x+y+6t\\ y'=4x+3y-10t+4\end{cases}$$

（交大電子）

10. 證明 $\int_{-\infty}^{\infty}e^{-ax^2}dx=\sqrt{\dfrac{\pi}{a}}$　$a>0$ 並計算 $\int_{-\infty}^{\infty}\int_{-\infty}^{\infty}e^{-(x^2-xy+y^2)}dxdy=$ ？

（清華核工）

11. 設 $\mathbf{x} = [x_1 \quad x_2 \quad x_3]^T$ 及 $\mathbf{y} = [y_1 \quad y_2 \quad y_3]^T$：
$f(x, y) = 3x_1y_1 - 2x_1y_2 + 5x_2y_1 + 7x_2y_2 - 8x_2y_3 + 4x_3y_2 - x_3y_3$
以矩陣表示 $f(x, y)$ （交大運輸）

12. 求積分 $\int_{-\infty}^{\infty}\int_{-\infty}^{\infty} \exp\,[-(10x_1^2 + 2x_2^2 + 6x_1x_2)]dx_1x_2 =$?

13. (a)Find out what type of conic section the following quadratic form represents:
$17x_1^2 - 30x_1x_2 + 17x_2^2 = 128$
and transform it into principle axis form i.e., $\lambda_1 y_1^2 + \lambda_2 y_2^2 = Q$ (using the method of matrix diagonalization).
(b)Find the matrix $\mathbf{A}$ such that $\begin{bmatrix} x_1 \\ x_2 \end{bmatrix} = \mathbf{A}\begin{bmatrix} y_1 \\ y_2 \end{bmatrix}$ （中央太空）

14. 將以下二次曲線 $f(x_1, x_2, x_3)$ 轉換到主軸而形成 $g(x_1, x_2, x_3)$，求此二次曲線之種類以及 (x_1, x_2, x_3) 與 (y_1, y_2, y_3) 間之關係？
$f(x_1, x_2, x_3) = 5x_1^2 + 8x_1x_2 + 5x_2^2 + 4x_1x_3 + 4x_2x_3 + 2x_3^2 = 100$ （83 成大土木）

15. Transform the following quadratic form to the principal axes form $7x_1^2 + 48x_1x_2 - 7x_2^2 = 25$, and sketch the conic section （清華原科）

16. 設 $\begin{bmatrix} 2 & -1 & 0 \\ -1 & 2 & -1 \\ 0 & -1 & 2 \end{bmatrix}\begin{bmatrix} x_1 \\ x_2 \\ x_3 \end{bmatrix} = \begin{bmatrix} 4 \\ 0 \\ 4 \end{bmatrix}$，請找出能使由 $\mathbf{A}$ 所構成的 Quadratic form 為 minimum 之 $[x_1 \quad x_2 \quad x_3]$ （中央環工）

17. 已知 $\mathbf{B}$ 與 $\mathbf{C}$ 為 n 階實對稱方陣，且 $\mathbf{B}$ 為 p.d.，$\mathbf{C}$ 為 s.p.d.證明
(a)$\mathbf{B} + \mathbf{C}$ 為 p.d.　(b)$\mathbf{B}^{-1} - (\mathbf{B} + \mathbf{C})^{-1}$ 為 s.p.d. （交大控制）

18. Solve $\begin{bmatrix} y_1'(t) \\ y_2'(t) \end{bmatrix} = \begin{bmatrix} -3 & -4 \\ 5 & 6 \end{bmatrix}\begin{bmatrix} y_1(t) \\ y_2(t) \end{bmatrix} + \begin{bmatrix} 5e^t \\ -6e^t \end{bmatrix}$ （84 交大資科）

19. Given $\mathbf{A} = \begin{bmatrix} 1 & 0 \\ 1 & 2 \end{bmatrix}$
(1) Calculate $\mathbf{A}^r$, where $\mathbf{r}$ is an integer greater than 2
(2) Calculate exp $(\mathbf{A})$ （台科大電機）

20. Find all critical points of these functions and determine whether they are local maxima, local minima, horizontal inflection or saddle points.
(a)x^2e^{-x}, $-\infty < x < \infty$
(b)$\ln(x^2 + y^2 + 1)$ （台科大電子）

21. If $\mathbf{A}$ is positive definite and a11 is increased, prove from cofactors that the determinant is increased. Show by example that this can fail if $\mathbf{A}$ is indefinite. （中興電機）

22. Find $e^{\mathbf{A}}$, where matrix $\mathbf{A}$ is given by

$$\mathbf{A}=\begin{bmatrix}0&1&0\\0&0&1\\0&0&0\end{bmatrix}$$
（85 台大電機）

23. Consider the function $F(x, y, z)=x^2+xz-3\cos y+z^2$

(a)Find the Hessian of $F(x, y, z)$ at the point $(x, y, z)=(0, -\pi, 0)$

(b)Determine whether $(x, y, z)=(0, -\pi, 0)$ is a saddle point of $F(x, y, z)$.（85 台大電機）

24. (a)Find the lower triangular matrix $\mathbf{L}$ satisfying $\mathbf{A}=\mathbf{L}\mathbf{L}^{\mathrm{T}}$, where $\mathbf{A}$ is the 3 by 3 matrix given below

(b)Determine whether matrix $\mathbf{A}$ is positive definite

$$\mathbf{A}=\begin{bmatrix}9&3&-6\\3&4&1\\-6&1&7\end{bmatrix}$$
（85 台大電機）

25. Given the quadratic equation

$x^2-10\sqrt{3}xy+11y^2-8\sqrt{3}x-8y-32=0$

Find a change of coordinates so that the resulting equation in a standard form. Plot out this curve and show both old and new coordinate axis.（85 台大電機）

26. Suppose $\mathbf{A}$ and $\mathbf{B}$ are both $n\times n$ real symmetric matrices, and $\mathbf{x}_1, \mathbf{x}_2, \cdots, \mathbf{x}_k$ are eigenvectors of the equation $(\mathbf{A}-\lambda\mathbf{B})\mathbf{x}=\mathbf{0}$ corresponding, respectively, to the distinct eigenvalues $\lambda_1, \lambda_2, \cdots, \lambda_k$

(a)Show that $\mathbf{x}_i^T\mathbf{A}\mathbf{x}_j=0$, $\mathbf{x}_i^T\mathbf{B}\mathbf{x}_j=0$, $i\neq j$

(b)Show that $\mathbf{x}_1, \mathbf{x}_2, \cdots, \mathbf{x}_k$ are linearly independent（89 台大應力）

27. True or false, with counterexample if false.

(a)If the vectors $\mathbf{x}_1, \mathbf{x}_2, \cdots, \mathbf{x}_m$ span a subspace S, then $\dim S=m$.

(b)If $\mathbf{A}\mathbf{x}=\mathbf{A}\mathbf{y}$, then $\mathbf{x}=\mathbf{y}$.

(c)If a square matrix $\mathbf{A}$ has independent columns, so does $\mathbf{A}^2$

28. True or false, with explanation or counterexample. $\mathbf{A}$, $\mathbf{B}$, $\mathbf{C}$, is $n\times n$

(a)Every homogeneous linear system with more variables than equations has infinitely many solutions.

(b)If $\mathbf{AB}=\mathbf{AC}$, then $\mathbf{B}=\mathbf{C}$.

(c)If $\mathbf{B}$ singular, then $\mathbf{AB}$ is singular.

(d)The determinant of $\mathbf{AB}$ is equal to the determinant of $\mathbf{BA}$.

(e)Any nonempty subset of a linearly independent set of vectors is also linearly independent.

(f)Let $\mathbf{A}$ be a 6×5 matrix , if dimN $(\mathbf{A})=2$, then rank $(\mathbf{A})=4$.

(g)If $\mathbf{X}$ and $\mathbf{Y}$ are orthogonal subspaces of R^n, then $X\cap Y=\{0\}$.

(h)Let **a** be a fixed nonzero vector in R^2, a mapping of the form $L(\mathbf{x})=\mathbf{x}+\mathbf{a}$ is a linear transformation from R^2 into R^2.

(i)Let **A** be an $n \times n$ matrix with $m>n$. If N $(\mathbf{A})=\{0\}$, then the column vectors of **A** are linearly independent and span R^m.

(j)If the determinant of **A** is zero, then rank $(\mathbf{A})=n$.

(k)The rank of any matrix equals to the maximum numbers of its linearly independent rows.

29. True or false

(a)If none of the R^3 vectors in the set $S=\{\mathbf{v}_1, \mathbf{v}_2, \mathbf{v}_3\}$ is a multiple of one of the vectors, then S is linearly independent.

(b)An overconstrained linear system (with more equation than variables) cannot have a unique solution.

(c)If **A** is $m \times n$ matrix and rank $\mathbf{A}=m$, then the linear transformation $\mathbf{x} \rightarrow \mathbf{A}\mathbf{x}$ is one-to-one.

(d)If a 5×5 matrix **A** has fewer than 5 distinct eigenvalues, then **A** is not diagonalizable.

(e)The dimension of the space P_n of polynomials of degree $\leq n$ is n.

(f)Cramer's rule, in theory, can be used to find all solutions of any square linear system.

30. Answer each of the following as True or False.

(a)If $\mathbf{A}^T=\mathbf{A}^{-1}$, then det $(\mathbf{A})=1$.

(b)The solution space of the homogeneous system $\mathbf{A}\mathbf{x}=\mathbf{0}$ is spanned by the columns of **A**.

(c)If **A** is an $n \times n$ orthogonal matrix, then rank $\mathbf{A}<n$.

(d)If x is an eigenvalues of **A** of multiplicity k, then the dimension of the eigenspace with x is k.

31. True or false, must give reasons or counterexample.

(a)If **A** is nilpotent matrix, then all eigenvalues of **A** are zero.

(b)If **A** is diagonalizable, then **A** is normal.

(c)If **A** is an $m \times n$ matrix, and $\mathbf{b} \in N(\mathbf{A}^T)$, then $\mathbf{A}\mathbf{x}=\mathbf{b}$ is solvable

(d)If **A** is a 3×3 skew-Hermitian matrix, then det $(\mathbf{A})$ is pure imaginary.

32. True and false, If true, give reasons, if false, give counterexample.

(a)Any singular $n \times n$ matrix over real numbers has at least one eigenvalue.

(b)If an $n \times n$ matrix is invertible, then it can be diagonalized.

(c)There is a 3×6 matrix **A** over real numbers such that its row space contains $(1, 0, 1, 1, 0, 0)$ and its nullspace contains $(0, 1, 0, 1, 1, 1)$.

(d)Let **A** and **B** be two 5×5 matrices over real numbers such that $\mathbf{AB}=-\mathbf{BA}$. Then, either **A** or **B** is singular.

(e)Let **A** be a positive definite $n \times n$ matrix over real numbers, i.e. any $n \times n$ symmetric matrix over real numbers such that $\mathbf{V}^T\mathbf{A}\mathbf{V} > 0$, $\forall \mathbf{V} \in R^n$, then, each eigenvalue of **A** is a positive real number.

33. True or false for eigenvalues
    (a)If λ is an eigenvalue of **A**, then λ^{-1} is an eigenvalues of $\mathbf{A}^{-1}$.
    (b)**A** and $\mathbf{A}^T$ have the same eigenvalues.
    (c)If $\mathbf{A}^2$ is a zero matrix, then 0 is the only eigenvalues of **A**.
    (d)**A** is invertible if and only if 0 is not an eigenvalue of **A**.
    (e)**A** is disgonalizable if and only if all eigenvalues of **A** are different (distinct).
34. True or false, with reason if true or counterexample if false.
    (a)Let **A**, $\mathbf{B} \in R^{n \times n}$, if the column space of **B** is a subspace of the nullspace of **A**, then $\mathbf{AB} = \mathbf{0}$
    (b)Let **A**, $\mathbf{B} \in R^{n \times n}$, if λ is an eigenvalue of **AB**, then it is an eigenvalue of **BA**.
    (c)Let **A**, $\mathbf{B} \in R^{n \times n}$, if **A** is row equivalent to **B**, then **A** and **B** have the same column space.
    (d)e^{A} is invertible for any diagonalizable matrix **A**.
    (e)Let $\mathbf{A} \in R^{m \times n}$ and **x** be a solution to the least square problem $\mathbf{Ax} = \mathbf{b}$, then $\mathbf{x} + \mathbf{z}$ for some **z** in the nullspace of **A** will also be a least solution.
35. List on your answer sheets the labels of the following statements that are equivalent to that "$\mathbf{A} \in R^{n \times n}$ is nonsingular".
    (a)There exist a matrix $\mathbf{C} \in R^{n \times n}$ such that $\mathbf{AC} = \mathbf{I}$, where **I** is the identity matrix.
    (b)There exist a matrix $\mathbf{D} \in R^{n \times n}$ such that $\mathbf{DA} = \mathbf{I}$.
    (c)$\mathbf{Ax} = \mathbf{0}$ has only the trivial solution $\mathbf{x} = \mathbf{0}$.
    (d)The columns of **A** are linearly independent, as are the rows of **A**.
    (e)$\det \mathbf{A} \geq 0$.
    (f)There is a sequence of elementary matrices $\mathbf{E}_i$, such that $\mathbf{E_P} \cdots \mathbf{E}_2\mathbf{E}_1\mathbf{A} = \mathbf{I}$.
    (g)The system $\mathbf{Ax} = \mathbf{b}$ has a solution for each $\mathbf{b} \in R^n$, but it may be not unique.
36. True or False.
    (a)The linear system $\mathbf{Ax} = \mathbf{b}$ with more equations than variables cannot have a unique solution.
    (b)If the column of **A** are linearly independent, then the linear system $\mathbf{Ax} = \mathbf{b}$ has solution.
    (c)If matrices $\mathbf{AB} = \mathbf{AC}$, then $\mathbf{B} = \mathbf{C}$.
    (d)If matrix **A** and **B** are row equivalent then their column spaces are the same, but their row spaces may be different.
    (e)If matrix $\mathbf{A}_{n \times n}$ has n independent eigenvectors, then **A** has n distinct eigenvalues.
    (f)If both $\{\mathbf{v}_1, \mathbf{v}_2, \mathbf{v}_3\}$ and $\{\mathbf{v}_2, \mathbf{v}_3, \mathbf{v}_4\}$ are linearly independent sets, then $\{\mathbf{v}_1, \mathbf{v}_2, \mathbf{v}_3, \mathbf{v}_4\}$ is

linearly independent, where vectors $\mathbf{v}_1$, $\mathbf{v}_2$, $\mathbf{v}_3$ and $\mathbf{v}_4$ are in R^4.

(g)If V is orthogonal to W, then $V^{\perp}$ is orthogonal to $W^{\perp}$, where $V^{\perp}$ is the orthogonal complement of V.

37. True or false for following statements.

(a)The eigenvectors which correspond to different eigenvalues are linearly independent.

(b)If λ is an eigenvalues of $\mathbf{A}$ and μ is an eigenvalue of $\mathbf{B}$, then $\lambda\mu$ is an eigenvalue of $\mathbf{AB}$.

(c)The product of the eigenvalues equals the product of the diagonal entries of $\mathbf{A}$.

(d)The sum of the eigenvalues equal the determination of $\mathbf{A}$.

(e)If the matrix $\mathbf{A}$ is triangular (either upper or lower), then the eigenvalues are exactly the same as the diagonal entries of $\mathbf{A}$.

38. Find and describe the nature (saddle point, minimum, maximum) of all stationary points of the function

$f(x, y) = \frac{1}{3}x^3 + xy^2 - 4xy + 1$ （交大土木）

39. Let $\mathbf{A}$ be an $n \times n$ real symmetric matrix with eigenvalues $\lambda_1 \geq \lambda_2 \geq \lambda_3 \geq \cdots \geq \lambda_n$, show that for all $\mathbf{x} \in R^n$, $\lambda_n \mathbf{x}^T\mathbf{x} \leq \mathbf{x}^T\mathbf{A}\mathbf{x} \leq \lambda_1 \mathbf{x}^T\mathbf{x}$ （84 台大光電，交大電信）

40. What are the maximum and minimum values taken by the expression $Q = 5x^2 + 4y^2 + 4z^2 + 2xz + 2xy$ on the unit sphere $x^2 + y^2 + z^2 = 1$? What values of (x, y, z) do they occur?

（83 交大應化）

41. $\mathbf{A} = \begin{bmatrix} \frac{1}{3} & -\frac{1}{3} \\ -\frac{1}{3} & \frac{5}{6} \end{bmatrix}$

(a)find $\lim_{n\to\infty} \mathbf{A}^n$

(b)Find minimum value of $\frac{\mathbf{x}^H\mathbf{A}\mathbf{x}}{\mathbf{x}^H\mathbf{x}}$ over the set of nonzero vectors in $\mathbf{x} \in R^2$（89 清大電機）

42. Show that the diagonal elements of a positive definite matrix $\mathbf{A}$ are positive.

43. Consider a 2×2 matrix $\mathbf{A} = \begin{bmatrix} a & b \\ b & c \end{bmatrix}$, where a and det $(\mathbf{A})$ are both positive, show that $\mathbf{A}$ is a positive definite matrix.

44. Show that any positive definite matrix $\mathbf{A}$ can be written as $\mathbf{A} = \mathbf{B}^2$, where $\mathbf{B}$ is a positive definite matrix.

45. Show that for every symmetric $n \times n$ matrix $\mathbf{A}$ there is a constant k such that matrix $\mathbf{A} + k\mathbf{I}_n$ is positive definite.

46. True or False?

(a)If $\mathbf{A}$ is an invertible symmetric matrix, then $\mathbf{A}^2$ must be positive definite.

(b)If matrix $\begin{bmatrix} a & b & c \\ b & d & e \\ c & e & f \end{bmatrix}$ is positive definite, then af must exceed c^2.

(c)If $\mathbf{A}$ is skew-symmetric, then $\mathbf{A}^2$ must be negative semidefinite.

(d)If $\mathbf{A}$ is a positive definite matrix, then the largest entry of $\mathbf{A}$ must be on the diagonal.

47. Find the maximum and minimum values of the quadratic form

$x_1^2+x_2^2+4x_1x_2$

subjective to the constraint $x_1^2+x_2^2=1$ and determine values of x_1 and x_2 at which the maximum and minimum occur? （89 交大電子）

48. $\mathbf{A}$, $\mathbf{B}$ are positive definite $n \times n$ matrices. Prove that $\mathbf{A}-\mathbf{B}$ is positive definite iff $\lambda_i\,(\mathbf{BA}^{-1}) < 1,\ i=1, 2, \cdots, n$ （91 北科大電機）

49. (a)$\mathbf{A}$ is $n \times n$ matrix. Show that $\mathbf{A}$ is skew-symmetric iff $\exp\,(\mathbf{A}t)$ is an orthogonal matrix for all t.

(b)Solve $\mathbf{x}'(t)=\begin{bmatrix} 0 & -1 \\ 1 & 0 \end{bmatrix}\mathbf{x}\,(t)$, $\mathbf{x}(0)=\begin{bmatrix} \alpha \\ \beta \end{bmatrix}$

(c)Find all $t>0$ such that $\mathbf{x}\,(t)$ is orthogonal to $\mathbf{x}(0)$ （91 中山電機）

50. $\mathbf{S}=\begin{bmatrix} \mathbf{S}_{11} & \mathbf{S}_{12} \\ \mathbf{S}_{21} & \mathbf{S}_{22} \end{bmatrix}$ is positive definite, show that $\mathbf{S}_{11}-\mathbf{S}_{12}\mathbf{S}_{22}^{-1}\mathbf{S}_{21}$ is also positive definite

（91 清大統計）

51. For a square matrix $\mathbf{A}$ of order n to be nonsingular which of the following conditions are necessary and sufficient tests?

(a)det $(\mathbf{A}^T\mathbf{A}) \neq 0$

(b)eigenvectors of $\mathbf{A}$ are independent

(c)$\mathbf{A}$ is row equivalent to $\mathbf{B}$ where the row vectors of $\mathbf{B}$ are independent

(d)there exists a nonzero vector b in R^n such that $\mathbf{Ax}=\mathbf{b}$ is consistent

(e)The column vectors of $\mathbf{A}^T$ span R^n

(f)dim $N\,(\mathbf{A}^T\mathbf{A})=0$

(g)$\mathbf{A}=\mathbf{SBS}^{-1}$, $\mathbf{B}$ is diagonal

(h)The eigenvalues of $\mathbf{A}$ are positive

(i)$N\,(\mathbf{A}^T)$ is orthogonal to CSP $(\mathbf{A})$

(j)$\mathbf{A}^T\mathbf{A}$ is positive definite （交大電控）

52. Let $\mathbf{A}=\begin{bmatrix} 3 & -1 & 0 \\ -1 & 3 & 0 \\ 0 & 0 & 2 \end{bmatrix}$.

(1) Find all the eigenvalues and the associated eigenspaces for **A**.

(2) Orthogonally diagonalizes **A**.

(3) Denote $g(x, y, z) = [x \quad y \quad z]\mathbf{A}\begin{bmatrix} x \\ y \\ z \end{bmatrix}$. Compute $\int_{-\infty}^{\infty}\int_{-\infty}^{\infty}\int_{-\infty}^{\infty} \exp\left\{-\frac{g(x,y,z)}{2}\right\} dzdydx$.

（95 政大統計）

53. Let

$\mathbf{A}=\begin{bmatrix} 3 & 1-i \\ 1+i & 4 \end{bmatrix}$

which is not true in the following:

(a)**A** is an Hermitian matrix

(b)**A** is positive definite

(c)Determinant of **A** is 10

(d)Eigenvalues of **A** are-2 and 5

(e)Trace of **A** is 7 （99 中山電機通訊）

54. Given $m \times m$ matrices **A** and **B**, which statement is not always true in the following.

(a)Trace $(\mathbf{AB})$ = Trace $(\mathbf{BA})$

(b)For any $n \times 1$ vectors **x** and **y**, $\mathbf{x}^H\mathbf{A}\mathbf{y}=\mathbf{x}^H\mathbf{B}\mathbf{y} \Leftrightarrow \mathbf{A}=\mathbf{B}$

(c)If **A** is skew-symmetric, then, for any $n \times 1$ vectors **x**, $\mathbf{x}^T\mathbf{A}\mathbf{x}=0$

(d)If **B** is positive definite and $\mathbf{x}^H\mathbf{B}\mathbf{x}=0$, **x** must be zero.

(e)If **A** is unitary,$|\det(\mathbf{A})|=1$ （99 中山電機通訊）

55. Consider the following matrix

$\mathbf{A}=\begin{bmatrix} 0 & 0 & 0 & 1 \\ 0 & 0 & 1 & 0 \\ 0 & 1 & 0 & 0 \\ 1 & 0 & 0 & 0 \end{bmatrix}$

(a)Please explain Cayley-Hamilton theorem and give an example to demonstrate it.

(b)$\mathbf{A}^{99}=?$ （99 中山電機通訊）

56. Let **U** and **V** be two $m \times m$ positive definite matrices.

(a)Find **U** $m \times 1$ complex vector **b**, such that

$Q=\frac{\mathbf{bUb}^H}{\mathbf{bVb}^H}$

is maximized

(b)What is the maximum value of Q in (a)? （99 中山電機通訊）

57. Let

$$\mathbf{A}=\begin{bmatrix}3 & 1 & 0\\ 0 & 3 & 4\\ 0 & 0 & 4\end{bmatrix}$$

(1) Calculate the eigenvalues of **A** and the corresponding multiplicity of the eigenvalues.

(2) Let **I** be the 3×3 identity matrix. Calculate the value of **B**, where

$$\mathbf{B}=(\mathbf{A}-3\mathbf{I})^3\cdot\mathbf{A}^{100}-(\mathbf{A}-3\mathbf{I})^2\cdot\mathbf{A}^{100}+\mathbf{A}^2-6\mathbf{A}+9\mathbf{I}$$ （94 中山通訊）

58. If $\mathbf{A}=\begin{bmatrix}7 & 12\\ -4 & -7\end{bmatrix}=\mathbf{PDP}^{-1}$, find **P**, **D**, and $\mathbf{A}^{-101}$. （94 北科大電通）

參考資料

1. Otto Bretscher, *Linear Algebra with Applications*, 2nd edition, Prentice Hall 2001.
2. Steven J. Leon, *Linear Algebra with Applications*, 6th edition, Prentice Hall 2002.
3. Bernard Kolman and David R. Hill, *Elementary Linear Algebra*, 7th edition, Prentice Hall 2000.
4. Ward Cheney and David Kincaid, *Linear Algebra Theory and Applications*, Jones and Bartlett publishers 2009.
5. 程雋，「應用線性代數」文笙書局 88 年

國家圖書館出版品預行編目資料

線性代數：基礎與應用／武維疆著.
—初版.—臺北市：五南，2012.11
面； 公分.
ISBN: 978-957-11-6898-2（平裝）
1.線性代數
313.3　　101022157

5BG0

線性代數：基礎與應用

Linear Algebra-Fundamentals and Applications

作　　者 — 武維疆
發 行 人 — 楊榮川
總 編 輯 — 王翠華
主　　編 — 王正華
責任編輯 — 楊景涵
插　　畫 — 簡愷立
出 版 者 — 五南圖書出版股份有限公司
地　　址：106 台北市大安區和平東路二段 339 號 4 樓
電　　話：(02)2705-5066　傳　　真：(02)2706-6100
網　　址：http://www.wunan.com.tw
電子郵件：wunan@wunan.com.tw
劃撥帳號：01068953
戶　　名：五南圖書出版股份有限公司

台中市駐區辦公室 / 台中市中區中山路 6 號
電　　話：(04)2223-0891　傳　　真：(04)2223-3549
高雄市駐區辦公室 / 高雄市新興區中山一路 290 號
電　　話：(07)2358-702　傳　　真：(07)2350-236

法律顧問　元貞聯合法律事務所　張澤平律師

出版日期　2012 年 11 月初版一刷
定　　價　新臺幣 450 元